KB042440

R을 사용한

사회과학 통계분석

박현수 · 노성호

박영사

Preface 머리말

사회과학을 연구하며 통계분석를 사용하는 사람들에게 가장 보편적으로 사용되고 있는 통계분석 패키지는 SPSS 또는 SAS일 것이다. 새로이 사회과학 통계분석을 배우고자 하는 사람들이 가장 접근하기 쉬운 것도 아마 이 두 가지 일 것이다.

저작권에 대한 관심이 점차 높아짐에 따라 비용적인 측면에서 SPSS 또는 SAS를 개인적으로 사용하는 것이 점차 어려워지고 있다. 이런 상황에서 무료로 사용할 수 있으면서도 거의 모든 통계분석이 가능한 통계 패키지인 R은 매력적인 대상이 될 수밖에 없다. R은 통계분석뿐만 아니라 비정형 데이터를 포함한 다양한 종류의 데이터를 다룰 수 있고 분석할 수 있어 빅데이터 분석 분야에서도 각광받고 있다. 이러한 이유로 외국에서는 R의 사용자층이 빠른 속도로 늘어나고 있으며, 우리나라에서도 시간이 지날수록 R을 사용하는 것이 보편화될 가능성이 높기에 미리 R을 배워두는 것은 많은 도움이 될 수 있을 것이다.

그렇지만 사회과학도들에게 있어서 R을 배울 수 있는 환경이 그리 좋은 편은 아니다. R을 사용한 사회과학 통계분석을 가르칠 수 있는 사람들이 별로 없기 때문에 R을 배우고자 하는 사회과학도들이 쉽게 배울 수 있는 기회가 거의 없는 형편이다. 그래서 R에 관한 통계서적을 보면서 공부하고자 해도 그리 쉽지만은 않다. R을 소개하는 몇 권의 통계책이 출판되었지만 대부분 통계학자들이나 전산을 전공한 사람들이 저술한 것이기 때문에 사회과학도들에게 꼭 필요한 내용만 있는 것이 아니라 너무 많은 내용들이 들어 있는데, 이 내용 모두를 사회과학도들이 공부하는 것이 너무 어렵다. 따라서 사회과학을 공부하는 사람들이 R을 사용해서 통계분석하는 방법을 배우는 것이 쉽지 않다.

SPSS를 사용해서 오랜 기간 통계분석을 해온 저자들은 3년 전부터 R에 관심을 가지고 공부하기 시작하였다. 물론 강의를 들으면서 배운 것은 아니다. 함께 모여서 공부하면서 여러 가지 R 관련 서적을 읽고 인터넷에서 구할 수 있는 다양한 문서와 자료를 읽으면서 공부하였다. 그 과정에서 여러 가지 어려움이 많았다. 무엇보다 힘들었던 것은 앞서 언급한 바와 같이 R에 관한 통계책에 수록된 내용들이 사회과학 통계분석에 필요한 것 이상으로 너무 많아서 그것들을 모두 이해하면서 배우고 익히는 것이 쉽지 않았다는 점이다. 이 과정에 사회과학 통계분석을 배우는 사람들에게 필요한 내용만 담아 R을 설명하는 책이 있으면 좋겠다는 생각을 하게 되었고, 그러한 노력의 결과로 이 책을 집필하게 되었다.

따라서 이 책의 목표 중의 하나는 R을 공부하면서 어려움을 겪었던 사람들로서 새롭게 R을 배우고자 하는 사회과학도들이 경험하게 될 어려움을 알려주고 사회과학도들의 통계분석에 필요한 내용만을 쉽게 이해하고 배울 수 있도록 R을 소개하는 책을 만드는 것이다. 저자들이 R에 대해서 많이 알기 때문에 이 책을 집필하였다기보다는 오랫 동안 사회과학 통계를 사용하고 가르치며, SPSS 등의 패키지를 이용해서 다양한 분석과 연구를 진행해온 경험을 바탕으로 R을 사용한 사회과학 통계분석에 필요한 것들을 쉽게 배울 수 있도록 하는데 초점을 맞추었다고 할 수 있다.

또 다른 목표로 R을 사용한 통계분석에 필요한 원리와 명령어들을 기계적으로 설명하기보다는 예제 데이터를 사용하여 실제 R을 사용한 분석방법과 분석결과들을 제시함으로써 각 통계방법을 하나씩 따라하면서 배울 수 있도록 하였다. 즉 이 책에 제시된 내용을 이해하면서 하나씩 따라하게 되면 R 사용법뿐만 아니라 사회과학 통계분석의 원리와 기술에 대해서도 함께 공부할 수 있도록 구성하고자 하였다. 실제 통계를 배우다보면 통계 패키지를 사용하는 방법을 알고 있더라도 실제 분석에서는 어떻게 사용하는지 몰라 어려움을 겪는 경우가 많다. 이를 위해 각 통계방법에 적합한 연구가설을 설정하고, 연구가설을 검증하기 위한 통계방법을 단계별로 제시하고 예제 데이터를 분석한 결과와 그에 대한 해석을 제시함으로써 분석의 전 과정을 따라해 봄으로 이해할 수 있도록 하였다. 또한 분석과정의 명령어들을 모두 소개함으로써 다른 분석과정에도 응용하여 적용할 수 있도록 구성하였다.

R에서는 동일한 통계결과를 산출하기 위해서 여러 가지 방법을 사용할 수 있다. 예를 들어 빈도분석의 결과를 얻기 위해서는 R의 기본 패키지에 있는 여러 개의 함수를 이용할 수 있을 뿐만 아니라 R의 기본 함수 외에도 다양한 패키지를 이용해서 동일한 결과

를 얻을 수 있다. 이 책에서는 R에서 통계분석을 할 수 있는 모든 방법을 제시하고 있지 않지만 상대적으로 많이 사용되고, 쉽게 결과를 얻을 수 있는 다양한 방법을 제시하였다. R을 통해 분석할 수 있는 다양한 방법들 중에서 어떤 방법을 사용할지에 대한 판단은 독자의 몫이라고 할 수 있다.

처음 R을 접하는 사람들이 가장 어려워하는 부분은 R에서는 수많은 명령어를 이용한다는 점이다. 이러한 이유로 처음 R을 접하는 사람들은 "무료인 것도 좋지만 이 많은 명령어를 다 외워야하는가"에 대해 당황하게 된다. 그렇지만 사회과학 통계분석을 하다 보면 자신이 주로 사용하는 명령어는 그렇게 많지 않다. 자주 사용하게 되는 명령어는 외워두면 좋겠지만, 자주 사용하지 않는 것들까지 모두 외울 필요는 없을 것이다. 그 때 이 책을 일종의 매뉴얼과 같이 사용할 수 있을 것이다. 해당 통계분석 부분을 찾아서 책에 기록된 명령어를 참고하여 응용하는 방식으로 이 책을 활용할 수 있기를 기대한다. 더불어 R을 사용한 통계분석에 능숙해지게 되면 자신만의 통계분석을 위한 스크립트를 만들 수 있는 보람도 느낄 수 있을 것이다.

이 책은 사회통계에 대한 기본적인 지식을 가진 독자를 가정하여 만들었다. 각 통계 방법에 대한 장에서 통계의 기본적인 원리에 대해 설명하기는 하였지만, 이것만으로 통계를 접하는 독자들이 통계의 원리까지 이해하는 것은 쉽지 않을 것이다. 따라서 통계방법의 원리에 대한 자세한 이해를 위해서는 다른 통계서적을 참고하길 바란다.

아무쪼록 이 책이 처음 R을 사용한 통계분석을 배우고자 하는 사회과학도들에게 큰 도움이 되길 바란다.

이 책이 출판되기까지 많은 노력을 해준 박영사 임직원 여러분들에게 감사를 드린다.

2016년

박현수, 노성호

Contents 차 례

CHAPTER 01 R과 RStudio

CHAPTER 02

예제데이터 만들기와 데이터 변환

CHAPTER 03 기술통계

CHAPTER 04 교차분석

CHAPTER 05 T 검증

CHAPTER 06 분산분석

CHAPTER 07 상관분석

CHAPTER 08 회귀분석

CHAPTER 09 경로분석

CHAPTER 10 요인분석

CHAPTER 11 구조방정식 모형

CHAPTER 01

R과 RStudio

Statistical · Analysis · for · Social · Science · Using R

R과 RStudio

01 Section > R에 대한 기본적인 설명

1 R이란 무엇인가?

R은 컴퓨터 언어이면서 동시에 통계분석과 그래픽을 위한 다양한 패키지(또는 라이브러리)들의 집합이다. R을 사용한 다양한 통계분석(선형 및 비선형모형, 기본적인 통계검증, 시계열분석, 분류, 집단화 등)이 가능하며, 그래픽에도 강점을 가지고 있다. R은 수많은 사람들이 자발적으로 참여해서 만든 다양한 통계패키지를 가지고 있으며, 오픈소스로 운영되기 때문에 모든 것을 무료로 사용할 수 있다. 이는 SPSS, SAS, STATA 등 다른 통계프로그램이 유료이며 상당히 고가라는 점과 비교할 때 매우 큰 장점이다. 또한 무료로 사용할 수 있음에도 불구하고 R에서 제공하는 통계방법이나 분석도구가 다른 유료 통계패키지에 비해 부족함이 없기 때문에 앞으로 더 많이 확산될 가능성이 높다.

R이 가진 장점을 정리하면 다음과 같다.

① 무료로 이용할 수 있다.

② 윈도우나 맥, 유닉스나 리눅스 등 다양한 OS 환경에서 사용할 수 있다.

③ 다양한 통계방법과 데이터 분석기술을 제공한다.

④ 다양하고 뛰어난 그래픽 기능을 보여준다.

⑤ 기존의 통계패키지처럼 이미 만들어져 있는 통계방법을 정해진 방식에 맞추어 사용하는 것이 아니라 필요한 경우 자신이 원하는 함수를 만들어서 이용할 수 있는 환경을 제공한다. 물론 이와 같이 원하는 함수를 만들어서 사용하기 위해서는 상당한 통계 및 프로그램 지식이 필요하다.

⑥ 수많은 사람들이 자발적으로 통계방법의 개발에 참여하기 때문에 다른 통계패키지에는 사용할 수 없는 최신의 발전된 기법들을 사용할 수 있다.

이러한 장점을 가지고 있음에도 불구하고 R은 다른 통계프로그램에 비해서 우리나라 사회과학의 통계분석을 하는 사람들에게 보편적으로 사용되지 않고 있다. 이는 통계분석을 하고 있는 사람들의 경우 이미 익숙한 통계프로그램이 있기 때문에 새롭게 다른 것을 배우는 것이 쉽지 않다는 점이 가장 큰 이유일 것이다. 한편 사회과학 통계분석을 처음 배우려고 하는 사람의 경우에는 R을 배우고자 해도 배울 수 있는 적절한 교재나 가르쳐줄 사람이나 강의를 찾기 어렵다는 점도 이유일 것이다.

마음먹고 R을 배우고자 교재나 자료들을 찾아봐도 이해하기 어렵다는 이유로 중간에 포기하기 쉽다. R은 사회과학을 하는 사람들만 사용하는 것이 아니라 통계학과 컴퓨터 프로그래밍 등을 비롯하여 모든 학문의 사람들이 만들어내고 사용하기 때문에 어떤 전공의 학자들이 교재를 썼는가에 따라서 그 내용에 있어서 큰 차이가 있다. 기존에 우리나라에서 발간된 R관련 서적은 사회과학을 전공하는 사람들이 통계분석할 때 꼭 필요하지 않은 부분도 많이 포함되어 있기 때문에 이해하기도 어렵고, 실제 사회과학 데이터 분석에 필요한 부분들을 제대로 소개하지 않는 경우가 많아서 끝까지 공부하기가 어렵다. 이 점이 본서를 계획한 이유이다. 본서는 사회과학을 전공하는 사람들이 통계분석할 때 그 흐름에 따라서 필요한 내용을 적절하게 예제를 통해서 소개하고 설명하는 방식으로 기술함으로, 가급적 부담을 가지지 않고 배울 수 있도록 하는 것을 목표로 하였다.

R을 사용할 수 있는 방법이 여러 가지로 제공되지만, 아직까지 명령어를 직접 입력하면서 사용하는 것이 일반적인데, 이 점 역시 R을 배우는 것을 어렵게 하는 요인이기도 하다. 일반적으로 널리 사용되는 다른 통계프로그램들이 메뉴 방식으로 쉽게 배우고 익

힐 수 있는 반면 R은 명령어를 직접적으로 입력하면서 분석해야 한다.[1]

R은 R 명령어를 입력할 수 있는 텍스트 기반 인터페이스를 제공한다. 명령어가 입력되면, R 엔진이 해당 명령을 평가(계산)하고 화면에 결과를 출력한다. 이를 상호작용적이라고 표현하는데, 명령어를 입력하면 바로 결과가 제시되는 방식이다.

R이 이런 방식으로 운영되기 때문에 일반적으로 마우스를 사용한 메뉴 클릭 방식으로 통계분석을 수행하는데 익숙한 사용자들은 R의 어려운 인터페이스에 힘들어 할 수 있다. 실제로 R을 배우기는 쉽지 않다. 이러한 측면은 다른 통계패키지의 메뉴 방식의 분석에 익숙해진 사람들이나 통계를 처음 배우는 사람들에게 있어서 어려움을 주는 장벽으로 작용할 수 있지만, 이 부분만 극복한다면 R은 많은 장점을 제공하는 유용한 통계분석 도구로 사용될 수 있을 것이다.

실질적으로 SPSS 등과 같은 다른 통계프로그램을 사용할 때도 분석 작업을 재현하기 위해서는 각 분석 단계를 반드시 소스 코드 형태로 저장해야 한다. 또한 제대로 분석하기 위해서는 메뉴 방식의 분석만으로는 한계가 있다. 원하는 결과를 얻기 위한 통계분석이 하루 이틀에 끝나는 것이 아니라 많은 시간이 필요하며, 이 과정에서 지속적으로 이전의 분석과정에 대한 이해가 필요하기 때문에, 메뉴를 이용해서 분석하고 끝내는 것이 아니라 신택스 등을 이용해서 텍스트 파일로 프로그램을 짜고 그것을 사용해서 분석하는 것이 필수적이다. 이러한 측면을 고려한다면 명령어를 입력해서 분석하는 방식을 익히는 것이 배울 때는 부담이 되지만, 일단 배워두면 매우 유용하다고 할 수 있다.[2]

R을 사용하면서 궁금한 것들에 대한 설명이나 도움말은 인터넷에서 쉽게 찾아볼 수 있다. 최근에는 페이스북 그룹이나 다음카페 등 R 사용자들 간에 정보를 교환하고 도움을 주고받는 모임을 쉽게 찾을 수 있다.

한 가지 더 부연하여 설명하고 싶은 것은 본서에서 소개할 R을 사용한 통계분석 방법이 유일한 방법이 아니라는 점이다. R에는 Base에서 제공하는 기본패키지 뿐만 아니라 다양한 기여자들이 제공하는 수많은 패키지가 존재한다. 따라서 동일한 분석을 수행할 수 있는 서로 다른 패키지가 존재하며, 이는 동일한 분석을 다양한 패키지를 사용해서 분

---

1 물론 R에서도 쉽게 사용하기 위해서 메뉴 방식의 분석을 가능하게 하는 다양한 시도들이 있다. 대표적인 것이 R Commanders라는 패키지이다.

2 실제 최근에는 통계분석 결과를 제시할 때 복원가능성의 문제가 심심치 않게 제기되고 있다. 이는 연구결과의 객관성 유지를 위해서 필요하다고 할 수 있다. 별도로 분석과정을 기록해두지 않는다면 연구자 본인도 어떻게 분석했는지 잊어버릴 가능성이 높다.

석할 수 있음을 의미한다. 이런 부분은 SPSS 또는 SAS 등의 다른 통계패키지를 사용해온 사람들에게는 혼동을 줄 수 있는 부분이다. SPSS의 경우 특정 분석을 행하기 위해서는 프로그램에서 제공하는 형태의 메뉴나 명령어를 사용해야 하지만 R은 그렇지 않다. 따라서 R을 사용해서 통계분석할 경우 본서에서 제시하는 사용법을 참고하되, 자신의 분석목적에 가장 적합한 패키지와 함수를 찾아서 사용하는 것이 필요하다.

2 R의 설치와 실행

R의 설치프로그램은 r-project.org 웹사이트에 접속하여 무료로 다운 받을 수 있다.

① 이 사이트에 접속해서 좌측에 보이는 CRAN을 클릭한다.

② 여러 가지 언어 중에서 Korea를 찾아서 나타나는 서버 중의 하나를 클릭한다.

③ Linux, MacOS X, Windows용 R을 다운받을 수 있는데, 자신의 운영체제에 맞추어 클릭한다.
(여기에서 Windows 용을 클릭하면)

④ 화면에 보이는 "base"를 클릭한다.

⑤ 다음에 나타나는 "Download R 3.3.1"를 클릭한다. R 이후의 숫자 3.3.1은 버전을 의미하는 것으로서 최신의 버전을 다운받으면 된다.

⑥ 다운로드가 끝난 후에 다운받은 설치프로그램을 실행하여 R을 설치한다.

R은 다음과 같이 실행한다.

① 윈도우의 경우에는 시작프로그램에서 R을 실행시키면 되며, 맥의 경우에는 응용프로그램 폴더에 R을 더블클릭해서 실행시킨다.

② R을 실행시킨 후에는 한 번에 하나씩 명령어를 입력하거나 소스파일에서 명령어 셋을 불러와서 실행시킬 수 있다.

③ 기본적인 통계분석은 기본적으로 설치되어 있는 함수와 패키지를 사용하여 수행할 수 있다. 그밖에 다른 기능들은 해당 기능을 포함하고 있는 패키지를 설치하여 사용할 수 있다.

④ 이처럼 R을 직접 실행시켜서 사용할 수 있지만 명령어를 R에서 직접 입력해서

분석하는 것은 불편함이 있기 때문에 본서에서는 R 프로그램을 직접 실행시키는 것 대신 RStudio를 사용하여 분석한다. 다음 절에서 설명하겠지만, RStudio는 R을 사용해서 분석하는 것을 보다 쉽게 해준다.[3]

02 Section > RStudio의 사용방법

1 RStudio의 소개

RStudio는 R을 편리하고 쉽게 사용할 수 있게 해주는 오픈소스 툴로서, 무료로 사용할 수 있다. R은 상호작용적 방식으로 작동하기 때문에 R에서 기본적으로 제공하는 소프트웨어를 사용하면 통계분석이 가능하긴 하지만 사용에 불편함이 있다. 이를 보완하고 좀 더 쉽게 사용하기 위한 몇 가지 방법이 소개되어 있지만, 일반적으로 많은 R 사용자로부터 좋은 평가를 받고 있는 것이 RStudio이다.

RStudio를 사용해서 여러 가지 작업이 가능한데 대표적인 것들은 다음과 같다.

① 대화식(상호작용방식) R 통계분석, R 그래픽 작업
② 분석내용 재현
③ R에 설치된 패키지 관리
④ 분석 보고서 작성 및 공유
⑤ 본인의 코드 공유 및 다른 사용자와의 협업

RStudio는 윈도우, 맥 OS X, 리눅스를 포함한 대부분의 주요 운영체제에서 설치하여 실행할 수 있다. 리눅스를 사용하는 경우에는 RStudio 서버버전을 설치할 수 있으며 이를 사용할 경우 다른 컴퓨터나 태블릿에서 웹을 사용해서 원격분석이 가능하다.

RStudio는 R을 보다 쉽게 사용하기 위한 환경을 제공한다. R을 사용한 통계분석을

3 본서에서는 R을 편리하게 사용하는 방법으로 RStudio를 선택했지만, 인터넷을 검색해보면 다양한 방법들을 찾을 수 있다. 각자 자신에게 가장 편한 방법을 찾아서 사용하면 된다.

위해 코드를 쉽게 작성하고 문서화하며, 컴파일하고 테스트하는 기능을 지원함은 물론 버전 관리도구와 통합기능을 제공한다. 구체적으로 RStudio는 R 환경, 고급 수준의 문서 편집기, R 도움말 시스템, 버전 관리, 그리고 다양한 기능을 단일 어플리케이션으로 통합한 도구이다. RStudio는 통계 연산을 직접 수행하지는 않지만, 사용자가 R을 이용하여 좀 더 쉽게 분석 작업을 수행할 수 있게 한다. 무엇보다도 중요한 점은 RStudio가 분석 결과를 쉽게 재현하는 다양한 기능을 제공한다는 점이다.

RStudio에 대한 자세한 소개는 이 책의 목표를 벗어나는 부분이 있기 때문에 여기에서는 사회과학도들이 R을 이용해서 통계분석할 때 필요한 기본적인 부분에 대해서만 소개하도록 한다.

2 RStudio의 설치와 실행

① RStudio를 설치하기 전에 우선 R을 설치해야 한다. R의 설치방법은 앞에서 이미 소개하였다.

② RStudio 데스크톱 버전은 http://www.rstudio.com 에서 다운로드 할 수 있으며, 윈도우, 맥, 리눅스에서 사용할 수 있다. 데스크톱 버전은 각 OS 상에서 설명에 따라서 설치하면 된다. RStudio 서버버전의 설치는 리눅스 기반 시스템에서만 사용이 가능하다.

③ RStudio를 설치한 후에 이를 실행하여 사용하는 화면은 〈그림 1-1〉과 같다. 첫 번째 실행할 때는 왼쪽에 콘솔(console)창 하나만 나타나며, 위쪽의 창은 별도로 스크립트 파일을 만들거나 기존의 파일을 불러와야 열려진다.

그림 1-1 RStudio 실행 화면

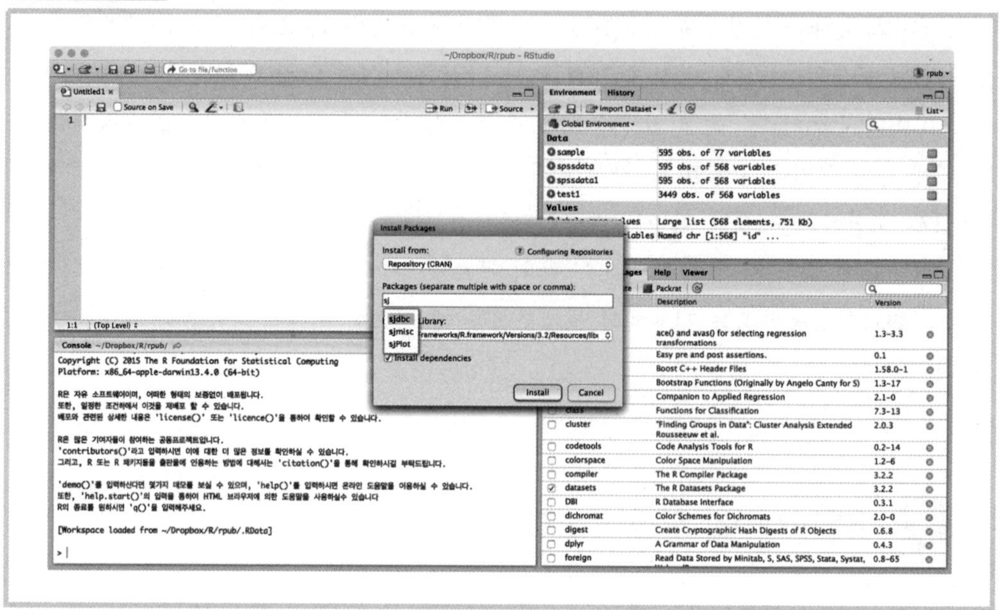

3 RStudio의 사용방법

RStudio는 기본적으로 〈그림 1-1〉과 같이 4개의 패널로 구성되어 있다. 각 패널에서는 다양한 기능을 가진 여러 개의 탭을 만들 수 있다.

4개의 패널은 다음과 같다. 패널의 위치는 설정에서 원하는 대로 바꿀 수 있다.

① 왼쪽 상단부에 있는 패널은 '소스편집기와 데이터뷰어 패널'이다. 이 패널은 여러 개의 탭을 만들 수 있는데 통계분석을 위한 복수의 프로그램 파일을 창에 띄워놓고 작업할 수 있다. 실제로 R을 사용해서 통계분석할 때 이 창을 이용해서 대부분의 작업을 하게 된다. 한편 데이터프레임 형태의 데이터를 볼 수 있는 창이기도 하다.

② 왼쪽 하단부에 있는 패널은 'R 콘솔'이다. R을 이용하여 직접 작업할 수 있는 창이다. 앞의 소스편집기 창에서 작성한 명령어를 실행시킬 때 이 창에서 R을 이용한 분석이 이루어지며, 분석의 결과도 이 창에 나타난다.

③ 오른쪽 상단부에 있는 패널은 '작업공간 브라우저와 명령 이력'이다. Environment 탭을 이용해서 작업공간에 들어 있는 모든 객체를 볼 수 있으며, History 탭에서는 이전에 수행했던 명령어들을 볼 수 있다. 필요하다면 이 명령어를 사용해서 명령을 반복해서 수행할 수 있다.

④ 오른쪽 하단부에 있는 패널은 '파일, 플롯, 패키지, 도움말'이다. 파일을 찾아보고, 사용할 패키지를 불러오거나 닫을 수 있고, 패키지를 설치하고 업데이트할 수 있다. 도움말 보기를 통해서 필요한 내용을 찾아볼 수 있다. 또한 도표 작업을 수행하였을 때 플롯 탭에서 그 결과를 확인할 수 있다.

모든 패널에는 우측 상단에 크기를 조정할 수 있는 버튼이 있다. 최소, 최대 크기로 조정 시에, 개별 버튼은 복구 아이콘으로 변경되며, 이는 원래 크기로 복구할 때 이용할 수 있다. 패널은 마우스를 이용하여 수직과 수평으로 크기를 조정할 수 있다.

또한 옵션을 통해서 패널의 위치와 내용을 변경할 수 있다. Tools → Options → Panel Layout을 실행하여 각 패널의 내용을 변경한다.

각 패널의 사용방법에 대해서 좀 더 자세히 살펴보자.

1) R 소스편집기

RStudio에서 가장 중요한 패널은 소스 편집기 패널이라고 할 수 있다. 통계분석 작업을 하면서 가장 많이 사용하는 패널이 바로 이 곳이다. RStudio는 R 스크립트를 수월하게 작성할 수 있도록 여러 기능을 제공한다.

① 이 패널은 다양한 형식의 파일을 편집하는 기능을 제공한다. 패널 왼쪽 상단에 +기호가 있는 버튼을 눌러보면 제공하는 다양한 형식을 볼 수 있다. 여기에서는 R 스크립트 편집을 중심으로 소개한다.

② R 스크립트 파일을 새로 만들 때는 우측 상단의 녹색 플러스 아이콘(New File)을 누른 후에 R Script를 선택한다. 기존 파일을 불러 오려면 Open File 버튼을 누른 후에 나타나는 파일선택 상자를 이용하여 원하는 파일을 선택한다.

③ 이 패널에서는 여러 형태의 소스 파일을 동시에 오픈할 수 있다. 각 파일은 서로 다른 탭에 오픈되며 파일 이름이 상단에 표시된다.

(1) 구문강조

- 스크립트 편집기의 기본 기능 중의 하나는 구문을 표시할 때 종류별로 다른 색으로 구분해서 강조해 준다는 점이다. 이를 통해 오타나 문법적 오류를 효과적으로 발견할 수 있게 해주고 그럼으로써 오류의 발생을 방지해주는 효과를 가진다.
- 기본적으로 R 키워드를 청색, 문자열을 녹색, 숫자를 진청색, 주석을 연녹색으로 표시한다. 물론 환경설정에서 지정된 색을 다른 색으로 바꿀 수 있다.

참고

R에서는 코드를 구조화하고 들여쓰기 하는데 도움을 주는 고정폭(monospaced) 폰트를 사용하는 것이 좋다. RStudio의 모든 폰트는 고정폭이다. 이러한 점은 추후에 논의하겠지만 R의 분석결과를 엑셀이나 다른 워드 프로그램에서 활용할 때도 고려해야 한다. 고정폭 폰트를 사용하지 않는 경우에는 숫자들마다 폭이 달라짐으로 인해서 분석 결과물을 보는데 어려움이 발생하게 된다.

(2) 코드 실행

- 스크립트 편집창에서 코드를 실행하는 방법은 여러 가지가 있다. 코드라 함은 통계분석을 위해서 입력한 명령어들을 의미한다. 가장 많이 사용하는 방법은 실행시키고자 하는 행에 커서를 두거나, 행들을 블럭으로 선택한 뒤에 이 패널의 우측 상단에 있는 run 버튼을 누르거나, Ctrl+Enter(맥에서는 Cmd+Enter)를 누르는 것이다.
- 스크립트 파일의 모든 행을 한 번에 실행하기 위해서는 Ctrl+Shift+Enter를 누르면 된다.
- 파일에 저장된 R 코드 전체를 읽어 와서 콘솔에 실행 코드를 일일이 출력하지 않고 한 번에 실행할 수 있다. 이를 소싱 기능이라고 하는데, 단축키 Ctrl+Shift+S를 이용해 실행할 수 있다. 편집창 상단에 있는 Source on Save 옵션을 이용해서 쉽게 할 수 있다. 이를 이용하면 파일을 저장할 때마다 자동으로 소싱된다.

2) R 콘솔

(1) R 실행하기

R을 이용하는 가장 직접적인 방법은 콘솔 창에 직접 명령어를 입력하는 것이다. 콘솔에서 명령을 실행하려면 프롬프트(>) 다음에 해당 명령을 입력하고 엔터키를 누른다. 입력된 명령은 R 엔진으로 전송되어 실행되며 스크린에 다른 색으로 출력된다. R 콘솔을 사용하는 방식은 R을 사용하는 방식과 동일하다.

참고

명령어 직접 입력

R에서 명령어를 입력할 때 공백은 무시된다. 한 라인의 끝에 도달하면 R은 그 명령어를 수행한다. 따라서 한 줄 이상의 명령어를 사용할 때 각 라인의 끝은 완성된 형태의 명령어로 끝내는 것을 피해야 한다. 따라서 계속 이어지는 명령어일 경우 콤마(,)로 끝내고 다음 줄을 시작하는 것이 안전하다. 다음 줄로 연결되는 경우에 라인의 첫 부분에 자동적으로 '+'가 나타난다. 이 기호가 나타나지 않으면 앞줄의 명령어가 실행된 것을 의미한다.

(2) 명령어 이력(history)

R에서는 이전에 입력한 명령어들을 찾아볼 수 있고, 필요할 때 다시 사용할 수 있다. RStudio에서도 입력한 명령어를 검색하고 복구하는 방법을 3가지로 지원한다.

- 콘솔을 사용하는 경우에 위/아래 방향키를 눌러서 명령 이력을 볼 수 있다. 키를 누를 때마다 이전에 실행한 명령이 한 개씩 커맨드라인에 표시된다. 불러온 이력을 다시 실행하려면 엔터키를 누르면 되고, 빈줄로 돌아가려면 esc키를 입력한다 (이 기능은 R에서도 제공되는 기능이다).
- Ctrl + '–' 키를 누르면 이전에 입력한 명령어들의 팝업 창이 나타난다. 위/아래 방향키나 마우스를 이용하여 필요한 명령을 선택한 후에 엔터키를 누르면 콘솔 창에 복사된다. 이 명령을 실행하려면 엔터키를 누른다.

- 명령 이력 창을 이용하는 방법이 가장 쉽게 사용할 수 있는 방법이다. 오른쪽 상단부의 패널 두 번째 History 탭에서 이전에 실행한 명령어를 찾는 방법이다.

(3) 명령어 완성기능

- 명령어 완성 기능은 명령어의 일부만 입력한 상태에서 나머지 부분을 자동으로 완성해 주는 기능으로서 RStudio가 제공하는 중요한 기능 중의 하나이며, 잘 활용하면 통계분석을 쉽게 할 수 있는 좋은 기능이기에 익혀두면 도움이 된다.
- 이 기능은 콘솔 창에서 명령어를 입력할 때 사용할 수 있을 뿐만 아니라 스크립트 창에서 소스 파일을 편집할 때도 사용할 수 있다.
- 목표로 하는 명령어를 입력하는 과정에 입력된 알파벳을 기준으로 추천하는 명령어 창이 팝업된다. 완성할 수 있는 대상은 함수, 함수인자, R 환경의 객체 및 파일명이다. 예를 들어 table 함수를 사용하기 위해서 tab까지 입력하면 tab을 포함하는 다양한 함수의 목록이 자동으로 팝업된다.
- 명령어 완성 기능은 R 기본 환경에서도 동작하지만 RStudio가 더 풍부한 기능을 제공한다. 콘솔의 커맨드라인에서 작동하는 것뿐만 아니라 소스편집기에서도 작동하기 때문에 유용하게 사용할 수 있다.

(4) 함수와 인자 완성

- R로 분석 스크립트를 작성하다 보면 통계분석에 필요한 함수의 이름이나 그 함수에 필요한 인자들을 기억하기 쉽지 않다. 이 때 명령어 완성 기능이 요긴하다.
- 함수명의 일부를 입력하면 자동적으로 그 문자를 포함한 함수들의 목록이 팝업된다. 이 때 원하는 함수의 이름을 선택한 후에 엔터키를 누르면 된다. 인자를 입력하기 위해서 괄호 '(' 를 입력한 후에 탭키를 누르면 사용할 수 있는 인자들이 나타난다. 이 때 필요한 것들을 골라서 적절하게 명령어를 완성하면 된다.

참고

R에서 사용하는 함수(function)의 이해

- R은 기본적으로 함수를 사용하여 작업을 수행한다. 통계분석에 사용하는 모든 명령어들은 함수의 형태를 가지고 있다. 앞으로 우리가 시도할 다양한 통계분석도 모두 이러한 함수를 이용하는 것으로 보면 된다. 앞으로 함수라고 표현하기도 하고, 명령어라고 표현하기 한다.
- 함수는 함수명( )의 형태로 되어 있으며, ( )안에는 필요한 인자들을 입력할 수 있다. 인자(argument)란 특정 함수가 실행되는 조건들을 지정해주는 함수의 요소이다.
- 함수에는 ( )가 따라오는데, ( )안에서 아무런 인자를 포함하지 않는 함수가 있는가 하면, 반드시 인자가 있어야 하는 함수도 있다.
- 인자가 필요한 경우에도 반드시 괄호 안에 입력해주어야 하는 인자가 있는 반면, 어떤 인자는 입력하지 않아도 되는데, 이를 기본인자라고 한다. 기본인자는 함수를 정의할 때 특정 조건이 미리 지정되어 있는 것이기 때문에 특별히 다른 조건을 원하지 않는다면 생략해도 된다.
- 인자가 필요 없는 함수의 예: q()　　# R의 종료 명령어

  인자를 넣어도 되지만 빈칸으로 사용하는 경우: library()

  → 이 함수는 빈칸으로 사용할 경우 라이브러리에 들어 있는 사용 가능한 패키지의 목록을 보여주며, ( )안에 사용할 패키지 이름을 입력하는 경우 해당 패키지를 사용할 수 있도록 불러 온다(이 기능에 대해서는 뒤에 다시 설명하기로 한다).
- 함수의 기능과 필요한 인자를 찾기 위해서 R의 도움말을 참고할 수 있다. 알고자 하는 함수에 대한 도움말은 R의 콘솔창에서 help(함수명)을 입력하면 된다. 예를 들어 회귀분석을 시행해주는 함수인 lm()에 대한 도움말을 찾아보기 위해서는 help(lm)이라고 입력하면 된다.

(5) 객체 완성

변수가 있는 R의 객체명에 $ 연산자를 쓰면 변수의 목록이 자동으로 팝업된다. (데이터프레임 이름)$를 입력하면 해당 데이터프레임의 변수 목록이 나타난다. 데이터프레임의 이름과 같은 경우는 입력할 때 오타가 발생할 가능성이 높기 때문에 이 기능을 사용하면 도움이 된다.

참고

객체(object) 개념의 이해

- R을 사용하기 위해서 이해해야 할 개념 중의 하나가 객체(object)이다. 객체란 R을 사용하는 과정 중에 생성되며 현재 사용 중인 컴퓨터 메모리(작업공간)에 특정한 이름으로 저장되는 것을 의미한다. 객체에는 변수(variables), 문자열(character strings), 데이터(data, dataset), 함수(functions), 결과(results) 그리고 이러한 것들로 이루어진 좀 더 일반적인 형태의 것들이 해당한다.
- 데이터의 유형에는 벡터(vector), 행렬(matrix), 배열(array), 데이터프레임(data frame), 리스트(list)가 있으며 사회과학 통계분석을 하는 사람들은 데이터프레임과 리스트의 데이터형을 많이 사용한다.
- 객체를 만드는데는 길이의 제한이 없고, 문자, 숫자, '_' 또는 마침표('.')를 모두 사용할 수 있다. 다만 첫 글자는 문자로 시작하여야 한다. 변수나 데이터셋(실제로는 모든 객체)의 이름의 앞뒤에 인용부호를 사용하면 공백을 포함한 어떤 문자도 사용할 수 있다. 대문자와 소문자를 구분하여 인식한다(따라서 동일한 알파벳을 사용하는 대문자와 소문자의 변수를 각각 만들 수 있지만 이렇게 사용하는 것은 추천하지 않는다). 변수명을 만들 때는 함수명(예를 들어 mean), 또는 논리적 조건의 표현(예를 들어 TRUE)과 같은 이름은 피하는 것이 좋다.
- objects() 또는 ls() 라는 명령어는 현재 R 세션 내에서 사용되는 모든 객체들의 이름을 보여준다. 그리고 이렇게 모든 객체를 저장하고 있는 곳을 작업공간(workspace)이라고 부른다. 작업공간에 대해서는 뒤에서 설명한다.
- 현재 작업하고 있는 작업공간 내의 객체들은 rm( )이라는 함수를 이용하여 삭제할 수 있다.

```
rm(x, y, z, ink, junk, temp, foo, bar)   # ( )안은 가상의 객체이름의 예
```

참고

데이터프레임(data frame)의 이해

- 데이터프레임이란 R이 사용하는 데이터의 유형 중의 하나로서 SPSS, SAS, Stata 등 다른 통계패키지의 dataset과 같은 개념이다. 사회과학 통계분석의 대상이 되는 데이터에 해당하는 객체의 유형은 대부분 데이터프레임이라고 보아도 무방할 것이다. 앞으로 이 책에서 사용할 예제데이터도 그 유형은 데이터프레임이다.

- 데이터프레임은 열은 변수이고 행은 측정사례로 구성된다. 하나의 데이터프레임 안에는 숫자, 문자 등 다양한 형태의 변수가 존재할 수 있다.
- 데이터프레임의 내용을 파악할 수 있는 함수명

```
length(data frame 이름)        # 데이터프레임의 변수의 갯수를 알려준다.
names(data frame 이름)         # 변수들의 이름
row.names(data frame 이름)  # 행의 이름(사례의 id 숫자와 같다고 생각하면 됨)
```

(6) 파일 이름 완성

커맨드라인에 따옴표를 입력한 후에 탭키를 누르면 현재 작업공간에 있는 파일과 디렉터리(폴더) 이름이 선택할 수 있도록 팝업 창에 나타난다. 계속 문자를 입력해나가면 나타나는 디렉터리나 파일명의 수가 좁혀진다. 즉 부분적으로 완성된 문자열을 포함한 경로를 이용하여 제안된다.

참고

R에서는 디렉터리(폴더) 레벨을 표시하는 기호가 윈도우(₩)와 달리 '/'를 사용한다. 파일의 주소를 웹주소라고 간주하여 사용한다고 볼 수 있다. 일반적으로 '/'는 맥과 리눅스에서 사용한다.

(7) 괄호와 따옴표 완성

R에서 통계분석을 위해서 명령어 프로그램을 짜다보면 괄호를 자주 사용하게 되는데, 괄호닫기를 잊어버리기 때문에 에러가 발생하는 경우가 자주 일어난다. RStudio에서는 여는 괄호를 입력하면 자동으로 닫는 괄호는 표시해주기 때문에 이런 오류를 피할 수 있다. 마찬가지로 자주 실수하는 것이 따옴표를 사용할 때인데 작은 따옴표와 큰 따옴표에 대해서도 자동완성 기능을 지원한다.

3) 작업공간과 명령이력

오른쪽 상단의 패널에 기본적으로 세팅되어 있는 것이 작업공간(Environment: 예전에는 Workspace라고 표현되었음) 탭과 명령이력(History) 탭이다.

(1) 작업공간

- R 기본환경을 사용하거나 다른 편집기를 사용하여 통계분석 작업을 하면서 답답한 부분 중의 하나가 작업공간에 어떤 객체들이 있는지 확인하며 작업하기가 용이하지 않다는 점이다. 특히 분석 작업을 하다가 일정 시간 중단된 후에 다시 작업을 하려 할 때는 이런 답답함이 더 심해진다. 이런 면에서 RStudio의 장점 중의 하나가 작업공간에 있는 객체들을 직접 확인하고 편집할 수 있게 해준다는 점이다.
- 이 탭에는 R 데이터의 기본 저장 형식인 .RData 파일에 저장한 작업공간을 불러오거나, 현재 작업하고 있는 작업공간을 .RData 파일로 저장하기 위한 항목이 있다.
- Import Dataset은 데이터셋을 불러오는 기능으로 텍스트 파일(ASCII 파일)을 불러오거나 인터넷 웹주소에서 필요한 텍스트 파일을 불러 온다.
- Clear All 버튼은 현재 작업공간의 모든 변수를 제거한다. Refresh 버튼은 작업공간을 다시 검사하고 작업공간 브라우저를 새로 고친다.
- 작업공간 탭을 누르면 작업공간에 생성되어 있는 다양한 객체들이 유형별로 구분되어 나타난다. 이러한 유형에는 데이터(data), 값(values), 함수(functions) 등이 포함된다.
- 객체의 유형에 따라 값에 대한 추가 정보가 두번째 열에 표시된다. 이 때 추가적으로 표시되는 정보의 내용은 객체의 유형에 따라서 달라진다.

참고

작업공간(workspace)의 개념

- 작업공간이란 기본적으로 R의 분석작업이 이루어지는 공간(폴더)이라고 생각하면 되는데, 그곳에 유저가 만든 모든 객체(데이터프레임, 함수, 리스트 등)들이 존재한다.
- 작업공간 개념의 이해가 중요하다. SPSS, Stata 등은 하나의 데이터셋에 대해서 통계분석을 수행한다. 그렇지만 R은 작업공간 내에 여러 개의 데이터프레임과 다른 객체들이 존재하며, 서로 다른 데이

터프레임의 변수 간의 분석도 가능하다.

- 처음에 R을 실행시키면 기본 작업공간에서 실행된다. 그런데 지속적인 통계분석 작업을 위해서는 작업공간을 자신이 별도로 지정한 폴더로 설정해주는 것이 좋다. 여러 개의 프로젝트(별도의 통계분석)를 수행할 때 각각의 프로젝트를 별도의 작업폴더를 지정하여 사용하는 것이 유용하다. 통계분석을 마친 후 R 분석을 종료할 때 작업공간의 내용을 저장하면 다음 작업 시에 그 작업공간을 그대로 불러와서 사용할 수 있다.
- RStudio를 실행하면 기본 작업공간에서 실행되기 때문에, 특정 분석을 위해서 자신이 지정한 폴더로 작업공간을 바꾸어주기 위해서는 R을 실행시킨 후에 setwd ("mydirectory") 명령어를 사용하여 이동해야 한다. 그 다음에 load() 명령어를 입력하여 지난 번에 작업했던 내용을 불러와서 계속 작업할 수 있다. setwd()에서 파일 이름을 입력할 때는 파일의 모든 경로를 정확하게 입력해야 한다.
- 작업공간 관련 함수

```
getwd()                # 현재 작업공간의 경로를 보여준다
setwd("mydirectory") # mydirectory로 작업공간을 바꾸어 준다
ls()                   # 현재 작업공간 내의 모든 객체를 보여준다
```

- 작업공간의 저장 및 불러오기

```
save.image("myfile")    # 현재 작업공간을 myfile에 저장하기(.RData)
load("myfile")          # 저장한 작업내용을 불러오기
```

→ 데이터를 읽을 때에는 파일이 위치한 디렉터리(폴더)를 모두 입력한 후에 해당 파일을 불러와야 한다. 이러한 수고를 피하는 방법이 앞에서 소개한 setwd()를 사용해서 데이터가 있는 폴더를 작업장소(working directory)로 지정하는 것이다. setwd()를 실행하여 데이터가 있는 위치가 작업공간으로 지정되면 매번 데이터를 읽을 때마다 데이터가 있는 경로를 쓸 필요가 없이 데이터 이름만 써주면 된다. 파일 이름을 적을 때는 반드시 겹따옴표(" ")를 해야 한다.

- 작업공간 관련해서 사용할 수 있는 함수

```
rm(객체명)  # 작업공간 내에 만들어진 객체를 삭제할 때 사용하는 명령어
q()         # R을 종료할 때 사용하는 명령어
```

→ q()를 실행하면 작업공간의 저장 여부를 묻는 팝업창이 뜬다. 이 때 저장하면 해당 폴더에 .RData로 저장되고, 다음 작업 시에 load()를 입력하면 저장했던 작업공간의 내용들이 그대로 복구된다.

참고

데이터의 저장과 불러오기

- 현재 R 세션 내에서 생성되고 작업하던 모든 객체들은 .RData 라고 불리는 파일에 영구적으로 저장되고, 사용되었던 모든 명령어들은 .Rhistory 라는 파일에 따로 저장되어 다음 번 R 세션이 새로이 시작되었을 때 불러내어 다시 사용할 수 있다.
- 만약 같은 디렉토리 안에서 R이 다시 실행된다면, R은 자동적으로 이전에 세션에서 사용되었던 객체와 명령어들을 .RData 와 .Rhistory으로부터 불러온다.

(2) 데이터뷰어

- 작업공간에서 데이터에 해당하는 객체를 클릭하면 왼쪽 상단의 소스편집기 패널에 해당 데이터의 내용이 나타난다.
- 레코드는 1000개까지 변수는 100개까지 보여준다. 뷰 기능은 데이터가 업데이트될 때 자동적으로 이를 반영하여 보여주지 않고, 뷰 명령이 실행되었던 시점의 데이터를 보여준다. 작업공간 브라우저에서 데이터셋의 이름을 클릭하면 현재 뷰화면을 새로 고칠 수 있다. 아직까지는 데이터 편집 기능이 제공되지 않는다.

4) 플롯(Plots) 탭

뒤에서 자세하게 소개하겠지만 R이 가지는 장점 중의 하나가 그래픽이 우수하다는 점이다. 사용자가 다양한 대화형 그래픽과 차트를 만들 수 있도록 해준다. RStudio는 그래픽과 차트를 더 쉽게 사용할 수 있는 유틸리티를 제공한다. RStudio창의 오른쪽 하단에 플롯 전용 패널이 있다. 일반 R 기본환경에서는 그래픽이 만들어지면 새로운 창이 뜨면서 그래픽 결과가 나타난다. 그렇지만 RStudio에서는 모든 그래픽이 플롯 패널에 표시되도록 설정되어 있다.

(1) RStudio는 플롯 패널의 기능

- 줌 기능 : 줌 버튼을 누르면 현재보다 큰 플롯을 새 창에 보여준다. 이 때 RStudio는 해당 플롯을 고해상도로 다시 그리며 Zoom 창의 크기가 변경될 때마다 해당 플롯이 재생성된다.
- 내보내기 기능 : 현재의 플롯을 다른 형태의 파일로 내보내는 기능이다. Export 버튼을 누르면 수동으로 내보낼 수 있다. 3가지 옵션이 있는데 Save as Image, Save as PDF, Copy to Clipboard이다.
  ① 이미지 내보내기 기능은 png, jpg, svg, tiff, bmp, postscript, wmf 형식을 지원한다. 화면의 크기는 우측 하단을 드래그하여 조정할 수 있다.
  ② PDF로 내보내기는 현재 플롯을 가로 또는 세로 출력 형식으로 한 페이지의 pdf 파일을 생성한다.
  ③ 클립보드에 복사하는 것은 이미지 내보내기와 유사하다. 단지 파일이 생성되는 것이 아니라 필요한 프로그램에서 붙여넣기 해서 사용할 수 있다.
- 탐색 버튼 : 플롯 패널에서 좌측과 우측 방향 버튼은 이전 플롯을 가져오거나 최근 생성한 플롯을 불러오는데 사용한다.

03 Section > R을 사용하기 위해서 알아야 할 기본사항

1 변수 사용하기

통계분석이란 기본적으로 특정 변수의 기술통계를 구하거나, 변수들간의 관계를 분석하는 것을 말한다. 따라서 당연하게 변수를 사용해야 한다. 여기에서는 R을 사용해서 통계분석할 때 변수를 사용하기 위해서 필요한 기본적인 사항들을 살펴보기로 한다.

1) 변수명 만들기

변수명을 지정하는 방법은 앞에서 객체를 설명할 때 사용한 기준이 그대로 적용된다고 보면 된다. 유의해야할 점이라면 변수명을 지정할 때는 대소문자를 구분해야 하며, 문자로 시작해야 한다는 점 정도이다. 그렇지만 변수명을 붙이는 방식에 따라서 통계분석을 하는 과정에 분석의 용이성에 영향을 받는다.

의무적으로 해야 하는 것은 아니지만 변수명을 만들 때는 다음과 같은 점을 고려하면 유용하다.

① 변수명에 의미가 있어야 하고, 가능한 한 간결한 것이 좋다. 또 자신만의 변수명을 붙이는 원칙을 만들어서 가지고 있으면 편리하다. 일반적으로 변수명을 붙이기 귀찮을 때 'v1', 'v2' 이런 방식으로 명명하는 경우가 많다. 당장 분석을 시작하기에는 용이할 수 있지만 이렇게 할 경우에 시간이 지난 후에 다시 분석하려 할 때 그 변수가 지칭하는 내용을 기억할 수 없기 때문에 분석할 때마다 설문지 등을 통해서 그 내용을 다시 찾아봐야 하는 번거로움이 있다.

따라서 다른 곳에서 제공받은 SPSS 데이터셋을 읽어 와서 작업하는 경우라도 자주 사용하는 변수라면 자신이 의미를 이해할 수 있는 이름을 부여하여 새로 만드는 것이 지속적인 분석작업에 크게 도움이 된다.

② 변수명은 일반적으로 영어단어로 하는 것이 좋다. R에서 아직 한글의 사용에 제약이 있기 때문에 안전하게 영어단어를 사용하는 것이 좋다. 두 단어 이상을 사용해서 변수명을 만들 때도 자기 나름대로 원칙을 세워두면 좋다. 예들 들어, 그냥 두 개의 단어를 붙여서 사용하는 하는 방법, 두 단어를 축약해서 붙이는 방법, 두 단어사이에 '.'를 넣어주는 방법, '_'를 넣어주는 방법 등 다양하게 사용할 수 있다. 또한 단어의 구분을 위해서 단어의 시작에 대문자를 넣어서 사용하는 방법도 있다.

예를 들어 self control이라는 단어를 사용해서 변수를 만든다고 했을 때, 다음과 같은 사용이 가능하다.

selfcontrol, selcon, self.control, self_control,

SelfControl, SelCon, Self.Control, Self_Control

2) 변수의 연산, 사용

① 변수 간에 산술연산이 가능하다. 예를 들어 두 개의 변수를 더하거나 빼거나 곱하거나 나누는 것이 가능하다.

② 개별 변수의 기본적인 통계량은 산술연산을 가능하게 하는 함수를 사용해서 직접 구할 수 있다. 즉 변수의 평균(mean), 분산(var), 표준편차(sd), 합(sum), 사례수(length)는 앞의 괄호 안에 기록된 함수명을 사용해서 직접 구할 수 있다.

예를 들어 연령을 지칭하는 변수가 age일 때

```
> mean(age)
```

라고 입력하면 연령변수의 평균값을 계산해 준다.

참고

함수를 사용해서 기본통계량을 직접 구할 수 있는 특성은 추후 통계분석에서 데이터를 변환할 때 유용하게 사용할 수 있다. 예를 들어 특정 변수를 수동으로 표준화해야할 필요가 있을 때 이 기능이 유용하게 사용될 수 있다.

```
표준화된 새 변수 <- ((기존변수) - mean(기존변수))/sd(기존변수)
```

3) 할당

앞의 박스의 마지막 줄의 예에서 '<-'라는 기호를 사용하였는데, 이 기호의 의미가 할당(assignment)이다. R에서는 연산된 결과를 특정 객체에 할당할 수 있다. 할당된 객체는 추후의 분석에 다시 활용할 수 있다. 할당을 의미하는 기호는 "<-"를 주로 사용한다.[4]

위의 박스 안의 예에서 명령어가 의미하는 것을 우리말로 표현하면 다음과 같다.

4 명령문(statement)은 함수(function)와 할당(assignment)으로 구성되어 있다. R은 할당을 위해 전형적으로 사용하는 '=' 기호가 아니라 '<-'기호를 사용한다. 물론 R에서도 객체를 할당하는데 '='기호를 사용할 수 있다. 그렇지만 일반적으로 그렇게 사용하지 않는다. 그 기호가 작용하지 않는 경우가 몇가지 있기 때문이다.

"기존변수에서 그 변수의 평균을 뺀 값을 변수의 표준편차로 나눈 다음 그 결과를 새 변수로 할당하라"는 뜻이다. 이렇게 새로 만들어진 변수는 기존 변수를 표준화시킨 변수로서, 추후 분석에서 표준화된 변수의 사용이 필요할 때 이 변수를 사용하면 된다.[5]

할당은 앞서 설명하였던 객체, 작업공간과 밀접한 관련을 가진다. 객체란 할당에 의해서 작업공간에 형성된 것이라고 할 수 있다. 객체에는 다양한 유형들이 존재하는데 할당에 의해서 생성되어진다. 즉 할당을 통해서 변수를 만들 수도 있고, 데이터프레임 등 다양한 것들을 생성할 수 있다.

할당된 개체는 작업공간에 새롭게 생성되어 유지되며, 이후의 작업에 사용할 수 있다. 작업공간을 저장하고 나중에 작업공간의 내용을 다시 불러와서 언제든지 사용할 수 있다.

4) 변수명 표시방법

R에서는 통계분석을 위해서 변수를 사용할 때 그 변수가 속해 있는 데이터프레임을 반드시 지정해주어야 한다. 그 이유는 다음과 같다.

SPSS는 하나의 데이터셋을 지정하고 그 데이터셋에서만 통계분석이 이루어지기 때문에 명령어를 실행시킬 때 변수가 포함된 데이터셋을 별도로 지정할 필요가 없다. 그렇지만 R에서는 여러 데이터프레임이 작업공간에 생성되어 동시에 사용될 수 있다.[6] R은 작업공간 내에 존재하는 객체 중에서 우선순위에 따라서 객체의 이름을 적용한다.[7] 변수명을 사용할 때 정확한 데이터프레임의 이름을 붙여서 사용하지 않을 경우에는 오류가 발생하거나 다른 데이터프레임에 있는 동일변수명을 사용해서 엉뚱하게 잘못된 분석을 행할 수도 있다. 따라서 특정 데이터프레임 안에 포함된 변수를 사용하기 위해서는 항상 변수가 포함된 데이터프레임을 적어주는 습관을 가지는 것이 좋다.

R에서 통계분석할 때 변수가 속해 있는 데이터프레임을 지정하는 방법 2가지를 소개한다.

---

5 R에서 유용한 기능 중의 하나는 분석의 결과를 객체로 저장해서 이후의 분석에서 사용할 수 있다는 점이다.

6 R의 작업공간 안에는 여러 개의 데이터프레임과 다른 유형의 객체들이 존재할 수 있고, 각각의 데이터프레임 안에 변수들이 존재하는 구조를 가지고 있다. 따라서 변수를 사용하기 위해서는 변수가 속해 있는 데이터프레임을 함께 기록해야 한다.

7 순서를 확인하기 위해서는 search() 함수를 사용하면 된다. search() 함수는 attach된 패키지나 데이터프레임의 순서를 보여준다. 앞에 있는 패키지나 객체가 먼저 적용된다.

(1) '$'표시를 사용해서 데이터프레임을 지정하는 방법

'데이터프레임 이름$변수명'의 형태로 사용하는 것이다. 예를 들어 데이터프레임의 이름이 data이며, 변수명이 var1이라면 'data$var1'이라고 적어줘야 R이 인식한다.

예를 들어 아래와 같이 명령어를 입력했다고 하자.

```
mydata$sumx <- mydata$x1 + mydata$x2              #---ⓐ
mydata$meanx <- (mydata$x1 + mydata$x2)/2         #---ⓑ
```

위에서 ⓐ 명령어의 의미는 "mydata라는 데이터프레임 안에 있는 변수 x1과 x2를 더해서 mydata라는 데이터프레임 안에 sumx라는 새 변수를 생성하라"는 것이다. ⓑ 명령어는 "mydata라는 데이터프레임 안에 있는 변수 x1과 x2의 평균을 구해서 mydata라는 데이터프레임 안에 meanx라는 이름의 새 변수를 만들라"는 것을 의미한다.

이런 방법을 사용하면 가장 정확하게 변수명을 사용할 수 있다는 장점이 있다. 그런데 모든 변수명에 이렇게 데이터프레임의 이름을 같이 사용하면 명령문이 불필요하게 길어지고 입력할 양이 많아지기 때문에 명령문을 작성하기도 힘들 뿐만 아니라 나중에 불러와서 읽을 때도 쉽지 않다. 이러한 이유로 아래의 두 번째 방법을 사용하기도 한다.

(2) attach 함수 사용하기

attach(데이터프레임명)를 실행하면 해당 데이터프레임이 우선순위에서 앞으로 오게 됨으로써 변수명을 사용할 때 일일이 데이터프레임명을 밝히지 않아도 변수명만 입력하여 사용할 수 있다(뒷 부분의 [참고] 참조).

이 경우에 여러 데이터를 attach하여 동시에 사용하다보면 각기 다른 데이터에 속한 변수명들이 충돌을 일으킬 가능성이 높아지므로(예를 들어 동일한 변수명이 다른 데이터에서 함께 사용될 수 있음) 해당 데이터를 사용한 후에는 반드시 detach(데이터프레임명)을 해주어야 혼동을 피할 수 있다.

앞에서 사용하였던 예를 사용해서 예시해 보면 다음과 같다. 변수마다 데이터프레임명을 사용했을 경우와 같은 결과를 가져온다.

```
attach(mydata)
mydata$sumx <- x1+x2
mydata$meanx <- (x1+x2)/2
detach(mydata)
```

여기에서 주의해야할 것은 새로 만들어지는 변수에는 데이터프레임의 이름을 붙여주어야 한다는 점이다. 아래의 [참고]에도 나와 있지만 attach 함수를 사용해도 해당 데이터프레임은 가장 첫 번째 순서가 되는 것이 아니라, 두 번째에 위치한다. 첫 번째는 일반 작업공간에 해당한다. 따라서 새로 만들어지는 변수에 데이터프레임명을 붙여주지 않으면 원하는 데이터프레임 안에 변수로 만들어지는 것이 아니라, 작업공간 내에 하나의 객체로 만들어진다.

한 가지 더 추가하면 attach 함수를 사용하여 새 변수를 만든 후에 그 변수를 사용하기 위해서는 반드시 detach 한 후에 새로 attach를 해줘야 새로 만든 변수를 사용할 수 있다.[8] attach 함수를 사용해서 새로운 변수를 만들거나 변수값을 재부호화하는 등의 작업을 수행하였을 때 해당 데이터프레임을 detach시켰다가 다시 attach해줘야 그 작업 내용이 반영되기 때문이다.

참고

작업공간에 대한 이해와 attach 함수의 사용에 대한 이해를 돕기 위해서 아래와 같은 사례를 소개한다. 아래의 사례는 spssdata라는 데이터프레임을 사용할 경우의 예를 보여준다.

- 앞에서 search 함수는 패키지나 데이터프레임의 순서를 보여준다고 하였다. 아래와 같이 search()라고 입력하면 순서가 나타난다. 처음 나타나는 것은 ".GlobalEnv"이다. 이것은 작업공간이라고 보면 된다. 현재 RStudio를 사용하기 때문에 "tools:rstudio"가 나타나고 다음은 R의 base에 해당하는 패키지들이 순서대로 나타난다.

```
> search()
[1] ".GlobalEnv"          "tools:rstudio"      "package:stats"      "package:graphics"
[5] "package:grDevices"   "package:utils"      "package:datasets"   "package:methods"
[9] "Autoloads"           "package:base"
```

8 데이터창을 보면서 작업할 수 있는 SPSS와는 달리 R에서는 데이터프레임의 내용을 보면서 작업하는 것이 제한적이기 때문에 위의 절차를 따르는 것이 좋다.

• 이제 spssdata라는 데이터프레임을 사용하기 위해서 attach(spssdata)를 입력한다.

```
> attach(spssdata)
```

• 바뀐 것을 알아보기 위해서 다시 search( )를 입력하면 두 번째 순서에 "spssdata"가 나타난다. 즉 spssdata가 순서상 두 번째에 있기 때문에 변수명을 입력할 때 spssdata라는 데이터프레임의 이름을 지정하지 않더라도 spssdata에 있는 변수를 알아서 사용한다.

```
> search( )
[1] ".GlobalEnv"         "spssdata"           "tools:rstudio"      "package:stats"
[5] "package:graphics"   "package:grDevices"  "package:utils"      "package:datasets"
[9] "package:methods"    "Autoloads"          "package:base"
```

④ 반면 새로 만들어지는 변수명에 데이터프레임명을 붙이지 않으면 일반 작업공간에 새 변수가 객체로 만들어진다.

참고

함수만들기

R은 프로그래밍 언어이기도 하기 때문에, 자신이 원하는 함수를 직접 만들어서 사용할 수 있다. 예를 들어 R은 표본평균의 표준오차를 구하는 함수를 제공하지 않는다. 이 경우 직접 만들어서 사용할 수 있다.

function 함수를 이용하여 원하는 함수를 만드는데, 표준오차의 공식이 $s/\sqrt{n}$ 이므로 아래와 같이 만들 수 있다.

```
> se=function(x) sd(x)/sqrt(length(x))
```

위의 예에서 만들어진 함수를 사용하기 위해서는 se(변수명)이라고 하면 된다.

자주 쓰는 공식이 있다면 함수로 만들어놓으면 편리하다.

5) 패키지의 이해

통계분석을 할 때 패키지(Package)를 사용한다는 점은 R을 SPSS, SAS와 같은 다른 통계프로그램과 구분해주는 중요한 차이점 중의 하나라고 할 수 있다. 이들 통계프로그램은 특정한 분석을 위해서 프로그램에 제공된 명령어를 사용하면 된다. 그렇지만 R에서는 분석을 위해서 패키지라는 것을 사용해야 한다

패키지란 통계분석 등의 특정한 목적을 위해서 사용할 수 있는 다양한 함수와 명령어, 데이터들의 집합이라고 볼 수 있다. 즉 R에서 통계분석하기 위해서는 자신의 원하는 통계분석을 가능하게 해주는 패키지를 선택하여 설치하고, 그 패키지를 불러온 후에 패키지에 포함되어 있는 명령어를 사용하여 분석해야 한다.

R에는 기본적으로 제공하는 Base에서 제공하는 함수들 외에 특정한 통계분석이 가능하도록 수많은 사람들에 의해서 만들어져서 제공되는 함수들의 묶음인 수많은 패키지들이 존재한다.

① 컴퓨터에 패키지가 저장되어 있는 폴더(디렉토리)를 library라고 부른다.

② library( ) 함수를 빈괄호 상태에서 입력하면 컴퓨터에 저장된 사용가능한 패키지의 리스트를 보여준다.

③ search( ) 명령어는 어떤 패키지가 로드되어서 사용될 준비가 되어 있는지 보여준다.

(1) RStudio에서 R 패키지 설치 및 업데이트

- R은 여러 가지 장점을 가지고 있지만 그 중에서 가장 큰 장점은 자유롭게 배포되는 확장 패키지가 많다는 점이다. 패키지는 개인이 만들어서 올리는 것으로 다양한 종류의 자료 분석과 통계분석을 가능하게 해준다. R에서 통계분석을 하기 위해서는 먼저 원하는 분석에 필요한 패키지를 설치해야 한다.
- R을 설치하면 기본적으로 제공하는 주요 패키지(Base)만 설치되며, 그 밖의 통계분석 방법들은 다양한 패키지의 형태로 별도로 제공된다. 이러한 패키지는 CRAN에 게시되고 RStudio에서 쉽게 설치하고 업데이트할 수 있다.
- RStudio의 우측 하단 탭에는 현재 설치된 패키지를 검색할 수 있는 패키지 패널이 있다. update 버튼을 클릭하여 설치된 패키지를 업데이트 할 수 있다.

앞으로 자주 사용하게될 sjPlot을 설치해보도록 하자.

① RStudio 우측하단에 있는 Package 탭을 클릭한다.

② 설치를 시작하기 위해서 install 버튼을 클릭한다. 그러면 다음과 같이 CRAN 서버나 로컬 저장소를 선택하기 위한 팝업 메뉴가 나타난다.

그림 1-2 RStudio에서의 패키지 설치 화면

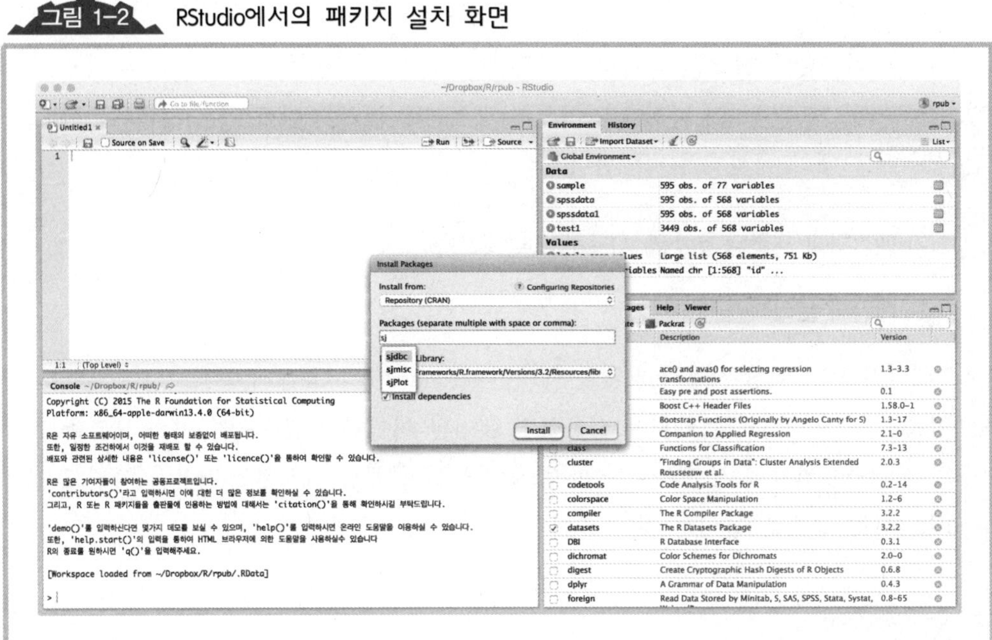

③ 인터넷 접근이 가능하다면, 가까운 곳에 있는 미러 사이트를 선택한 후 설치하려는 패키지의 첫 번째 문자를 입력한다. sj를 입력하면 3개의 패키지를 추천한다. sjPlot을 선택한 후에 install 버튼을 누르면 RStudio의 왼쪽 console 창에서 설치를 위한 명령이 실행되면서 설치가 수행된다.

④ 패키지를 로드하기 위해서는 설치된 패키지 목록 창을 검색한 후 체크하면 된다.

(2) 패키지 사용하기

패키지를 설치한 후에 그 패키지를 이용해서 분석을 하기 위해서는 설치한 패키지를 불러와야 한다. 분석하는 작업과정은 ① 해당 패키지를 불러오고(이미 설치되어 있다는 가정하에), ② 그 패키지를 이용해서 분석하고, ③ 분석이 끝난 후에는 그 패키지를 분리시킨다.

① 패키지 불러오기

패키지에 있는 함수나 데이터를 사용하기 위해서 library 함수로 불러들인다.

```
> library(sjPlot)
```

( )안에 있는 'sjPlot'는 패키지의 이름이다. 이렇게 하면 'sjPlot' 패키지를 사용할 수 있도록 불러오게 된다. 이 과정을 거치지 않고 'sjPlot' 패키지 안에 있는 명령어를 실행시킨 경우에는 에러 메시지가 나타난다.

② 패키지에 포함된 함수를 사용하여 분석하기

③ 패키지 분리시키기

패키지를 더 이상 사용하지 않을 때에는 detach( )를 사용해서 분리시킨다. 분리시키는 이유는 여러 패키지를 불러서 사용하면 데이터 이름이나 함수 이름이 중복되어 충돌이 일어날 가능성이 있기 때문이다. 이를 방지하기 위해서 패키지의 사용을 마친 후에는 detach( )하는 습관을 들이는 것이 좋다.

```
> detach(sjPlot)
```

CHAPTER 02

예제데이터 만들기와 데이터 변환

Statistical · Analysis · for · Social · Science · Using R

- Section 01 예제데이터 만들기
- Section 02 예제데이터에 대한 설명
- Section 03 통계분석을 위한 데이터 변환

예제데이터 만들기와 데이터 변환

01 Section > 예제데이터 만들기

본서에서는 R을 사용한 통계분석을 배울 때 이해를 돕기 위해서 실제 데이터를 사용해서 분석하는 과정을 그대로 보여주며 설명을 진행함으로써, 공부하는 사람들이 직접 데이터를 만들어서 하나씩 따라가며 분석하며 배울 수 있도록 하고자 한다. 이를 위해서 본장에서는 분석에 사용할 예제데이터를 만드는 방법에 대해서 소개하도록 한다. 본격적인 분석을 시작하기 전에 아래 제시된 내용을 따라함으로 예제데이터를 먼저 만들어보기 바란다.

이 책에서는 한국청소년정책연구원의 '한국 청소년패널조사'의 중2 패널 제1차년도 조사 데이터를 사용한다. 이 데이터는 한국청소년정책연구원 데이터아카이브(http://archive.nypi.re.kr)에서 다운로드를 할 수 있다.

※ 데이터 다운로드 경로

- 한국청소년정책연구원 데이터아카이브 → NYPI 패널조사 → 한국 청소년패널조사 → 조사표/데이터/코드북 → 중2 패널 데이터 SPSS → [중2패널] 1차년도~6차년도 데이터(SPSS).zip 다운로드한다.
- 다운 받은 SPSS 데이터 파일의 압축을 푼 다음, 사용할 데이터의 이름은 "04-1 중2 패널 1차년도 데이터(SPSS).sav"이다.

R로 분석할 수 있는 데이터를 만드는 방법은 여러 가지가 있다. 기본적으로 SPSS, SAS, STATA 등의 다른 통계프로그램에서 사용하는 데이터 파일을 불러와서 변환시킬 수 있고, csv 파일을 불러들여 R에서 사용하는 데이터를 만들 수도 있다.

본서에는 일반적으로 우리나라 사회과학도들이 많이 사용하는 SPSS 데이터 파일을 불러와서 변환시키는 방법과 csv 파일을 사용하는 방법을 소개하도록 한다.

1 SPSS 데이터 파일을 이용한 데이터 만들기

1) SPSS 데이터 파일 불러오기

R에서 SPSS 데이터 파일을 불러오기 위해서 사용할 수 있는 패키지가 여러 종류가 있다. 여기에서는 그 중에서 SPSS 데이터 파일에 입력되어 있는 변수 설명(variable label)과 변수값 설명(value label)을 그대로 R에서 사용할 수 있게 해주는 'Hmisc' 패키지를 이용한다. 'Hmisc' 패키지는 SPSS 데이터 파일뿐만 아니라 SAS, STATA 데이터 파일을 R로 불러올 수 있다.

분석 순서

① 'Hmisc' 패키지를 설치하고, 불러온다.

② 'Hmisc' 패키지에서 SPSS 데이터 파일을 불러오기 위해 spss.get 함수를 이용한다.[1]

③ spss.get 함수를 통해 불러온 SPSS 데이터 파일을 새로운 객체로 저장한다.

---

1 SAS 데이터 파일을 불러오기 위한 함수는 sas.get이고, STATA 데이터 파일을 불러오기 위한 함수는 stata.get이다.

R Script

```
# SPSS 데이터 파일 변환하기
install.packages("Hmisc")
library(Hmisc)
test <- spss.get("(파일 경로)/04-1 중2 패널 1차년도 데이터(SPSS).sav",
          use.value.labels=FALSE)
```

스크립트 설명

- 스크립트에서 명령어 앞에 '#' 표시를 붙이면 주석으로 해석하기 때문에 R이 분석을 수행하지 않는다. 분석하는 내용에 대한 설명을 붙여주면 나중에 이해하는데 용이하다.
- spss.get 함수에는 SPSS 데이터 파일이 저장된 경로와 파일 이름을 큰따옴표(" ") 안에 입력한다.
- use.value.labels 인자를 이용하여 불러온 데이터의 변수값을 변수값 설명으로 대체할 지 여부를 선택한다. 이 데이터에는 원 데이터의 변수값을 그대로 두기 때문에 'FALSE'를 입력한다. FALSE는 대문자로 입력해야 한다.

그림 2-1 데이터 불러오기 과정

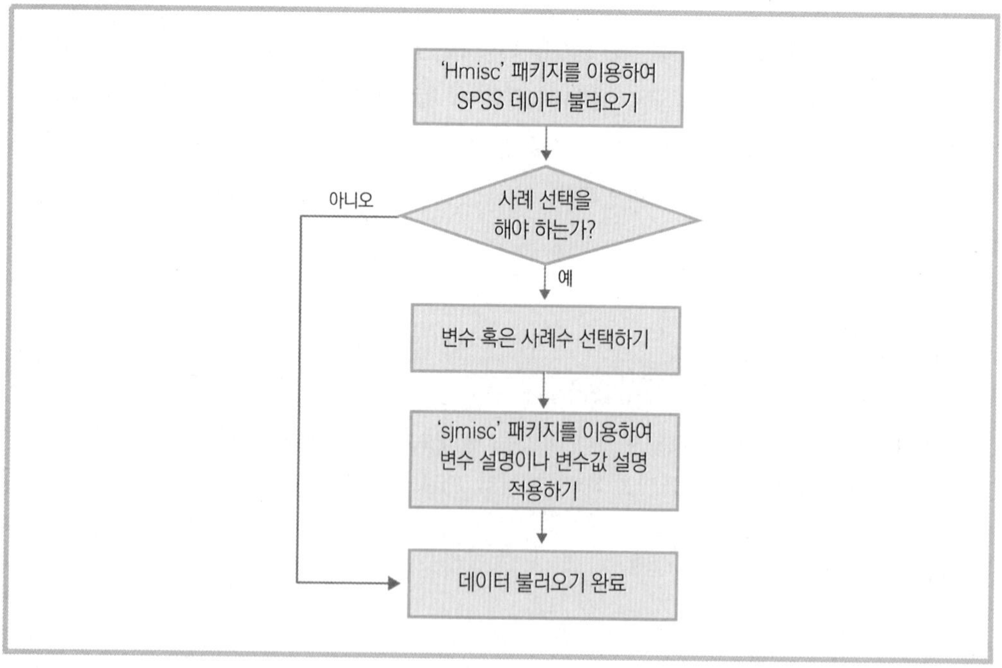

'Hmisc' 패키지를 이용하여 SPSS 데이터 불러오기

사례 선택을 해야 하는가?

아니오

예

변수 혹은 사례수 선택하기

'sjmisc' 패키지를 이용하여 변수 설명이나 변수값 설명 적용하기

데이터 불러오기 완료

• 이렇게 만든 데이터를 'test'라는 객체(데이터프레임)에 할당(저장)한다. 최종적인 분석대상이 아니라 한 번 더 작업을 해야 하기 때문에 임의로 test라고 명명하였다.

위의 명령문을 실행시킨 후에 RStudio의 작업공간(Environment)을 확인하면 'test'라는 객체가 표시된다. 그 객체를 클릭하면 〈그림 2-2〉와 같이 객체에 입력되어 있는 변수명, 변수값, 변수 설명(variable label), 변수값 설명(value label)을 확인할 수 있다.

참고

리눅스 운영체제일 경우에 SPSS 데이터 파일 변환하는 방법

리눅스 운영체제에 R을 이용하여 SPSS 데이터 파일을 변환할 경우에 다음과 같은 메시지가 출력될 경우에는 인코딩을 변환시켜주어야 한다.

```
re-encoding from CP51949
Error in iconv(names(rval). cp. "") :
   'CP51949'에서 ' '로의 변환은 지원되지 않습니다.
```

이런 경우에는 reencode 인자에 "CP949"를 지정하면 SPSS 데이터 파일을 변환할 수 있다.

```
test <- spss.get("(파일 경로)/-4-1 중2 패널 1차년도 데이터(SPSS).sav".
                 use.value.labels=FALSE, reencode="CP949")
```

그림 2-2 불러온 데이터에 대한 작업공간 화면

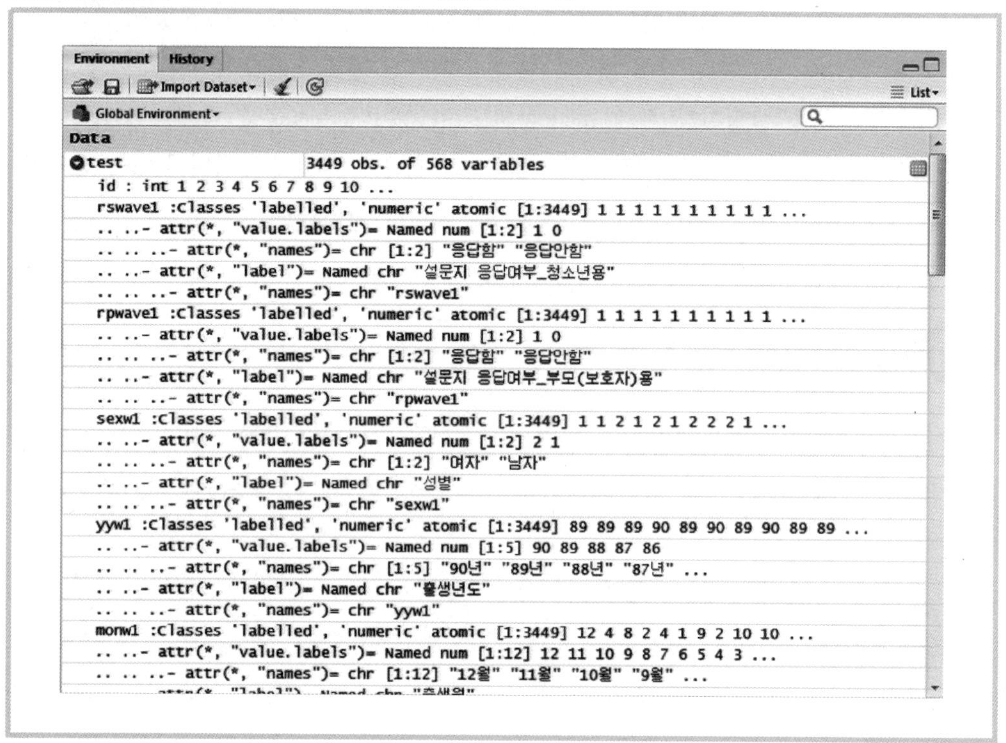

만약 SPSS 데이터 파일에서 특정 숫자에 대해 결측값으로 지정했다면, 'Hmisc' 패키지에서 SPSS 데이터 파일을 불러오면서 결측값으로 지정된 숫자는 'NA'으로 표시된다.

2) 변수 선택과 사례 선택

〈그림 2-2〉에서 볼 수 있는 바와 같이 데이터프레임 'test'에는 568개의 변수와 3,449개의 사례가 존재한다. 연습용으로 사용하기에는 변수의 수도 너무 많고, 사례수도 너무 많다. 따라서 이 책에서는 주어진 데이터의 모든 변수와 사례를 사용하지 않고, 일부의 변수와 사례만을 사용하고자 한다.[2]

이를 위해 앞으로 사용할 변수와 사례만을 선택하여 저장한 새로운 데이터프레임을

2 변수의 수가 많으면 데이터의 크기만 늘어나고 너무 복잡하기 때문에 앞으로 사용할 필요한 변수들만 남겨두고 나머지는 삭제한다. 또한 사례수는 너무 많을 때 통계 검정의 유의도와 연결되기 때문에 적당한 사례수만 사용하기 위해서 이런 절차를 거쳤다.

만들게 되며, 이것이 우리가 이후의 분석에서 사용할 예제데이터이다. 3장 이후의 분석 과정에서 이 책의 분석예제와 동일한 결과를 얻기 위해서는 아래에 제시하는 것과 같이 변수와 사례를 선택해서 예제데이터를 만들어야 한다.

이렇게 하기 위해서는 두 가지 과정을 거쳐야 한다. 먼저 데이터 'test'에서 필요한 변수를 선택하고, 두 번째로 필요한 사례만을 선택하는 과정이다.

(1) 변수 선택

데이터프레임에 있는 변수를 선택하는 방법은 두 가지가 있다. 하나는 변수명을 사용해서 선택하는 방법이고 다른 하나는 변수의 위치를 사용해서 선택하는 방법이다. 두 가지 방법 중에서 편한 방법을 선택하면 된다.

참고

변수의 위치를 아는 방법

- 데이터프레임에 포함된 변수의 이름을 알기 위해서는 names 함수를 사용하면 된다.
- 아래와 같이 names(test)라고 입력하면 test라는 데이터프레임에 포함된 모든 변수들을 보여준다. 아래 결과는 결과의 앞부분과 뒷부분 일부만 보여준 것이다.
- 이 때 각 줄의 가장 앞에 나온 대괄호 안에 있는 숫자는 그 줄 첫 번째 변수의 위치이다. 이 숫자를 기준으로 그 뒤에 나오는 변수의 위치를 알 수 있다.
- 예를 들어 아래 밑줄 친 q1a1w1 변수의 위치는 12이다.

```
> names(test)
 [1] "id"         "rswave1"  "rpwave1"  "sexw1"    "yyw1"     "monw1"
 [7] "studentw1" "schgrdw1" "scharew1" "areaw1"   "areuw1"   "q1a1w1"
[13] "q1a2w1"    "q1a3w1"   "q1a4w1"   "q1a5w1"   "q1a6w1"   "q1a7w1"
[19] "q2w1"      "ju31w1"   "jm31w1"   "ju32w1"   "jm32w1"   "q4a1w1"
[25] "q4a2w1"    "q4bw1"    "q5a01w1"  "q5a02w1"  "q5a03w1"  "q5a04w1"
.
.
.
```

```
[547] "juf6w1"     "jmf6w1"    "f6aw1"     "juf7w1"     "jmf7w1"      "f7aw1"
[553] "f8a1w1"     "f8a2w1"    "f8b1w1"    "f8b2w1"     "f8cw1"       "f8dw1"
[559] "f8e1w1"     "f8e2w1"    "f9w1"      "f10w1"      "f11a1w1"     "f11w1"
[565] "f12w1"      "schlaw1"   "wt1w1"     "wt2w1
```

분석 순서

① 변수명을 사용해서 변수를 선택하고자 할 때는 선택하고자 하는 변수명을 문자형 벡터(vector)로 만든다. 문자형 벡터에는 한 요소마다 큰따옴표(" ")를 표시해야만 각각 하나의 요소로 인식할 수 있다. 그리고 문자형 벡터를 select_variables라는 객체에 저장한다.

② 숫자형 벡터를 통해서 변수를 선택할 수도 있다. 숫자형 벡터를 만드는 방법은 문자형 벡터를 만드는 형식과 유사하지만, 벡터의 각 요소는 숫자이고, 큰따옴표 표시를 하지 않는다. 그리고 각 요소의 숫자는 데이터 내 변수의 위치를 의미한다. 예를 들어 c(1,2)라는 숫자형 벡터를 입력하면, 데이터에서 첫 번째에 위치한 변수와 두 번째에 위치한 변수를 지정하는 것이다. 숫자형 벡터를 select_variables라는 객체에 저장한다.

③ ①이나 ②에서 만든 벡터(select_variables)를 사용해서 'test' 데이터프레임에서 필요한 변수만을 선택한 후에 test1이라는 새로운 데이터프레임으로 저장한다.

R Script

```
# 변수 선택
# ① 문자형 벡터 만들기
select_variables <- c("id", "sexw1", "scharew1", "areaw1", "q2w1",
          "q18a1w1", "q18a2w1", "q18a3w1", "q33a01w1", "q33a02w1", "q33a03w1",
          "q33a04w1", "q33a05w1", "q33a06w1", "q33a07w1", "q33a08w1",
          "q33a09w1", "q33a10w1", "q33a12w1", "q33a13w1", "q33a14w1",
          "q33a15w1", "q34a1w1", "q34a2w1", "q34a3w1", "q34a4w1", "q34a5w1",
          "q34a6w1", "q37a01w1", "q37a02w1", "q37a03w1", "q37a04w1",
          "q48a01w1", "q48a02w1", "q48a03w1", "q48a04w1", "q48a05w1",
          "q48a06w1", "q48b1w1", "q48b2w1", "q48b3w1", "q48c1w1", "q48c2w1",
          "q48c3w1", "q48c4w1", "q48c5w1", "q48c6w1", "q50w1")
# ② 숫자형 벡터 만들기
select_variables <- c(1,4,9,10,19,101,102,103,328,329,330,331,332,333,334,
          335,336,337,339,340,341,342,343,344,345,346,347,348,372,375,377,
```

```
        379,484,485,486,487,488,489,496,497,498,499,500,501,502,503,504,532)
# ③ 문자형 혹은 숫자형 벡터에 입력된 변수를 데이터에서 선택
test1 <- test[select_variables]
```

스크립트 설명

① 필요한 변수만을 추출하기 위해서 해당 변수명만으로 문자형 벡터를 만들어서 select_variables이라는 객체로 저장한다. 필요한 변수에 대한 설명은 본장의 2절에 제시하였다.

② 필요한 변수만을 추출하기 위해서 해당 변수의 위치를 사용해서 숫자형 벡터를 만들어서 select_variables이라는 객체로 저장한다. 여기에서 문자형 백터와 숫자형 벡터의 이름이 select_variables로 동일하다는 점에 주목하자. 이는 두 가지 방법 중에서 어떤 방법을 사용해도 된다는 것을 의미한다.

③ 데이터프레임 'test'에서 선택할 변수들을 지정해서 저장한 객체(select_variables)를 [ ] 기호 안에 입력한다. 이렇게 하면 지정한 데이터 내에서 벡터에서 지정한 변수명이나 변수순서와 일치하는 변수가 선택된다. 이렇게 선택된 변수들을 'test1'이라는 새로운 객체에 저장한다.

참고

괄호(( ), [ ])의 사용

- 소괄호 ( )는 함수의 인자(arguments)를 입력할 때 주로 사용한다.
- 대괄호 [ ]는 벡터나 행렬의 구성요소를 가리키는 색인 위치나 조건을 입력할 때 사용한다. 대괄호 안에 관계(비교)연산자와 논리연산자를 사용하여 행렬의 구성요소를 가리키는 조건을 입력할 수 있다.
- 중괄호 { }는 함수의 내용부분 등을 정의하면서 여러 개의 표현식을 일괄 처리단위로 묶을 때 사용한다.

RStudio의 작업공간 창을 살펴보면 〈그림 2-3〉과 같이 'test1'이라는 데이터에는 앞서 문자형 혹은 숫자형 벡터에서 선택한 48개의 변수만이 저장되었다.

그림 2-3 불러온 데이터의 사례수와 변수의 수

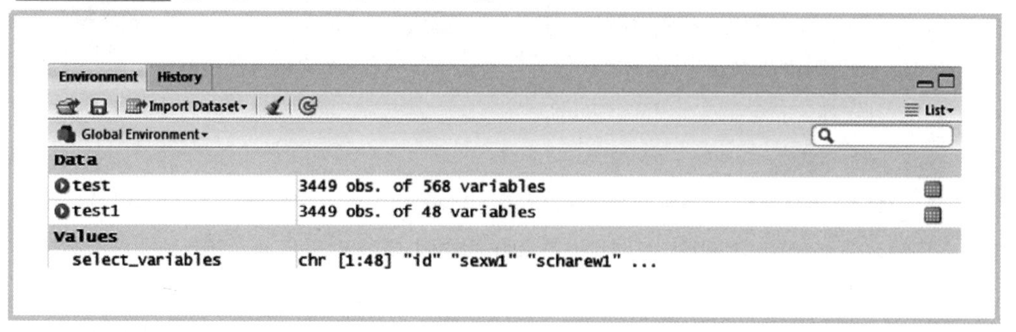

(2) 사례 선택

필요한 변수만 포함하고 있는 데이터프레임 'test1'에서 특정 조건을 만족시키는 사례만을 선택하여 앞으로 이 책에서 사용할 예제데이터를 만들어보도록 한다. 예제데이터는 이전 과정을 통해 만들어진 데이터(test1) 내의 사례 중에서 응답자의 학교 소재지역이 '서울'인 사례만 추출한다.

이를 위해 모든 사례들 중에서 응답자의 학교 소재지역이 '서울'인 사례만 선택하여 저장한다. 데이터에서 응답자가 재학 중인 학교 소재지역을 측정한 변수는 scharew1이다. 그리고 학교 소재지역이 '서울'인 변수값은 100 이상 200 미만이다. 따라서 scharew1 변수에서 변수값이 100 이상 200 미만에 해당하는 사례만 선택하면 된다.

분석 순서

① 이전 과정에서 필요한 변수만 저장시킨 데이터프레임 test1에서 학교 소재지역이 서울인 사례를 선택한다.

② 이렇게 선택한 사례들을 새로운 데이터프레임 'spssdata'로 저장한다. 이 데이터프레임 'spssdata'가 앞으로 계속 사용할 예제데이터이다.

R Script

```
# 사례 선택
spssdata <- test1[which(test1$scharew1 >= 100 & test1$scharew1 < 200),]
```

스크립트 설명

- 우선 대상 데이터(test1)를 지정하고, 그 중에서 특정 조건을 만족시키는 사례들을 선택하고자 하기 때문에 조건을 입력할 수 있는 대괄호 [(행), (열)]를 사용한다. 그 다음으로 사례를 선택하고자 하는 조건이 행이므로 행을 의미하는 위치에 조건을 입력한다. 맨 뒷부분 닫는 대괄호 앞에 ','가 있음에 주목하자.
- 선택 조건의 지정은 which 함수를 이용한 방법을 사용하였다. which 함수는 ( )안의 조건에 해당되는 객체만을 선택하는데 사용하는 함수이다. 선택하고자 하는 조건으로 'test1'이라는 데이터 내('$' 기호로 구분)에 있는 scharew1 변수의 변수값이 100 이상(test1$scharew1 >= 100)이라는 조건과 200 미만(test1$scharew1 < 200)이라는 조건을 입력한다. 그리고 이 두 조건이 모두 충족되는 사례만을 선택할 것이기 때문에 'and' 라는 논리연산자인 '&' 표시를 두 조건 사이에 입력한다.
- [(행), (열)] 표시에서 열에 대한 조건은 없으므로 공란으로 남겨놓는다.
- 이렇게 선택한 사례들을 'spssdata'라는 새로운 객체(데이터프레임)에 저장한다.

참고

R에서는 대괄호를 사용할 때 ','를 사용하는 경우 ',' 의 앞 부분은 행(사례)을 지정하는 조건으로 사용되며, 뒷부분은 열(변수)을 지정하는 조건으로 사용된다.

예를 들어 test1[1,3]이라는 명령어는 test1 데이터프레임의 3번째 열(변수)의 첫 번째 행(사례)를 선택한다는 것을 의미한다.

test1[1,]: test1 데이터프레임의 첫 번째 사례를 선택

test1[,3]: test1 데이터프레임의 세 번째 변수를 선택

응답자의 학교 소재지역이 '서울'인 사례만을 선택한 결과를 작업공간 창에서 확인해 보면 〈그림 2-4〉와 같다. 'spssdata'라는 이름의 데이터를 살펴보면, 48개의 변수와 595개의 사례로 만들어진 것을 확인할 수 있다.

그림 2-4 데이터 사례 선택 결과

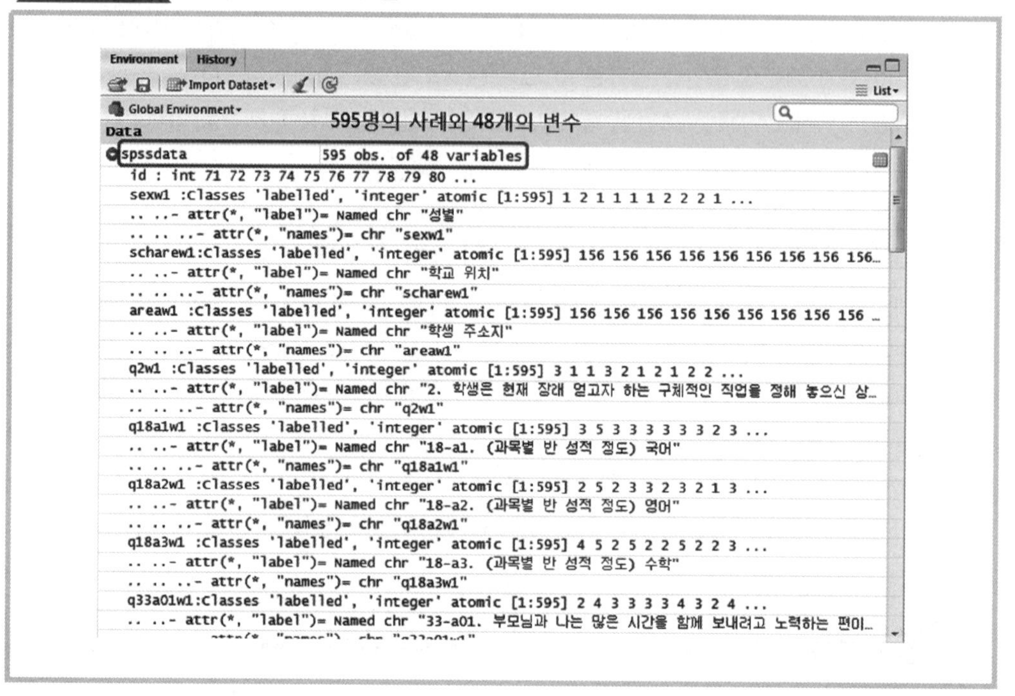

'Hmisc' 패키지를 이용하여 SPSS 데이터를 R로 불러와서 객체를 만들고, 이 객체에서 일부 사례만을 선택할 경우에는 〈그림 2-4〉의 〈작업공간 화면〉에서와 같이 데이터에서 변수 설명은 남아 있지만 데이터에 입력되어 있는 변수값 설명이 사라진다. 데이터를 통계분석할 때 변수값 설명을 사용하지 않을 경우에는 다음 단계를 거칠 필요 없이 그냥 'spssdata' 데이터를 사용하면 된다. 그렇지만 변수값 설명을 사용하려는 경우에는 다시 변수값 설명을 적용해야 한다.

3) 변수값 설명의 추출과 적용

변수값 설명의 적용은 'sjmisc' 패키지를 이용한다. 구체적으로 변수 선택이나 사례 선택을 하기 이전에 SPSS 데이터를 R로 불러왔던 첫 번째 객체(test)에서 변수 설명이나 변수값 설명을 추출하여, 예제 데이터에 적용한다. 변수값 설명을 손으로 하나씩 입력해도 되지만 여기에서는 기존의 데이터를 사용해서 손쉽게 적용하는 방법을 소개한다.

분석 순서

① 'sjmisc' 패키지를 설치하고, 불러온다.

② 'sjmisc' 패키지의 get_labels 함수로 지정한 데이터에서 변수값 설명을 추출한다.

③ 변수값 설명을 할당한 객체에서 필요한 변수만 선택한다.

④ 데이터에 변수값 설명을 적용한다.

R Script

```
# ① 'sjmisc' 패키지를 설치하고, 불러옴
install.packages("sjmisc")
library(sjmisc)
# ② 변수값 설명이 남아있는 데이터에서 변수값 설명을 추출
labels.spss.values <- get_labels(test)
# ③ 변수값 설명이 할당된 객체에서 spssdata에 남아있는 변수(48개)만을 선택
labels.spss.values <- labels.spss.values[select_variables]
# ④ spssdata에 변수값 설명을 적용
spssdata <- set_labels(spssdata, labels.spss.values, force.values=FALSE, force.labels=TRUE)
```

명령어 설명

get_labels	'sjmisc' 패키지에서 변수값 설명(value labels) 내용을 가져오기 위한 함수
set_labels	'sjmisc' 패키지에서 변수값 설명 내용을 붙이기 위한 함수
force.values	변수값의 수보다 변수값 설명의 수가 적은 경우에 강제적으로 해당 변수값에 변수값 설명의 적용 여부(기본값은 TRUE)
force.labels	변수값 설명의 수보다 변수값의 수가 적은 경우에 강제적으로 해당 변수값에 변수값 설명의 적용 여부(기본값은 FALSE)

스크립트 설명

- 'sjmisc' 패키지에서 변수값 설명을 추출할 수 있는 get_labels 함수를 이용한다. 그리고 처음 변환시켜서 변수값 설명이 남아있는 'test' 데이터를 지정하여 변수값 설명을 추출하고, 이를 labels.spss.values라는 객체에 할당(저장)한다. 객체의 이름은 분석하는 사람이 임의로 정할 수 있다.
- 새로 만든 labels.spss.values에는 568개 변수의 변수값 설명이 포함되어 있다. 따라서 데이터(spssdata)에 변수값 설명을 적용하기 위해서는 spssdata와 동일한 48개의 변수만 labels.spss.values에 남겨두고 나머지는 삭제해야 한다. 이를 위해서 변수값을 추출하여 할당한 객체(labels.spss.values)에 대괄호를 사용해서 앞서 데이터에서 변수를 선택할 때 사

용했던 변수 리스트 객체(select_variables)를 입력한다. 이런 방법으로 필요한 변수만 선택이 된 변수값 설명은 다시 labels.spss.values라는 객체에 할당한다.

- 'sjmisc' 패키지에서 변수값 설명을 적용할 때는 set_labels 함수를 이용한다. set_labels 함수에는 변수값 설명을 적용할 대상 데이터(spssdata)와 변수값 설명이 할당되어 있는 객체(labels.spss.values)를 차례로 입력한다.
- 이 데이터에서는 변수값보다는 변수값 설명이 같거나 더 많이 있으므로 변수값의 수보다 변수값 설명의 수가 적은 경우에 강제적으로 변수값 설명을 적용할 수 있는 인자인 force.values를 'FALSE'로 지정한다. 그리고 변수값 설명의 수보다 변수값의 수가 적은 경우에는 강제적으로 변수값에 변수값 설명을 적용할 수 있는 인자인 force.labels는 'TRUE'로 지정한다.

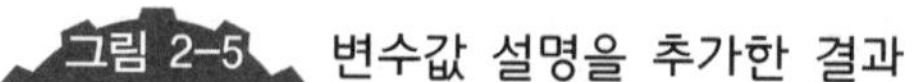
그림 2-5 변수값 설명을 추가한 결과

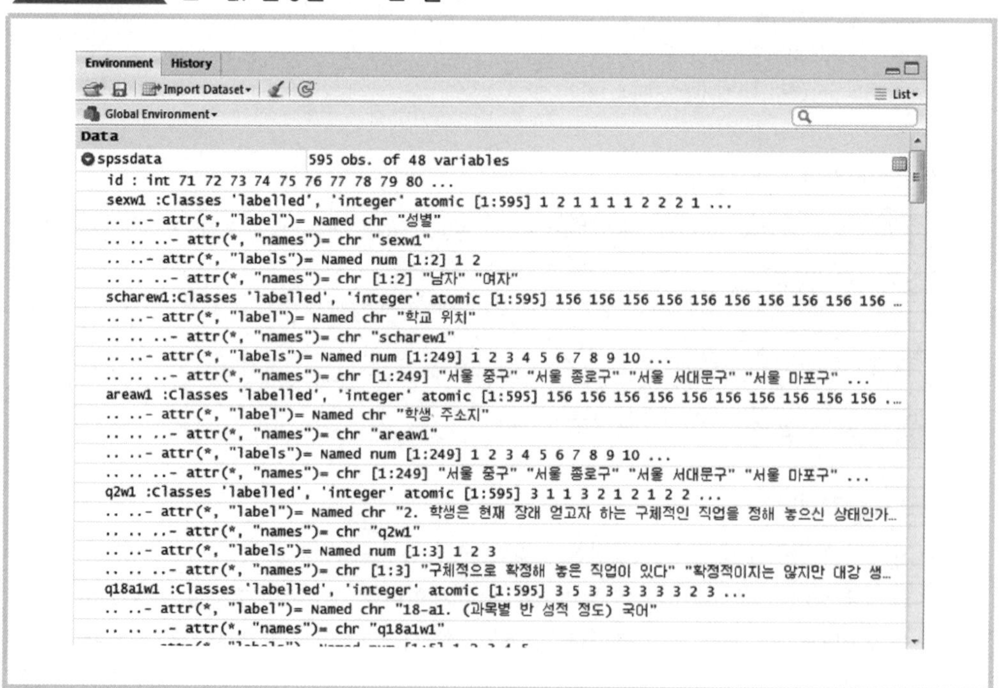

〈그림 2-5〉의 〈작업공간 화면〉에서와 같이 'sjmisc' 패키지를 이용하여 변수값 설명을 적용한 데이터를 확인하면 각 변수에 변수 설명과 변수값 설명이 적용된 데이터를 확인할 수 있다.

참고

SPSS 데이터를 R로 불러올 수 있는 또 다른 방법으로 'haven' 패키지를 이용할 수 있다. 'haven' 패키지에서는 read_spss 함수로 SPSS 데이터를 불러올 수 있다.

R Script

```
install.packages("haven")
library(haven)
test <- read_spss("(파일 경로)/04-1 중2 패널 1차년도 데이터(SPSS).sav")
```

SPSS 데이터를 R로 불러와서 test라는 객체에 할당한다. 그리고 변수와 사례를 선택한다. 그런데 'haven' 패키지에서는 SPSS가 16.0 이전의 버전으로 만들어진 SPSS 데이터는 불러올 수 없다. 이런 경우에는 SPSS 16.0 이후 버전에서 '새 이름으로 저장'한 후에 불러올 수 있다.

R Script

```
# 변수 선택
test1 <- test[select_variables]
# 사례 선택
spssdata <- test1[which(test1$scharew1 >= 100 & test1$scharew1 < 200),]
```

'haven' 패키지에서 사례를 선택할 경우에는 아래 <작업공간 화면>에서와 같이 변수 설명이 사라지게 된다.

<작업공간 화면>

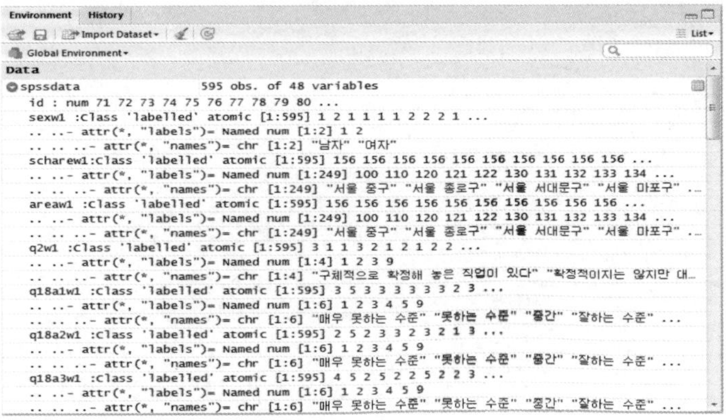

```
Environment  History
Import Dataset▾                                                    List▾
Global Environment▾
Data
spssdata              595 obs. of 48 variables
   id : num 71 72 73 74 75 76 77 78 79 80 ...
   sexw1 :Class 'labelled' atomic [1:595] 1 2 1 1 1 1 2 2 2 1 ...
   .. ..- attr(*, "labels")= Named num [1:2] 1 2
   .. .. ..- attr(*, "names")= chr [1:2] "남자" "여자"
   scharew1:Class 'labelled' atomic [1:595] 156 156 156 156 156 156 156 156 156 156 ...
   .. ..- attr(*, "labels")= Named num [1:249] 100 110 120 121 122 130 131 132 133 134 ...
   .. .. ..- attr(*, "names")= chr [1:249] "서울 중구" "서울 종로구" "서울 서대문구" "서울 마포구" ...
   areaw1 :Class 'labelled' atomic [1:595] 156 156 156 156 156 156 156 156 156 156 ...
   .. ..- attr(*, "labels")= Named num [1:249] 100 110 120 121 122 130 131 132 133 134 ...
   .. .. ..- attr(*, "names")= chr [1:249] "서울 중구" "서울 종로구" "서울 서대문구" "서울 마포구" ...
   q2w1 :Class 'labelled' atomic [1:595] 3 1 1 3 2 1 2 1 2 2 ...
   .. ..- attr(*, "labels")= Named num [1:4] 1 2 3 9
   .. .. ..- attr(*, "names")= chr [1:4] "구체적으로 확정해 놓은 직업이 있다" "확정적이지는 않지만 대...
   q18a1w1 :Class 'labelled' atomic [1:595] 3 5 3 3 3 3 3 3 2 3 ...
   .. ..- attr(*, "labels")= Named num [1:6] 1 2 3 4 5 9
   .. .. ..- attr(*, "names")= chr [1:6] "매우 못하는 수준" "못하는 수준" "중간" "잘하는 수준" ...
   q18a2w1 :Class 'labelled' atomic [1:595] 2 5 2 3 3 2 3 2 1 3 ...
   .. ..- attr(*, "labels")= Named num [1:6] 1 2 3 4 5 9
   .. .. ..- attr(*, "names")= chr [1:6] "매우 못하는 수준" "못하는 수준" "중간" "잘하는 수준" ...
   q18a3w1 :Class 'labelled' atomic [1:595] 4 5 2 5 2 2 5 2 2 3 ...
   .. ..- attr(*, "labels")= Named num [1:6] 1 2 3 4 5 9
   .. .. ..- attr(*, "names")= chr [1:6] "매우 못하는 수준" "못하는 수준" "중간" "잘하는 수준" ...
```

이러한 경우에는 'sjmisc' 패키지를 이용하여 변수 설명을 추출하여 적용해야 한다. 'sjmisc' 패키지에서 변수 설명을 추출할 수 있는 함수는 get_label이다. 이 함수에 변수 설명이 남아있는 객체(test)를 지정하여 변수 설명을 추출하고, 추출된 변수 설명은 labels.spss.variables라는 객체에 할당한다. 그리고 앞서 데이터에서 변수를 선택할 때 사용했던 변수 리스트 객체(select_variables)를 입력하여 변수 설명을 적용할 변수를 선택한다. 그리고 변수가 선택된 변수 설명은 다시 labels.spss.variables라는 객체에 할당한다.

'sjmisc' 패키지에서 변수 설명을 적용할 수 있는 set_label 함수를 이용한다. set_label 함수에는 변수 설명을 적용할 대상 데이터(spssdata)와 변수 설명이 할당되어 있는 객체(labels.spss.variables)를 차례로 입력한다.

R Script

```
# sjmisc' 패키지를 설치하고, 불러옴
install.packages("sjmisc")
library(sjmisc)
# 변수 설명이 남아있는 데이터에서 변수 설명을 추출
labels.spss.variables <- get_label(test)
# 변수 설명이 할당된 객체에서 spssdata에 남아있는 변수만을 선택
labels.spss.variables <- labels.spss.variables[select_variables]
# spssdata에 변수값 설명을 적용
spssdata <- set_label(spssdata, labels.spss.variables)
```

이러한 과정으로 만들어진 spssdata를 아래의 〈작업공간 화면〉에서 살펴보면, 변수 설명과 변수값 설명을 적용된 데이터를 확인할 수 있다.

〈작업공간 화면〉

```
Environment  History
Import Dataset                                                List
Global Environment
Data
spssdata                     595 obs. of 48 variables
  id : atomic 71 72 73 74 75 76 77 78 79 80 ...
  ..- attr(*, "label")= Named chr "id"
  .. ..- attr(*, "names")= chr "id"
  sexw1 :Class 'labelled' atomic [1:595] 1 2 1 1 1 1 2 2 2 1 ...
  .. ..- attr(*, "labels")= Named num [1:2] 1 2
  .. .. ..- attr(*, "names")= chr [1:2] "남자" "여자"
  .. ..- attr(*, "label")= Named chr "성별"
  .. .. ..- attr(*, "names")= chr "sexw1"
  scharew1:Class 'labelled' atomic [1:595] 156 156 156 156 156 156 156 156 156 156 ...
  .. ..- attr(*, "labels")= Named num [1:249] 100 110 120 121 122 130 131 132 133 134 ...
  .. .. ..- attr(*, "names")= chr [1:249] "서울 중구" "서울 종로구" "서울 서대문구" "서울 마포구" ...
  .. ..- attr(*, "label")= Named chr "학교 위치"
  .. .. ..- attr(*, "names")= chr "scharew1"
  areaw1 :Class 'labelled' atomic [1:595] 156 156 156 156 156 156 156 156 156 156 ...
  .. ..- attr(*, "labels")= Named num [1:249] 100 110 120 121 122 130 131 132 133 134 ...
  .. .. ..- attr(*, "names")= chr [1:249] "서울 중구" "서울 종로구" "서울 서대문구" "서울 마포구" ...
  .. ..- attr(*, "label")= Named chr "학생 주소지"
  .. .. ..- attr(*, "names")= chr "areaw1"
  q2w1 :Class 'labelled' atomic [1:595] 3 1 1 3 2 1 2 1 2 2 ...
  .. ..- attr(*, "labels")= Named num [1:4] 1 2 3 9
  .. .. ..- attr(*, "names")= chr [1:4] "구체적으로 확정해 놓은 직업이 있다" "확정적이지는 않지만 대강 생각해 놓...
  .. ..- attr(*, "label")= Named chr "2. 학생은 현재 장래 얻고자 하는 구체적인 직업을 정해 놓으신 상태인가요?"
```

2 CSV 파일을 이용한 데이터 만들기

SPSS, SAS, 혹은 STATA 등과 같은 통계프로그램에서 사용할 수 있는 형태로 데이터가 이미 만들어진 경우에는 앞서 살펴본 바와 같은 방법으로 각 데이터 파일의 형식에 맞는 함수를 이용하여 불러올 수 있다. 그러나 연구자가 직접 조사한 결과를 R에서 사용할 수 있는 데이터의 형태로 만드는 경우에는 〈그림 2-6〉과 같은 과정을 통해 데이터를 만들 수 있다.

그림 2-6 직접 데이터를 만들 경우의 과정

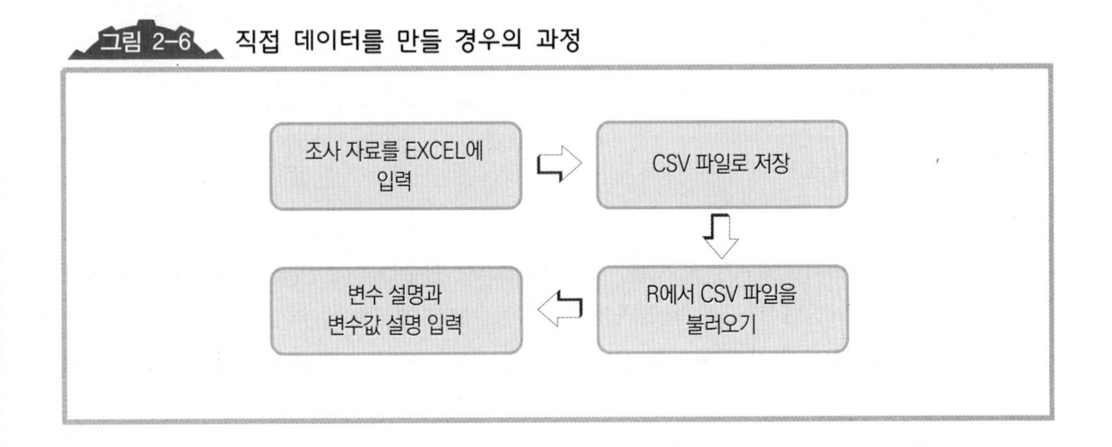

1) CSV 파일 불러오기

연구자가 직접 조사한 자료의 결과를 우선 EXCEL에 입력하고, 입력을 마친 후에는 '다른 이름으로 저장'을 선택하여 〈그림 2-7〉과 같이 'CSV' 형식의 파일로 저장한다.

그림 2-7 RStudio 실행 화면

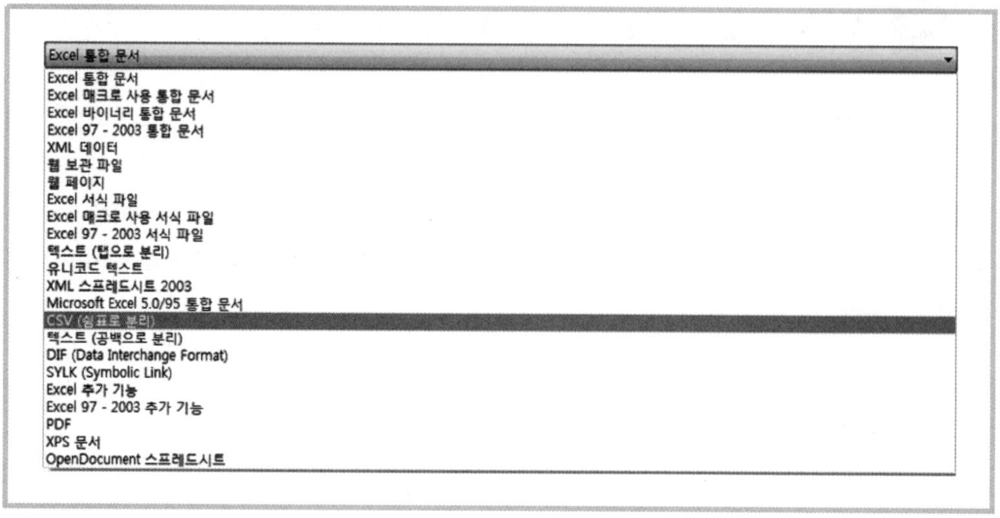

Excel 통합 문서
Excel 통합 문서
Excel 매크로 사용 통합 문서
Excel 바이너리 통합 문서
Excel 97 - 2003 통합 문서
XML 데이터
웹 보관 파일
웹 페이지
Excel 서식 파일
Excel 매크로 사용 서식 파일
Excel 97 - 2003 서식 파일
텍스트 (탭으로 분리)
유니코드 텍스트
XML 스프레드시트 2003
Microsoft Excel 5.0/95 통합 문서
CSV (쉼표로 분리)
텍스트 (공백으로 분리)
DIF (Data Interchange Format)
SYLK (Symbolic Link)
Excel 추가 기능
Excel 97 - 2003 추가 기능
PDF
XPS 문서
OpenDocument 스프레드시트

분석 순서

① csv 파일 데이터를 R에서 불러오기 위해 read.table 함수를 이용한다. read.table 함수에 필요한 인자를 입력한다. 분석 결과를 'test'라는 데이터프레임에 저장한다.

② 예제데이터에 포함시킬 변수를 선택한다. 이 과정은 앞에서 설명한 SPSS 데이터를 불러오는 과정과 동일하다.

③ 예제데이터에 포함시킬 사례를 선택한다. 이 과정 역시 앞에서 설명한 SPSS 데이터를 불러오는 과정과 동일하다.

④ 변수 설명을 입력한다. 앞에서 SPSS 데이터 파일을 불러온 경우에는 변수 설명이 그대로 따라 오기 때문에 문제가 없지만, CSV 파일을 불러오는 경우에는 변수 설명이 없기 때문에 분석의 편의를 위해서 앞서 만든 예제데이터와 동일하게 변수 설명을 입력해 준다.

⑤ 변수값 설명을 입력한다. 마찬가지로 변수값 설명도 앞서 만든 예제데이터와 동일하게 입력해 준다.

⑥ 변수의 결측값을 지정해 준다. 빈칸인 경우에는 자동적으로 결측값으로 지정해주지만 논리적으로 입력하는 결측값은 별도로 지정해줘야 한다. SPSS 데이터를 불러오는 경우에는 논리적으로 지정한 결측값도 그대로 따라오기 때문에 별도로 신경쓰지 않아도 된다.

R Script

```
# ① CSV 파일 불러오기
test <- read.table("(파일 경로)/04-1 중2 패널 1차년도 데이터(SPSS).csv",
         header=TRUE, sep=",")
```

스크립트 설명

① read.table 함수를 사용하여 필요한 인자를 입력한다. 기본패키지에 포함된 함수이기 때문에 별도로 패키지를 불러오지 않아도 된다.

- read.table 함수에는 우선 파일이 저장된 경로와 파일명을 입력한다. 여기에서는 연습을 위해서 앞에서 사용했던 SPSS 데이터를 CSV 파일로 변환하여 사용하였다.
- header=TRUE 인자는 CSV 파일의 첫 번째 행을 변수명으로 인식하라는 명령어이다. CSV 파일의 첫 번째 행에 변수명이 입력되어 있다면, 인자값을 TRUE로 지정하여 첫 번째 행을 변수명으로 인식하도록 한다. 변수명이 없는 경우에는 FALSE라고 입력한다.
- sep="," 인자는 csv 파일에서 변수값들을 구분하기 위한 표시를 지정하게 된다. 〈그림 2-7〉에서와 같이 변수값들 간에는 쉼표(,)로 분리하여 CSV 파일을 만들었으므로 쉼표를 입력하고, 쉼표도 문자이므로 큰따옴표를 표시한다.

R Script

```
# ② 변수 선택
# 문자형 벡터 만들기
select_variables <- c("id", "sexw1", "scharew1", "areaw1", "q2w1",
         "q18a1w1", "q18a2w1", "q18a3w1", "q33a01w1", "q33a02w1", "q33a03w1",
         "q33a04w1", "q33a05w1", "q33a06w1", "q33a07w1", "q33a08w1",
         "q33a09w1", "q33a10w1", "q33a12w1", "q33a13w1", "q33a14w1",
         "q33a15w1", "q34a1w1", "q34a2w1", "q34a3w1", "q34a4w1", "q34a5w1",
         "q34a6w1", "q37a01w1", "q37a02w1", "q37a03w1", "q37a04w1",
         "q48a01w1", "q48a02w1", "q48a03w1", "q48a04w1", "q48a05w1",
         "q48a06w1", "q48b1w1", "q48b2w1", "q48b3w1", "q48c1w1", "q48c2w1",
         "q48c3w1", "q48c4w1", "q48c5w1", "q48c6w1", "q50w1")
# 숫자형 벡터 만들기
select_variables <- c(1,4,9,10,19,101,102,103,328,329,330,331,332,333,334,
         335,336,337,339,340,341,342,343,344,345,346,347,348,372,375,377,
         379,484,485,486,487,488,489,496,497,498,499,500,501,502,503,504,532)
# 문자형 혹은 숫자형 벡터에 입력된 변수명과 동일한 변수를 데이터에서 선택
```

```
test1 <- test[select_variables]

# ③ 사례 선택
spssdata <- test1[which(test1$scharew1 >= 100 & test1$scharew1 < 200),]
```

스크립트 설명

②번과 ③번의 스크립트 설명은 앞서 SPSS 데이터 불러오기에서 설명했던 것과 동일하기 때문에 별도로 다시 설명하지 않는다.

R Script

```
# ④ 변수 설명 입력하기
library(sjmisc)
spssdata$sexw1 <- set_label(spssdata$sexw1, "성별")
spssdata$q18a1w1 <- set_label(spssdata$q18a1w1,
        "18-a1. (과목별 반 성적 정도) 국어")
spssdata$q33a01w1 <- set_label(spssdata$q33a01w1,
        "33-a01. 부모님과 나는 많은 시간을 함께 보내려고 노력하는 편이다")
spssdata$q33a07w1 <- set_label(spssdata$q33a07w1,
        "33-a07. 내가 외출했을 때 부모님은 내가 어디에 있는지 대부분 알고 계신다")
spssdata$q37a01w1 <- set_label(spssdata$q37a01w1,
        "37-a01. (지난 1년 동안 본인이 한 경험) 담배 피우기")

# ⑤ 변수값 설명 입력하기
spssdata$sexw1 <- set_labels(spssdata$sexw1, c("남자", "여자"))
spssdata$q18a1w1 <- set_labels(spssdata$q18a1w1, c("매우 못하는 수준",
        "못하는 수준", "중간", "잘하는 수준", "매우 잘하는 수준"))
spssdata$q33a01w1 <- set_labels(spssdata$q33a01w1, c("전혀 그렇지 않다",
        "그렇지 않은 편이다", "보통이다", "그런 편이다", "매우 그렇다"))
spssdata$q33a07w1 <- set_labels(spssdata$q33a07w1, c("전혀 그렇지 않다",
        "그렇지 않은 편이다", "보통이다", "그런 편이다", "매우 그렇다"))
spssdata$q37a01w1 <- set_labels(spssdata$q37a01w1, c("전혀 없다", "있다"))
```

스크립트 설명

④ CSV 파일 자체에는 변수 설명이나 변수값 설명을 입력하는 것이 불가능하다. 따라서 R에서 CSV 파일을 불러온 후에 변수 설명이나 변수값 설명을 사용자가 직접 입력해야 한다.

- 변수 설명이나 변수값 설명을 입력하기 위한 방법은 여러 가지가 있으나 여기서는 간단히 변수 설명이나 변수값 설명을 입력할 수 있는 방법으로 'sjmisc' 패키지를 이용한다.
- 'sjmisc' 패키지를 불러온다.
- 'sjmisc' 패키지에서 변수 설명을 위한 함수는 set_label이다.
- set_label 함수에 우선 변수에 변수 설명을 추가할 대상 데이터프레임(spssdata)과 변수를 지정한다. 그리고 변수 설명을 입력한다. 변수 설명은 문자열이므로 큰따옴표를 입력한다.
- 이 결과를 다시 원래의 변수에 저장한다(spssdata$sexw1 < – set_label(spssdata$sexw1, "성별")).
- 이런 방식으로 2절에 나오는 것을 참고하여 변수 설명을 입력한다.

참고

변수 설명의 입력을 위해서 예제데이터의 모든 변수 설명을 입력하는데 필요한 스크립트를 기술한다.

```
library(sjmisc)
spssdata$id <- set_label(spssdata$id, "id")
spssdata$sexw1 <- set_label(spssdata$sexw1, "성별")
spssdata$scharew1 <- set_label(spssdata$scharew1, "학교 위치")
spssdata$areaw1 <- set_label(spssdata$areaw1, "학생 주소지")
spssdata$q2w1 <- set_label(spssdata$q2w1, "2. 학생은 현재 장래 얻고자 하는 구체적인 직업을 정
해 놓으신 상태인가요?")
spssdata$q18a1w1 <- set_label(spssdata$q18a1w1, "18-a1. (과목별 반 성적 정도) 국어")
spssdata$q18a2w1 <- set_label(spssdata$q18a2w1, "18-a2. (과목별 반 성적 정도) 영어")
spssdata$q18a3w1 <- set_label(spssdata$q18a3w1, "18-a3. (과목별 반 성적 정도) 수학")
spssdata$q33a01w1 <- set_label(spssdata$q33a01w1, "33-a01. 부모님과 나는 많은 시간을 함께
보내려고 노력하는 편이다")
spssdata$q33a02w1 <- set_label(spssdata$q33a02w1, "33-a02. 부모님은 나에게 늘 사랑과 애정
을 보이신다")
spssdata$q33a03w1 <- set_label(spssdata$q33a03w1, "33-a03. 부모님과 나는 서로를 잘 이해하
는 편이다")
spssdata$q33a04w1 <- set_label(spssdata$q33a04w1, "33-a04. 부모님과 나는 무엇이든 허물없
이 이야기하는 편이다")
spssdata$q33a05w1 <- set_label(spssdata$q33a05w1, "33-a05. 나는 내 생각이나 밖에서 있었던
```

```
일들을 부모님께 자주 이야기하는 편이다")
spssdata$q33a06w1 <- set_label(spssdata$q33a06w1, "33-a06. 부모님과 나는 대화를 자주 나누
는 편이다")
spssdata$q33a07w1 <- set_label(spssdata$q33a07w1, "33-a07. 내가 외출했을 때 부모님은 내가
어디에 있는지 대부분 알고 계신다")
spssdata$q33a08w1 <- set_label(spssdata$q33a08w1, "33-a08. 내가 외출했을 때 부모님은 내가
누구와 함께 있는지 대부분 알고 계신다")
spssdata$q33a09w1 <- set_label(spssdata$q33a09w1, "33-a09. 내가 외출했을 때 부모님은 내가
무엇을 하고 있는지 대부분 알고 계신다")
spssdata$q33a10w1 <- set_label(spssdata$q33a10w1, "33-a10. 내가 외출했을 때 부모님은 내가
언제 돌아올지를 대부분 알고 계신다")
spssdata$q33a12w1 <- set_label(spssdata$q33a12w1, "33-a12. 나는 부모님이 서로에게 욕설을
한 것을 본 적이 많이 있다")
spssdata$q33a13w1 <- set_label(spssdata$q33a13w1, "33-a13. 나는 부모님이 상대방을 때리는
것을 본 적이 많이 있다")
spssdata$q33a14w1 <- set_label(spssdata$q33a14w1, "33-a14. 나는 부모님으로부터 심한 욕설
을 자주 듣는 편이다")
spssdata$q33a15w1 <- set_label(spssdata$q33a15w1, "33-a15. 나는 부모님으로부터 심하게 맞
은 적이 많이 있다")
spssdata$q34a1w1 <- set_label(spssdata$q34a1w1, "34-a1. 나는 내일 시험이 있어도 재미있는
일이 있으면 우선 그 일을 하고 본다")
spssdata$q34a2w1 <- set_label(spssdata$q34a2w1, "34-a2. 나는 일이 힘들고 복잡해지면 곧 포
기한다")
spssdata$q34a3w1 <- set_label(spssdata$q34a3w1, "34-a3. 나는 위험한 활동을 즐기는 편이다")
spssdata$q34a4w1 <- set_label(spssdata$q34a4w1, "34-a4. 나는 사람을 놀리거나 괴롭히는 일이
재미있다")
spssdata$q34a5w1 <- set_label(spssdata$q34a5w1, "34-a5. 나는 화가 나면 물불을 가리지 않
는다")
spssdata$q34a6w1 <- set_label(spssdata$q34a6w1, "34-a6. 나는 학교숙제를 제때에 잘 해 가지
않는 편이다")
spssdata$q37a01w1 <- set_label(spssdata$q37a01w1, "37-a01. (지난 1년 동안 본인이 한 경험)
담배 피우기")
spssdata$q37a02w1 <- set_label(spssdata$q37a02w1, "37-a02. (지난 1년 동안 본인이 한 경험)
술 마시기")
spssdata$q37a03w1 <- set_label(spssdata$q37a03w1, "37-a03. (지난 1년 동안 본인이 한 경험)
무단결석")
```

```
spssdata$q37a04w1 <- set_label(spssdata$q37a04w1, "37-a04. (지난 1년 동안 본인이 한 경험)
가출 경험")
spssdata$q48a01w1 <- set_label(spssdata$q48a01w1, "48-a01. 나는 나 자신이 좋은 성품을 가
진 사람이라고 생각한다")
spssdata$q48a02w1 <- set_label(spssdata$q48a02w1, "48-a02. 나는 나 자신이 능력이 있는 사
람이라고 생각한다")
spssdata$q48a03w1 <- set_label(spssdata$q48a03w1, "48-a03. 나는 나 자신이 가치있는 사람이
라고 생각한다")
spssdata$q48a04w1 <- set_label(spssdata$q48a04w1, "48-a04. 나는 때때로 내가 쓸모없는 사람
이라고 생각한다")
spssdata$q48a05w1 <- set_label(spssdata$q48a05w1, "48-a05. 나는 때때로 내가 나쁜 사람이라
고 생각한다")
spssdata$q48a06w1 <- set_label(spssdata$q48a06w1, "48-a06. 나는 때때로 내가 실패한 사람이
라는 느낌을 갖는 편이다")
spssdata$q48b1w1 <- set_label(spssdata$q48b1w1, "48-b1. 나는 내가 내린 결정을 신뢰할 수
있다")
spssdata$q48b2w1 <- set_label(spssdata$q48b2w1, "48-b2. 나는 내 문제를 스스로 해결할 수 있
다고 믿는다")
spssdata$q48b3w1 <- set_label(spssdata$q48b3w1, "48-b3. 나는 내 삶을 스스로 주관하며 살고
있다")
spssdata$q48c1w1 <- set_label(spssdata$q48c1w1, "48-c1. 나는 아주 약이 오르면 다른 사람을
때릴 수도 있다")
spssdata$q48c2w1 <- set_label(spssdata$q48c2w1, "48-c2. 누군가 나를 때린다면 나도 그 사람
을 때린다")
spssdata$q48c3w1 <- set_label(spssdata$q48c3w1, "48-c3. 나는 다른 사람들보다 더 자주 싸
운다")
spssdata$q48c4w1 <- set_label(spssdata$q48c4w1, "48-c4. 화가 나면 물건을 집어던지고 싶은
충동이 생길 때가 있다")
spssdata$q48c5w1 <- set_label(spssdata$q48c5w1, "48-c5. 나는 때때로 남을 때리고 싶은 마음
을 누를 수 없다")
spssdata$q48c6w1 <- set_label(spssdata$q48c6w1, "48-c6. 나는 내 자신이 금방 터질 것 같은
화약과 같다고 생각한다")
spssdata$q50w1 <- set_label(spssdata$q50w1, "50. 학생은 학생의 삶에 전반적으로 얼마나 만족하
고 있습니까?")
```

⑤ 변수값 설명을 입력하기 위한 함수는 set_labels로, 이 함수에는 변수값 설명을 추가할 대상 데이터프레임(spssdata)과 변수를 지정한다.

- 변수값 설명은 벡터의 형태로 입력한다. 문자형 벡터를 입력할 경우에 가장 주의해야 할 점은 변수값의 오름차순의 순서대로 변수값 설명을 입력해야 한다는 점이다. 예를 들어 성별 변수의 변수값이 1은 '남자'를 의미하고, 2는 '여자'를 의미한다고 할 경우에, 문자형 벡터의 순서를 c("남자", "여자")로 입력해야 한다.
- 다음으로 변수값의 수와 문자형 벡터의 요소수가 같아야 한다는 점에 주의해야 한다. 만약 변수값의 수가 문자형 벡터의 요소수보다 많거나 적다면 변수값 설명이 입력되지 않는다.

참고

변수값 설명의 입력을 위해서 예제 데이터의 모든 변수값 설명을 입력하는데 필요한 스크립트를 소개한다.

```
library(sjmisc)
spssdata$sexw1 <- set_labels(spssdata$sexw1, c("남자", "여자"))
spssdata$scharew1 <- set_labels(spssdata$scharew1, c("서울 종로구", "서울 서대문구", "서울 은평구", "서울 중랑구", "서울 성동구", "서울 강동구", "서울 강남구", "서울 성북구", "서울 서초구", "서울 송파구", "서울 노원구", "서울 강북구", "서울 광진구", "서울 영등포구", "서울 관악구", "서울 구로구", "서울 동작구", "서울 강서구", "서울 양천구"))
spssdata$areaw1 <- set_labels(spssdata$areaw1, c("서울 중구", "서울 종로구", "서울 서대문구", "서울 은평구", "서울 동대문구", "서울 중랑구", "서울 도봉구", "서울 성동구", "서울 강동구", "서울 강남구", "서울 성북구", "서울 서초구", "서울 송파구", "서울 노원구", "서울 용산구", "서울 강북구", "서울 광진구", "서울 영등포구", "서울 관악구", "서울 구로구", "서울 금천구", "서울 동작구", "서울 강서구", "서울 양천구", "경기 고양시 일산구", "경기 김포시", "경기 안양시 동안구", "경기 하남시", "경기 구리시", "경기 남양주시", "경기 의정부시"))
spssdata$q2w1 <- set_labels(spssdata$q2w1, c("구체적으로 확정해 놓은 직업이 있다", "확정적이지는 않지만 대강 생각해 놓은 직업이 있다", "아직 정해놓은 장래의 직업이 없다"))
spssdata$q18a1w1 <- set_labels(spssdata$q18a1w1, c("매우 못하는 수준", "못하는 수준", "중간", "잘하는 수준", "매우 잘하는 수준"))
spssdata$q18a2w1 <- set_labels(spssdata$q18a2w1, c("매우 못하는 수준", "못하는 수준", "중간", "잘하는 수준", "매우 잘하는 수준"))
```

```
spssdata$q18a3w1 <- set_labels(spssdata$q18a3w1, c("매우 못하는 수준", "못하는 수준", "중간",
"잘하는 수준", "매우 잘하는 수준"))
spssdata$q33a01w1 <- set_labels(spssdata$q33a01w1, c("전혀 그렇지 않다", "그렇지 않은 편이다",
"보통이다", "그런 편이다", "매우 그렇다"))
spssdata$q33a02w1 <- set_labels(spssdata$q33a02w1, c("전혀 그렇지 않다", "그렇지 않은 편이다",
"보통이다", "그런 편이다", "매우 그렇다"))
spssdata$q33a03w1 <- set_labels(spssdata$q33a03w1, c("전혀 그렇지 않다", "그렇지 않은 편이다",
"보통이다", "그런 편이다", "매우 그렇다"))
spssdata$q33a04w1 <- set_labels(spssdata$q33a04w1, c("전혀 그렇지 않다", "그렇지 않은 편이다",
"보통이다", "그런 편이다", "매우 그렇다"))
spssdata$q33a05w1 <- set_labels(spssdata$q33a05w1, c("전혀 그렇지 않다", "그렇지 않은 편이다",
"보통이다", "그런 편이다", "매우 그렇다"))
spssdata$q33a06w1 <- set_labels(spssdata$q33a06w1, c("전혀 그렇지 않다", "그렇지 않은 편이다",
"보통이다", "그런 편이다", "매우 그렇다"))
spssdata$q33a07w1[spssdata$q33a07w1==9] 〈- NA
spssdata$q33a07w1 <- set_labels(spssdata$q33a07w1, c("전혀 그렇지 않다", "그렇지 않은 편이다",
"보통이다", "그런 편이다", "매우 그렇다"))
spssdata$q33a08w1 <- set_labels(spssdata$q33a08w1, c("전혀 그렇지 않다", "그렇지 않은 편이다",
"보통이다", "그런 편이다", "매우 그렇다"))
spssdata$q33a09w1 <- set_labels(spssdata$q33a09w1, c("전혀 그렇지 않다", "그렇지 않은 편이다",
"보통이다", "그런 편이다", "매우 그렇다"))
spssdata$q33a10w1 <- set_labels(spssdata$q33a10w1, c("전혀 그렇지 않다", "그렇지 않은 편이다",
"보통이다", "그런 편이다", "매우 그렇다"))
spssdata$q33a12w1 <- set_labels(spssdata$q33a12w1, c("전혀 그렇지 않다", "그렇지 않은 편이다",
"보통이다", "그런 편이다", "매우 그렇다"))
spssdata$q33a13w1[spssdata$q33a13w1==9] <- NA
spssdata$q33a13w1 <- set_labels(spssdata$q33a13w1, c("전혀 그렇지 않다", "그렇지 않은 편이다",
"보통이다", "그런 편이다", "매우 그렇다"))
spssdata$q33a14w1 <- set_labels(spssdata$q33a14w1, c("전혀 그렇지 않다", "그렇지 않은 편이다",
"보통이다", "그런 편이다", "매우 그렇다"))
spssdata$q33a15w1 <- set_labels(spssdata$q33a15w1, c("전혀 그렇지 않다", "그렇지 않은 편이다",
"보통이다", "그런 편이다", "매우 그렇다"))
spssdata$q34a1w1 <- set_labels(spssdata$q34a1w1, c("전혀 그렇지 않다", "그렇지 않은 편이다",
"보통이다", "그런 편이다", "매우 그렇다"))
spssdata$q34a2w1 <- set_labels(spssdata$q34a2w1, c("전혀 그렇지 않다", "그렇지 않은 편이다",
"보통이다", "그런 편이다", "매우 그렇다"))
```

```
spssdata$q34a3w1 <- set_labels(spssdata$q34a3w1, c("전혀 그렇지 않다", "그렇지 않은 편이다",
"보통이다", "그런 편이다", "매우 그렇다"))
spssdata$q34a4w1 <- set_labels(spssdata$q34a4w1, c("전혀 그렇지 않다", "그렇지 않은 편이다",
"보통이다", "그런 편이다", "매우 그렇다"))
spssdata$q34a5w1 <- set_labels(spssdata$q34a5w1, c("전혀 그렇지 않다", "그렇지 않은 편이다",
"보통이다", "그런 편이다", "매우 그렇다"))
spssdata$q34a6w1 <- set_labels(spssdata$q34a6w1, c("전혀 그렇지 않다", "그렇지 않은 편이다",
"보통이다", "그런 편이다", "매우 그렇다"))
spssdata$q37a01w1 <- set_labels(spssdata$q37a01w1, c("전혀 없다", "있다"))
spssdata$q37a02w1 <- set_labels(spssdata$q37a02w1, c("전혀 없다", "있다"))
spssdata$q37a03w1 <- set_labels(spssdata$q37a03w1, c("전혀 없다", "있다"))
spssdata$q37a04w1 <- set_labels(spssdata$q37a04w1, c("전혀 없다", "있다"))
spssdata$q48a01w1 <- set_labels(spssdata$q48a01w1, c("전혀 그렇지 않다", "그렇지 않은 편이다",
"보통이다", "그런 편이다", "매우 그렇다"))
spssdata$q48a02w1 <- set_labels(spssdata$q48a02w1, c("전혀 그렇지 않다", "그렇지 않은 편이다",
"보통이다", "그런 편이다", "매우 그렇다"))
spssdata$q48a03w1 <- set_labels(spssdata$q48a03w1, c("전혀 그렇지 않다", "그렇지 않은 편이다",
"보통이다", "그런 편이다", "매우 그렇다"))
spssdata$q48a04w1[spssdata$q48a04w1==9] <- NA
spssdata$q48a04w1 <- set_labels(spssdata$q48a04w1, c("전혀 그렇지 않다", "그렇지 않은 편이다",
"보통이다", "그런 편이다", "매우 그렇다"))
spssdata$q48a05w1 <- set_labels(spssdata$q48a05w1, c("전혀 그렇지 않다", "그렇지 않은 편이다",
"보통이다", "그런 편이다", "매우 그렇다"))
spssdata$q48a06w1 <- set_labels(spssdata$q48a06w1, c("전혀 그렇지 않다", "그렇지 않은 편이다",
"보통이다", "그런 편이다", "매우 그렇다"))
spssdata$q48b1w1 <- set_labels(spssdata$q48b1w1, c("전혀 그렇지 않다", "그렇지 않은 편이다",
"보통이다", "그런 편이다", "매우 그렇다"))
spssdata$q48b2w1[spssdata$q48b2w1==9] <- NA
spssdata$q48b2w1 <- set_labels(spssdata$q48b2w1, c("전혀 그렇지 않다", "그렇지 않은 편이다",
"보통이다", "그런 편이다", "매우 그렇다"))
spssdata$q48b3w1[spssdata$q48b3w1==9] <- NA
spssdata$q48b3w1 <- set_labels(spssdata$q48b3w1, c("전혀 그렇지 않다", "그렇지 않은 편이다",
"보통이다", "그런 편이다", "매우 그렇다"))
spssdata$q48c1w1 <- set_labels(spssdata$q48c1w1, c("전혀 그렇지 않다", "그렇지 않은 편이다",
"보통이다", "그런 편이다", "매우 그렇다"))
spssdata$q48c2w1 <- set_labels(spssdata$q48c2w1, c("전혀 그렇지 않다", "그렇지 않은 편이다",
```

```
"보통이다", "그런 편이다", "매우 그렇다"))
spssdata$q48c3w1[spssdata$q48c3w1==9] <- NA
spssdata$q48c3w1 <- set_labels(spssdata$q48c3w1, c("전혀 그렇지 않다", "그렇지 않은 편이다",
"보통이다", "그런 편이다", "매우 그렇다"))
spssdata$q48c4w1 <- set_labels(spssdata$q48c4w1, c("전혀 그렇지 않다", "그렇지 않은 편이다",
"보통이다", "그런 편이다", "매우 그렇다"))
spssdata$q48c5w1 <- set_labels(spssdata$q48c5w1, c("전혀 그렇지 않다", "그렇지 않은 편이다",
"보통이다", "그런 편이다", "매우 그렇다"))
spssdata$q48c6w1 <- set_labels(spssdata$q48c6w1, c("전혀 그렇지 않다", "그렇지 않은 편이다",
"보통이다", "그런 편이다", "매우 그렇다"))
spssdata$q50w1<- set_labels(spssdata$q50w1, c("전혀 그렇지 않다", "그렇지 않은 편이다", "보통
이다", "그런 편이다", "매우 그렇다"))
```

- 앞서 설명한 것과 같이 q37a01w1 변수에 대한 변수값 설명을 입력하게 된다면 아래와 같은 에러 메시지를 확인할 수 있을 것이다. 에러 메시지는 변수값 설명을 위한 문자형 벡터의 요소의 수보다 변수값이 더 많기 때문에 변수값 설명이 입력되지 않았다는 뜻이다.
- table 함수를 사용하여 변수값을 확인하면 6개의 변수값을 확인할 수 있다. 그런데 변수값 설명에는 변수값의 오름차순에 따라 5개의 변수값 설명만을 입력하였다. 이렇게 변수값의 수와 변수값 설명의 수가 일치하지 않는 경우에는 변수값 설명이 입력되지 않는다.

Console

```
> spssdata$q33a07w1 <- set_labels(spssdata$q33a07w1,
+ c("전혀 그렇지 않다", "그렇지 않은 편이다", "보통이다", "그런 편이다", "매우 그렇다"))
More values in "x" than length of "labels". Additional values were added to labels.
> table(spssdata$q33a07w1)

  1   2   3   4   5   9
 20  91 158 234  91   1
```

q33a07w1 변수에서 여섯 번째에 위치한 '9'라는 변수값은 원 데이터에서 결측값으로 지정된 값이다. 따라서 결측값이라는 변수 설명을 입력하기보다는 이 변수값을 결측값으로 지정하여, 분석에서는 이 변수값을 제외하는 것이 옳은 방법이다.

q33a07w1 변수에서 '9'라는 변수값을 결측값으로 지정하기 위한 방법은 아래와 같다.

R Script

```
# ⑥ 결측값 지정
spssdata$q33a07w1[spssdata$q33a07w1==9] <- NA

      ↑                    ↑                    ↑
결측값으로 지정한    특정 변수값을 결측    지정된 대상 변수
결과를 저장할 대상   값으로 지정할 대상    의 조건에 해당되
                     변수와 조건을 입력    는 경우 이 값으
                                           로 변경
```

스크립트 설명

⑥ 결측값을 저장할 변수를 [ ] 앞에 지정한다. spssdata 안에 있는 q33a07w1 변수를 지정한다.

- [ ] 안에 결측값을 지정할 조건을 부여할 변수명와 결측값으로 처리할 변수값을 지정한다. 변수는 q33a07w1이고, 이 변수는 spssdata 안에 있으므로 spssdata$q33a07w1이라고 입력하고, 이 변수에서 특정 변수값('9')에 대한 조건을 입력한다('equal'의 논리연산자는 '= =').
- q33a07w1 변수에서 특정 변수값('9')을 결측값으로 변경하기 위해 'NA(not available)'로 지정한다.
- 이러한 과정은 다음에 보겠지만 변수를 재부호화하는 것과 동일한 논리가 적용된다.

이로써 앞으로 이 책에서 분석을 진행하며 사용할 예제데이터가 완성되었으며, 그 데이터의 이름은 'spssdata'이다.

02 Section > 예제데이터에 대한 설명

이 절에서는 통계분석하는 과정의 이해를 돕기 위해서 예제데이터에서 사용할 개념들과 변수명, 설문문항, 변수값에 대해서 소개한다.

① 성 별

- 변수명: sexw1
- 변수값: 1이 남자, 2가 여자

② 학교위치

- 설명: 응답자가 다니는 학교위치를 시군구 단위까지 분류하여 제공한다. 학교위치는 전체 데이터 중에서 서울지역을 추출하는데 활용한다.
- 변수명: scharew1

③ 거주지역

- 설명: 응답자의 주소지를 시군구 단위까지 분류하여 제공한다.
- 변수명: areaw1

④ 성 적

- 설명: 일반적인 학업 성취 정도를 의미한다. 성적을 통계분석에서 사용하기 위해서는 성적에 대한 조작적 정의와 더불어 구체적인 측정문항에 대한 결정이 필요하다. 성적은 설문지의 18번 문항에 해당한다. 여러 과목들이 제시되어 있지만 여기에서는 국어, 영어, 수학 세 과목의 성적만을 사용하기로 한다.
- 설문문항: "학생의 다음 과목의 지난 학기(2003년 1학기) 성적은 반에서 어느 정도였습니까? 각 과목에 대해 자신의 성적이 해당되는 번호에 솔직하게 표시해주시기 바랍니다."
- 변수명: q18a1w1(국어), q18a2w1(영어), q18a3w1(수학)
- 변수값: 응답지는 '매우 못하는 수준'에서부터 '매우 잘하는 수준'까지 5점 척도

⑤ 부모에 대한 애착

- 설명: 부모에 대한 애착이란 청소년이 부모에 대해서 가지는 정서적 친밀도를 의미한다. 본 데이터에서는 6개의 문항으로 측정하였다. 설문지의 33번의 1번부터 6번 문항이다.

• 설문문항: 1) 부모님과 나는 많은 시간을 함께 보내려고 노력하는 편이다.
2) 부모님은 나에게 늘 사랑과 애정을 보이신다.
3) 부모님과 나는 서로를 잘 이해하는 편이다.
4) 부모님과 나는 무엇이든 허물없이 이야기하는 편이다.
5) 나는 내 생각이나 밖에서 있었던 일들을 부모님께 자주 이야기하는 편이다.
6) 부모님과 나는 대화를 자주 나누는 편이다.
• 변수명: q33a01w1부터 q33a06w1
• 변수값: 응답지는 '전혀 그렇지 않다'부터 '매우 그렇다'까지 5점 척도

⑥ 부모 감독

• 설명: 부모의 감독은 부모가 자녀의 일상생활에 대해서 파악하고 있는 정도를 의미한다. 설문지 33번의 7번부터 10번 문항이다.
• 설문문항: 1) 내가 외출했을 때 부모님은 내가 어디에 있는지 대부분 알고 계신다.
2) 내가 외출했을 때 부모님은 내가 누구와 함께 있는지 대부분 알고 계신다.
3) 내가 외출했을 때 부모님은 내가 무엇을 하고 있는지 대부분 알고 계신다.
4) 내가 외출했을 때 부모님은 내가 언제 돌아올지를 대부분 알고 계신다.
• 변수명: q33a07w1부터 q33a10w1
• 변수값: 응답지는 '전혀 그렇지 않다'부터 '매우 그렇다'까지 5점 척도

⑦ 부정적 양육방식

• 설명: 부정적 양육방식은 부모가 자녀를 양육하면서 부정적인 모습을 보이거나 욕설이나 체벌을 하는 등의 직접적인 영향을 미침으로써 부정적으로 자녀를 양육한 것을 의미한다. 설문지의 33번의 12번부터 15번 문항이다.
• 설문문항: 1) 나는 부모님이 서로에게 욕설을 한 것을 본 적이 많이 있다.
2) 나는 부모님이 상대방을 때리는 것을 본 적이 많이 있다 .

3) 나는 부모님으로부터 심한 욕설을 자주 듣는 편이다.

4) 나는 부모님으로부터 심하게 맞은 적이 많이 있다.

- 변수명: q33a12w1부터 q33a15w1
- 변수값: 응답지는 '전혀 그렇지 않다'부터 '매우 그렇다'까지 5점 척도

⑧ 자기통제력

- 설명: 자기통제력은 순간만족과 충동을 조절할 수 있는지, 스릴과 모험을 추구하기 보다는 분별력과 조심성이 있는지, 근시안적이기 보다는 앞으로의 일을 생각하는지, 쉽게 흥분하는 성격인지의 여부 등을 말한다. 설문지의 34번 문항의 1번부터 6번에 해당한다.
- 설문문항: 1) 나는 내일 시험이 있어도 재미있는 일이 있으면 우선 그 일을 하고 본다.

2) 나는 일이 힘들고 복잡해지면 곧 포기한다.

3) 나는 위험한 활동을 즐기는 편이다.

4) 나는 사람을 놀리거나 괴롭히는 일이 재미있다.

5) 나는 화가 나면 물불을 가리지 않는다.

6) 나는 학교숙제를 제때에 잘 해 가지 않는 편이다.

- 변수명: q34a1w1부터 q34a6w1
- 변수값: 응답지는 '전혀 그렇지 않다'부터 '매우 그렇다'까지 5점 척도
- 유의사항: 이렇게 변수값을 부여하면 변수값이 높아질수록 자기통제력이 낮아지는 것을 의미하기 때문에 해석상에 오해가 있을 수 있어서, 변수값을 역으로 재부호화할 필요가 있다. 따라서 최종적으로 변수값이 높아질수록 자기통제력이 높다는 것을 의미하도록 변환한다.

⑨ 청소년 비행

- 설명: 청소년 비행은 설문지에 조사된 14개의 비행항목 중에서 지위비행에 해당하는 4개만 사용하였다. 설문지에서 각 비행항목은 조사시점으로부터 지난 1년 동안 해당 항목의 행동을 해본 적이 있는지와 해본 적이 있다면 그 횟수가 몇 번인지를 질문하였다. 본 예제데이터에서는 지위비행의 4 항목(흡연, 음주, 무단결석, 가출)에 대

해서 비행여부를 묻는 문항만 사용하였다. 설문지의 37번 문항의 1번부터 4번에 해당한다.

- 설문문항: 지난 1년 동안 해당 항목을 해본 적이 있는가? 사용하는 비행항목은 ① 담배피우기, ② 술마시기, ③ 무단결석, ④ 가출경험
- 변수명: q37a01w1(흡연), q37a02w1(음주), q37a03w1(무단결석), q37a04w1(가출)
- 변수값: 1은 해본 적이 없다, 2는 해본 적이 있다.

⑩ 자아존중감

- 설명: 자아존중감은 자신이 스스로를 소중하게 생각하는 정도를 의미하는 것으로서, 설문지의 48번 문항의 1번부터 6번까지이다.
- 설문문항: 1) 나는 나 자신이 좋은 성품을 가진 사람이라고 생각한다.
  2) 나는 나 자신이 능력이 있는 사람이라고 생각한다.
  3) 나는 나 자신이 가치있는 사람이라고 생각한다.
  4) 나는 때때로 내가 쓸모없는 사람이라고 생각한다.
  5) 나는 때때로 내가 나쁜 사람이라고 생각한다.
  6) 나는 대체로 내가 실패한 사람이라는 느낌을 갖는 편이다.
- 변수명: q48a01w1부터 q48a06w1
- 변수값: 응답지는 '전혀 그렇지 않다'부터 '매우 그렇다'까지 5점 척도
- 문항 4번부터 6번까지는 자신에 대한 부정적인 평가에 해당하기 때문에 전체 문항의 방향을 일치시키기 위해서 응답의 순서를 반대방향으로 재부호화하여 사용한다.

⑪ 자기신뢰감

- 설명: 자기신뢰감은 자기 자신에 대해서 믿는 정도를 의미한다. 설문지의 48-2 문항의 1번부터 3번까지이다.
- 설문문항: 1) 나는 내가 내린 결정을 신뢰할 수 있다.
  2) 나는 내 문제를 스스로 해결할 수 있다고 믿는다.
  3) 나는 내 삶을 스스로 주관하며 살고 있다.
- 변수명: q48b1w1부터 q48b3w1
- 변수값: 응답지는 '전혀 그렇지 않다'부터 '매우 그렇다'까지 5점 척도

⑫ 공격성

- 설명: 공격성은 내면에 있는 분노나 다른 사람들의 대한 공격적 성향의 정도를 의미한다. 설문지의 48−3 문항의 1번부터 6번까지이다.
- 설문문항: 1) 나는 아주 약이 오르면 다른 사람을 때릴 수도 있다.
  2) 누군가 나를 때린다면 나도 그 사람을 때린다.
  3) 나는 다른 사람들보다 더 자주 싸운다.
  4) 화가 나면 물건을 집어던지고 싶은 충동이 생길 때가 있다.
  5) 나는 때때로 남을 때리고 싶은 마음을 누를 수 없다.
  6) 나는 내 자신이 금방 터질 것 같은 화약과 같다고 생각한다.
- 변수명: q48c1w1부터 q48c6w1
- 변수값: 응답지는 '전혀 그렇지 않다'부터 '매우 그렇다'까지 5점 척도

⑬ 삶의 만족도

- 설명: 삶의 만족도는 자신의 삶에 대해서 전반적으로 만족하는 정도의 평가를 의미한다. 설문지의 50번 문항이다.
- 설문문항: 학생의 삶에 전반적으로 얼마나 만족하고 있습니까?
- 변수명: q50w1
- 변수값: 응답지는 '전혀 만족하지 못한다'부터 '매우 만족한다'까지 5점 척도

03 Section > 통계분석을 위한 데이터 변환

사회과학 데이터를 통계분석할 때 설문지에서 측정된 문항이나 변수를 그대로 사용하는 경우는 거의 없다. 재부호화, 새 변수 만들기 등 어떤 식으로든 필요에 맞게 수정하고 변환시키는 과정을 거쳐야 하는데 사회과학 데이터 분석에서는 이러한 과정이 필수적이고 매우 중요하다.

SPSS, SAS 등의 사회과학 데이터분석을 목적으로 만들어진 통계프로그램과는 달리 R은 사회과학의 통계분석을 위해서 만들어진 것이 아니기 때문에, R에 관한 서적이나 참고문헌에는 데이터를 변환하는 과정에 대한 설명이 없는 경우가 많으며, 이는 사회과학도에게 당황스러움을 준다.

3장부터 다양한 분석 방법과 과정을 설명할 때 필요한 부분에 데이터 변환에 대해서 설명하겠지만, 여기에 별도로 R을 사용해서 통계분석할 때 기본적으로 필요한 데이터 변환방법에 대해서 간단하게 사례를 중심으로 소개하도록 한다.

먼저 염두에 둘 것은 R은 SPSS, SAS 등과 비교할 때 데이터나 변수를 변환시키는 작업이 좀 더 복잡하고 불편하다는 점이다. 예를 들어 변수를 재부호화하는 것도 SPSS에서는 간단한 명령어 하나로 쉽게 할 수 있지만, R에서는 좀 더 복잡한 과정을 거쳐야 한다. 물론 이런 과정을 좀 더 쉽게 만들어주는 다양한 패키지들이 소개되고 있지만, 가능하면 본서에서는 기본패키지의 함수를 중심으로 소개하고, 필요한 경우에만 이러한 패키지들의 사용법을 소개하도록 한다.

1 새 변수 만들기

사회과학 데이터를 분석하다 보면 새로운 변수를 만들어야 하는 경우가 자주 발생한다. 기본적으로 새 변수를 만드는 방식은 R의 가장 기본적인 형식을 따른다. 새 변수를 먼저 적어주고 다음에 할당기호(<-)를 적고 그 뒤에 새 변수를 만드는 다양한 조건들을 표현해주면 된다.

R Script

```
(새변수명) <- (다양한 조건)
```

예제데이터의 변수를 사용해서 예를 들어보기로 하자.

예제데이터의 변수 중에서 '부모에 대한 애착'이라는 개념이 있다. 자녀가 부모에 대해서 가지는 정서적 친밀도를 측정하는 것으로 6개의 문항으로 측정하였다. 실제로 사회과학 데이터를 분석할 때는 각각의 문항변수를 그대로 사용하기보다는 하나의 변수로 묶어서 사용하는 것이 일반적이다. 6개의 변수를 하나로 묶는 방법이 여러 가지 있을 수 있지만 가장 간단하면서도 많이 쓰이는 방법이 6개의 변수를 모두 더해서 하나의 변수를 만드는 방법이다.

6개의 변수를 더해서 부모에 대한 애착(여기에서는 attachment)이라는 변수를 만드는 방법은 세 가지 정도 소개할 수 있다. 앞서 1장에서 설명하였던 변수 사용 방법과 유사하다.

1) 데이터프레임명$변수명을 사용하는 방법

R Script

```
# 데이터프레임명$변수명을 사용하는 방법
spssdata$attachment <- spssdata$q33a01w1+spssdata$q33a02w1+spssdata$q33a03w1+
      spssdata$q33a04w1+spssdata$q33a05w1+spssdata$q33a06w1
```

스크립트 해설

- 모든 변수를 사용할 때 그 앞에 데이터프레임명을 다 적어서 더해주고 그 결과를 새 변수 attachment에 할당한다. 이렇게 하면 spssdata 데이터 안에 attachment라는 새 변수가 생성된다. 변수마다 데이터프레임명을 적어주는 것은 일일이 입력하는 것이 힘들 뿐만 아니라 보기에도 그리 좋지 않다.

2) attach 함수를 사용하는 방법

R Script

```
# attach 함수를 사용하는 방법
attach(spssdata)
spssdata$attachment <- q33a01w1+q33a02w1+q33a03w1+q33a04w1+q33a05w1+q33a06w1
detach(spssdata)
```

스크립트 해설

- attach(spssdata) 명령어를 실행시켜서 spssdata 데이터를 불러온다.
- 6개의 변수들을 더해서 새 변수 attachment에 할당한다. 이 때 주목해야 하는 것은 6개의 더하는 변수에는 데이터프레임명을 사용하지 않았지만 새 변수인 attachment 앞에는 데이

터프레임명을 붙여야 한다는 점이다. 그래야 새 변수가 spssdata라는 데이터 안에 생성된다.

- detach(spssdata) 명령어를 실행시켜서 불러온 spssdata를 원위치시킨다. 앞에서도 설명하였지만 이 명령어를 실행시키는 습관을 들이는 것이 불필요한 오류를 방지할 수 있다.
- 이 방법은 많은 양의 데이터를 변환할 때 사용하면 유용하다.

3) transform 함수를 사용하는 방법

R Script

```
# transform 함수를 사용하는 방법
spssdata <- transform(spssdata,
            attachment=q33a01w1+q33a02w1+q33a03w1+q33a04w1+q33a05w1+q33a06w1)
```

스크립트 해설

- transform 함수는 앞의 경우와 달리 데이터프레임에 결과를 할당한다. 따라서 spssdata라는 데이터프레임이 할당의 대상이다.
- transform 함수의 인자에서는 먼저 데이터 이름(spssdata)를 적어주고, ',' 이후에 새 변수(attachment)와 '=' 기호 후에 6개 변수를 더해준다.
- 여기에서 주목할 점은 괄호 안에서 할당부호(<-)가 아니라 '=' 기호를 사용한다는 점이다.
- 이 방법은 양이 많지 않은 변수 변환에 사용하면 유용하다. 괄호 안에 여러 개의 변수변환 명령을 사용할 수 있다.

새 변수를 만들 때 사용할 수 있는 연산기호는 다른 통계프로그램과 유사하다. 자주 사용하는 기호는 다음과 같다.

표 2-1 R에서의 연산기호

기호	의미
+	더하기
-	빼기
*	곱하기
/	나누기
** 또는 ^	제곱

2 재부호화

재부호화는 데이터를 분석할 때 가장 많이 사용하는 변환 중의 하나라고 할 수 있다. 기존 변수의 변수값에 주어진 조건에 따라서 새로운 변수값을 부여하는 것을 말한다. 물론 이 때 분석의 목적에 따라서 기존의 변수에 새로운 변수값을 부여할 수도 있고, 기본 변수를 그대로 두고 새로운 변수를 만들어서 새 변수값을 부여할 수도 있다.

재부호화를 사용하는 경우는 다음과 같은 상황들이 대표적이다.

① 연속변수를 재부호화해서 몇 개의 집단으로 구성된 범주형 변수로 만드는 상황

② 잘못 입력된 값을 올바른 값으로 수정하는 상황

③ 변수의 방향을 바꾸기 위해서

재부호화를 위해서는 먼저 논리연산자를 파악하는 것이 필요하다.

표 2-2 R에서의 논리연산자

기호	의미
<	작다
<=	작거나 같다
>	크다
>=	크거나 같다
==	정확하게 같다
!=	같지 않다
!x	x가 아니다
x	y	x 또는 y
x & y	x와 y
isTrue(x)	x가 TRUE인지 확인

R에서 재부호화하는 기본적인 형태는 아래와 같다.

R Script

```
변수[조건] <- 표현 # 조건이 참일 때만 표현을 할당한다.
```

다음에는 본서에 앞으로 제시될 몇 가지 사례들을 통해서 재부호화하는 경우를 소개하기로 한다.

1) 그룹변수 만들기

아래의 사례는 학교성적이라는 변수를 분석에 사용하기 위해서 집단 변수로 만드는 상황을 보여주는 것이다. 먼저 세 변수를 사용해서 성적변수를 만들고, 이 변수의 분포를 살펴본 후에, 적절하게 구분해서 상, 중, 하라는 세 집단을 가진 범주형 변수로 만드는 것이다.

R Script

```
# ① 학교성적 변수 만들기
attach(spssdata)
spssdata$grade <- q18a1w1+q18a2w1+q18a3w1
detach(spssdata)
```

스크립트 설명

① 학교성적 변수는 국어, 영어, 그리고 수학 과목의 성적으로 구성하는데 변수명은 q18a1w1부터 q18a3w1까지이다.

- 학교성적 변수를 만들기 위해 attach 함수를 이용하여 데이터를 불러오고, q18a1w1부터 q18a3w1까지의 항목을 더하여 성적(grade) 변수로 저장한다.

R Script

```
# ② 학교성적 변수(grade)의 분포 살펴보기
table(spssdata$grade)
prop.table(table(spssdata$grade))
```

스크립트 설명

② 학교성적 변수를 3집단으로 구성하기 위해서는 성적 변수의 분포를 살펴보는 것이 필요하다. table 함수와 prop.table 함수를 이용하여 분포를 살펴본다.

- table 함수를 사용하여 성적 변수의 빈도분포를 출력하게 하였으며, prop.table 함수를 사용하여 비율을 출력하도록 하였다.

Console

```
> table(spssdata$grade)
 3  4  5  6  7  8  9 10 11 12 13 14 15
 6  8 11 31 66 80 98 93 77 67 30 17 11
> prop.table(table(spssdata$grade))
         3          4          5          6          7          8          9
0.01008403 0.01344538 0.01848739 0.05210084 0.11092437 0.13445378 0.16470588
        10         11         12         13         14         15
0.15630252 0.12941176 0.11260504 0.05042017 0.02857143 0.01848739
```

분석 순서

③ 성적 변수의 분포를 살펴보아 성적의 정도에 따라 학교성적이 높은 집단, 학교성적이 중간인 집단, 그리고 학교성적이 낮은 집단으로 구분하고자 한다.

- 학교성적 정도에 따른 집단은 가급적 비슷한 사례수가 되도록 하기 위해 누적 비율을 33.3%와 66.7%를 기준으로 이 기준에 가장 가까운 값으로 집단을 나누도록 한다.
- 즉 누적 비율이 0%에서 33.3% 미만까지 해당되는 변수값을 가진 응답자인 경우는 첫 번째 집단으로 정의하고, 33.3% 이상부터 66.7% 미만까지 해당되는 변수값을 가진 응답자인 경우에는 두 번째 집단으로 정의한다. 그리고 66.7% 이상의 변수값을 가진 응답자는 세 번째 집단으로 정의하는 것과 같은 방법을 사용한다.
- 비율을 누적해서 살펴보면, 33.3%에 가장 가까운 학교성적 점수는 8점(33.95%)이며, 66.7%에 가장 가까운 학교성적 점수로는 10점(66.05%)이다. 따라서 최소값인 3점부터 응답자의 누적 비율이 33.3%와 가장 가까운 8점까지는 학교성적이 낮은 집단으로 지정하고, 9점부터 응답자의 누적 비율이 66.7%와 가장 가까운 학교성적 점수인 10점까지 학교성적이 중간인 집단으로, 끝으로 11점 이상인 경우에는 학교성적이 높은 집단으로 나눈다.

R Script

```
# ③ 학교성적 변수를 3집단으로 분류
# 학교성적 변수를 정도에 따라 3집단으로 분류 및 변수와 변수값 설명 입력
attach(spssdata)
spssdata$grp.grade[grade>=min(grade) & grade<=8] <- 1
spssdata$grp.grade[grade>=9 & grade<=10] <- 2
spssdata$grp.grade[grade>=11 & grade<=max(grade)] <- 3
detach(spssdata)
table(spssdata$grp.grade)
```

스크립트 설명

③ 학교성적 변수를 성적 정도에 따라 3집단으로 분류한다.

- 학교성적 변수(grade)가 가장 낮은 점수부터 8점까지는 낮은 학교성적 집단을 의미하는 숫자로 '1'을 부여하여 새로운 변수인 학교성적 정도에 따른 집단 변수(grp.grade)에 저장한다.
- 학교성적 변수가 9점과 10점인 경우에는 중간 학교성적 집단을 의미하는 숫자로 '2'를 부여하여 학교성적 정도에 따른 집단 변수에 저장한다.
- 학교성적 변수가 11점 이상부터 최대값까지는 높은 학교성적 집단을 의미하는 숫자로 '3'을 부여하여 학교성적 정도에 따른 집단 변수에 저장한다.
- 원래 학교성적 변수인 grade를 세 집단으로 재부호화할 수도 있지만 추후의 분석에서 원래의 학교성적 변수를 사용할 수도 있기 때문에 새로운 변수를 만들어서 재부호화된 값을 할당하였다.

Console

```
> table(spssdata$grp.grade)
  1   2   3
202 191 202
```

분석 결과

새로 만든 집단 변수인 grp.grade의 빈도분포를 구해보면 성적이 낮은 집단(1)이 202명, 중간인 집단(2)이 191명, 높은 집단(3)이 202명이다.

2) 새 변수로 재부호화하기

아래의 예는 기존의 변수를 그냥 두고 새 변수를 만들어서 재부호화하는 사례이다.

R Script

```
# q50w1의 속성을 '부정', '중립', 그리고 '긍정' 응답으로 재부호화
attach(spssdata)
spssdata$satisfaction[q50w1==1|q50w1==2] <- 1  # 만족하지 못하는 편
spssdata$satisfaction[q50w1==3] <- 2            # 보통
spssdata$satisfaction[q50w1==4|q50w1==5] <- 3  # 만족하는 편
detach(spssdata)
```

스크립트 해설

- attach 함수를 이용하여 재부호화하고자 변수가 포함된 데이터인 spssdata를 지정한다.
- spssdata 데이터 내의 전반적인 생활만족도 변수인 q50w1을 재부호화한다.
- 변수 q50w1의 변수값에서 1 또는 2는 '만족하지 못하는 집단'을 의미하는 1로 재부호화하고([q50w1==1|q50w1==2] <- 1), 재부호화한 결과는 spssdata 내의 satisfaction이라는 변수(spssdata$satisfaction)에 저장한다.
- 같은 방법으로 변수 q50w1의 변수값에서 3은 '보통인 집단'을 의미하는 2로 재부호화한다.
- 다음으로 변수 q50w1의 변수값에서 4 또는 5는 '만족하는 집단'을 의미하는 3으로 재부호화하고, 재부호화한 값들은 spssdata 내의 satisfaction이라는 변수에 저장한다.

3) 변수의 방향을 역으로 재부호화하기

2절에서도 설명한 바와 같이 자아존중감을 측정한 6개의 문항 중에서 처음 3문항과 나중의 3문항은 서로 다른 방향으로 측정되어 있다. 첫 3문항은 점수가 높을수록 자아존중감이 높은 것으로 해석되지만, 나중의 3문항은 점수가 높으면 자아존중감이 낮아지는 것으로 해석된다. 이들을 묶어서 하나의 변수로 만들어 사용하기 위해서는 3개의 문항의 변수값의 방향을 바꾸어주어야 한다. 이 때 복합척도로 구성하는 자아존중감 변수의 점수가 높아질수록 자아존중감이 높아지는 방향으로 수정하는 것이 나중에 분석 결과를 해석하기 용이하다.

R Script

```
# 반대로 측정된 변수의 값을 재부호화
attach(spssdata)
spssdata$rq48a04w1[q48a04w1==1] <- 5
spssdata$rq48a04w1[q48a04w1==2] <- 4
spssdata$rq48a04w1[q48a04w1==3] <- 3
spssdata$rq48a04w1[q48a04w1==4] <- 2
spssdata$rq48a04w1[q48a04w1==5] <- 1

spssdata$rq48a05w1[q48a05w1==1] <- 5
spssdata$rq48a05w1[q48a05w1==2] <- 4
spssdata$rq48a05w1[q48a05w1==3] <- 3
spssdata$rq48a05w1[q48a05w1==4] <- 2
spssdata$rq48a05w1[q48a05w1==5] <- 1

spssdata$rq48a06w1[q48a06w1==1] <- 5
spssdata$rq48a06w1[q48a06w1==2] <- 4
spssdata$rq48a06w1[q48a06w1==3] <- 3
spssdata$rq48a06w1[q48a06w1==4] <- 2
spssdata$rq48a06w1[q48a06w1==5] <- 1
detach(spssdata)
```

스크립트 설명

- 재부호화 방법을 사용하여 나중의 세 변수(q48a04w1, q48a05w1, q48a06w1)에서 1에는 5, 2에는 4, 3에는 3, 4에는 2, 5에는 1로 재부호화하여 이를 새 변수인 rq48a04w1에서 rq48a06w1에 각각 할당한다.

4) 두 독립변수의 변수값을 교차시켜 하나의 집단 변수 만들기

분석 시 두 집단 변수의 변수값을 교차시켜서 새로운 집단을 만드는 것이 필요한 경우가 있다. 아래에는 성별 변수와 앞에서 만든 성적집단 변수를 교차시켜서 새로운 집단 변수를 만드는 사례를 소개한다.

R Script

```
# 두 독립변수의 변수값을 교차시켜 하나의 집단 변수 만들기
attach(spssdata)
spssdata$grp.sex.grade[sexw1==1 & grp.grade==1] <- 11
spssdata$grp.sex.grade[sexw1==1 & grp.grade==2] <- 12
spssdata$grp.sex.grade[sexw1==1 & grp.grade==3] <- 13
spssdata$grp.sex.grade[sexw1==2 & grp.grade==1] <- 21
spssdata$grp.sex.grade[sexw1==2 & grp.grade==2] <- 22
spssdata$grp.sex.grade[sexw1==2 & grp.grade==3] <- 23
detach(spssdata)
```

스크립트 설명

- 성별 변수와 학교성적 변수를 교차시켜 하나의 변수로 만들기 위해 '남자 청소년(sexw1==1)'이면서 '낮은 학교성적 집단(grp.grade==1)'인 경우에는 새로운 부호('11')를 지정하여 새로운 변수(grp.sex.grade)에 할당하고, '여자 청소년(sexw1==2)'이면서 '낮은 학교성적 집단(grp.grade==1)'인 경우에는 새로운 부호('21')를 지정하여 새로운 변수(grp.sex.grade)에 할당하는 식으로 두 독립변수를 교차시킨 모든 경우에 새로운 부호를 지정하여 새로운 변수에 저장하는 방법을 사용한다.
- 집단 변수로 사용하는 경우에는 새로운 변수값에 11부터 23까지의 숫자가 아니라 문자형태로 입력해도 된다. 이 경우에는 큰따옴표(" ") 안에 문자를 입력해야 하며 한글의 입력도 가능하다.
- 이 방법을 사용하기 위해 우선 attach 함수로 새로운 변수를 만들기 위한 데이터를 지정하고, 두 독립변수의 모든 경우에 새로운 부호를 지정한 후에 detach 함수로 마무리한다.

3 결측값 지정하기

결측값 지정에 관해서는 본장의 앞부분에서 예제데이터를 만드는 과정에서 설명하였지만 여기에서 다시 한 번 소개한다. 결측값은 설문조사 시 문항에 응답하지 않아 빈칸으로 있는 경우이거나 데이터를 입력하는 과정에 발생한 오류로 인해서 옳지 않은 값이 입력되었을 때 그 값을 분석에 제외하기 위해서 지정하는 것이다.

R에서 결측값을 의미하는 기호는 'NA(not available)'이다. 이 기호는 문자와 숫자 모두

에서 사용할 수 있다.

특정 값을 결측값으로 지정하는 것은 앞에서 설명한 재부호화의 특수한 경우에 해당한다. 즉 특정 조건에 해당하는 값을 'NA'라고 지정해주면 된다. q33a07w1 변수를 사용해서 다시 설명한다.

q33a07w1 변수에서 '9'라는 변수값이 결측값이다. q33a07w1 변수에서 '9'라는 변수값을 결측값으로 지정하기 위한 방법은 아래와 같다.

R Script

```
# 결측값 지정
spssdata$q33a07w1[spssdata$q33a07w1 == 9] <- NA
        ↑                    ↑                   ↑
결측값으로 지정한    특정 변수값을 결측값      지정된 대상 변수의
결과를 저장할 대상   으로 지정할 대상 변수     조건에 해당되는 경
                     와 조건을 입력            우 이 값으로 변경
```

스크립트 설명

- 결측값을 저장할 변수를 [ ] 앞에 지정한다. spssdata 안에 있는 q33a07w1 변수를 지정한다.
- [ ] 안에 결측값을 지정할 조건을 부여할 변수명와 결측값으로 처리할 변수값을 지정한다. 변수는 q33a07w1이고, 이 변수는 spssdata 안에 있으므로 spssdata$q33a07w1이라고 입력하고, 이 변수에서 특정 변수값('9')에 대한 조건을 입력한다('equal'의 논리연산자는 '==').
- q33a07w1 변수에서 특정 변수값('9')을 결측값으로 변경하기 위해 'NA(not available)'로 지정한다.
- 통계분석을 수행할 때 일부 함수의 경우에는 결측값을 제외시킨다는 인자를 별도로 지정하지 않을 경우 결측값이 포함된 변수의 분석 결과가 제대로 나오지 않는 경우가 있다. 이 때 결측값을 제외하기 위해서는 대부분의 함수에서 사용할 수 있는 'na.rm=TRUE'라는 인자를 사용하면 된다.
- 예를 들어 sum(spssdata$q33a07w1)이라는 명령어를 실행시키면 NA라는 결과가 출력된다. 이 변수에 결측값이 있기 때문에 계산할 수 없다는 의미이다. 이 때는 결측값을 제외하고 분석하라는 의미로 sum(spssdata$q33a07w1, na.rm=TRUE)이라고 명령어를 실행시키면 결측값을 제외하고 나머지 합계인 2067이 출력된다.

4 날짜변수 사용하기

사회과학 데이터를 분석하다보면 날짜 관련 변수를 사용해야 하는 경우가 있다. 따라서 날짜변수에 대한 조작방법을 알아두는 것이 필요하다. 실제 우리 예제데이터에는 날짜변수가 없기 때문에 가상으로 데이터를 만들어서 날짜변수의 사용에 대해서 설명하기로 한다.

R Script

```
# 날짜 관련 변수의 사용
# 관련 데이터프레임 만들기
id <- c(1, 2, 3, 4, 5)
born <- c("1989-02-13", "1990-05-25", "1992-11-30", "1993-07-01", "1991-09-22")
first.crime <- c("2007-05-17", "2009-02-21", "2006-09-01", "2009-08-19",
                 "2010-01-02")
second.crime <- c("2010-03-10", "2011-10-01", "2007-12-21", "2012-01-05",
                  "2015-10-12")
sampledata <- data.frame(id, born, first.crime, second.crime)
sampledata
str(sampledata$born)
```

스크립트 해설

- 날짜변수를 사용하기 위해서 5사례에 대한 가상 데이터를 만드는데, id는 사례를 구분하는 숫자이며, born은 생년월일, first.crime은 첫 번째 범죄를 저지른 날짜, second.crime은 두 번째 범죄, 즉 재범을 저지른 날짜를 의미한다.
- 각각의 벡터를 만든 후에 data.frame 함수를 사용하여 데이터를 만들고 sampledata라는 이름으로 저장한다.
- sampledata를 입력하면 데이터프레임의 내용을 볼 수 있다.
- 날짜를 입력한 변수의 속성을 보기 위해서 str 함수를 사용한다.

Console

```
> # 관련 데이터프레임 만들기
> id <- c(1, 2, 3, 4, 5)
```

```
> born <- c("1989-02-13", "1990-05-25", "1992-11-30", "1993-07-01", "1991-09-22")
> first.crime <- c("2007-05-17", "2009-02-21", "2006-09-01", "2009-08-19",
                  "2010-01-02")
> second.crime <- c("2010-03-10", "2011-10-01", "2007-12-21", "2012-0간1-05",
                   "2015-10-12")
> sampledata<- data.frame(id, born, first.crime, second.crime)
> sampledata
  id       born first.crime second.crime
1  1 1989-02-13  2007-05-17   2010-03-10
2  2 1990-05-25  2009-02-21   2011-10-01
3  3 1992-11-30  2006-09-01   2007-12-21
4  4 1993-07-01  2009-08-19   2012-01-05
5  5 1991-09-22  2010-01-02   2015-10-12
> str(sampledata$born)
 Factor w/ 5 levels "1989-02-13","1990-05-25",..: 1 2 4 5 3
```

분석 결과

- 입력한 명령어대로 5사례의 날짜들이 입력된 sampledata라는 데이터프레임이 만들어졌다.
- 날짜변수의 속성을 알아보기 위해서 생년월일 변수(born)의 구조를 str 함수를 사용해서 살펴보니 Factor라고 제시되어 있다. 즉 입력된 날짜를 숫자가 아니라 문자로 인식하고 있는 것이다.
- 따라서 이 변수를 숫자형식의 날짜변수로 사용하기 위해서는 데이터 변환을 시도해야 한다. 이 때 사용할 수 있는 함수가 as.Date 함수이다.

R Script

```
# 문자변수를 날짜변수로 바꾸기
sampledata$born.date <- as.Date(sampledata$born)
sampledata$first.crime.date <- as.Date(sampledata$first.crime)
sampledata$second.crime.date <- as.Date(sampledata$second.crime)
str(sampledata$born.date)
```

스크립트 설명

- as.Date 함수를 사용해서 born, first.crime, second.crime 변수를 날짜변수로 변환하여, 각각 born.date, first.crime.date, second.crime.date에 할당한다

• 결과를 확인하기 위해서 str 함수를 사용한다.

Console

```
> # 문자변수를 날짜변수로 바꾸기
> sampledata$born.date <- as.Date(sampledata$born)
> sampledata$first.crime.date <- as.Date(sampledata$first.crime)
> sampledata$second.crime.date <- as.Date(sampledata$second.crime)
> str(sampledata$born.date)
  Date[1:5], format: "1989-02-13" "1990-05-25" "1992-11-30" "1993-07-01" "1991-09-22"
```

분석 결과

• 결과를 확인하면 새로 생성된 born.date 변수는 날짜 형식임을 알 수 있다.

R Script

```
# 나이계산하기
today <- Sys.Date()
difftime(today, sampledata$born.date, units="days")

# 재범기간 계산하기
difftime(sampledata$second.crime.date, sampledata$first.crime.date,
        units="days")
```

스크립트 설명

• 두 시점 간의 시간을 계산하여 보자. 이러한 상황은 의료계에서 질병의 재발기간이나 범죄경력연구에서 재범기간 등의 계산에 유용하게 사용될 수 있다.
• 첫 번째 사례는 생년월일을 중심으로 나이를 계산하는 것이다.
• 현재 날짜를 보여주는 Sys.Date 함수를 사용하여 오늘 날짜를 today에 저장한다.
• difftime 함수를 사용하여 today와 출생일자(sampedata$born.date) 간의 시점 차이를 계산한다. 인자로 나중의 날짜변수를 먼저 입력하고, 다음에 이전 날짜변수를 입력한다. 이 함수는 units 인자를 사용하여 계산한 결과를 초(seconds), 분(minutes), 시간(hours), 일(days), 주(weeks) 단위로 표시해준다. 여기에서는 일을 선택했다.
• 두 번째로 동일한 방법으로 재범기간, 즉 첫 번째 범죄와 두 번째 범죄 간의 기간을 계산하였다.

Console

```
> # 나이계산하기
> today <- Sys.Date()
> today
[1] "2016-03-04"
> difftime(today, sampledata$born.date, units="days")
Time differences in days
[1] 9881 9415 8495 8282 8930
> # 재범기간 계산하기
> difftime(sampledata$second.crime.date, sampledata$first.crime.date,
+ units="days")
Time differences in days
[1] 1028  952  476  869 2109
```

분석 결과

- 첫 번째 분석 결과로 출생이후 오늘(16년 3월 4일)까지의 기간이 일(days) 단위로 출력된다.
- 다음으로 재범기간이 일 단위로 계산되어 출력되었다. 재범기간이 가장 짧은 것은 3번이며, 가장 긴 사람은 5번이다.

R Script

```
# 그밖에 시간을 표현하는 함수
format(sampledata$born.date, format="%B %d %Y")
```

스크립트 설명

- 시간을 표시하는 함수로 format 함수를 사용할 수 있다. 지정된 날짜변수를 원하면 형식으로 표현해준다. 시간표현의 형식은 다음과 같다.

표 2-3 R에서의 시간표현 형식

기호	의미	예
%d	일을 숫자로 나타낸다	01-31
%a	요일을 간략하게 표현한다	월, 화, 수 등
%A	요일을 모두 표현한다	월요일, 화요일 등
%m	달을 숫자로 표현한다	01-12
%b	달을 간략하게 표현한다	1-12
%B	달을 모두 표현한다	1월-12월
%y	연도를 2자리로 표현한다	16
%Y	연도를 4자리로 표현한다	2016

5 데이터 병합하기

데이터가 여러 곳에 나누어져 있는 경우에는 필요에 따라 두 개의 데이터셋을 병합해야 하는 경우가 있다. 이 때 두 가지의 형태로 병합이 가능하다.

첫째는 같은 사례에 대해서 변수를 병합하는 경우이고, 두 번째는 같은 변수를 가진 데이터에 사례를 병합하는 경우이다.

1) 변수를 병합하는 경우

이 경우에는 merge 함수를 사용한다. merge 함수의 인자로 병합할 데이터프레임의 이름을 차례로 적어주고, 다음으로 by를 통해서 두 데이터프레임에 공통적으로 존재하고 병합의 기준이 되는 주변수(key variable)를 지정하면 된다.

다음에는 앞에서 만든 예제데이터에 패널의 2차년도 데이터를 병합하는 사례를 소개한다.

R Script

```
# 변수를 병합하는 경우
# 2차년도 데이터 불러오기
```

```
library(Hmisc)
second <- spss.get("04-2 중2 패널 2차년도 데이터(SPSS).sav",
                   use.value.labels=FALSE)
# 데이터 합치기
mergedata <- merge(spssdata, second, by="id")
```

스크립트 설명

- 패널 조사는 동일한 대상자에게 시간 차이를 두고 동일한 내용을 반복해서 조사하는 방법이다. 여기에서는 1년의 시간 간격을 두고 동일한 응답자에게 동일한 문항으로 조사한 2차년도 데이터를 예제데이터에 병합(merge)한다.
- 데이터를 병합하기 위해서는 우선 2차년도 데이터를 불러와야 한다.
- 'Hmisc' 패키지의 spss.get 함수에는 SPSS 데이터 파일이 저장된 경로와 파일 이름을 큰따옴표(" ") 안에 입력한다. 불러온 데이터는 second라는 이름의 데이터로 저장한다.
- use.value.labels 인자를 이용하여 불러온 데이터의 변수값을 변수값 설명으로 대체할 지에 대한 여부를 선택한다. 이 데이터에는 원 데이터의 변수값을 그대로 두기 때문에 'FALSE'를 입력한다.
- 기존의 데이터(spssdata)와 2차년도 데이터(second)를 병합하기 위해 merge 함수를 이용한다.
- merge 함수에는 병합하려는 두 데이터를 입력하고, by 인자에는 두 데이터를 병합할 경우에 기준이 되는 변수를 지정한다.
- 두 데이터가 병합할 때에는 1차년도의 응답자와 2차년도의 응답자가 동일한 응답자로 지정되어야 하므로 각 데이터에서 응답자의 고유번호인 'id' 변수를 기준으로 병합하였다.
- 이렇게 되면 두 데이터를 병합한 데이터는 'id' 변수값이 같을 경우에 1차년도 데이터에 2차년도 데이터의 변수가 병합된다.
- 만약 1차년도나 2차년도에 하나라도 빠진 사례가 있다면 아래의 예에서와 같이 병합된 데이터에서는 제외된다. 아래의 경우 5는 1차년도에만, 7은 2차년도에만 있기 때문에 병합된 데이터에서는 제외된다.

표 2-4 데이터 병합과 결측값 처리

1차년도		
id	v1w1	v2w1
1	2	3
2	3	2
3	1	4
4	4	1
5	5	5
6	2	3

+

2차년도		
id	v1w2	v2w1
1	3	4
2	4	1
3	NA	NA
4	3	2
6	3	4
7	2	1

⇒

병합된 데이터				
id	v1w1	v2w1	v1w2	v2w2
1	2	3	3	4
2	3	2	4	1
3	1	4	NA	NA
4	4	1	3	2
6	2	3	3	4

- 기존의 데이터에 2차년도 데이터를 병합하면 RStudio의 작업공간(Environment)에는 mergedata라는 데이터프레임이 표시된다.

2) 사례를 병합하는 경우

동일한 변수를 가진 두 개의 데이터프레임을 수직으로 병합할 때는 rbind 함수를 사용한다. 기본적으로 rbind 함수의 인자로 두 데이터프레임의 이름을 적어주면 된다. 본서에는 이러한 사례가 없기 때문에 기본적인 함수의 형태만 제시하여 설명한다.

R Script

```
# 사례수를 병합하는 경우
total <- rbind(dataA, dataB)
```

스크립트 설명

- rbind 함수의 인자로, 병합하는 두 데이터(여기에서는 가상으로 dataA, dataB)의 이름을 적어주고, 그 결과를 total이라는 데이터프레임으로 저장한다.

6 데이터 분할하기

기존 데이터에서 그 일부만 선택해서 새로운 데이터를 만들어야 할 경우가 있다. 이 때도 두 경우가 있다. 하나는 일부 사례만 추출하는 경우와 다른 하나는 일부 변수만 추출하는 경우이다.

1) 일부 변수를 추출하는 경우

이 경우에는 dataframe[행, 열]의 표현을 사용하여 변수를 추출할 수 있다. [ ]에서 쉼표 앞은 행(사례)을 의미하고, 쉼표 뒤쪽은 열, 즉 변수를 의미한다. 쉼표 뒤에 원하는 표현을 입력함으로써 변수를 선택할 수 있다. 이 때 데이터프레임에 속한 변수의 위치를 사용할 수도 있고, 변수의 이름을 사용할 수도 있다.

예를 들어 spssdata의 첫 번째에서 세 번째 변수만 선택하여 새로운 데이터를 만드는 경우에는 다음과 같이 입력한다.

R Script

```
# spssdata의 첫 세 변수만 추출하는 경우 1
newdata <- spssdata[,c(1:3)]
```

스크립트 설명

- 쉼표 앞이 빈칸이기 때문에 모든 사례를 선택하고, 변수는 첫 번째부터 세 번째 변수를 선택한다는 의미이다. 이 때 'c(1:3)'이라고 해도 되고 '1:3'이라고 입력해도 무방하다.

R Script

```
# spssdata의 첫 세 변수만 추출하는 경우 2
var <- c("id", "sexw1", "scharew1")
newdata <- spssdata[var]
```

스크립트 설명

- 변수명을 사용하는 경우에는 변수명 이름을 지정한 객체를 먼저 만들고 데이터에 그것을 지정하면 된다.

2) 일부 사례만 선택하는 경우

일부 사례만 선택하는 경우도 기본적으로 두 가지 방법을 사용할 수 있다. 첫 번째는 dataframe[행, 열]의 표현을 사용하는 방법이다. 앞에서 일부 변수를 선택할 때와 반대의 방법을 하면 된다. 예를 들어서 spssdata의 첫 5개의 사례만 선택해서 새로운 데이터셋을 만드는 경우에는 다음과 같이 하면 된다.

R Script

```
# spssdata의 처음 5개 사례만 추출하는 경우
newdata <- spssdata[1:5,]
```

두 번째 방법은 특정 조건을 지정하게 그것을 충족하는 사례만을 선택하도록 하는 경우이다. 이 때는 which 함수를 사용한다. 예를 들어 spssdata에서 남자만을 선택하는 명령어는 다음과 같다. 두 가지의 조건을 모두 충족시키는 사례만 선택할 수도 있다. 남학생 중에서 성적이 낮은 학생들만 선택하는 예도 아래에 소개하였다.

R Script

```
# 남자만 선택하는 경우
newdata <- spssdata[which(spssdata$sexw1==1),]
# 남자 중에서 성적이 낮은 경우만 선택하는 경우
newdata <- spssdata[which(spssdata$sexw1==1 & grp.grade==1),]
```

3) subset 함수를 사용한 경우

위에서 소개한 방법이 기본적으로 사용할 수 있는 방법이지만, 일반적으로 가장 많이 사용하는 것이 subset 함수를 사용하는 방법이다. 이 함수를 사용하면 사례와 변수를 쉽게 추출할 수 있다.

R Script

```
# subset 함수를 사용하여 사례와 변수를 추출하는 경우
newdata <- subset(test, scharew1 >= 100 & scharew1 < 200, select=
```

```
c("id", "sexw1", "scharew1", "areaw1", "q2w1",
  "q18a1w1", "q18a2w1", "q18a3w1", "q33a01w1", "q33a02w1", "q33a03w1",
  "q33a04w1", "q33a05w1", "q33a06w1", "q33a07w1", "q33a08w1",
  "q33a09w1", "q33a10w1", "q33a12w1", "q33a13w1", "q33a14w1",
  "q33a15w1", "q34a1w1", "q34a2w1", "q34a3w1", "q34a4w1", "q34a5w1",
  "q34a6w1", "q37a01w1", "q37a02w1", "q37a03w1", "q37a04w1",
  "q48a01w1", "q48a02w1", "q48a03w1", "q48a04w1", "q48a05w1",
  "q48a06w1", "q48b1w1", "q48b2w1", "q48b3w1", "q48c1w1", "q48c2w1",
  "q48c3w1", "q48c4w1", "q48c5w1", "q48c6w1", "q50w1"))
```

스크립트 설명

- 추출하는 새 데이터는 우리가 분석에 사용할 변수만을 포함하고 서울 지역에 위치한 학교에 다니는 학생들의 데이터이다.
- subset 함수를 사용할 때는 인자로서 먼저 데이터셋의 이름을 지정하고(test), 다음으로 사례를 선택할 조건을 지정하며(scharew1 >= 100 & scharew1 < 200), 마지막으로 select 인자를 사용하여 남겨두고자 하는 변수를 지정하면 된다.
- 데이터셋에서 따로 떨어진 변수들을 추출하고자 할 때는 c("변수명", "변수명")의 표현을 사용하여 지정하면 되며, 연속하여 있는 변수들을 선택할 때는 ':'을 사용할 수 있다. 'select=시작변수:끝변수'라고 지정하면 원래 데이터셋에서 시작변수와 끝변수 사이에 포함된 모든 변수들이 선택된다.

CHAPTER 03

기술통계

Statistical · Analysis · for · Social · Science · Using R

기술통계

사회과학 데이터를 분석할 때 가장 먼저 하는 작업은 자신의 데이터가 어떤 모습을 지니고 있는지 파악하는 것이다. 이를 위해서 변수들에 대한 기술통계를 살펴보아야 한다. 본장에서는 앞장에서 만든 예제데이터를 사용해서 3가지 측면에서 변수의 모습을 파악할 수 방법을 소개한다. 첫 번째는 변수의 빈도분포를 알아보는 것이며, 두 번째는 다양한 기술통계량을 구하는 방법이고, 세 번째는 변수의 모습을 보여주는 다양한 도표를 만드는 방법이다. R이 가지고 있는 장점 중의 하나는 다양한 그래픽 결과를 얻을 수 있다는 점인데, 이번 장에서 보게 될 도표는 가장 기초적인 부분에 해당한다고 볼 수 있다.

01 Section > 빈도표 출력

빈도분포는 한 변수에 대한 다양한 정보를 살펴볼 수 있는 가장 기본적인 분석 방법이다. 빈도분포를 알아보기 위해서 R에서는 다양한 방법을 제공한다. 이러한 다양한 방법들 중에서 사용자가 원하는 정보를 자신에게 맞는 방법을 선택하여 얻는 것이 필요하다.

SPSS 등 다른 통계프로그램을 이미 사용하던 사람들은 R에서 빈도분포 등의 기본적인 통계치를 구하는데 다소 불편함을 느낄 수 있다. SPSS에서는 빈도분석을 수행하면 기본적인 분포뿐만 아니라 다양한 백분율과 통계치를 한 번에 구해주지만 R에서는 필요한 것들을 구하기 위해서 그런 통계치를 구해주는 패키지를 찾아서 실행시켜야 한다.

우선 빈도표를 얻는 몇 가지 방법은 아래와 같다. table, count, 그리고 cbind 함수를 이용한 경우에는 변수값 설명을 사용자가 따로 지정하지 않는다면 변수값 설명이 출력되지 않는다. 이에 비해 'sjPlot' 패키지의 sjt.frq 함수에서는 변수 설명이나 변수값 설명이 있는 데이터를 사용할 경우에 빈도표에 변수 설명과 변수값 설명이 함께 출력된다.

1 table 함수를 이용한 빈도표 출력

빈도분포를 구하기 위해서 가장 기본적인 명령어는 table이다. table 명령어는 한 변수에 대해서 사용할 때는 기본적인 빈도분포를 제공하고, 두 변수에 대해서 사용할 때는 기본적인 교차표를 제공한다.

분석 순서

- R에서 기본적으로 제공하는 table 함수를 이용하여 빈도표를 출력한다.
- 청소년들의 삶의 만족도(q50w1)에 대한 빈도분포를 구해본다.

R Script

```
# table 함수를 이용한 방법
table(spssdata$q50w1)
```

명령어 설명

table()	기본적인 빈도표나 교차표(cross-table)를 산출할 수 있는 함수

스크립트 설명

- table 함수는 기본적인 빈도표나 교차표를 출력할 수 있는 함수이다.
- table 함수의 괄호 안에 빈도표를 출력하고자 하는 변수명을 입력한다.

Console

```
> table(spssdata$q50w1)
  1   2   3   4   5
  5  70 165 298  57
```

분석 결과

- table 함수를 이용한 분석 결과에는 변수값과 변수값에 따른 빈도가 출력된다.
- 빈도분포를 통해 청소년들이 자신들의 삶에 대해서 만족한다는 응답이 더 많은 것을 알 수 있다.
- table을 사용한 빈도분포는 단지 사례수의 분포만 보여줄 뿐 백분율 등의 정보는 제공하지 않아 다소 불편할 수 있다.
- 변수의 빈도분포가 위에서 보는 바와 같이 가로로 제시되기 때문에 빈도분포의 결과를 복사해서 보고서나 논문 등에 활용하는 것이 불편하다. 일반적으로 빈도분포를 제시할 때 변수값이 아래로 배열되도록 제시하는 경우가 많기 때문이다.

2 'plyr' 패키지를 이용한 빈도표 출력

빈도분포를 변수값이 아래쪽으로 분포하도록 빈도분포를 구하기 위해서 사용할 수 있는 명령어가 'plyr' 패키지의 count 함수이다.

분석 순서

- 'plyr' 패키지를 설치하고, 불러온다.
- count 함수를 이용하여 빈도표를 출력한다.

R Script

```
# 'plyr' 패키지를 이용한 방법
library(plyr)
count(spssdata, 'q50w1')
```

명령어 설명

count	'plyr' 패키지에서 각 속성의 사례수를 세어주는 함수

스크립트 설명

- 'plyr' 패키지를 설치하고 불러온다.
- count 함수에는 빈도표를 출력하고자 하는 변수가 있는 데이터명을 먼저 입력하고, 다음에 해당 변수명을 입력한다. 해당 변수명을 입력할 때는 작은따옴표를 붙인다.

Console

```
> count(spssdata, 'q50w1')
  q50w1 freq
1     1    5
2     2   70
3     3  165
4     4  298
5     5   57
```

분석 결과

- count 함수를 이용한 결과를 살펴보면, 변수 이름(q50w1) 아래에는 변수값이 출력되고, 빈도(freq) 아래에는 변수값별 빈도가 출력된다.
- count 명령어를 사용해도 사례수의 분포만 나타날 뿐 여전히 백분율은 제공되지 않는다.

3 cbind를 이용한 빈도표 출력

앞서 살펴본 바와 같이 table 함수나 count 함수를 이용한 빈도표에서는 빈도별 비율이 출력되지 않는다. R에서 기본으로 제공하는 함수를 사용하면 사례와 비율의 분포를 한 번에 구해주지 않기 때문이다.

이 경우 cbind 함수를 사용하면 몇 개의 분석 결과를 묶어서 출력할 수 있다. cbind 함수의 다양한 인자를 이용하면 누적 빈도나 비율, 혹은 누적 비율을 출력할 수 있다. 즉 필요한 통계치를 명령어를 통해서 각각 구한 후에 그것을 횡으로 연결해서 출력하도록 한다고 생각하면 된다.

분석 순서

① cbind 함수를 이용하여 빈도, 누적 빈도, 비율, 누적 비율을 출력한다.

② 아래에서 보듯이 ①의 분석 결과는 비율에서 소수점 이하의 숫자가 복잡하게 나타난다. 따라서 round 함수를 이용하여 백분율과 소수점을 변경한다.

R Script

```
# ① cbind를 이용한 방법
cbind(Freq=table(spssdata$q50w1),                              # 빈도
      Cumul=cumsum(table(spssdata$q50w1)),                     # 누적 빈도
      relative=prop.table(table(spssdata$q50w1)),              # 빈도에 따른 비율
      Cum.prop=cumsum(prop.table(table(spssdata$q50w1)))) # 누적 비율
```

명령어 설명

cbind	몇몇 열들을 묶어주는 함수
cumsum	값들의 누적 합계(cumulative sum)를 구할 수 있는 함수
prop.table	각 속성의 비율(x/sum(x))을 구할 수 있는 함수

스크립트 설명

① 위의 스크립트에서 cbind 함수는 개별적으로 빈도, 누적 빈도, 빈도에 따른 비율, 그리고 누적 비율을 계산해서 횡으로 연결해서 출력해준다. 입력된 인자의 순서대로 결과를 출력해주며, 각 인자는 ','로 구분해 준다.

#빈도 구하기

- cbind 함수에서 첫 번째 인자는 빈도를 구하는 것이다. table 함수를 이용해서 삶의 만족도(q50w1) 변수의 빈도분포를 구한 후에 '=' 기호를 사용해서 출력될 결과의 이름('Freq')을 지정한다.
- table 인자에는 빈도를 출력할 대상 변수명(spssdata$q50w1)을 입력한다.

#누적 빈도 구하기

- 누적 빈도를 출력하기 위해 누적 빈도를 구해주는 cumsum 함수를 사용한다.
- 누적 빈도 분석 결과를 출력할 이름을 'Cumul'라고 지정하는데, 이를 위해 '=' 기호를 사용한다.

• cumsum 함수를 출력하기 위해서 괄호 안에 table 함수를 사용하며, 이 때 table 함수의 내용은 빈도를 구할 때와 동일하다.
• 즉 table 함수를 통해 변수의 빈도분포를 우선 구하고, table 함수로 계산한 각 변수값의 빈도를 cumsum 함수를 사용하여 누적 빈도로 계산하여 출력하게 하는 것이다.

빈도에 따른 비율 구하기

• 원리는 누적 빈도를 구한 방법과 동일하다.
• table 함수를 사용해서 구한 빈도분포를 prop.table 함수를 이용하여 비율로 바꾼 후에 결과를 출력할 이름을 'relative'라고 지정한다.
• prop.table 함수는 table 함수로 계산한 변수의 빈도분포를 비율로 전환시켜준다.

누적 비율 구하기

• 명령어가 복잡한 것처럼 보이지만 동일한 원리가 적용된다.
• 누적 비율을 출력하기 위해서는 비율을 출력했던 결과를 cumsum 함수를 사용해서 변환시키고, 그 결과를 출력하기 위해서 Cum.prop이라는 이름을 붙인다.

Console

```
> cbind(Freq=table(spssdata$q50w1),
+ Cumul=cumsum(table(spssdata$q50w1)),
+ relative=prop.table(table(spssdata$q50w1))),
+ Cum.prop=cumsum(prop.table(table(spssdata$q50w1))))

  Freq Cumul    relative    Cum.prop
1    5     5 0.008403361 0.008403361
2   70    75 0.117647059 0.126050420
3  165   240 0.277310924 0.403361345
4  298   538 0.500840336 0.904201681
5   57   595 0.095798319 1.000000000
```

분석 결과

• 삶의 만족도(q50w1) 변수에 대해서 cbind에서 이름을 붙인 대로 Freq(빈도), Cumul(누적 빈도), relative(비율), 그리고 Cum.prop(누적 비율)이 출력된다.
• 물론 이름은 원하는 대로 지정해서 출력할 수 있으며, 한글도 사용할 수 있다.

R Script

```
# ② 백분율 구하기와 round 함수를 이용한 소수점 변경
cbind(Freq=table(spssdata$q50w1),
        percentage=100*prop.table(table(spssdata$q50w1)),
        relative=round(100*prop.table(table(spssdata$q50w1)), 3))
```

스크립트 설명

② cbind 함수를 이용하여 빈도분포와 백분율을 구하고, 소수점을 변경한다.

- cbind 함수의 첫 번째 인자로 table 함수를 사용해서 빈도를 구한다.
- 비율 대신 백분율로 결과를 출력하기 위해서 비율을 구하기 위해 사용했던 prop.table 인자에 100을 곱하고, 그 결과를 출력하기 위해서 percentage라는 이름을 붙인다.
- 소수점 자리수를 변경하기를 원한다면 round 함수를 이용하여 변경할 수 있다.
- round 함수를 사용할 때는 괄호 안에 반올림할 객체를 입력하고 다음으로 반올림할 소수점 이하 자리수의 숫자를 입력한다. 위 스크립트에서는 반올림할 백분율 계산을 위한 객체를 입력하고, 소수점 셋째 자리에서 반올림하기 위해서 3이라는 숫자를 입력하였다.

Console

```
> cbind(Freq=table(spssdata$q50w1),
+ percentage=100*prop.table(table(spssdata$q50w1))),
+ relative=round(100*prop.table(table(spssdata$q50w1)), 3))
   Freq   percentage   relative
1     5    0.8403361      0.840
2    70   11.7647059     11.765
3   165   27.7310924     27.731
4   298   50.0840336     50.084
5    57    9.5798319      9.580
```

분석 결과

- q50w1 변수의 Freq(빈도), percentage(백분율), relative(반올림한 백분율)이 출력된다.
- 변수값에 따른 비율은 round 함수에서 변경한 소수점 자리수에 따라 소수점 3번째 자리까지 출력된다.

4 'Hmisc' 패키지의 describe 함수를 이용한 빈도표 출력

지금까지 R의 기본패키지에서 제공하는 명령어를 사용해서 빈도분포와 비율을 구하는 방법을 소개하였다. 그런데 이 분석을 따라서 해본 사람들은 느꼈을 것이라고 생각하지만, 명령어를 입력해야 하는 양도 많고 불편하며, 그 결과도 논문이나 보고서에서 사용할 정도로 썩 만족스럽지 못하다.

앞에서 기본패키지의 함수를 이용해서 분석했던 다소 복잡한 과정을 단순하게 수행할 수 있게 해주는 것이 'Hmisc' 패키지의 describe 함수이다.

R Script

```
# 'Hmisc' 패키지를 이용한 방법
library(Hmisc)
describe(spssdata$q50w1)
```

명령어 설명

describe	'Hmisc' 패키지에서 변수에 대한 기술통계량을 산출해주는 함수

스크립트 설명

- 'Hmisc' 패키지의 describe 함수를 이용하여 기술통계량을 출력한다.
- 'Hmisc' 패키지를 불러온다.
- describe 함수에 기술통계량을 출력할 대상 변수명을 입력하여 결과를 출력한다.

Console

```
> library(Hmisc)
> describe(spssdata$q50w1)
spssdata$q50w1: 50. 학생은 학생의 삶에 전반적으로 얼마나 만족하고 있습니까?
      n missing  unique     Info     Mean
    595       0       5     0.85    3.558

           1  2   3   4  5
Frequency  5 70 165 298 57
%          1 12  28  50 10
```

분석 결과

- 'Hmisc' 패키지의 describe 함수에서는 사례수, 결측값 수, 속성수(unique), Info,[1] 평균, 그리고 빈도분포가 출력된다.
- 빈도분포를 위주로 보여주며, 이에 필요한 기본적인 기술통계량 정보를 출력해 준다.
- 변수 설명까지 출력해주기 때문에 좀 더 쉽게 분석 결과를 이해할 수 있다.

5 'sjPlot' 패키지를 이용한 빈도표 출력

'sjPlot'이라는 패키지를 사용하면 좀 더 쉽게 빈도분포를 구할 수 있고, 분석 결과를 뷰어에서 확인하고 이용하거나, 엑셀 파일 형태로 저장하는 것이 가능하기 때문에 결과를 논문이나 보고서에 활용하는 것이 용이하다.[2]

분석 순서

① 'sjPlot' 패키지를 설치하고 불러온다.

② 'sjPlot' 패키지의 sjt.frq 함수를 이용하여 빈도표를 출력한다.

R Script

```
# 'sjPlot' 패키지를 이용한 방법
# Viewer에 직접 출력하는 방법
library(sjPlot)
sjt.frq(spssdata$q50w1, encoding="EUC-KR")
# 결과표를 외부 파일로 저장하는 방법
sjt.frq(spssdata$q50w1, file="(파일 저장 경로)/(파일 이름)")
```

---

1 연속변수와 비연속변수를 구분해 주기 위한 통계량으로 1이상이면 연속변수로 판단하여 0.05, 0.10, 0.25, 0.50, 0.75, 0.90, 그리고 0.95 백분위수(percentile)로 빈도분포를 출력한다. 만약 Info 값이 1 미만이라면 비연속변수로 판단하여 각 속성에서의 빈도와 비율을 출력한다.

2 'sjPlot' 패키지가 업데이트 되어 함수에서 사용하는 인자의 이름이 변경될 수 있다. 이러한 경우에는 https://cran.r-project.org/web/packages/sjPlot/sjPlot.pdf 파일을 참조하여 변경된 인자의 이름을 확인하기 바란다.

명령어 설명

sjt.frq	'sjPlot' 패키지에서 빈도표를 산출해주는 함수
encoding	'sjPlot' 패키지에서 변수 설명이나 변수값 설명을 사용하는 경우에 글자형식을 지정하기 위한 인자
file	'sjPlot' 패키지에서 결과표나 그래프를 외부 파일로 저장하기 위한 인자

스크립트 설명

- 'sjPlot' 패키지의 sjt.frq 함수를 이용하여 빈도, 비율 등을 포함한 빈도표를 출력해 보도록 한다. 'sjPlot' 패키지를 설치하지 않은 경우에는 먼저 패키지를 설치해야 한다.
- sjt.frq 함수를 이용하기 위해 우선 library 함수를 이용하여 'sjPlot' 패키지를 로딩한다.
- sjt.frq 함수에는 빈도표를 출력할 변수명(spssdata$q50w1)을 입력한다.
- 빈도표를 Viewer에서 직접 확인하기 위해서는 encoding 인자에 "EUC−KR"을 입력한다. 맥을 사용하는 경우에는 "UTF−8"이라고 입력하면 된다. 리눅스에서는 encoding 인자를 사용할 필요가 없다.
- 빈도표를 외부 파일로 저장하기 위해서는 file이라는 인자에 빈도분포를 분석한 결과를 저장할 경로와 파일 이름을 입력한다. 이 때 파일 이름의 확장자를 xls로 지정해주면 엑셀에서 바로 불러올 수 있다.
- sjt.frq 함수를 이용한 분석 결과는 지정한 경로에 외부 파일로 따로 지정된다. 따라서 별도로 저장한 파일을 찾아서 엑셀을 통해서 분석내용을 확인할 수 있다.

표 3-1 'sjPlot' 패키지의 빈도분석 결과

50. 학생은 학생의 삶에 전반적으로 얼마나 만족하고 있습니까?

value	*N*	*raw %*	*valid %*	*cumulative %*
전혀 만족하지 못한다	5	0.84	0.84	0.84
만족하지 못하는 편이다	70	11.76	11.76	12.61
보통이다	165	27.73	27.73	40.34
만족하는 편이다	298	50.08	50.08	90.42
매우 만족한다	57	9.58	9.58	100.00
missings	0	0.00		

total N=595 · valid N=595 · $\bar{x}$=3.56 · σ=0.85

분석 결과

- 변수 설명과 변수값 설명이 제공된다.
- 삶의 만족도(q50w1) 변수의 빈도, 백분율, 유효 백분율, 그리고 누적 백분율 순으로 결과가 출력된다.
- 결과표의 아래에는 전체 사례수, 유효 사례수, 평균, 그리고 표준편차가 출력된다.
- 이러한 결과는 excel 파일의 형태로 제공되기 때문에, 엑셀 프로그램을 이용해서 쉽게 편집할 수 있다.
- 〈표 3-1〉에서 보듯이 논문이나 보고서에 바로 사용할 수 있는 형태로 분석 결과를 제공하기 때문에 상당히 유용하다.

Viewer에서 출력된 결과표를 저장하는 방법

RStudio의 Viewer에서 출력된 결과표를 저장하기 위해서는 우선 결과표가 인터넷 연결 프로그램에서 출력되도록 "Show in new window"를 클릭해야 한다.

〈Viewer에 출력된 결과표를 인터넷 연결프로그램에 출력〉

인터넷 연결프로그램에서 출력

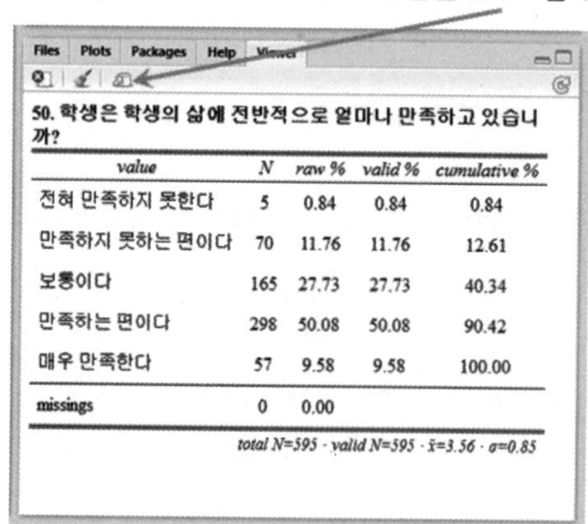

50. 학생은 학생의 삶에 전반적으로 얼마나 만족하고 있습니까?

value	N	raw %	valid %	cumulative %
전혀 만족하지 못한다	5	0.84	0.84	0.84
만족하지 못하는 편이다	70	11.76	11.76	12.61
보통이다	165	27.73	27.73	40.34
만족하는 편이다	298	50.08	50.08	90.42
매우 만족한다	57	9.58	9.58	100.00
missings	0	0.00		

total N=595 · valid N=595 · $\bar{x}$=3.56 · σ=0.85

결과표가 인터넷 연결 프로그램에서 출력되면 '다른 이름으로 저장'을 하여 HTML 형식의 파일로 저장할 수 있다. HTML 형식의 파일로 저장된 결과표는 Excel이나 워드 프로그램에서 불러올 수 있다.

〈인터넷 연결프로그램에서 결과표를 저장하는 방법〉

결과표를 다른 이름으로 저장

02 Section > 기술통계량 출력

한 변수에 대한 대표값(평균, 중앙치, 최빈치)이나 분산, 표준편차 등의 기술통계량은 'psych', 'Hmisc', 그리고 'sjPlot'과 같은 패키지의 함수를 이용하여 산출할 수 있다. 'psych'와 'Hmisc' 패키지의 describe 함수는 기술통계량을 산출하려는 변수를 지정하여 다양한 기술통계값을 얻을 수 있다.

1 summary 함수를 이용한 기술통계량 출력

가장 기본적으로 변수의 기술통계량을 알아볼 수 있는 함수는 기본패키지의 summary 함수이다.

분석 순서

• 기본패키지의 summary 함수를 사용해서 기술통계량을 출력한다.

R Script

```
# summary 함수를 이용한 방법
summary(spssdata$q50w1)
```

스크립트 설명

• summary 함수의 괄호 안에 해당 변수명을 입력하면 그 변수의 가장 기본적인 기술통계량이 출력된다.

• 만약 괄호 안에 데이터프레임명을 입력하면 데이터프레임에 들어 있는 모든 변수의 기술통계량을 출력해준다.

Console

```
> summary(spssdata$q50w1)
   Min. 1st Qu.  Median    Mean 3rd Qu.    Max.
  1.000   3.000   4.000   3.558   4.000   5.000
```

분석 결과

• 위에서 보다시피 대표값을 중심으로 최소한의 기본적인 내용(최소값, 1사분위값, 중앙값, 평균, 3사분위값, 최대값)만을 보여주기 때문에 좀 더 자세한 기술통계량을 구하기 위해서는 다음에서 소개하는 다양한 패키지에 들어 있는 함수를 사용하는 것이 좋다.

2 'psych' 패키지를 이용한 기술통계량 출력

앞에서 소개했던 summary 함수보다 좀 더 다양한 기술통계량을 구하고자 할 때 'psych' 패키지의 describe 함수를 사용할 수 있다. 이 함수는 앞에서 소개했던 'Hmisc' 패키지의 describe 함수와 이름은 동일하지만 다른 결과를 출력해 준다.

'Hmisc' 패키지의 describe 함수가 빈도표를 위주로 결과를 출력해주는 반면, 'psych' 패키지의 describe 함수는 빈도표는 보여주지 않지만 다양한 기술통계량을 출력해 준다.

분석 순서

① 'psych' 패키지를 설치하고 불러온다.

② 'psych' 패키지의 describe 함수를 이용하여 기술통계량을 출력한다.

R Script

```
# 'psych' 패키지를 이용한 방법
library(psych)
describe(spssdata$q50w1)
```

명령어 설명

describe	'psych' 패키지에서 변수에 대한 기술통계량을 산출해주는 함수

스크립트 설명

- 'psych' 패키지의 describe 함수를 이용하여 기술통계량을 출력한다.
- 'psych' 패키지를 설치하고 불러온다.
- describe 함수의 괄호 안에 기술통계량을 출력할 대상 변수명을 입력한다.

Console

```
> library(psych)
> describe(spssdata$q50w1)
  vars   n mean   sd median trimmed mad min max range  skew kurtosis   se
1    1 595 3.56 0.85      4    3.59   0   1   5     4 -0.49    -0.12 0.03
```

분석 결과

- describe 함수를 이용하여 출력되는 기술통계량은 변수의 수(vars), 유효 사례수(n), 평균(mean), 표준편차(sd), 중위수(median), 절삭평균(trimmed mean, 디폴트는 0.1), 중위수 절대 편차(mad: median absolute deviation, 각 사례값이 중위수로부터 떨어진 거리인 절대편차의 평균), 최소값(min), 최대값(max), 범위(range), 왜도(skew), 첨도(kurtosis), 표준오차(se: standard error)가 제시된다.
- 'Hmisc' 패키지의 describe 함수와 달리 빈도분포를 별도로 제시해주지 않으며, 대신 앞에서 보는 바와 같이 다양한 기술통계량을 자세하게 출력해준다.

3 'sjPlot' 패키지를 이용한 기술통계량 출력

기술통계량 분석 결과를 좀 더 쉽게 활용할 수 있게 해주는 것이 'sjPlot' 패키지이다. 'sjPlot' 패키지의 sjt.df 함수를 이용하면 Viewer에서 결과를 확인할 수 있을 뿐만 아니라, 기술통계량 출력 결과를 외부 파일로 저장해서 사용할 수도 있다.

다만 sjt.df 함수를 사용할 때는 분석하고자 하는 변수들만을 포함하고 있는 별도의 데이터프레임을 따로 만들어서 사용해야 한다는 점이 번거롭다.

분석 순서

① search 함수를 사용해서 'Hmisc' 패키지가 로드되어 있는지 확인한 후에 만약 로드되어 있다면 detach("package:Hmisc") 명령어를 사용한다.

② 기술통계량을 출력하기 위한 변수를 선택하고, 해당 변수만으로 구성된 데이터프레임을 만든다.

③ 'sjPlot' 패키지의 sjt.df 함수를 이용하여 기술통계량을 출력한다.

R Script

```
# ① 'Hmisc' 패키지가 로드되어 있다면 분리시킨다.
search( )
detach("package:Hmisc")

# ② 기술통계량을 출력할 변수를 선택하고, 해당 변수만으로 구성된 데이터 만들기
var1 <- c("q33a01w1", "q50w1")
tab1 <- spssdata[var1]    # tab1: 'sexw1'와 'q50w1'변수만 있는 데이터프레임

# ③ 기술통계량 출력
# Viewer에 직접 출력하는 방법
library(sjPlot)
sjt.df(tab1, encoding="EUC-KR")
# 결과표를 외부 파일로 저장하는 방법
sjt.df(tab1, file="(파일 저장 경로)/(파일 이름)")
```

명령어 설명

sjt.df	'sjPlot' 패키지에서 데이터프레임 내의 모든 변수들에 대한 요약통계량을 산출해주는 함수

스크립트 설명

① 첫 번째 과정을 거치는 이유는 'sjPlot' 패키지의 sjt.df 함수는 'psych' 패키지의 describe 함수를 사용하는데, 'Hmisc' 패키지가 로드되어 있는 경우 앞에서 본 바와 같이 동일한 함수명이 중복되어 분석에서 에러가 나오기 때문이다. 따라서 search( ) 명령어를 사용해서 'Hmisc' 패키지가 로드되어 있는지 확인하고, 'Hmisc' 패키지가 로드되어 있는 경우에는 detach("package:Hmisc") 명령어를 사용해서 분리시켜 준다.

② 'sjPlot' 패키지의 sjt.df 함수는 데이터 단위로 기술통계량을 출력해준다. 즉 spssdata $q50w1와 같이 기술통계량을 출력할 대상 변수를 지정할 수 없고, 오직 데이터만 지정할 수 있다. 데이터를 지정하면 해당 데이터 내의 모든 변수에 대한 기술통계량이 출력된다. 만약 데이터 내의 일부 변수들에 대한 기술통계량만을 출력하고자 한다면 기술통계량이 필요한 변수만으로써 데이터프레임을 만들어 분석해야 한다.

- 문자형 벡터(vector)로 기술통계량을 출력할 변수들을 입력한다. 여기서 문자형 벡터에는 문자를 입력하기 때문에 큰따옴표를 함께 입력해야 한다. 선택한 변수명이 담긴 문자형 벡터를 var1이라는 객체에 저장한다.
- spssdata라는 데이터에서 var1이라는 객체에서 지정한 변수들만을 선택한다(spssdata [var1]).
- 선택된 변수들로 구성된 데이터를 tab1이라는 객체에 저장하면, tab1이라는 객체는 q33a01w1과 q50w1이라는 두 변수로만 구성된 데이터가 된다.

③ 'sjPlot' 패키지의 sjt.df 함수에 데이터를 지정하여 기술통계량을 출력한다.

- 'sjPlot' 패키지를 불러온다.
- 기술통계량을 출력하기 위해 sjt.df 함수에 앞서 기술통계량을 살펴보기 위한 대상 변수들로만 구성한 데이터(tab1)를 지정한다.
- Viewer에서 기술통계량을 직접 확인하기 위해서는 encoding 인자에 "EUC-KR"을 입력한다. 맥을 사용하는 경우에는 "UTF-8"이라고 입력한다. 리눅스에서는 encoding 인자를 사용할 필요가 없다.
- 기술통계량을 외부 파일로 저장하기 위해서는 file 인자에 기술통계량을 외부 파일로 저장할 경로와 파일 이름을 입력한다. 저장된 파일은 엑셀에서 확인할 수 있다. 파일명의 확장

자를 xls로 지정하면 엑셀에서 불러오기 용이하다.

표 3-2 'sjPlot' 패키지를 이용한 기술통계량 출력 결과

Variable	*vars*	*n*	*missings*	*missings (percentage)*	*mean*	*sd*	*median*	*trimmed*	*mad*	*min*	*max*	*range*	*skew*	*kurtosis*	*se*
q33a01w1	1	595	0	0	3.29	0.93	3	3.31	1.48	1	5	4	-0.27	-0.18	0.04
q50w1	2	595	0	0	3.56	0.85	4	3.59	0	1	5	4	-0.49	-0.12	0.03

분석 결과

- 출력된 기술통계표의 통계량은 사례수, 결측값의 수와 비율, 평균, 표준편차, 중위수, 절삭평균, 중위수 절대 편차, 최소값, 최대값, 범위, 왜도, 첨도, 그리고 표준오차이다.
- 이러한 분석 결과는 'psych' 패키지의 describe 함수의 결과와 동일하다.

03 Section > 여러 형태의 도표 그리기

이제는 변수의 기술통계량을 표의 형태가 아니라 도표 형태로 제시하는 다양한 방법들에 대해서 살펴보기로 한다.

1 바 도표(Bar chart)

바 도표를 만드는 방법으로 barplot 함수를 이용하는 방법과 'sjPlot' 패키지의 sjp.frq 함수를 이용하는 방법을 소개하고자 한다. 도표를 그리는 것은 지정해줘야 할 것들이 많아서 다소 복잡하게 보이는데, 차분하게 하나씩 이해하는 것이 필요하다.

1) barplot 함수를 이용한 바 도표 출력

분석 순서

① barplot 함수를 이용하여 속성별 빈도에 따른 바 도표를 출력한다.

② barplot 함수를 이용하여 속성별 비율에 따른 바 도표를 출력한다.

③ 필요한 경우 'RColorBrewer' 패키지를 이용하여 바 도표에 색상을 지정한다.

R Script

```
# ① 속성별 빈도에 따른 바 도표(빈도)
barplot(table(spssdata$q50w1),
        names.arg=c("전혀 만족하지 못한다", "만족하지 못하는 편이다",
                    "보통이다", "만족하는 편이다", "매우 만족한다"),
        space=1.5, border=NA, cex.names=0.5, ylim=c(0, 350))

# ② 속성별 비율에 따른 바 도표(비율)
barplot(prop.table(table(spssdata$q50w1)),
        names.arg=c("전혀 만족하지 못한다", "만족하지 못하는 편이다",
                    "보통이다", "만족하는 편이다", "매우 만족한다"),
        space=1.5, border=NA, cex.names=0.5, ylim=c(0, 1.0))
```

명령어 설명

barplot	바 도표 명령어
names.arg	변수값 설명 입력
space	속성들의 바(bar) 간의 간격
border	바(bar)의 경계선
cex.names	변수값 설명 글자의 크기
ylim	Y축의 범위

스크립트 설명

① barplot 함수는 바 도표로 출력하고자 하는 대상 변수에 대해 table 함수를 사용하여 계산된 빈도를 사용한다. 이러한 이유는 barplot 함수가 주어진 데이터를 직접 계산하여 빈도나 비율을 계산해 주지 않기 때문이다(직접 변수명을 입력하면 오류가 나온다).

- table 함수를 이용하여 우선 각 변수값에 대한 빈도를 계산한다.
- 각 변수값에 대한 설명을 names.arg 인자를 통해 문자형 벡터의 형태로 입력한다. 낮은

변수값에 해당하는 변수값 설명부터 순서대로 입력해야 한다. 이 인자를 입력하지 않으면 숫자로 출력된다.

- 바 도표를 출력한 후에는 변수값 설명의 수정이 불가능하기 때문에 처음에 제대로 입력하는 것이 필요하다.
- 바(bar) 간의 간격(space), 바의 경계선 여부(border), 변수값 설명 글자의 크기(cex.names), 그리고 Y축의 범위(ylim) 등을 지정한다.

② prop.table 함수를 사용해 바 도표로 출력하고자 하는 대상 변수에 대해 계산된 비율을 barplot 함수에 사용한다.

- prop.table 함수를 이용하여 각 변수값에 대한 비율을 계산한다.
- 각 변수값에 대한 설명을 names.arg 인자를 통해 문자형 벡터의 형태로 입력한다.
- 바(bar) 간의 간격(space), 바의 경계선 여부(border), 변수값 설명 글자의 크기(cex.names), 그리고 Y축의 범위(ylim) 등을 지정할 수 있다.

그림 3-1 barplot 함수를 이용한 바 도표

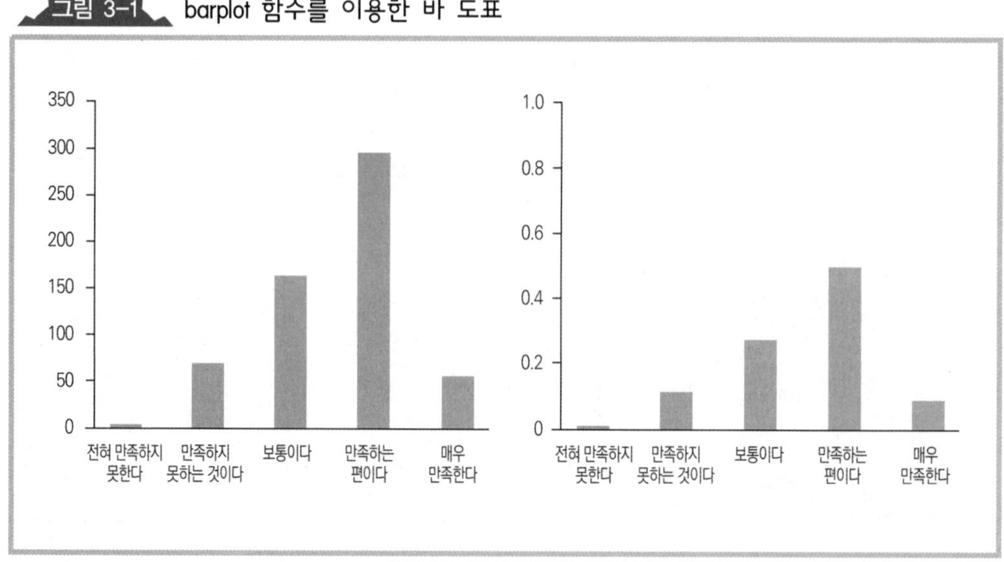

분석 결과

- barplot 함수를 이용한 바 도표는 RStudio의 Plots 창에 결과가 나타난다. 이 바 도표는 외부 파일로 저장할 수 있는데, 외부 파일로 저장할 수 있는 파일의 형식은 PDF 파일이나 그림 형식으로는 PNG, JPEG, TIFF, BMP, Metafile, SVG, EPS와 같은 다양한 형식으로 저장할 수 있다. 혹은 클립보드로 복사하여 작성하고 있는 문서에 직접 붙여 넣을 수 있다.

참고

맥을 사용해서 도표를 그릴 때 한글이 깨지는 경우

맥을 사용해서 도표를 그리면 한글이 깨져서 나온다. 이는 맥에서 한글 폰트가 지정되지 않았기 때문에 나타나는 결과이다. 따라서 다음과 같은 명령어 한 줄을 도표를 구하기 전에 입력하면 그런 문제가 해결되기도 한다. 그렇지만 맥은 한글 인코딩 문제 때문에 이러한 방법으로도 해결되지 않는 경우도 많다.

```
par(family="AppleGothic")
barplot(table(spssdata$q50w1),
        names.arg=c("전혀 만족하지 못한다", "만족하지 못하는 편이다",
                    "보통이다", "만족하는 편이다", "매우 만족한다"),
        space=1.5, border=NA, cex.names=0.5, ylim=c(0, 350))
```

다음은 필요한 경우에 도표에 색을 넣어서 컬러로 출력하는 것에 대한 설명이다.

R Script

```
# ③ 'RColorBrewer' 패키지를 이용한 바 도표 색상 적용
library(RColorBrewer)
pal1 <- brewer.pal(5,"Set2") # RColorBrewer 색상표 참고
barplot(prop.table(table(spssdata$q50w1)), col=pal1,
        names.arg=c("전혀 만족하지 못한다", "만족하지 못하는 편이다",
                    "보통이다", "만족하는 편이다", "매우 만족한다"),
        space=1.5, border=NA, cex.names=0.5, ylim=c(0, 1.0))
```

명령어 설명

barplot	바 도표 명령어
names.arg	변수값 설명 입력
space	속성들의 바(bar) 간의 간격
border	바(bar)의 경계선
cex.names	변수값 설명 글자의 크기
ylim	Y축의 범위
RColorBrewer	다양한 그래픽의 색상을 구성하기 위한 패키지
col	barplot 함수에서 색상을 지정하기 위한 인자

스크립트 설명

③ 'RColorBrewer' 패키지의 brewer.pal 함수를 이용하여 바의 색상을 지정한다.

- 'RColorBrewer' 패키지를 설치하고 불러온다.
- brewer.pal 함수는 색상을 지정할 수 있는 함수로 한 가지의 색 뿐만 아니라 여러 가지 색상이 혼합된 색상군을 지정할 수 있다.
- 이 예에서는 'Set2'라는 색상군 중에서 5가지의 색상을 선택하여 사용하기로 한다 (brewer.pal(5,"set2")).
- 지정된 색상군과 색상의 수에 대한 정보는 pal1이라는 객체에 저장한다.
- barplot 함수에서 col 인자는 바 도표의 색상을 지정하기 위한 인자로 이 인자에 앞서 만들었던 pal1이라는 객체를 지정한다.

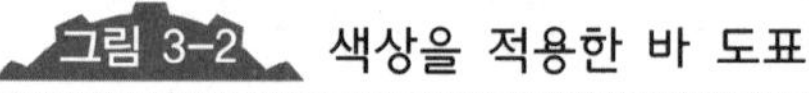

색상을 적용한 바 도표

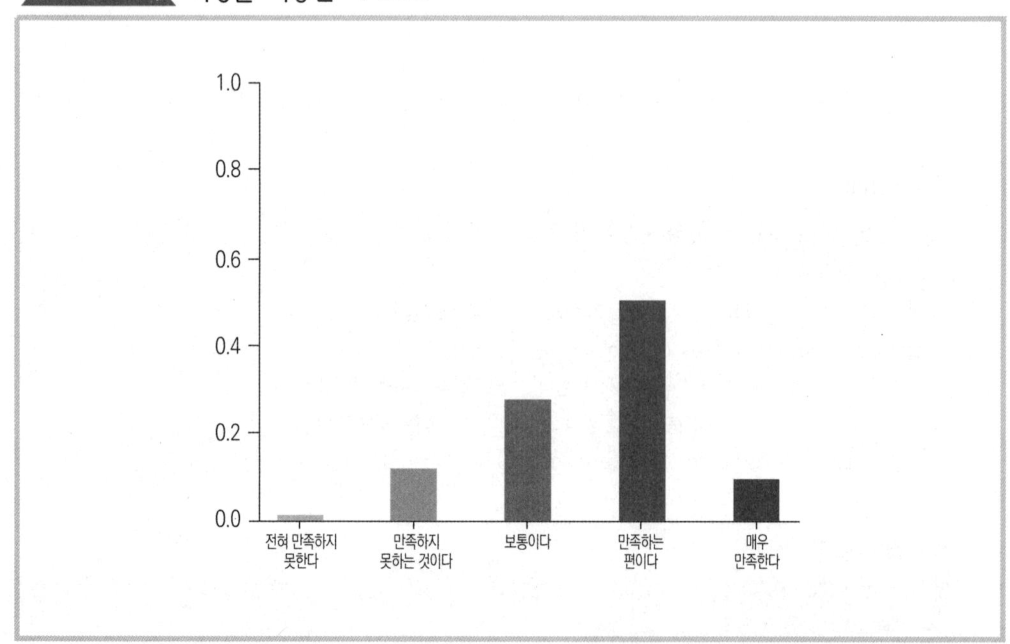

분석 결과

brewer.pal 함수에서 지정했던 색상으로 바 도표가 출력된다.

2) 'sjPlot' 패키지를 이용한 바 도표 출력

분석 순서

① 'sjPlot' 패키지의 sjp.frq 함수를 이용하여 바 도표를 출력한다.

② sjp.setTheme 함수를 이용하여 바 도표의 특성을 지정한다.

R Script

```
# 'sjPlot' 패키지을 이용한 바 도표
library(sjPlot)
sjp.frq(spssdata$q50w1)
# 바 도표 꾸미기
sjp.setTheme(axis.textsize=1.0, geom.label.size=3.5)
sjp.frq(spssdata$q50w1, geom.size = 0.3, ylim=c(0, 350),
      geom.colors="grey47", title="")
```

명령어 설명

sjp.frq	'sjPlot' 패키지에서의 바(bar) 도표를 그리기 위한 함수
sjp.setTheme	'sjPlot' 패키지에서 도표의 설정을 위한 함수
axis.textsize	변수값 설명 글자의 크기
geom.label.size	바(bar) 위의 변수값 글자 크기
geom.size	바(bar)의 크기
ylim	Y축의 범위
geom.colors	바(bar)의 색상
title	도표 제목

스크립트 설명

① barplot 함수를 이용할 경우와는 달리 'sjPlot' 패키지를 이용하여 바 도표를 만드는 경우에는 주어진 데이터에서 변수값에 따른 빈도나 비율을 직접 계산하기 때문에 바 도표를 만들려고 하는 데이터의 변수만을 지정해주면 된다. 데이터에 입력되어 있는 변수 설명이나 변수값 설명이 바 도표에 출력되므로 데이터에 변수 설명이나 변수값 설명이 있는 경우에는 연구자가 따로 입력하지 않아도 된다.

- 'sjPlot' 패키지를 설치하고 불러온다.
- sjp.frq 함수에 바 도표를 출력하고자 하는 대상 변수를 입력한다.

② 바 도표의 특성을 지정하기 위해 sjp.frq 함수와 sjp.setTheme 함수를 이용한다.

- 바 도표 아래의 변수값 설명 글자의 크기(axis.textsize)나 각 바(bar)의 빈도와 비율에 대한 글자 크기(geom.label.size)는 sjp.setTheme 함수를 이용하여 조절할 수 있다.
- sjp.frq 함수에서 바의 크기(geom.size), Y축의 범위(ylim), 바의 색상(geom.colors) 등을 지정할 수 있고, 도표의 제목(title)도 직접 입력할 수 있다.

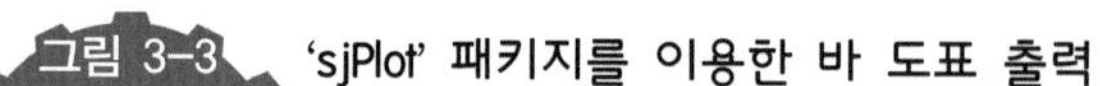
그림 3-3 'sjPlot' 패키지를 이용한 바 도표 출력

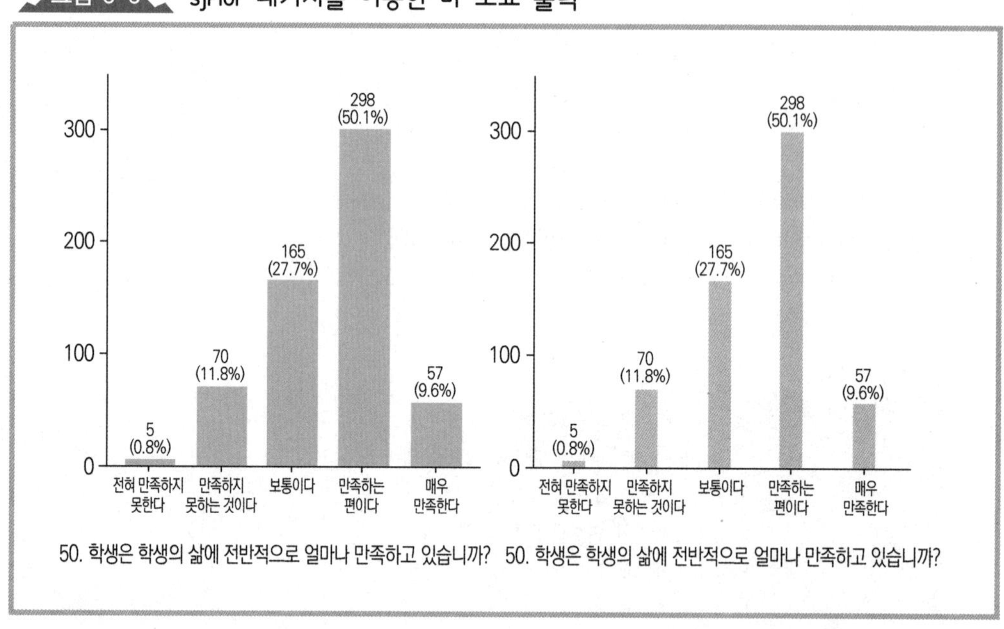

분석 결과

- 'sjPlot' 패키지의 sjp.frq 함수를 이용한 바 도표는 RStudio의 Plots 창에 결과가 나타난다.
- 이 Plots 창에 출력된 바 도표는 외부 파일로 저장할 수 있는데, 외부 파일로 저장할 수 있는 파일의 형식은 PDF 파일 또는 PNG, JPEG, TIFF, BMP, Metafile, SVG, EPS와 같은 다양한 그림 형식으로 저장할 수 있다. 혹은 클립보드로 복사하여 외부 파일로 저장하지 않고 작성하고 있는 문서에 직접 붙여넣을 수 있다.

2 히스토그램 도표와 밀도 도표

1) 히스토그램 도표(Histogram) 출력

히스토그램 도표는 연속되는 변수값을 몇몇 계층으로 분류하여 변수의 분포를 살펴보는데 사용한다. 따라서 히스토그램 도표는 변수의 척도가 연속변수일 때 사용할 수 있다. 여기서는 '부모에 대한 애착'이라는 개념을 측정하기 위해 q33a01w1부터 q33a06w1까지 6개의 문항의 변수값을 모두 더한 값을 히스토그램 도표를 만드는데 사용하였다.[3]

분석 순서

① q33a01w1부터 q33a06w1까지 6개의 문항을 합하여 '부모에 대한 애착' 변수를 만든다.
② hist 함수를 이용하여 히스토그램 도표를 출력한다.
③ 'RColorBrewer' 패키지를 이용하여 히스토그램 도표의 색상을 지정한다.

R Script

```
# ① 변수 계산 방법(1)
spssdata$attachment <- spssdata$q33a01w1+spssdata$q33a02w1+spssdata$q33a03w1+
        spssdata$q33a04w1+spssdata$q33a05w1+spssdata$q33a06w1

# 변수 계산 방법(2)
attach(spssdata)
spssdata$attachment <- q33a01w1+q33a02w1+q33a03w1+q33a04w1+q33a05w1+q33a06w1
detach(spssdata)
```

스크립트 설명

① '부모에 대한 애착'이라는 개념은 6개의 변수로 구성되어 있으므로, 이 6개의 변수를 모두 더한 변수를 만들어야 한다. 2가지 방법으로 같은 결과를 얻을 수 있다.

- 첫 번째 방법은 합치려고 하는 변수가 있는 데이터를 변수마다 각각 지정하여 새로운 변수를 만드는 방법이다.
- spssdata 데이터에서 6개의 변수를 더해서 attachment라는 새로운 변수로 만드는데 spssda-

3 엄밀하게는 서열척도를 더한 변수가 연속변수가 될 수는 없지만, 연속변수로 간주하여 사용한다.

ta$q33a01w1과 같이 데이터명과 변수명을 모두 지정한다.

- 두 번째 방법은 attach 함수와 detach 함수를 이용하여 대상 변수가 있는 데이터를 우선 지정하여 변수명만을 이용하여 새로운 변수를 만드는 것이다.
- attach 함수에 대상 변수가 있는 데이터를 지정하면 이후의 명령어에는 attach 함수에서 지정한 데이터를 우선적으로 이용한다.

R Script

```
# ② 히스토그램 도표 만들기
hist(spssdata$attachment)

# ③ 'RColorBrewer' 패키지를 이용하여 히스토그램 도표의 색상을 지정
library(RColorBrewer)
pal1 <- brewer.pal(7,"Set2")
hist(spssdata$attachment, breaks=20, col=pal1)
```

명령어 설명

hist	히스토그램 도표 명령어
breaks	히스토그램 내 계층의 수(입력한 계층의 수와 정확히 같은 집단 수로 히스토그램 도표가 작성되지는 않음)를 지정하기 위한 인자
col	히스토그램의 색상을 지정하기 위한 인자

스크립트 설명

② 기본패키지에 포함된 hist 함수의 인자로서 결과를 출력하고자 하는 해당 변수 (spssdata$attachment)를 지정하여 히스토그램 도표를 만든다.

③ 히스토그램 도표에 색상을 지정하고, 계층의 수를 지정한다.

- 히스토그램의 각 계층에 따라 색상을 적용하기 위해 'RColorBrewer' 패키지의 brewer.pal 함수를 이용한다. brewer.pal 함수에서 'Set2'라는 색상군을 지정하고, 이 색상군에서 7가지의 색상을 사용하도록 하였다(brewer.pal(7, "Set2")). 그리고 지정한 색상군에 대한 내용을 pal1이라는 객체에 저장하였다.
- hist 함수에는 히스토그램 도표로 출력될 대상 데이터와 변수를 지정하고, 계층의 수를 20개의 계층으로 지정한다(breaks=20). 그리고 계층에 대한 색상은 col 인자로 지정할 수 있다. col 인자에는 앞서 색상군과 관련된 내용을 저장한 객체를 지정한다(col=pal1).

참고

분석을 따라하는 중에 아래의 경우처럼 히스토그램 명령어를 입력하면 에러가 발생하는 경우가 있다.

```
> hist(spssdata$attachment)
에러: 'x' and 'labels' must be same type
```

정확한 원인을 발견하지 못하였지만 'Hmisc' 패키지로 불러온 spssdata 데이터의 레이블과 관련이 있는 것을 보인다. 이 경우에는 'Hmisc' 패키지를 불러온 다음에 위의 명령어를 다시 실행시키면 작동되는 경우가 있다.

```
> library(Hmisc)
다음의 패키지를 부착합니다: 'Hmisc'
The following objects are masked from 'package:plyr':
    is.discrete, summarize
The following objects are masked from 'package:base':
    format.pval, round.POSIXt, trunc.POSIXt, units
> hist(spssdata$attachment)
```

그림 3-4 히스토그램 도표와 색상 추가한 히스토그램 도표 출력

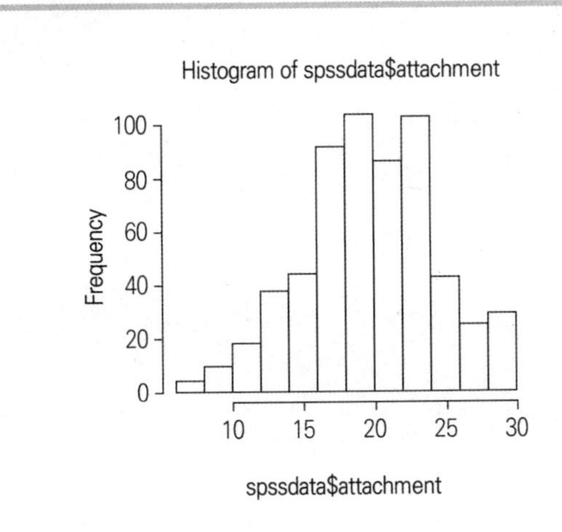

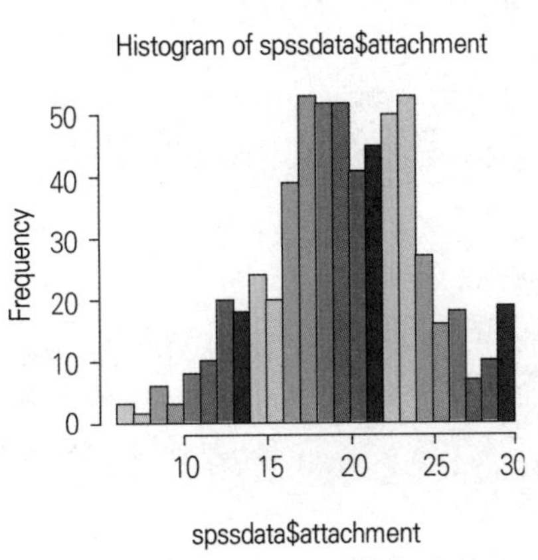

분석 결과

- 〈그림 3-4〉 왼쪽의 히스토그램 도표를 살펴보면, 원래 '부모에 대한 애착' 변수의 최소값은 6이고, 최대값은 30으로 25개의 변수값을 가지고 있다. 그런데 히스토그램 도표를 보면 12개의 계층으로 되어 있다. hist 함수에서는 연구자가 계층의 수를 지정하지 않는다면 임의의 계층으로 히스토그램 도표를 출력하게 된다.
- 〈그림 3-4〉 오른쪽의 히스토그램에서는 바(bar) 마다 색상이 적용되었다. 계층의 수는 20개의 계층으로 지정하였으나, 지정된 계층의 수와 같이 히스토그램 도표가 작성되지는 않는다.

2) 밀도 도표(density chart) 출력

분석 순서

① plot 함수와 density 함수로 밀도 도표를 만든다.

② 밀도 도표에 색상을 추가한다.

R Script

```
# ① 밀도 도표 만들기(1)
plot(density(spssdata$attachment, na.rm=TRUE))
# 밀도 도표 만들기(2)
d <- density(spssdata$attachment, na.rm=TRUE)
plot(d)

# ② 밀도 도표에 색상 추가
polygon(d, col="red", border="blue")
```

명령어 설명

na.rm	결측값 제거 여부 지정
density	밀도 도표 명령어
polygon	다각형 면적에 색상 적용

스크립트 설명

① 밀도 도표는 density와 plot 함수를 통해 만들 수 있다.

- density 함수를 이용하여 밀도 도표를 만든다.
- density 함수는 커널밀도추정을 통해 히스토그램 도표에서의 매끄럽지 못한 형태를 완만한 형태로 조절할 수 있는 함수이다.
- 여기서 밀도 도표를 만드는데 주의할 점은 density 함수에서 해당 변수에 결측값이 있는 경우에는 na.rm 인자를 통해 결측값을 제외시키라고 지정해야 한다.
- density 함수를 통해 만들어진 밀도 도표를 plot 함수를 이용하여 출력한다.
- 밀도 도표를 만들기 위한 방법으로 plot 함수와 density 함수를 동시에 적용할 수도 있고, density 함수의 결과를 객체(d)에 저장하고, 다시 plot 함수에서 객체로 지정하여 밀도 도표를 출력할 수 있다.

참고

결측값을 처리하는 인자

na.rm=TRUE라는 인자는 결측값이 있는 경우에 결측값을 제외하고 계산하라는 인자로서, 여러 함수에 사용된다. 결측값이 있는 변수인데, 이 인자를 사용하지 않으면 해당 변수를 분석한 결과가 나타나지 않는다.

② 밀도 도표에 색상을 추가하고 싶다면 polygon 함수를 이용해 다각형의 면적에 색상을 추가할 수 있다.

- polygon 함수에서 테두리 선의 색은 border 인자로 지정할 수 있고, 테두리 내의 색상은 col 인자로 지정할 수 있다.

그림 3-5 밀도 도표와 색상을 추가한 밀도 도표 출력

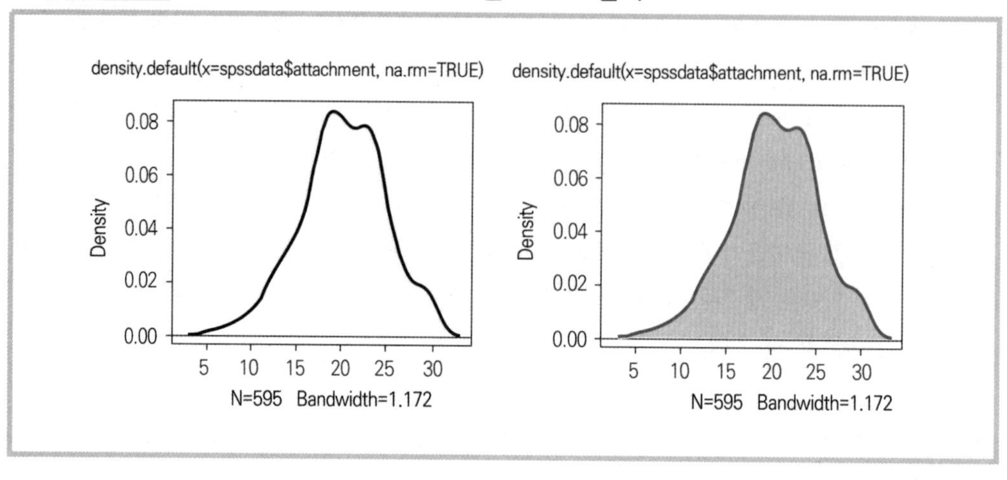

3 파이 도표

1) 파이 도표(Pie chart) 만들기

분석 순서

① 파이 도표에 출력될 변수값 설명을 입력한다.

② table 함수로 변수값의 사례수를 계산한다.

③ pie 함수로 파이 도표를 출력한다.

R Script

```
# 변수값 설명을 직접 입력하여 파이 도표 만들기
lbl <- c("전혀 만족하지 못한다", "만족하지 못하는 편이다", "보통이다",
        "만족하는 편이다", "매우 만족한다")        # 변수값 설명 입력
pieg <- table(spssdata$q50w1)                    # 각 변수값별 사례수 계산
pie(pieg, labels = lbl)
```

명령어 설명

pie	파이 도표를 만들기 위한 함수

스크립트 설명

① pie 함수는 대상 변수에 저장된 변수값 설명을 출력할 수 없으므로 직접 변수값 설명을 입력해야 한다.

• 변수값 설명을 파이 도표에 적용하기 위해 우선 문자형 벡터의 형태로 변수값 설명을 직접 입력하고, 이 내용을 lbl이라는 객체에 저장한다.

② pie 함수는 앞서 살펴보았던 barplot 함수와 같이 지정한 변수에 대한 빈도나 비율을 직접 계산하지 않는다. 따라서 파이 도표를 만들려는 변수에 대해 변수값에 따른 사례수나 비율을 구한 후에 pie 함수를 사용해야 한다.

• table 함수를 통해 각 변수값의 사례수를 계산하여 pieg라는 객체에 저장한다.

③ pie 함수에 변수값에 따른 사례수의 정보가 포함된 객체와 변수값 설명이 저장된 객체를 지정한다.

• pie 함수에는 변수값의 사례수에 따른 파이 도표를 출력하기 위해 저장된 변수값별 사례수가 저장되어 있는 객체(pieg)를 지정한다.

• 파이 도표에서 출력될 변수값 설명은 labels 인자로 지정할 수 있고, labels 인자에는 앞서 변수값 설명을 입력한 lbl이라는 객체를 지정한다.

그림 3-6 파이 도표

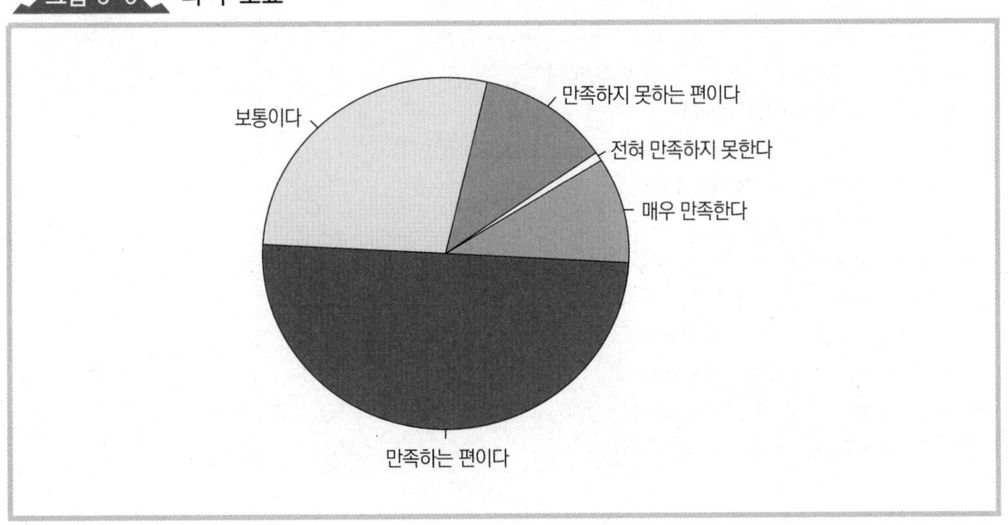

분석 결과

- 출력된 파이 도표에는 변수값의 사례수에 따른 비율로 파이가 나뉘어졌고, 각 부분에 대한 변수값 설명이 함께 출력되었다.
- 이와 같은 파이 도표에서는 각 변수값에 따른 사례수 혹은 비율이 출력되지 않는다.
- 따라서 파이 도표에 변수값에 따른 비율을 출력해 보도록 한다.

2) 변수값 설명과 백분율이 출력되는 파이 도표 만들기

분석 순서

① 파이 도표에 출력될 변수값 설명을 입력한다.
② prop.table 인자를 이용하여 변수값별 백분율를 계산한다.
③ 변수값 설명과 백분율을 붙인다.
④ 백분율에 '%' 기호를 붙인다.
⑤ pie 함수로 파이 도표를 출력한다.

R Script

```
# ① 변수값 설명을 문자형 벡터로 입력하여 lbl 객체에 저장
lbl <- c("전혀 만족하지 못한다", "만족하지 못하는 편이다", "보통이다",
          "만족하는 편이다", "매우 만족한다")
# ② 변수값별 백분율 구하기
pct <- round(100*prop.table(table(spssdata$q50w1)), 1)
# ③ 변수값 설명과 백분율 붙이기
lbls <- paste(lbl, pct)
# ④ 백분율 뒤에 '%' 기호 붙이기
lbls <- paste(lbls,"%")
# ⑤ pie 함수를 이용하여 파이 도표 출력
pie(pct,labels = lbls, col=rainbow(5),
      main="50. 학생은 학생의 삶에 전반적으로 얼마나 만족하고 있습니까?",
      init.angle=180, radius=1.0)
```

명령어 설명

pie	파이 도표를 만들기 위한 함수
paste	해당 값을 문자로 변환하고, 벡터를 연결함

round	반올림을 위한 함수(digits 인자를 통해 소수점 자리수 지정)
length	벡터의 수
init.angle	파이 도표의 회전각도
radius	파이 도표의 반지름 길이

스크립트 설명

① 변수값 설명을 문자형 벡터로 입력하여 lbl이라는 객체에 저장한다.

② 변수값별 백분율을 계산한다.

- table 함수로 대상 변수(spssdata$q50w1)의 변수값별 사례수를 구한다.
- prop.table 함수로 table 인자에서 구한 변수값별 사례수를 변수값별 비율로 계산한다.
- prop.table 함수로 계산한 변수값별 비율에 100을 곱하여 백분율로 계산한다.
- round 함수를 이용하여 소수점 첫 번째 자리까지 백분율이 출력되도록 지정한다.
- 변수값별 백분율을 계산한 결과를 pct라는 객체에 저장한다.

③ paste 함수를 사용해서 변수값 설명과 백분율 값을 붙인다.

- paste 함수는 객체의 내용을 문자로 변환하여 벡터로 연결할 수 있는 함수이다.
- 변수값 설명과 백분율 값은 서로 다른 벡터 형태의 객체이므로 paste 함수로 연결하면, '매우 만족한다 9.6'과 같이 하나의 벡터로 연결된다.
- 변수값 설명과 백분율 값을 붙인 문자형 벡터를 lbls라는 객체에 저장한다.

④ 백분율 뒤에 '%' 기호 붙이기

- 다시 paste 함수를 이용하여 변수값 설명과 백분율이 연결된 문자형 벡터가 저장된 lbls 객체에 '%' 표시를 연결시킨다.
- 이렇게 연결된 문자형 벡터를 다시 lbls라는 객체에 저장한다.

⑤ pie 함수에는 변수값별 비율이 저장된 pct라는 객체를 지정하여, 이 객체에 저장되어 있는 백분율에 따라 파이 도표에서 각 파이의 넓이를 결정하도록 하였다.

- 파이 도표의 설명을 입력할 수 있는 labels 인자에는 변수값 설명, 변수값별 비율, 그리고 '%' 기호가 합쳐진 문자열을 저장한 객체인 lbls를 지정한다.
- main 인자를 통해 파이 도표의 제목을 입력한다.
- 파이 도표에 적용한 색상을 지정할 수 있는 col 인자에는 무지개색(rainbow)을 적용하였다. 무지개색은 7가지 색인데 비해 변수값의 수는 5개('전혀 만족하지 못한다'부터 '매우 만족한다'까지 5개의 변수값)이다. 따라서 무지개색의 7가지 색 중에서 몇 가지 색을 적용할 것인지에 대해 지정해 주어야 한다(col=rainbow(5)).
- 파이 도표를 만들면서 변수값 설명의 글자수가 많은 경우에는 파이 도표의 범위를 벗어

날 수 있다. 이런 경우에는 init.angle 인자를 이용하여 파이 도표를 회전시켜주면 파이 도표에서 변수값 설명이 사라지는 것을 피할 수 있다. 또한 radius 인자를 이용하여 파이 도표의 반지름을 조정하여 알맞은 크기의 도표를 얻을 수 있다.

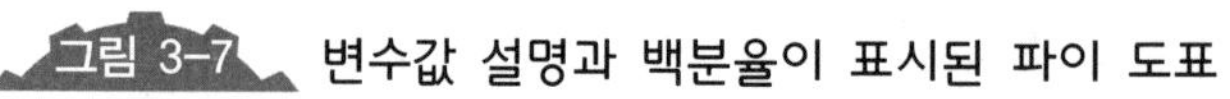

그림 3-7 변수값 설명과 백분율이 표시된 파이 도표

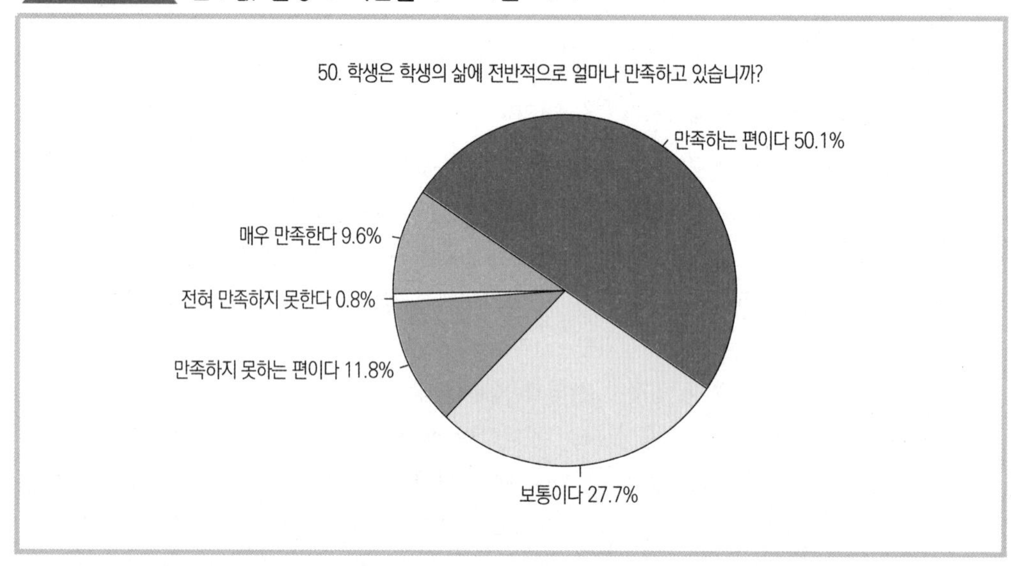

3) 3D 파이 도표 만들기

분석 순서

① 파이 도표에 출력될 변수값 설명을 입력한다.
② prop.table 인자를 이용하여 변수값별 백분율를 계산한다.
③ 변수값 설명과 백분율을 붙인다.
④ 백분율에 '%' 기호를 붙인다.
⑤ 'plotrix' 패키지를 이용하여 3D 파이 도표를 출력한다.

R Script

```
# ① 변수값 설명을 문자형 벡터로 입력하여 lbl 객체에 저장
lbl <- c("전혀 만족하지 못한다", "만족하지 못하는 편이다", "보통이다",
         "만족하는 편이다", "매우 만족한다")
```

```
# ② 변수값별 백분율 구하기
pct <- round(100*prop.table(table(spssdata$q50w1)), 1)
# ③ 변수값 설명과 백분율 붙이기
lbls <- paste(lbl, pct)
# ④ 백분율 뒤에 '%' 기호 붙이기
lbls <- paste(lbls,"%")
# 3D 파이 도표 만들기
install.packages("plotrix")
library(plotrix)
pie3D(pct, labels = lbls, col=rainbow(5),
        main="50. 학생은 학생의 삶에 전반적으로 얼마나 만족하고 있습니까?",
        labelcex=1.1, explode=0.1, theta=1.1, shade=0.3)
```

명령어 설명

plotrix	3D 파이 도표를 위한 패키지
labelcex	변수값 설명 글자의 크기 지정
explode	파이 조각들 간의 간격
theta	파이 도표의 기울기 각을 조정
shade	파이 조각들 사이의 그림자 명암 조정

스크립트 설명

①부터 ④까지는 앞서 '변수값 설명과 백분율이 출력되는 파이 도표 만들기'에서 다루었으므로 따로 설명하지 않는다.

⑤ 'plotrix' 패키지를 이용하여 3D 파이 도표를 만든다.

- 'plotrix' 패키지를 설치하고 불러온다.
- pie3D 함수에는 변수값별 비율이 저장된 pct라는 객체를 지정한다. 이 객체에 저장되어 있는 백분율에 따라 3D 파이 도표에서 각 파이의 넓이를 결정하도록 한다.
- 각 변수값별 설명을 출력할 수 있는 labels 인자에는 변수값 설명, 변수값별 비율, 그리고 '%' 기호를 합친 문자열을 저장한 객체인 lbls를 지정한다.
- 파이 도표의 제목을 출력할 수 있는 main 인자에는 변수 설명을 입력한다.
- labelcex 인자로 변수값 설명의 글자 크기를 조정하고, explode 인자로 변수 속성에 따른 파이 조각들 간의 간격을 조정한다.
- theta 인자를 통해 파이 도표의 기울기 각도를 조정한다. 이 theta 인자의 값을 크게 할수

록 파이 도표는 평면적으로 나타나게 된다.

• shade 인자를 통해서는 변수 속성에 따른 파이 조각의 그림자 명암을 조정한다.

그림 3-8 3D 파이 도표

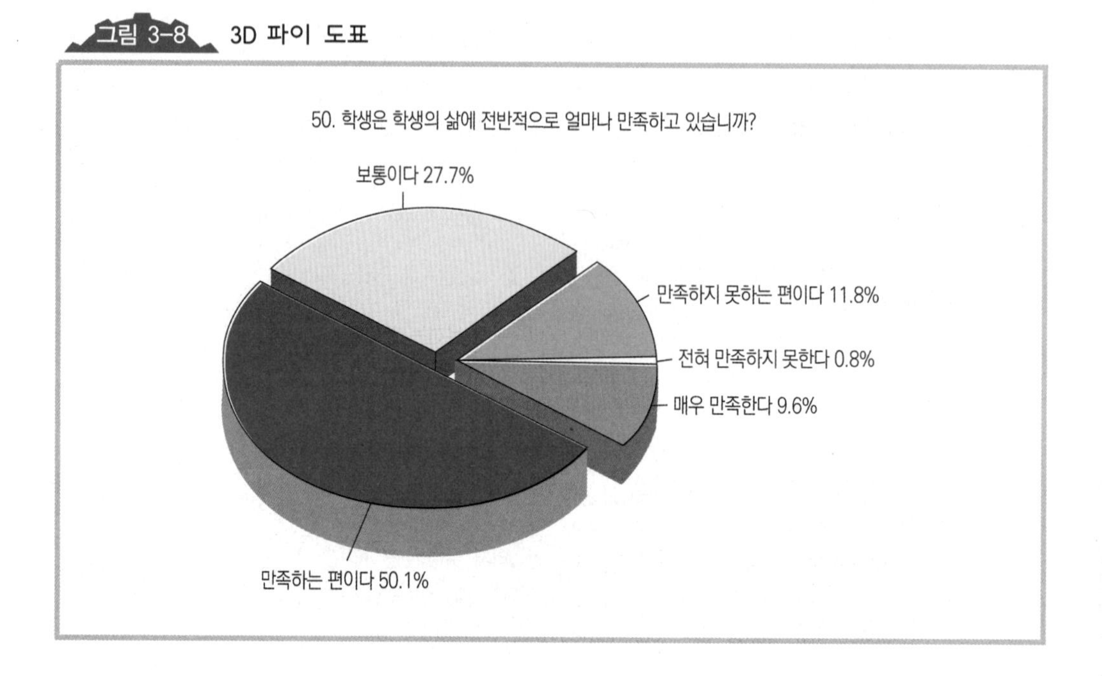

CHAPTER 04

교차분석

Statistical · Analysis · for · Social · Science · Using R

교차분석

01 Section > 교차분석의 적용

1 적용되는 변수의 척도 수준

교차분석은 독립변수와 종속변수가 모두 비연속척도(명목척도이거나 서열척도)인 경우에 사용할 수 있다. 물론 그 보다 높은 수준의 척도(등간척도와 등비척도)인 경우에도 변수값을 그룹화시켜서 교차분석을 적용하는 것이 가능하다.

2 교차분석의 통계량

비연속척도로 측정된 두 변수 간의 관계는 교차표로 표현할 수 있다. 〈표 4-1〉에서 좌측의 관찰값은 조사를 통해 얻은 결과표이고, 우측의 기댓값은 주변합계(각 변수 속성별 사례수)와 전체합계(전체 사례수)가 관찰값과 동일하지만 각 셀의 값은 영가설에 완벽하게 일치할 때의 값, 즉 변수 간의 차이가 존재하지 않을 때 예상되는 값이다. 전체 사례수 중에서 남자인 비율(500명 중에서 250명, 0.5)과 전체 사례수 중에서 비행경험이 없는 비율(500명 중에서 420명, 0.84)을 곱하면 남자이면서 비행경험이 없는 경우의 기댓값 비율(0.42)이 된다. 이 값에 전체 사례수(500)를 곱하면 남자이면서 비행경험이 없는 경우의 기댓값(210)이 된다. 아래의 계산은 각 셀의 기댓값을 구한 계산식이다.

$$① \frac{250}{500} \times \frac{420}{500} \times 500,\ ② \frac{250}{500} \times \frac{420}{500} \times 500$$

$$③ \frac{250}{500} \times \frac{80}{500} \times 500,\ ④ \frac{250}{500} \times \frac{80}{500} \times 500$$

표 4-1 교차분석표

< 관찰값 >

	남자	여자	합계
비행경험 없음	190	230	420
비행경험 있음	60	20	80
합계	250	250	500

< 기댓값 >

	남자	여자	합계
비행경험 없음	① 210	② 210	420
비행경험 있음	③ 40	④ 40	80
합계	250	250	500

기댓값은 영가설에 완벽하게 일치할 때의 값이므로 관찰값과 비교하여 그 차이가 작다면 성별에 따라 비행경험의 유무에 차이가 없을 것이라는 영가설을 채택할 가능성이 커지는 것이고, 기댓값과 관찰값 간의 차이가 크다면 영가설을 기각할 가능성이 커지게 된다. 이러한 논리에 따라 관찰값과 기댓값 간의 차이를 나타내는 통계량이 χ^2이다.

$$\chi^2 = \sum \frac{(O-E)^2}{E}$$

O: 관측값

E: 기대값

$$x^2 = \frac{(190-201)^2}{210} + \frac{(230-210)^2}{210} + \frac{(60-40)^2}{40} + \frac{(20-40)^2}{40} = 23.8095$$

χ^2값을 구하게 되면 영가설의 기각과 채택을 결정하기 위해 χ^2분포표를 참고하게 된다. χ^2분포표에서 통계적 유의도를 살펴보기 위해서는 χ^2값과 자유도를 알아야 한다. 자유도는 가로 셀의 개수와 세로 셀의 개수에서 각각 1을 뺀 값을 곱한 값이다. 자유도는 〈표 4-2〉와 같이 네 개의 셀에서 하나의 셀값이 정해지면 나머지 셀의 값을 알아낼 수 있다. 즉 ①의 셀값이 200으로 고정이 되면 나머지 셀값을 구할 수 있는 것처럼, 하나의 셀값만이 자유롭게 움직일 수 있고 나머지 셀값은 고정이 된다.

표 4-2 자유도 계산: 기댓값

	남자	여자	합계
비행경험 없음	① 210	②	420
비행경험 있음	③	④	80
합계	250	250	500

자유도(Degree of Freedom)=(가로 셀의 개수−1)(세로 셀의 개수−1)

위의 예에서와 같이 자유도가 1이면서 유의도가 0.05일 때의 χ^2값은 아래와 같이 3.841459이고, 유의도가 0.01일 때의 χ^2값은 6.634897이다. 위의 예에서는 χ^2값이 23.8095이므로 유의도가 0.01인 경우보다 χ^2값이 더 크게 나타났다. 따라서 위의 예는 95% 신뢰수준에서 성별에 따라 비행경험 유무의 분포는 차이가 없을 것이라는 영가설을 기각하고, 성별에 따라 비행경험 유무의 분포는 차이가 있을 것이라는 연구가설을 채택하게 된다.

```
> qchisq(.95, df=1)
[1] 3.841459
> qchisq(.99, df=1)
[1] 6.634897
```

위의 명령어는 qchisq 함수를 사용해서 자유도가 1이며, 유의도 수준이 .05, .01일 때 기준이 되는 χ^2값을 구하는 것이다.

02 Section > 교차분석의 분석 방법

교차분석을 좀 더 쉽게 이해하도록 하기 위해서 아래와 같이 가설을 설정하고 예제데이터를 사용해서 가설을 검증하는 과정을 제시하면서 교차분석 방법을 설명하기로 한다.

가설

연구가설
　성별에 따라 전반적인 생활만족도의 분포가 다를 것이다.

1 table 함수를 이용한 교차분석

여기에서 설명하는 table 함수를 이용한 교차분석은 과정이 복잡하기 때문에 실제 통계분석에서 별로 활용되지 않는다. 단지 교차분석의 원리를 이해하는데 도움을 주는 선에서 받아들이면 좋을 것이다. 교차분석의 실제 활용 방법에 관심이 있는 경우에는 다음에 소개하는 'gmodels' 패키지나 'sjPlot' 패키지를 사용한 방법으로 넘어가도 된다.

분석 순서

① 삶의 만족도 변수값을 새 변수명으로 재부호화한다.
② 재부호화한 새 변수의 변수값 설명을 입력한다.
③ 두 변수의 값에 따른 사례수를 계산한다.
④ 두 변수의 값에 따른 주변합계를 계산한다.
⑤ 두 변수의 값에 따른 비율을 계산한다.
⑥ χ^2값을 계산한다.

R Script

```
# ① q50w1의 속성을 '부정', '중립', 그리고 '긍정' 응답으로 재부호화
attach(spssdata)
```

```
spssdata$satisfaction[q50w1==1|q50w1==2] <- 1  # 만족하지 못하는 편
spssdata$satisfaction[q50w1==3] <- 2             # 보통
spssdata$satisfaction[q50w1==4|q50w1==5] <- 3  # 만족하는 편
detach(spssdata)

# ② 재부호화한 변수에 변수값 설명 입력
library(sjmisc)
spssdata$satisfaction <- set_labels(spssdata$satisfaction,
        c("만족하지 못하는 편", "보통", "만족하는 편"))
```

스크립트 설명

① 연구가설을 검증하기 위해 우선 전반적인 생활만족도를 3집단으로 재부호화한다.

- attach 함수를 이용하여 재부호화하고자 하는 변수가 포함된 데이터인 spssdata를 지정한다.
- spssdata 데이터 내의 전반적인 생활만족도 변수인 q50w1을 재부호화한다. 여기에서는 원래 변수를 재부호화하는 것이 아니라 새 변수를 생성해서 재부호화하는 방식을 사용한다.
- 변수 q50w1의 변수값에서 1과 2는 '만족하지 못하는 집단'을 의미하는 1로 재부호화하고 ([q50w1==1|q50w1==2] <- 1), 재부호화한 결과를 spssdata 내의 satisfaction이라는 변수(spssdata$satisfaction)에 저장한다.
- 같은 방법으로 변수 q50w1의 변수값에서 3은 '보통인 집단'을 의미하는 2로 재부호화한다.
- 다음으로 변수 q50w1의 변수값에서 4와 5는 '만족하는 집단'을 의미하는 3으로 재부호화하고, 재부호화한 값들은 spssdata 내의 satisfaction이라는 변수에 저장하였다.

참고

변수의 값을 재부호화한 값을 저장할 변수명은 해당 데이터 내에 기존 변수를 사용할 수도 있다. 그렇지만 이러한 경우에는 기존의 변수가 가지고 있던 값은 사라지게 되고, 재부호화한 값으로 대체된다. 나중에 원 변수를 그대로 사용해야 하는 경우가 있을 수 있기 때문에 변수값을 재부호화할 때는 가능하면 원 변수를 그냥 두고 새 변수를 재부호화해서 사용하는 것이 좋다.

② 변수값에 대한 설명은 'sjmisc' 패키지를 이용하여 입력한다. 변수값 설명을 사용하지 않는 경우 이 단계를 건너 뛰어도 된다.

- 'sjmisc' 패키지를 불러온다.
- set_labels 함수에는 변수값을 저장할 대상 변수를 지정하고, 다음에 변수값 설명을 입력한다.
- 변수값 설명을 입력할 때에는 낮은 변수값부터 차례대로 변수값 설명을 입력하면 되고, 변수값의 개수와 변수값 설명의 개수가 일치해야 한다.
- 이렇게 입력한 변수값 설명은 table 함수나 'gmodels' 패키지를 이용한 교차표에서는 출력되지 않지만 'sjPlot' 패키지를 이용한 교차표에서는 변수값 설명이 출력된다.

R Script

```
# ③ 두 변수의 값에 따른 사례수 출력
devi02_1.re <- table(spssdata$satisfaction, spssdata$sexw1)
devi02_1.re
```

스크립트 설명

③ table 함수를 이용해서 연구가설에서 검증할 변수(spssdata$satisfaction과 spssdata$sexw1)를 순서대로 지정하고, 이 결과를 devi02_1.re라는 객체에 저장한다.

- 객체의 이름을 입력하여 결과를 출력한다.

Console

```
> devi02_1.re <- table(spssdata$satisfaction, spssdata$sexw1)
> devi02_1.re

      1    2
1    23   52
2    70   95
3   203  152
```

분석 결과

- 교차표의 결과를 출력하면 가로축은 성별(1 '남자', 2 '여자'), 세로축은 전반적인 생활만족도(1 '만족하지 못하는 편', 2 '보통', 3 '만족하는 편')가 출력된다.
- table 함수를 이용하여 교차표를 만들면 해당 변수의 변수값 설명이 출력되지 않고, 변수값만이 출력된다.

참고

※ 만일 변수값 대신 변수값 설명을 출력하고 싶다면 변수값을 변수값 설명으로 대체하면 된다.

- attach 함수를 이용하여 기존에 재부호화한 변수인 satisfaction 변수에서 1번을 "1_만족하지 못하는 편", 2번을 "2_보통", 3번을 "3_만족하는 편"으로 다시 재부호화한다.
- 여기서 변수값 설명 앞에 숫자를 입력한 이유는 글자로만 재부호화하게 되면 변수값의 순서가 한글의 가나다 순서로 변경되어 "만족하는 편", "만족하지 못하는 편", "보통"의 순서로 결과가 출력되기 때문이다.
- 출력되는 변수값 설명의 순서가 해석하는데 문제가 없다면 변수값 설명으로 재부호화할 때 글자만 입력하여 대체하면 되지만, 교차표를 해석하는데 편의상 순서대로 변수값의 설명이 되어 있어야 하는 경우에는 이와 같이 숫자를 변수값 설명 앞에 위치시키는 것도 하나의 방법일 것이다.
- 교차표를 만들고자 하는 또 다른 변수인 성별 변수(sexw1)도 같은 방법으로 재부호화한다.
- 여기에서도 원래의 변수를 재부호화하는 것이 아니라 새 변수를 만들어서 재부호화하는 것임에 유의하자.

R Script

```
# 변수값을 변수값 설명으로 대체
attach(spssdata)
spssdata$satisfaction_1[satisfaction==1] <- "1_만족하지 못하는 편"
spssdata$satisfaction_1[satisfaction==2] <- "2_보통"
spssdata$satisfaction_1[satisfaction==3] <- "3_만족하는 편"
spssdata$sexw1_1[sexw1==1] <- "1_남자"
spssdata$sexw1_1[sexw1==2] <- "2_여자"
detach(spssdata)
```

R Script

```
# 변수값을 변수값 설명으로 대체한 변수로 교차표 출력
devi02.re <- table(spssdata$satisfaction_1, spssdata$sexw1_1)
devi02.re

# ④ 두 변수의 값에 따른 주변합계를 출력
margin.table(devi02.re) # satisfaction_1과 sexw1_1 변수의 전체합계
margin.table(devi02.re, 1) # satisfaction_1 변수의 주변합계
margin.table(devi02.re, 2) # sexw1_1 변수의 주변합계
```

스크립트 설명

• 교차표의 해석상 편의를 위해 변수값을 변수값 설명으로 대체한 변수(satisfaction_1과 sexw1_1)를 table 함수에 적용하고, 그 결과를 devi02.re라는 객체에 저장하였다.

• devi02.re 객체에 저장된 내용을 출력하면 변수값 설명이 출력되는 것을 확인할 수 있다.

④ margin.table 함수를 이용하여 전반적인 생활만족도를 중심으로 한 교차표의 주변합계를 구할 수 있다.

• table 함수를 이용해 만들어놓은 객체(devi02.re)에는 교차표에 대한 정보가 담겨져 있으므로 margin.table 함수에 devi02.re라는 객체를 지정한다.

• table 함수에서 첫 번째 변수(전반적인 생활만족도; spssdata$satisfaction_1)를 기준으로 주변합계를 산출하고자 할 때에는 '1'을 입력한다.

• 성별 변수를 기준으로 주변합계를 산출하고자 한다면 table 함수에서 성별 변수가 두 번째에 위치해 있으므로 '2'를 입력하면 된다.

Console

```
> devi02.re

                        1_남자   2_여자
 1_만족하지 못하는 편       23       52
 2_보통                     70       95
 3_만족하는 편             203      152
> margin.table(devi02_1.re)
[1] 595
> margin.table(devi02.re, 1)

       1_만족하지 못하는 편        2_보통           3_만족하는 편
                         75           165                     355
> margin.table(devi02.re, 2)

   1_남자     2_여자
     296        299
```

분석 결과

• 전반적인 생활만족도를 중심으로 주변합계를 구한 결과에서 '만족하지 못하는 편'이라는 응답은 75명, '보통'이라는 응답은 165명, 그리고 '만족하는 편'이라는 응답은 355명으로 나타났다.

- 성별을 중심으로 한 교차표의 주변합계는 '남자' 청소년이 296명, '여자' 청소년은 299명으로 나타났다.

위의 결과를 통해 사례수를 중심으로 수작업으로 교차표를 작성하면 〈표 4-3〉과 같다.

표 4-3 교차표 작성(사례수)

전반적인 생활만족도	성별		합계
	남자	여자	
만족하지 못하는 편	23	52	75
보통	70	95	165
만족하는 편	203	152	355
합계	296	299	595

R Script

```
# ⑤ 두 변수의 값에 따른 백분율 출력
round(prop.table(devi02.re)*100, 2)                    # 셀의 비율 산출
round(prop.table(devi02.re, 2)*100, 2)                 # 열의 비율 산출
round(margin.table(prop.table(devi02.re), 1)*100, 2)   # 행의 주변합계 비율 산출
```

스크립트 설명

⑤ 교차표의 각 셀에 대한 비율은 prop.table 함수를 이용하여 구할 수 있다. 해석상 편의를 위해 백분율로 산출하기 위해서 비율에 100을 곱하여 출력한다. 그리고 round 함수를 이용하여 소수점은 2자리까지만 구한다.

- prop.table 인자에 앞서 계산된 교차표에 대한 객체인 devi02.re를 입력하여 전체 사례수에 대한 각 셀의 비율을 계산한다. 이 함수에 100을 곱하여 백분율로 출력되도록 하였다. 그리고 round 함수를 이용하여 백분율의 소수점 자리를 2자리로 지정한다(round(prop.table(devi02.re)*100, 2)).
- 연구가설과 같이 성별에 따른 전반적인 생활만족도를 살펴보기 위해서는 독립변수인 성별을 중심으로 전반적인 생활만족도에 따른 백분율(열비율, column %)을 살펴보는 것이 필요하다. 성별을 중심으로 전반적인 생활만족도에 따른 백분율을 산출하기 위해서 table 함수에서 성별 변수를 두 번째로 지정하였으므로 객체 다음에 '2'를 입력한다(prop.table(devi02.re, 2)). 그리고 이 결과에 100을 곱하여 백분율로 출력하게 하고, round 함수로 소

수점 2자리까지 출력하도록 한다.

- 교차표를 작성하기 위해 전반적인 생활만족도에 따른 주변합계 백분율을 출력한다. 전반적인 생활만족도에 따른 주변합계 비율에 대해서도 백분율로 출력하도록 하고, round 함수로 소수점 2자리까지 출력하도록 한다.

Console

```
> prop.table(devi02.re)
                          1_남자    2_여자
 1_만족하지 못하는 편       3.87      8.74
 2_보통                   11.76     15.97
 3_만족하는 편            34.12     25.55
> prop.table(devi02.re, 2)
                          1_남자    2_여자
 1_만족하지 못하는 편       7.77     17.39
 2_보통                   23.65     31.77
 3_만족하는 편            68.58     50.84
> round(margin.table(prop.table(devi02.re), 1)*100, 2)

      1_만족하지 못하는 편        2_보통              3_만족하는 편
                     12.61         27.73                      59.66
```

분석 결과

- 전체 사례수에 따른 셀의 비율이 출력된 결과를 살펴보면 남자 청소년의 경우에 '만족하지 못하는 편'이라는 응답은 전체 사례수에서 3.87%였고, '보통'이라는 응답은 11.76%, 그리고 '만족하는 편'이라는 응답은 34.12%로 나타났다. 여자 청소년의 경우에는 '만족하지 못하는 편'이라는 응답은 전체 사례수에서 8.74%였고, '보통'이라는 응답은 15.97%, 그리고 '만족하는 편'이라는 응답은 25.55%로 나타났다.
- 이 결과에서는 '만족하는 편'이라는 응답이 여자 청소년에 비해 남자 청소년의 비율이 더 높은 것으로 나타났다. 따라서 남자 청소년이 여자 청소년에 비해 전반적인 생활만족도에 대해 더욱 긍정적으로 응답한 것으로 보인다. 그러나 여기서의 비율은 전체 사례수에 대한 비율이므로 이와 같은 결과는 아직 확실하지 않다. 즉 '만족하는 편'이라는 응답의 비율이 여자 청소년에 비해 남자 청소년이 더 높게 나타났지만, 이 결과가 조사대상자 중에서 여자 청소년에 비해 남자 청소년의 사례수가 더 많았을 경우에도 나타날 수 있기 때문

이다. 만일 남자 청소년은 200명을 조사하였고, 여자 청소년은 100명을 조사하였을 경우에 이와 같은 결과가 나타났다면 남자 청소년 중에서 '만족하는 편'이라는 응답은 약 102명(34.12%) 정도이다. 이에 비해 여자 청소년 중에서 '만족하는 편'이라는 응답은 약 77명(25.55%) 정도이다. 이러한 경우에 전체 사례수에 대비하여 '만족하는 편'이라는 응답의 비율이 여자 청소년보다 남자 청소년이 더 높지만, 남자 청소년 중에서 '만족하는 편'이라는 응답의 비율은 51%이고, 여자 청소년의 경우에는 77%로, '만족하는 편'이라는 응답의 비율은 남자 청소년보다 여자 청소년이 더 높게 나타나게 된다. 이러한 이유로 전체 사례수 대비 각 셀의 비율로는 성별에 따른 전반적인 생활만족도를 비교하기 어렵다. 따라서 차이를 보기 위해서는 전체 셀 비율로 비교하는 것이 아니라 독립변수를 기준으로 한 열비율을 비교하는 것이 적절하다.

• 성별을 중심으로 전반적인 생활만족도에 따른 비율(열비율)을 살펴보면, 남자 청소년의 경우에는 '만족하는 편'이라는 응답이 68.58%였고, 여자 청소년의 경우에는 50.84%로 남자 청소년의 비율이 여자 청소년에 비해 높게 나타났다. 이에 반해 '만족하지 못하는 편'이라는 응답에 대해서는 남자 청소년의 경우에는 7.77%였고, 여자 청소년은 17.39%로 여자 청소년의 비율이 더 높게 나타났다. 이러한 결과를 통해 여자 청소년에 비해 남자 청소년의 경우에 전반적인 생활만족도에 대해 더욱 긍정적으로 응답한 것으로 나타났다.

앞서 사례수에 따른 교차표를 작성한 표에 비율을 추가하여 수작업으로 교차표 작성을 마무리 한다. 〈표 4-4〉에서는 성별을 중심으로 전반적인 생활만족도의 응답비율을 살펴보았으므로, margin.table 함수를 이용하지 않아도 성별에 따라 전반적인 생활만족도의 주변합계 비율과 전체합계 비율은 100%임을 알 수 있다.

표 4-4 교차표 작성(사례수와 백분율)

전반적인 생활만족도	성별		합계
	남자	여자	
만족하지 못하는 편	23 (7.77%)	52 (17.39%)	75 (12.61%)
보통	70 (23.65%)	95 (31.77%)	165 (27.73%)
만족하는 편	203 (68.58%)	152 (50.84%)	355 (59.66%)
합계	296 (100.00%)	299 (100.00%)	595 (100.00%)

R Script

```
# ⑥ χ² 값을 출력
chisq.test(devi02.re, correct=FALSE)  # 카이자승값을 산출
```

스크립트 설명

⑥ 연구가설에 대한 교차표 작성이 마무리 되면 chisq.test 함수를 이용하여 교차표에서 나타난 성별에 따른 전반적인 생활만족도의 차이를 통계적으로 검증한다.

- chisq.test 함수에는 table 함수를 통해 만들어진 객체를 입력하고, 연속성을 보정하기 위한 인자인 correct는 지정하지 않는다.

Console

```
> chisq.test(devi02.re, correct=FALSE)

        Pearson's Chi-squared test

data:  devi02.re
X-squared = 22.313, df = 2, p-value = 1.428e-05
```

분석 결과

- chisq.test 함수를 통해 얻은 χ^2값은 22.313이고, 유의도는 1.428e−05로 나타났다.
- 여기서 유의도 1.428e−05에서 e는 부동소수점을 표현한 것으로 e 앞에 있는 숫자에 10을 지수번 만큼 곱한 값이다. 이 숫자의 의미는 소수점 5번째 자리에 1이 나타난다는 의미이다.
- 유의도 1.428e−05는 0.00001428이므로 영가설을 기각하거나 채택할 수 있는 기준인 0.05보다 낮기 때문에 성별에 따른 전반적인 생활만족도의 분포는 큰 차이가 없다는 영가설이 기각되고, 성별에 따른 전반적인 생활만족도의 분포는 차이가 있을 것이라는 연구가설이 채택된다.

2 'gmodels' 패키지를 이용한 교차분석

분석 순서

① 'gmodels' 패키지를 이용하여 교차표를 작성하고, χ^2값을 통해 가설을 검증한다.

R Script

```
# ① 'gmodels' 패키지를 이용한 교차표 만들기
library(gmodels)
CrossTable(spssdata$satisfaction_1, spssdata$sexw1_1, digits=2,
        prop.c=TRUE, prop.r=FALSE, prop.t=FALSE, prop.chisq=FALSE,
        chisq=TRUE)
```

스크립트 설명

① 'gmodels' 패키지를 이용하여 교차표와 가설을 검증한다.

- 'gmodels' 패키지를 불러온다.
- 'gmodels' 패키지의 CrossTable 함수에 전반적인 생활만족도와 성별 변수를 입력한다.
- 소수점 자리수는 2자리로 지정(digits=2)하고, 열의 비율과 χ^2값을 출력하도록 한다(prop.c=TRUE, chisq=TRUE).
- 행의 비율, 전체 사례수 대비 비율, 그리고 전체 χ^2값 대비 셀별 χ^2값의 비율은 출력하지 않도록 지정하였다(prop.r=FALSE, prop.t=FALSE, prop.chisq=FALSE).

Console

```
> CrossTable(spssdata$satisfaction_1, spssdata$sexw1_1, digits=2, prop.c=TRUE,
+ prop.r=FALSE, prop.t=FALSE, prop.chisq=FALSE, chisq=TRUE)

   Cell Contents
|-------------------------|
|                       N |
|         N / Col Total |
|-------------------------|


Total Observations in Table:  595
```

spssdata$satisfaction	1_남자	spssdata$sexw1 2_여자	Row Total
1_만족하지 못하는 편	23	52	75
	0.08	0.17	
2_보통	70	95	165
	0.24	0.32	
3_만족하는 편	203	152	355
	0.69	0.51	
Column Total	296	299	595
	0.50	0.50	

```
Statistics for All Table Factors

Pearson's Chi-squared test
------------------------------------------------------------

Chi^2 =  22.31341      d.f. =  2      p =  1.42792e-05
```

분석 결과

- 교차표는 앞의 table 함수와 동일하게 나타났고, χ^2값은 22.31341으로 유의도는 1.42792e-05로 성별에 따라 전반적인 생활만족도의 분포가 다르지 않다는 영가설은 기각되고, 성별에 따라 전반적인 생활만족도의 분포가 다르다는 연구가설이 채택된다.

3 'sjPlot' 패키지를 이용한 교차분석

분석 순서

① 'sjPlot' 패키지를 이용하여 교차표를 출력하고, 가설을 검증한다.

② 'sjPlot' 패키지를 이용하여 도표 형태의 결과를 출력하고, 가설을 검증한다.

R Script

```
# ① 'sjPlot' 패키지를 이용한 교차표 출력
# Viewer에 직접 출력하는 방법
library(sjPlot)
sjt.xtab(spssdata$satisfaction, spssdata$sexw1, show.col.prc=TRUE,
```

```
        var.labels=c("전반적 생활만족도", "성별"), encoding="UTF-8")
# 결과표를 외부 파일로 저장하는 방법
sjt.xtab(spssdata$satisfaction, spssdata$sexw1, show.col.prc=TRUE,
        var.labels=c("전반적 생활만족도", "성별"), file="(파일 저장 경로)/(파일 이름)")
```

스크립트 설명

① 'sjPlot' 패키지를 이용하여 교차표를 작성하고, 가설을 검증한다.

- sjt.xtab 함수 다음에는 교차분석에 사용할 전반적인 생활만족도와 성별 변수를 입력하고, 열 백분율만을 출력하도록 한다(show.col.prc=TRUE).
- var.labels 인자를 이용하여 교차표에 출력할 변수 설명을 입력한다. 만약 교차분석에 사용한 변수의 변수 설명과 변수값 설명이 입력되어 있다면 var.labels 인자를 이용하지 않아도 입력된 변수 설명과 변수값 설명이 결과표에 출력된다.
- 교차분석의 결과를 Viewer에서 직접 확인하기 위해서는 encoding 인자에 "UTF−8"을 입력한다.[1] 리눅스에서는 encoding 인자를 사용할 필요가 없다.
- 엑셀 파일로 저장하기 위해서는 file 인자를 이용하여 교차분석의 결과를 외부 파일로 저장하고, Excel에서 해당 파일을 확인한다.

표 4-5 'sjPlot' 패키지를 이용한 표차분석 결과

전반적 생활만족도	*성별*		**Total**
	남자	여자	
만족하지 못하는 편	23 7.8 %	52 17.4 %	75 12.6 %
보통	70 23.6 %	95 31.8 %	165 27.8 %
만족하는 편	203 68.6 %	152 50.8 %	355 59.6 %
Total	296 100 %	299 100 %	595 100 %

X^2=22.313 · *df*=2 · Φ_c=.194 · *p*<.001

1 여기에서 인자로 "EUC-KR"이 아니라 "UTF-8"이라고 입력하였음에 주목할 필요가 있다. 이전의 분석에서 윈도우를 사용하는 경우에는 "EUC-KR"이라고 인자를 입력하였는데, 아직 이유를 찾지는 못했지만 이 분석에서는 "EUC-KR"이라고 입력하면 글자가 깨져서 나와서 읽을 수 없다. 대신 "UTF-8"이라고 입력해야 한다.

R Script

```
# ② 'sjPlot' 패키지를 이용한 도표
sjp.setTheme(geom.label.size = 4.5, axis.textsize = 1.1,
        legend.pos="bottom")
sjp.xtab(spssdata$satisfaction, spssdata$sexw1, type="bar", y.offset=0.01,
        margin="col", coord.flip=TRUE, wrap.labels=7, geom.colors="Set2",
        show.summary=TRUE)
```

명령어 설명

y.offset	바(bar)와 빈도나 비율의 숫자 간의 간격
margin	열(column) 혹은 행(row)을 기준으로 백분율을 출력하기 위한 인자
coord.flip	가로축과 세로축을 전환시키기 위한 인자
wrap.labels	변수값 설명에서 한 라인당 글자수 지정
geom.colors	막대바의 색을 지정
show.summary	도표에 통계량 출력 여부를 지정하기 위한 인자

스크립트 설명

② 'sjPlot' 패키지를 이용하여 도표 형태의 결과를 출력하고, 가설을 검증한다.

- 도표의 기본적인 설정을 위해 sjp.setTheme 함수를 이용한다.
- 도표 안 숫자의 크기는 4.5로 지정하고(geom.label.size=4.5), 축 글자의 크기는 1.1로 지정하고(axis.textsize=1.1), 범례의 위치는 아래로 지정한다(legend.pos="bottom").
- sjp.xtab 함수에는 교차분석에 사용할 변수를 지정하고, 도표의 형태는 막대바 형태(type="bar")로 지정하였다.
- 비율은 열 백분율을 출력하도록 하였다(margin="col").
- coord.flip 인자를 사용하여 막대바의 가로축과 세로축을 전환시켜 출력하도록 하였다(coord.flip=TRUE).
- y.offset 인자는 바(bar)와 각 바에 따른 빈도나 비율 간의 간격을 조정할 수 있는 인자이다. 이 인자의 값이 크게 되면 바로부터 빈도나 비율의 숫자가 멀리 떨어지게 된다.
- show.summary 인자는 교차분석의 통계량을 도표에 출력할지 여부를 지정할 수 있는 인자이다. 기본값(default)은 'FALSE'로 따로 지정을 하지 않는다면 통계량은 출력되지 않는다.
- sjp.xtab 함수에서 출력된 x^2값은 sjt.xtab에서와 같이 연속성을 보정한 값이 제시된다.

그림 4-1 'sjPlot' 패키지를 이용한 교차분석 도표

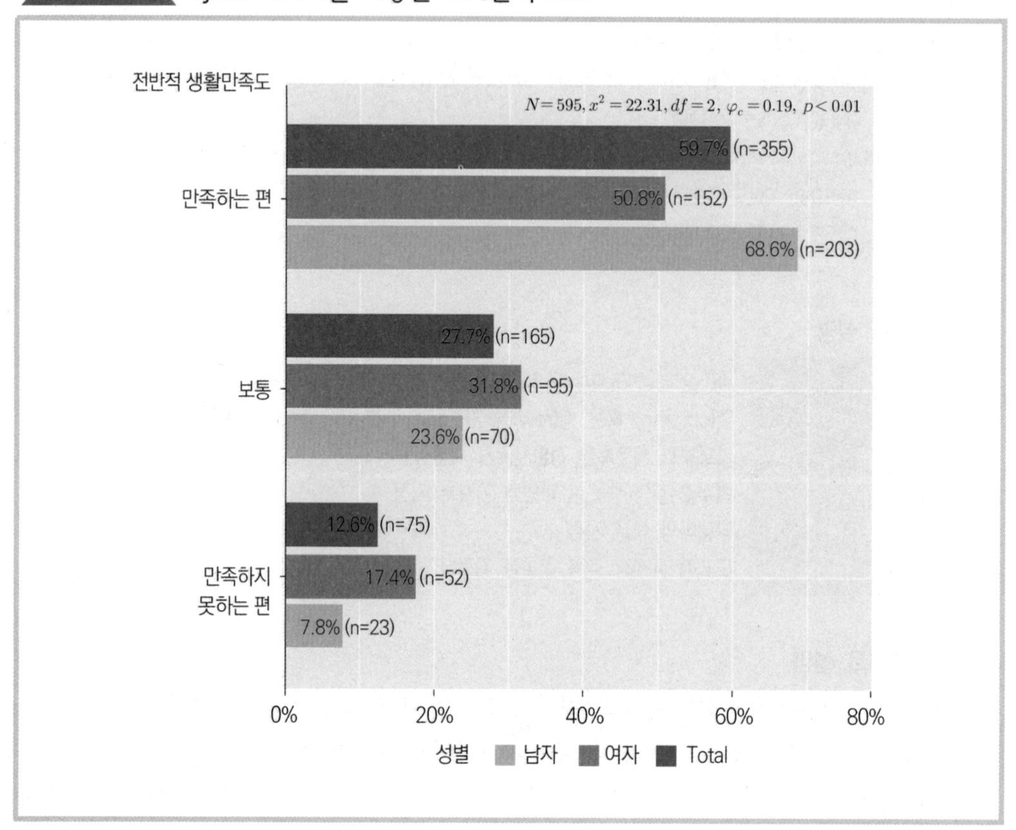

참고

sjt.xtab 함수나 sjp.xtab 함수를 이용했을 경우에 아래와 같은 경로 메시지가 출력된다면 'Hmisc' 패키지를 불러온 다음에 다시 sjt.xtab 함수나 sjp.xtab 함수를 이용하면 된다.

```
(경고 메시지 1)
Error: 'x' and 'labels' must be same type

(경고 메시지 2)
Error in table(x_full, grp_full):
  all arguments must have the same length
```

CHAPTER 05

T 검증

Statistical · Analysis · for · Social · Science · Using R

T 검증

01 Section > T 검증의 적용

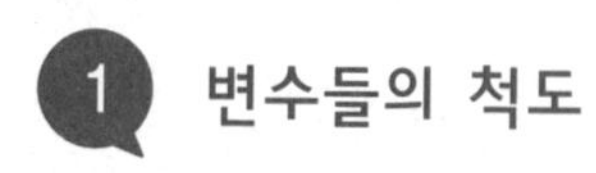

1 변수들의 척도

T 검증을 사용할 수 있는 독립변수의 척도는 명목척도나 서열척도인데, 집단의 수가 둘인 경우에만 해당한다. 그리고 독립변수의 수는 1개이다. 대표적인 독립변수의 예는 성별과 같이 남자와 여자로 구분할 수 있는 집단이다. 그렇지만 경우에 따라서는 등간척도나 비율척도를 두 집단으로 재부호화하여 T 검증에서의 독립변수로 사용할 수 있다. 만약 월평균 소득이라는 변수에서 100만 원을 기준으로 '100만 원 이하 집단'과 '100만 원 초과 집단'이라는 두 집단으로 구분할 수 있다. 이런 경우에는 연구자가 조작적 정의(operational definition)를 통해 두 집단으로 구분하여야 한다. 그리고 T 검증에서 사용할 수 있는 종속변수의 척도는 등간척도나 비율척도와 같은 연속척도이고, 1개의 종속변수에 대해 분석할 수 있다.

2 T 검증의 통계량

연구에서 설명되어야 할 변수인 종속변수가 용돈이라고 가정을 해 보자. T 검증에서의 종속변수는 연속척도이므로, 평균과 분산을 구할 수 있다. 그리고 이 종속변수의 분포를 정규분포로 가정해 보면, 평균을 중심으로 평균보다 낮은 용돈을 응답한 사람이 있을 것이고, 평균보다 높은 용돈을 응답한 사람이 있을 것이다. 이러한 종속변수의 분포를 설명하기 위해 독립변수를 사용하게 된다. 즉 어떤 사람들이 평균보다 낮은 용돈을 쓴다고 응답했는지, 그리고 어떤 사람들이 평균보다 높은 용돈을 쓴다고 응답했는지를 독립변수를 통해 설명하게 된다.

만약 독립변수를 성별이라고 가정한다면 남자의 용돈 평균과 여자의 용돈 평균을 계산할 수 있다. 여기서 남자의 용돈 평균과 여자의 용돈 평균 간의 차이가 크다면 그만큼 성별이라는 독립변수를 통해 종속변수의 분포를 더 많이 설명할 수 있다. 즉 〈그림 5-1〉의 (a)와 같이 집단 1에 속한 사람일수록 전체 평균보다 많은 용돈을 쓰는 사람일 가능성이 높은 반면, 집단 2에 속한 사람일수록 전체 평균보다 적은 용돈을 쓰는 사람일 가능성이 높다. 이렇듯 어느 집단에 속하였는가에 따라 종속변수인 용돈의 분포를 설명할 수 있게 된다. 이러한 경우에 성별이라는 독립변수를 통해 종속변수의 분포를 설명할 수 있다고 말한다. 반면에 (b)에서와 같이 남자의 용돈 평균과 여자의 용돈 평균 간의 차이가 그리 크지 않다면 전체 평균보다 높거나 낮은 평균의 사람을 성별 집단에 따라서 구분하기

그림 5-1 전체 평균과 집단 평균의 분포

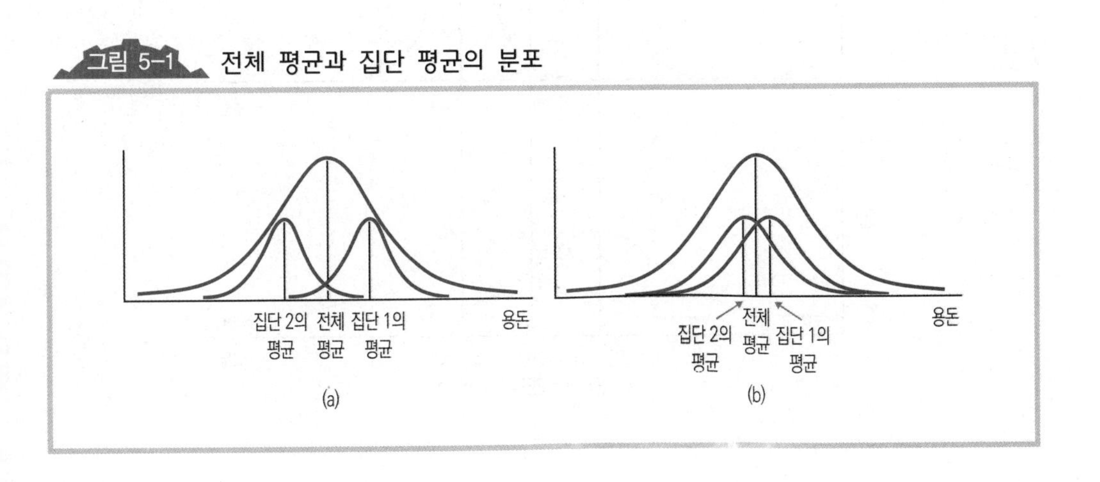

가 어렵다. 이런 경우에는 성별이라는 독립변수를 통해 종속변수인 용돈의 분포를 제대로 설명할 수 없다.

이와 같이 집단 간의 평균 차이를 통해 독립변수가 종속변수를 설명하는 정도를 판단할 수 있는 정보를 얻을 수 있다. 집단 간의 평균 차이가 클수록 독립변수를 통해 종속변수의 분포를 더 잘 설명할 수 있게 되고, 반대로 집단 간의 평균 차이가 적을수록 독립변수를 통해 종속변수의 분포를 제대로 설명하기 어렵다.

T 검증에서 한 가지 더 고려해야 할 점은 집단의 흩어짐의 정도를 나타내는 분산이다. 〈그림 5-2〉의 (c)에서와 같이 집단 간의 평균 차이가 동일하더라도 각 집단의 분산이 작다면 어떤 집단에 속할 경우에 용돈의 전체 평균보다 낮은지, 그렇지 않은지를 더 잘 설명할 수 있게 된다. 반면에 (d)의 경우에는 집단 간의 평균 차이가 (c)에서와 같지만 집단의 분산이 클 경우에는 어떤 집단에 속하였는지에 따라 용돈의 전체 평균보다 낮을지, 혹은 높을지를 설명하기 어려워진다.

이렇듯 집단 간 평균의 차이와 집단의 분산을 통해 독립변수가 종속변수의 분포를

그림 5-2 **집단의 분포**

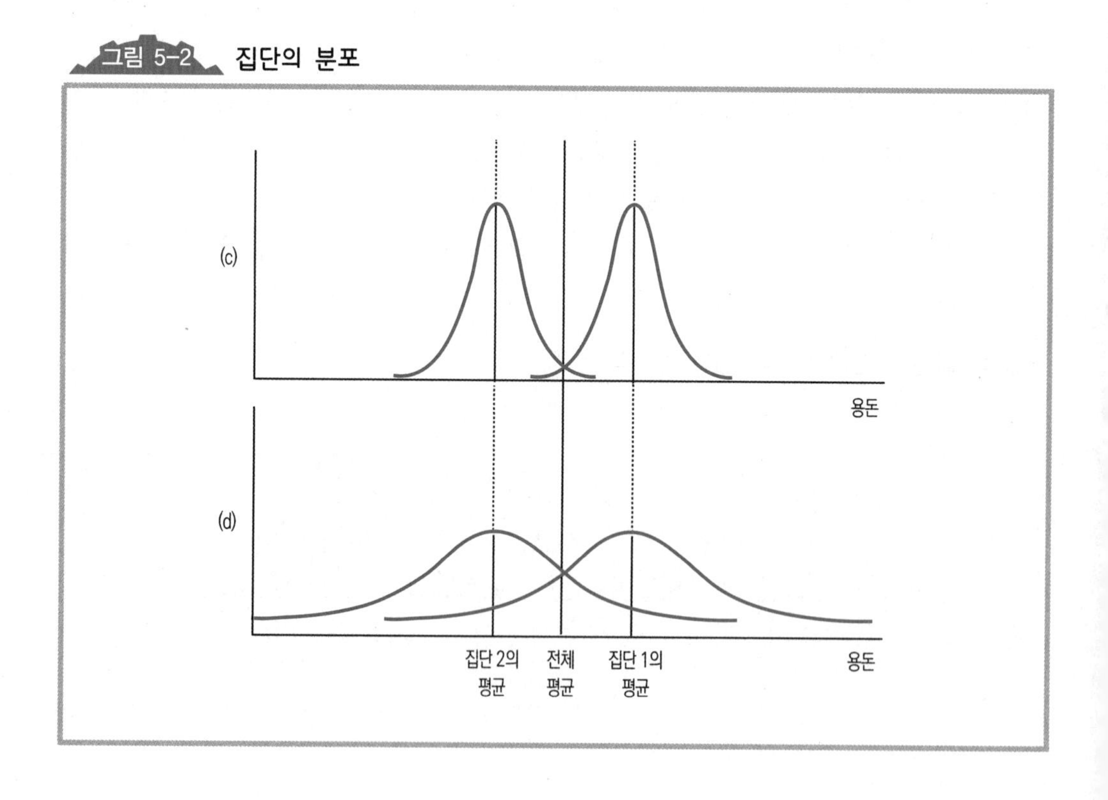

설명할 수 있는지를 판단할 수 있다. T 통계량을 구하기 위한 공식을 살펴보면, 분자 부분에는 두 집단의 평균 차이가 제시되고, 분모 부분에는 표준오차의 추정값이 제시되는데, 표준오차의 추정값은 각 집단의 분산을 통해 계산하게 된다.

$$T = \frac{(\overline{X_1} - \overline{X_2})}{\text{표준오차의 추정값}}$$

T 값은 두 집단 간의 평균 차이가 클수록, 집단 내의 분산이 작을수록 커지게 된다. 즉 T 값이 크다는 것은 독립변수인 집단의 특성을 통해 종속변수의 분포를 더 잘 설명할 수 있다는 것을 의미한다. 이렇게 계산된 T 값은 자유도를 고려하여 T 분포표를 통해 유의확률을 구하게 된다. T 값이 커질수록 유의확률은 낮아지게 되고, 영가설을 기각할 확률이 높아지게 된다.

그런데 T 값을 계산하는데 있어서 집단의 분산이 동일한지, 그렇지 않은지에 따라 표준오차의 추정값과 자유도를 계산하는 방법이 달라진다. 우선 두 집단의 분산이 동일한 경우에는 두 집단에 공통적으로 적용할 수 있는 합동 분산 추정값(Pooled Variance Estimate)을 통해 표준오차의 추정값을 계산하게 된다. 또한 이 경우에서의 자유도는 각 집단의 사례수에서 하나의 사례를 제외한 값($n_1 - 1 + n_2 - 1 = n_1 + n_2 - 2$)이 된다.

합동 분산 추정값: $s_p^2 = \dfrac{(n_1 - 1)s_1^2 + (n_2 - 1)s_2^2}{n_1 + n_2 - 2}$

두 집단의 분산이 동일한 경우의 T 값:

$$T = \frac{\overline{X_1} - \overline{X_2}}{\sqrt{\frac{s_p^2}{n_1} + \frac{s_p^2}{n_2}}} = \frac{\overline{X_1} - \overline{X_2}}{s_p\sqrt{\frac{1}{n_1} + \frac{1}{n_2}}} \sim T(n_1 + n_2 - 2)$$

이와 달리 두 집단의 분산이 동일하지 않은 경우에는 합동 분산 추정값을 계산할 수 없다. 그리고 자유도도 두 집단의 모분산에 대한 근사치를 구하기 위한 방법(Satterthwaite 자유도)을 사용하게 된다.

두 집단의 분산이 동일하지 않은 경우의 T 값:

$$T = \frac{\overline{X_1} - \overline{X_2}}{\sqrt{\frac{s_1^2}{n_1} + \frac{s_2^2}{n_2}}} \sim T(df^*)$$

T 검증의 분석을 위해서는 독립변수의 두 집단에 대하여 집단 간 분산이 동일한지에 대한 여부를 우선 살펴보고, 그 결과에 따라서 적절한 방법을 사용해야 한다.

지금까지 독립변수로 가정한 두 집단 간의 평균 차이를 검증하기 위한 T 검증을 살펴보았다. 이러한 T 검증은 서로 독립인 두 집단에 대한 분석이므로 독립표본 T 검증(Independent sample T−test)이라고 한다. 또 다른 T 검증의 방법으로 대응표본 T 검증(Paired T−test)과 일표본 T 검증(One sample T−test)이 있다. 대응표본 T 검증은 주로 동일한 표본에 대하여 사전조사와 사후조사를 한 경우에 사전조사의 결과와 사후조사의 결과가 통계적으로 유의한 차이가 있는지 검증하기 위한 방법이다. 그리고 일표본 T 검증은 기존의 다른 연구에서의 측정한 문항과 동일한 문항으로 조사를 했을 경우에 기존의 연구결과와 연구자가 조사한 데이터의 결과를 비교하기 위한 방법이다.

02 Section > 독립표본 T 검증의 분석 방법

독립표본 T 검증(Independent sample T−test)을 위해서 다음과 같은 가설을 설정하였다. 가설을 검증하는 과정을 따라서 독립표본 T 검증 방법을 살펴보기로 하겠다.

가설

연구가설

성별에 따라 부모에 대한 애착의 정도에 차이가 있을 것이다.

분석 순서

① 부모에 대한 애착 변수를 만들고 변수 설명을 입력한다.

② 분산 동질성을 검증한다.

③ 연구가설을 검증한다.

④ 집단에 따른 기술통계량을 출력한다.

⑤ 집단에 따른 평균 비교를 위해 도표를 출력한다.

R Script

```
# ① 부모에 대한 애착 변수를 만들기 위한 변수 합치기
attach(spssdata)
spssdata$attachment <- q33a01w1+q33a02w1+q33a03w1+q33a04w1+q33a05w1+q33a06w1
detach(spssdata)

# 부모에 대한 애착 변수의 변수 설명 입력
library(sjmisc)
spssdata$attachment <- set_label(spssdata$attachment, "부모에 대한 애착")
```

스크립트 설명

① 부모에 대한 애착 변수를 만들고, 변수의 설명을 입력한다.

- attach 함수를 이용하여 6개의 부모에 대한 애착 변수들을 더해서 새 변수(spssdata $attachment)에 저장하고, detach 함수로 부모에 대한 애착 변수 만들기를 종료한다.
- 'sjmisc' 패키지를 불러온다.
- set_label 함수를 이용하여 부모에 대한 애착 변수의 변수 설명을 입력한다.

R Script

```
# ② 분산 동질성 검증
var.test(attachment ~ sexw1, data=spssdata)
```

명령어 설명

var.test	두 집단의 분산 동질성 검증을 위한 함수

스크립트 설명

② T 검증에 사용할 변수의 구성이 마무리되면, 본격적인 T 검증을 시행하기 전에 집단 간

의 분산이 동일한지 여부에 대해서 검증해야 한다.

- 등분산 검증의 영가설은 '두 집단의 분산은 같다'이고, 연구가설은 '두 집단의 분산은 같지 않다'이다.
- 등분산 검증은 var.test 함수를 이용한다.
- var.test 함수에는 종속변수를 먼저 입력하고, 그 다음에 독립변수를 입력한다. 그리고 종속변수와 독립변수 사이에는 '~' 기호를 입력한다. 데이터를 별도로 지정하기 때문에 변수명만 입력하면 된다.
- var.test 함수에 사용하는 변수가 있는 데이터를 지정한다(data=spssdata).

Console

```
> var.test(attachment ~ sexw1, data=spssdata)

    F test to compare two variances

data:  attachment by sexw1
F=0.81646, num df=295, denom df=298, p-value=0.08145
alternative hypothesis: true ratio of variances is not equal to 1
95 percent confidence interval:
 0.6499878 1.0257036
sample estimates:
ratio of variances
         0.8164594
```

분석 결과

- 등분산 검증의 결과를 살펴보면, F 값은 0.81646이고, 남, 녀 두 집단의 자유도는 각각 295와 298이다.
- 유의도는 0.08145로 영가설을 기각할 수 있는 기준인 0.05보다 크기 때문에 영가설은 채택된다.
- 따라서 두 집단의 분산이 같다는 가정으로 T 검증을 수행해야 한다.

R Script

```
# ③ 연구가설 검증
t.test(attachment ~ sexw1, var.equal=TRUE, data=spssdata)
```

명령어 설명

t.test var.equal	T 검증을 위한 함수 두 집단의 분산 동질성 여부에 대한 인자(분산 동질성 검증 결과 두 집단의 분산이 같다면 TRUE, 다르다면 FALSE)

스크립트 설명

③ t.test 함수를 이용하여 T 검증을 수행한다.

- T 검증은 var.test 함수에서와 같이 종속변수와 독립변수의 순서로 입력하고, 그 사이에 '~' 기호를 입력한다.
- 집단의 등분산 여부를 의미하는 var.equal 인자에는 앞서 등분산 검증의 결과에서 두 집단의 분산이 같다고 가정할 수 있으므로 TRUE를 입력하고(var.equal=TRUE), 종속변수와 독립변수가 포함된 데이터를 입력한다.

Console

```
> t.test(attachment ~ sexw1, var.equal=TRUE, data=spssdata)

        Two Sample t-test

data:  attachment by sexw1
t=-4.0714, df=593, p-value=5.307e-05
alternative hypothesis: true difference in means is not equal to 0
95 percent confidence interval:
 -2.2831173 -0.7972181
sample estimates:
mean in group 1 mean in group 2
       19.49662        21.03679
```

분석 결과

- T 검증의 결과를 살펴보면, T 값은 -4.0714이고, 자유도는 593로 유의도가 5.307e-05로 나타났다.
- 독립변수인 성별 집단의 평균은 각각 19.49662과 21.03679으로 집단 간 평균은 약 1.54점의 차이가 있는 것으로 나타났다.
- 이들 집단 간의 차이는 유의도가 0.05보다 작기 때문에 성별에 따라 부모에 대한 애착의 차이가 없다는 영가설이 기각되어 집단 간의 평균 차이가 통계적으로 유의한 차이라 볼

수 있다.

R Script

```
# ④ 집단에 따른 기술통계량
library(psych)
describeBy(spssdata$attachment, spssdata$sexw1)
```

명령어 설명

describeBy	'psych' 패키지에서 집단에 따른 기술통계량 산출을 위한 함수

스크립트 설명

④ 위의 결과를 통해 1차적으로 T 검증에 대한 유의도 분석은 끝났다. 다음으로 성별 집단의 특성을 구체적으로 살펴보기 위해서 독립변수인 성별 변수의 속성에 따른 다양한 기술통계량을 살펴보도록 한다.

- 'psych' 패키지의 describeBy 함수를 사용해 집단에 따른 기술통계량을 출력하기 위해 함수 다음에 종속변수와 독립변수의 순서로 입력하여 결과를 출력한다.

Console

```
> describeBy(spssdata$attachment, spssdata$sexw1)
group: 1
  vars   n  mean   sd median trimmed  mad min max range  skew kurtosis   se
1    1 296  19.5 4.37     19   19.55 4.45   6  30    24 -0.06     0.04 0.25
---------------------------------------------------------------------------
group: 2
  vars   n  mean   sd median trimmed  mad min max range  skew kurtosis   se
1    1 299 21.04 4.84     21    21.2 4.45   6  30    24 -0.37    -0.01 0.28
```

분석 결과

- 사례수, 평균, 표준편차 등 다양한 기술통계량이 출력된다.
- T 검증의 결과와 함께 기술통계에서 출력되는 다양한 통계량으로 최종적으로 제시할 표를 작성하면 된다.

참고

다음 단계의 분석은 집단의 차이를 직관적으로 보여주기 위해서 도표를 만드는 것이다. 이를 위해 plotmeans 함수를 이용하기 전에 독립변수인 성별 변수의 값을 '남자'와 '여자'와 같은 문자로 변환할 필요가 있다.

그 이유는 plotmeans 함수는 변수값 설명을 출력할 수 없기 때문에 숫자인 변수값을 직접 변수값 설명으로 바꾸어주어야 도표에 변수값 설명이 출력될 수 있기 때문이다. 변수값 변환은 숫자형 변수에서 문자형 변수로 변환시켜야 하기 때문에 새롭게 문자형 변수로 만들어지는 변수는 factor가 되어야 한다.

R Script

```
# 숫자형 변수에서 문자형 변수로 변환
spssdata$sexw1a <- factor(spssdata$sexw1, levels=c(1,2),
          labels=c("남자", "여자"))

table(spssdata$sexw1)                    # 숫자형 변수인 성별 변수
table(spssdata$sexw1a)                   # 문자형 변수인 성별 변수
```

스크립트 설명

- factor 함수를 이용하여 변환하게 된다.
- factor 함수에 대상 변수를 입력한다(spssdata$sexw1).
- 변수값은 '남자'의 변수값인 1과 '여자'의 변수값인 2를 지정한다(levels=c(1,2)).
- 다음으로 성별의 변수값을 변환시킬 글자를 변수값의 순서대로 입력한다(labels=c("남자", "여자")).
- 그리고 변수값을 문자로 변환하여 새 변수에 저장한다(spssdata$sexw1a).
- 성별 변수의 형식을 숫자형 변수에서 문자형 변수로 변환한 결과를 table 함수로 확인한다.

Console

```
> table(spssdata$sexw1)
  1   2
296 299
> table(spssdata$sexw1a)
남자 여자
296  299
```

분석 결과

- 성별 변수의 형식이 숫자형 변수인 경우에는 성별 변수의 값이 '1'과 '2'로 출력되었다. 이에 비해 문자형 변수로 변환한 성별 변수는 변수값이 '남자'와 '여자'로 출력된 것을 확인할 수 있다.

R Script

```
# ⑤ 집단에 따른 평균 비교 도표
install.packages("gplots")
library(gplots)
plotmeans(attachment ~ sexw1a, data=spssdata, xlab="성별",
          ylab="부모에 대한 애착", ci.label=TRUE, mean.label=TRUE, ylim=c(18, 22),
          barwidth=5, main="성별에 따른 부모에 대한 애착 수준", digits=3, pch="*")
```

명령어 설명

gplots	자료를 도표로 표현하기 위한 패키지
plotmeans	집단 평균과 신뢰구간을 도표로 표현할 수 있는 함수
xlab	x축의 설명
ylab	y축의 설명
ci.label	신뢰구간 값의 출력 여부
mean.label	집단 평균값의 출력 여부
ylim	y축의 최대값과 최소값
barwidth	막대바의 넓이
main	도표의 제목 입력
digits	소수점 자리수 지정
pch	도표 표시지점의 상징 지정(0부터 25까지의 숫자마다 상징의 형태가 지정되어 있고, 일부 특수 기호나 문자로도 표현될 수 있음)

스크립트 설명

⑤ 기술통계의 결과를 도표로 표현하기 위해서 'gplots' 패키지의 plotmeans 함수를 이용할 수 있다.

- 'gplots' 패키지를 설치하고 불러온다.
- plotmeans 함수의 인자에 도표로 표현할 종속변수와 독립변수를 순서대로 입력하고, 그

사이에 '~' 기호를 입력한다(attachment ~ sexw1a).

- 변수들이 있는 데이터를 지정하고(data=spssdata), x축과 y축의 설명을 입력한다(xlab="성별", ylab="부모에 대한 애착").
- 신뢰구간과 평균에 대한 값을 도표에 출력할 것인지에 대한 여부를 입력하고(ci.label=TRUE, mean.label=TRUE), 도표로 표현할 y축의 최소값과 최대값을 입력한다(ylim=c(18,22)).
- 도표의 막대바 넓이, 도표 제목, 신뢰구간과 평균값의 소수점 자리수, 도표 표시지점(평균)의 상징을 지정한다(barwidth=5, main="성별에 따른 부모에 대한 애착 수준", digits=3, pch="*").

그림 5-3 'gplots' 패키지의 plotmeans 결과

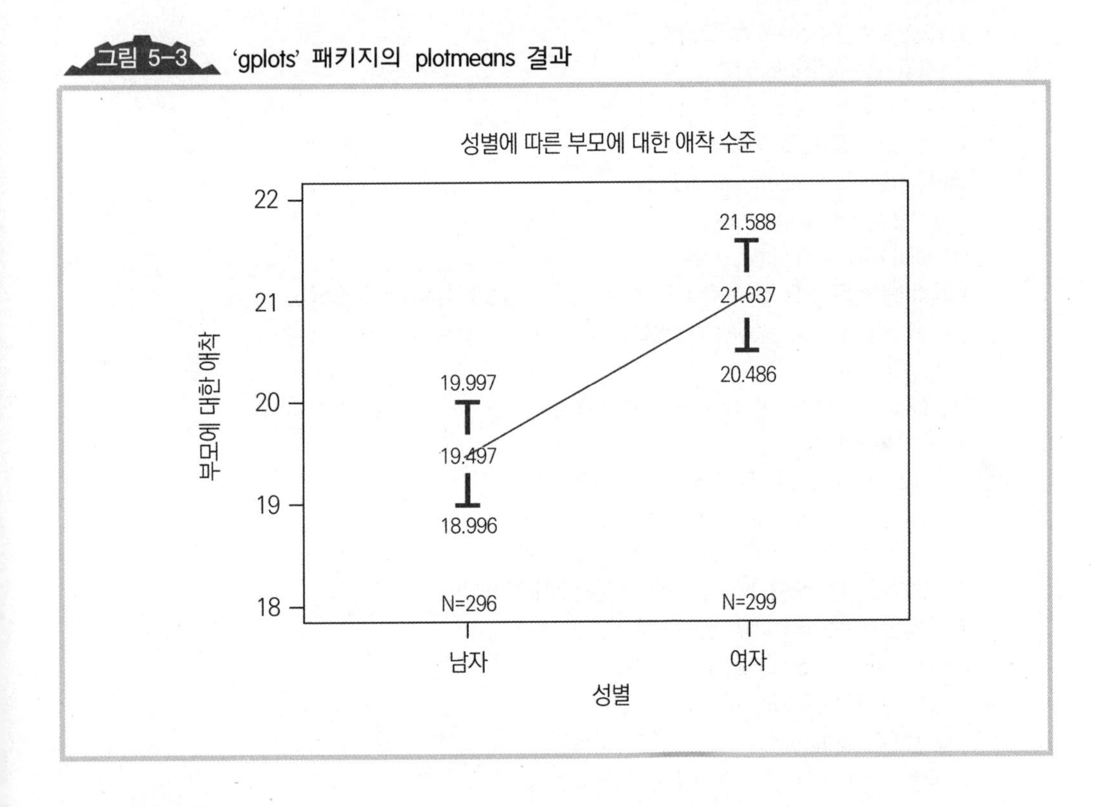

분석 결과

- 도표에는 기술통계에서 출력되었던 평균, 신뢰구간, 그리고 사례수가 출력된다.

참고

앞에서도 소개한 바와 같이 R에서는 필요한 경우 자신이 함수를 만들어서 사용할 수 있다. 함수(function)를 이용하여 반복된 작업을 손쉽게 결과로 출력할 수 있는 기능이 있다. 아래의 예는 위에서 여러 단계에 걸쳐서 수행하였던 등분산 검정과 T 검정을 한 번에 출력할 수 있도록 함수를 만들어본 것이다.

R Script

```
# 등분산 검정 결과에 따른 T 검증을 시행하는 함수 만들기
my.t.test <- function(x, y) {
  # 독립변수와 종속변수를 벡터로 변환
  dep_var <- as.vector(x)
  ind_var <- as.vector(y)
  # 독립변수와 종속변수를 통합
  variable <- cbind(dep_var, ind_var)
  # 통합된 벡터를 데이터로 변환
  variable_1 <- data.frame(variable)
  # 독립변수를 두 집단으로 분류(집단 분류 기준은 독립변수의 최대값과 최소값)
  group1 <- variable_1[which(variable_1$ind_var == min(ind_var,
  na.rm=TRUE)), 1]
  group2 <- variable_1[which(variable_1$ind_var == max(ind_var,
  na.rm=TRUE)), 1]
  # 독립변수의 두 집단에 따른 종속변수의 분산 구하기
  gro1_var <- var(group1[!is.na(group1)])
  gro2_var <- var(group2[!is.na(group2)])
  # 독립변수의 두 집단에 따른 종속변수의 분산 비율 구하기
  # 두 집단의 분산 중에서 큰 집단의 분산이 분모로 가정
  if (gro1_var <= gro2_var) {
    nume <- gro1_var
    deno <- gro2_var
  } else {
    nume <- gro2_var
    deno <- gro1_var
  }
  # F 값 계산
```

```
  levene <- nume / deno
  # F 값에 따른 유의도 계산
  sign <- pf(levene, length(group1[!is.na(group1)])-1,
  length(group2[!is.na(group2)])-1, lower.tail=TRUE)
  # F 값과 유의도 소수점 자리 지정
  p_levene <- round(levene, 3)
  p_sign <- round(sign*2, 3)
  # 등분산 검정 결과에 따른 T 검증
  # 두 집단 간 분산이 같지 않은 경우
  if (sign*2 < 0.05) {
    # 가설 검정 결과 출력
    print("두 집단의 분산은 같지 않음", quote=FALSE)
    print(paste0("등분산 검정값 F=", p_levene), quote=FALSE)
    print(paste0("유의도 p=", p_sign), quote=FALSE)
    # 두 집단 간 분산이 같이 않은 경우의 T 검정
    t.test(dep_var ~ ind_var, var.equal=FALSE, data=variable_1)
  } else {
  # 두 집단 간 분산이 같은 경우
    # 가설 검정 결과 출력
    print("두 집단의 분산은 같음", quote=FALSE)
    print(paste0("등분산 검정값 F=", p_levene), quote=FALSE)
    print(paste0("유의도 p=", p_sign), quote=FALSE)
    # 두 집단 간 분산이 같은 경우의 T 검정
    t.test(dep_var ~ ind_var, var.equal=TRUE, data=variable_1)
  }
}

my.t.test(spssdata$attachment, spssdata$sexw1)
```

위의 스크립트를 그대로 입력한 후에 실행시키면 my.t.test라는 함수가 작업공간에 형성된다. 필요한 곳에 이 함수를 사용하여 분석하면 되고, 위에서 수행한 연구가설에 대한 검증을 이 함수를 사용하여 분석한 결과가 아래에 제시되어 있다.

Console

```
> my.t.test(spssdata$attachment, spssdata$sexw1)
```

```
[1] 두 집단의 분산은 같음
[1] 등분산 검정값 F=0.816
[1] 유의도 p=0.081

      Two Sample t-test

data:  dep_var by ind_var
t=-4.0714, df=593, p-value=5.307e-05
alternative hypothesis: true difference in means is not equal to 0
95 percent confidence interval:
 -2.2831173 -0.7972181
sample estimates:
mean in group 1 mean in group 2
       19.49662        21.03679
```

분석 결과

- 분산의 동질성 검증을 수행하고 그 결과에 따라서 자동적으로 T 검증을 수행하여 주기 때문에 편리하게 사용할 수 있다.

03 Section > 짝지어진 T 검증의 분석 방법

짝지어진 T 검증을 위해서 다음과 같이 가설을 설정하였다.

가설

연구가설
　1차년도와 2차년도의 자아존중감은 차이가 있을 것이다.

연구가설을 검증하기 위한 분석은 다음과 같은 단계로 진행된다.

분석 순서

① 먼저 2차년도 데이터를 불러와서 1차년도 데이터(spssdata)와 합친다. 첫 해와 둘째 해에 자아존중감이 유의미한 차이가 있는지 검증하기 위함이다.

② 1차년도와 2차년도 자아존중감 일부 변수에 대해 역부호화된 변수를 만든다.

③ 각 년도의 자아존중감 변수를 만든다.

④ 가설을 검증한다.

⑤ 기술통계량을 출력한다. 그냥 계산하는 기술통계량은 각 조사년도의 결측값 사례들이 제외되지 않은 값이다.

⑥ 정확한 평균 비교를 위해서 결측값 사례를 제외한 기술통계량을 출력한다.

R Script

```
# ① 2차년도 데이터 불러오기 및 데이터 합치기
# 2차년도 데이터 불러오기
library(Hmisc)
second <- spss.get("04-2 중2 패널 2차년도 데이터(SPSS).sav",
                   use.value.labels=FALSE)
# 데이터 합치기
mergedata <- merge(spssdata, second, by="id")
```

명령어 설명

merge	두 데이터를 하나의 데이터로 합치기 위한 함수(by 인자 다음에 지정한 변수의 값이 일치하는 사례들을 합치기)

스크립트 설명

① 짝지어진 T 검증은 시간을 두고 반복 측정된 변수를 비교하거나, 동일한 사례의 다른 속성들을 비교하기 위한 분석 방법이다. 따라서 짝지어진 T 검증을 해보기 위해 기존에 사용하는 1차년도 예제데이터에 1년의 시간 간격을 두고 동일한 응답자에게 동일한 문항으로 조사한 2차년도 데이터를 병합(merge)하여 1차년도의 변수와 2차년도의 변수를 비교해 보고자 한다.

- 데이터를 병합하기 위해서 먼저 2차년도 데이터를 불러온다.
- 'Hmisc' 패키지를 불러온다.
- spss.get 함수에는 SPSS 데이터 파일이 저장된 경로와 파일 이름을 큰따옴표(" ") 안에 입

력한다. 불러온 데이터는 second라는 이름의 데이터로 저장한다.

- use.value.labels 인자를 이용하여 불러온 데이터의 변수값을 변수값 설명으로 대체할 지에 대한 여부를 선택한다. 이 데이터에는 원 데이터의 변수값을 그대로 두기 때문에 'FALSE'를 입력한다.
- 기존의 데이터(spssdata)와 2차년도 데이터(second)를 병합하기 위해 merge 함수를 이용한다.
- merge 함수에 병합하려는 두 데이터를 입력하고, by 인자에는 두 데이터를 병합할 경우에 기준이 되는 변수를 지정한다.
- 두 데이터를 병합할 때에는 1차년도의 응답자와 2차년도의 응답자가 동일한 응답자로 지정되어야 하므로 각 데이터에서 응답자의 고유번호인 'id' 변수를 기준으로 병합한다.
- 이렇게 되면 두 데이터를 병합한 데이터는 'id' 변수값이 같을 경우에 1차년도 데이터에서 2차년도 데이터의 변수가 병합된다.
- 만약 1차년도나 2차년도에 응답이 되지 않은 사례가 있다면 아래의 예에서와 같이 병합된 데이터에서는 제외된다.
- 기존의 데이터에 2차년도 데이터를 병합하면 RStudio의 작업공간(Environment)에는 mergedata라는 데이터프레임이 생성된다. 이 데이터에는 595명의 응답자와 1차년도의 변수(48개의 변수)와 2차년도의 변수(597개의 변수)를 합쳐서 644개의 변수(id 변수는 두 데이터에 있는 공통된 변수이므로 1개의 변수로 인식함)가 있는 것을 확인할 수 있다.

그림 5-4 데이터 병합의 결과

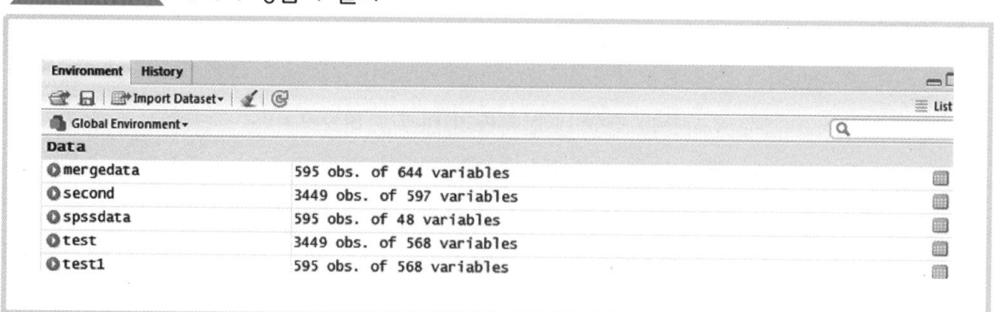

R Script

```
# ② 역부호화된 변수 만들기
attach(mergedata)
mergedata$rq48a04w1[q48a04w1==1] <- 5
mergedata$rq48a04w1[q48a04w1==2] <- 4
mergedata$rq48a04w1[q48a04w1==3] <- 3
mergedata$rq48a04w1[q48a04w1==4] <- 2
mergedata$rq48a04w1[q48a04w1==5] <- 1

mergedata$rq48a05w1[q48a05w1==1] <- 5
mergedata$rq48a05w1[q48a05w1==2] <- 4
mergedata$rq48a05w1[q48a05w1==3] <- 3
mergedata$rq48a05w1[q48a05w1==4] <- 2
mergedata$rq48a05w1[q48a05w1==5] <- 1

mergedata$rq48a06w1[q48a06w1==1] <- 5
mergedata$rq48a06w1[q48a06w1==2] <- 4
mergedata$rq48a06w1[q48a06w1==3] <- 3
mergedata$rq48a06w1[q48a06w1==4] <- 2
mergedata$rq48a06w1[q48a06w1==5] <- 1

mergedata$rq48a04w2[q48a04w2==1] <- 5
mergedata$rq48a04w2[q48a04w2==2] <- 4
mergedata$rq48a04w2[q48a04w2==3] <- 3
mergedata$rq48a04w2[q48a04w2==4] <- 2
mergedata$rq48a04w2[q48a04w2==5] <- 1

mergedata$rq48a05w2[q48a05w2==1] <- 5
mergedata$rq48a05w2[q48a05w2==2] <- 4
mergedata$rq48a05w2[q48a05w2==3] <- 3
mergedata$rq48a05w2[q48a05w2==4] <- 2
mergedata$rq48a05w2[q48a05w2==5] <- 1

mergedata$rq48a06w2[q48a06w2==1] <- 5
mergedata$rq48a06w2[q48a06w2==2] <- 4
mergedata$rq48a06w2[q48a06w2==3] <- 3
mergedata$rq48a06w2[q48a06w2==4] <- 2
mergedata$rq48a06w2[q48a06w2==5] <- 1
detach(mergedata)
```

스크립트 설명

② 연구가설을 검증하기 위해 우선 검증하고자 하는 변수를 만든다. 가설이 1차년도와 2차년도의 자아존중감을 비교하는 것이므로, 1차년도와 2차년도의 자아존중감 변수를 만든다.

- 자아존중감을 구성하는 변수들의 값을 더하여 자아존중감 변수를 만들기 전에 자아존중감을 구성하는 변수들이 서로 다른 방향으로 측정되었는가에 대해 살펴본다.
- 자아존중감을 구성하는 변수들 중에서 서로 다른 방향으로 측정된 변수가 있으므로, 이 변수들에 대해 역부호화하여 자아존중감을 측정한 변수들의 방향을 맞추도록 한다.
- 앞서 병합한 데이터(mergedata)에서 자아존중감을 측정한 변수는 1차년도의 경우에 q48a01w1부터 q48a06w1까지의 변수이고, 2차년도의 경우에는 q48a01w2부터 q48a06w2까지의 변수이며, 1차년도와 2차년도의 변수는 동일한 문항으로 측정되었다.
- 이들 변수들 중에서 1차년도에는 q48a01w1부터 q48a03w1까지의 변수와 q48a04w1부터 q48a06w1까지의 변수가 다른 방향으로 측정되었다. 그리고 2차년도에도 q48a01w2부터 q48a03w2까지의 변수와 q48a04w2부터 q48a06w2까지의 변수가 다른 방향으로 측정되었다.
- attach 함수에 1차년도와 2차년도 데이터를 병합한 데이터(mergedata)를 지정한다.
- 이들 변수들 중에서 1차년도의 q48a04w1부터 q48a06w1까지의 변수에 대해 역부호화하고, 2차년도의 q48a04w2부터 q48a06w2까지의 변수에 대해 역부호화하도록 한다.
- detach 함수를 이용하여 역부호화를 끝내도록 한다.

R Script

```
# ③ 변수 만들기
attach(mergedata)
mergedata$self.esteemw1 <- q48a01w1+q48a02w1+q48a03w1+rq48a04w1+
        rq48a05w1+rq48a06w1
mergedata$self.esteemw2 <- q48a01w2+q48a02w2+q48a03w2+rq48a04w2+
        rq48a05w2+rq48a06w2
detach(mergedata)
```

스크립트 설명

③ 역부호화를 통해 자아존중감을 측정한 변수들의 방향를 일치시켰다면, 다음으로 1차년도와 2차년도의 자아존중감 변수를 만든다.

- attach 함수에 1차년도와 2차년도 데이터를 병합한 데이터(mergedata)를 지정한다.
- 자아존중감 변수는 해당 시기에 측정되었던 변수들을 더하여 1차년도의 자아존중감 변수

는 self.esteemw1이라는 변수로 만들고, 2차년도의 자아존중감 변수는 self.esteemw2라는 변수로 만들어서 mergedata에 저장한다.

- detach 함수를 이용하여 새 변수 만들기를 끝내도록 한다.

R Script

```
# ④ Paired T-test
t.test(mergedata$self.esteemw1, mergedata$self.esteemw2, paired=TRUE)
```

명령어 설명

paired	짝지어진 T 검증 여부

스크립트 설명

④ 1차년도와 2차년도 자아존중감 변수 간의 차이를 검증하기 위해 t.test 함수를 이용하여 가설을 검증한다.

- t.test 함수에는 짝지어진 T 검증을 위한 두 변수를 지정한다.
- paired 인자를 이용하여 짝지어진 T 검증 여부를 지정한다(paired=TRUE).

Console

```
> t.test(mergedata$self.esteemw1, mergedata$self.esteemw2, paired=TRUE)

        Paired t-test

data:  mergedata$self.esteemw1 and mergedata$self.esteemw2
t = -3.4039, df = 532, p-value = 0.0007144
alternative hypothesis: true difference in means is not equal to 0
95 percent confidence interval:
 -0.8876823 -0.2380213
sample estimates:
mean of the differences
             -0.5628518
```

분석 결과

- 출력된 결과를 살펴보면, T 값이 -3.4039로 나타났다. 그리고 자유도가 532이며, 이 때 유의도는 0.05 미만인 것으로 나타나고 있다.
- 따라서 1차년도의 자아존중감과 2차년도의 자아존중감 간의 평균에 차이가 없다는 영가설은 기각된다.
- 1차년도와 2차년도의 자아존중감 평균 차이(mean of the differences)는 -0.5628518로 1차년도에 비해 2차년도의 자아존중감 평균이 더 높은 것으로 나타났다.

R Script

```
# ⑤ 기술통계량 구하기
# 기술통계량을 구할 대상 변수를 선택하여 데이터로 만들기
compare_self.esteem <- c("self.esteemw1", "self.esteemw2")
describe_self.esteem <- mergedata[compare_self.esteem]
# 'psych' 패키지의 describe 함수로 기술통계량 구하기
library(psych)
describe(describe_self.esteem)
```

스크립트 설명

⑤ 1차년도와 2차년도의 자아존중감 평균 차이가 통계적으로 유의한 것으로 나타났다. 이 결과를 좀 더 자세히 살펴보기 위해 1차년도와 2차년도의 자아존중감 변수에 대한 기술통계량을 출력하도록 한다.

- describe 함수에 기술통계량을 출력할 대상 데이터와 변수를 지정하여 결과를 살펴볼 수 있다. 이런 경우에는 하나의 변수에 대해서만 기술통계량을 출력할 수 있다. 따라서 이 과정을 2번 반복하여 각 변수에 대한 기술통계량을 출력할 수 있다.
- 또 다른 방법은 describe 함수에 기술통계량을 살펴볼 변수만으로 구성된 데이터를 따로 만들어서 2개 이상의 원하는 변수들에 대한 기술통계량을 출력할 수 있다(위의 예에서는 이 방법으로 기술통계량을 구한다).
- 우선 원하는 변수명을 문자형 벡터로 입력하고, compare_self.esteem이라는 객체에 저장한다(compare_self.esteem <- c("self.esteemw1", "self.esteemw2")).
- 데이터(mergedata)에 기술통계량을 출력할 변수명이 입력된 객체(compare_self.esteem)를 지정하면, 이 객체에 입력된 변수들만으로 구성된 데이터가 만들어진다.
- 이 데이터를 describe_self.esteem이라는 객체에 저장하도록 한다.

- 'psych' 패키지를 불러온다.
- describe 함수에 기술통계량을 출력할 변수가 지정된 객체(데이터)를 지정한다.

참고

앞에서 기술통계량을 구하기 위해서 describe 함수의 인자로 사용될 객체(describe_self.esteem)를 따로 만들어서 사용하였다. 다른 분석도 마찬가지이지만 기술통계량을 구하기 위해서 인자를 입력하는 방법이 객체를 만들어서 지정하는 방법만 있는 것은 아니다. 아래의 예에서 보여주는 바와 같이 객체로 저장하는 내용을 함수의 인자에 그대로 입력해도 동일한 분석 결과를 얻을 수 있다.

어떤 방법을 선택할지는 자신의 선호에 따라서 택하면 된다. 동일한 변수를 다른 분석에서도 사용한다면 객체로 만들어두는 것이 편리하고, 일회성이라면 아래와 같이 입력해서 분석하는 것이 작업공간을 복잡하게 만들지 않는 방법이 될 수 있다.

```
# 객체를 따로 만들지 않고 기술통계량을 구하는 방법
describe(mergedata[c("self.esteemw1", "self.esteemw2")])
```

Console

```
> library(psych)
> describe(describe_self.esteem)

              vars   n  mean   sd median trimmed  mad min max range skew
self.esteemw1    1 594 19.38 3.66     19   19.33 2.97   7  30    23 0.13
self.esteemw2    2 534 19.91 3.74     19   19.80 2.97  11  30    19 0.30
    kurtosis    se
       0.15   0.15
      -0.20   0.16
```

분석 결과

- 출력된 기술통계량을 살펴보면, 1차년도의 자아존중감 평균은 19.38이고, 2차년도에는 19.91로 나타나고 있어 1차년도와 2차년도의 자아존중감 평균 차이는 0.53으로 나타나고 있다.
- 그런데 앞의 짝지어진 T 검증 결과에서는 1차년도와 2차년도의 자아존중감 평균 차이는

0.56 정도로 나타났다.

- 이와 같이 평균 차이가 다르게 나타난 이유로는 기술통계량의 평균은 1차년도의 594명과 2차년도의 534명의 평균을 각각 계산한 결과이지만, 짝지어진 T 검증에서의 평균 차이 결과는 1차년도와 2차년도에 모두 응답한 533명에 대한 평균 차이이기 때문이다.
- 이와 같이 평균을 계산한 사례수가 다르기 때문에 짝지어진 T 검증과 기술통계량의 평균 차이 결과가 다르게 제시되었다.

따라서 T 검증의 결과를 구체적으로 파악하기 위해서 두 변수 간의 기술통계량을 구할 때는 결측값 사례를 제외한 기술통계량을 계산해서 비교하는 것이 필요하다. 그 과정은 다음과 같은데, 기존의 변수들을 복사해서 새 변수를 생성한 후에 새 변수에서 결측값을 처리해주는 것이다.

R Script

```
# ⑥ 결측값 사례를 제외한 기술통계량을 출력하기 위한 과정

# 1차년도 자기통제력 변수값을 none_self.esteemw1 변수로 변수값 복사
describe_self.esteem$none_self.esteemw1 <- describe_self.esteem$self.esteemw1

# 1차년도 혹은 2차년도 자기통제력 변수 중에서 하나의 변수라도 결측값이 있는 사례는
# 1차년도 자기통제력의 변수값을 결측값으로 재부호화
describe_self.esteem$none_self.esteemw1[is.na(describe_self.esteem
$self.esteemw1)|is.na(describe_self.esteem$self.esteemw2)] <- NA

# 2차년도 자기통제력 변수값을 none_self.esteemw2 변수로 변수값 복사
describe_self.esteem$none_self.esteemw2 <- describe_self.esteem$self.esteemw2

# 1차년도 혹은 2차년도 자기통제력 변수 중에서 하나의 변수라도 결측값이 있는 사례는
# 2차년도 자기통제력의 변수값을 결측값으로 재부호화
describe_self.esteem$none_self.esteemw2[is.na(describe_self.esteem
$self.esteemw1)|is.na(describe_self.esteem$self.esteemw2)] <- NA

# 기존의 1차년도와 2차년도 자기통제력과
# 결측값이 없는 1차년도와 2차년도 자기통제력 변수의 기술통계량 비교
describe(describe_self.esteem)
```

스크립트 설명

- 짝지어진 T 검증에서 집단의 기술통계량을 정확하게 살펴보기 위해서는 1차년도와 2차년도에 모두 응답한 사례만으로 기술통계량을 구해야만 한다.
- 1차년도 자기통제력 변수의 값을 복사하여 새로운 변수(none_self.esteemw1)에 복사한다.
- 이 변수에서 특정한 조건에 해당하는 사례를 결측값으로 지정한다.
- 결측값으로 재부호화할 조건은 기존의 1차년도 혹은 2차년도 자기존중감 변수 중에서 결측값이 하나라도 있을 경우에는 '참(TRUE)'으로 판단하여 새로운 변수의 변수값을 결측값('NA')으로 재부호화하도록 한다.
- 이러한 조건문을 만들기 위해 is.na 함수를 사용한다. is.na 함수는 지정한 데이터나 변수에 결측값이 있는지를 '참'이나 '거짓'으로 판단하는 함수이다.
- 1차년도 자기존중감 변수에서 결측값 여부를 확인하기 위해 is.na(describe_self.esteem$self.esteemw1)라고 입력하고, 2차년도 자기통제력 변수의 결측값 여부를 확인하기 위해 is.na(describe_self.esteem$self.esteemw2)로 입력한다.
- 1차년도와 2차년도 자기통제력 변수의 결측값 여부에 대해 두 변수 중에 하나라도 결측값이 있다면 새로운 변수에 결측값으로 재부호화해야 하기 때문에, 두 조건문 사이에 논리연산자 '|(or)'를 입력한다.
- 이에 따라 기존의 1차년도와 2차년도 자기통제력 변수의 결측값 여부에 따른 변수값은 〈표 5-1〉과 같이 기존의 변수값이 유지되거나 결측값으로 재부호화된다.

표 5-1 is.na 함수를 이용한 1차년도와 2차년도 데이터의 결측값 처리

	self.esteemw1	self.esteemw2		판정	none_self.esteemw1 변수값
is.na (결측값 여부)	TRUE	TRUE	⇒	TRUE	'NA'로 재부호화
	TRUE	FALSE	⇒	TRUE	'NA'로 재부호화
	FALSE	TRUE	⇒	TRUE	'NA'로 재부호화
	FALSE	FALSE	⇒	FALSE	기존 값 유지

- 이러한 방법으로 2차년도 자기통제력 변수도 재부호화하여 기존의 1차년도나 2차년도의 자기통제력 변수에서 결측값이 하나라도 있는 사례에 대해서는 결측값으로 재부호화한다.
- 'psych' 패키지의 describe 함수에 기술통계량을 출력할 대상 데이터를 입력한다.

Console

```
> describe(describe1_self.esteem)
                       vars   n  mean   sd median trimmed  mad min max range
self.esteemw1             1 594 19.38 3.66     19   19.33 2.97   7  30    23
self.esteemw2             2 534 19.91 3.74     19   19.80 2.97  11  30    19
none_self.esteemw1        3 533 19.36 3.66     19   19.31 2.97   7  30    23
none_self.esteemw2        4 533 19.92 3.74     19   19.81 2.97  11  30    19
skew     kurtosis     se
 0.13       0.15    0.15
 0.30      -0.20    0.16
 0.12       0.15    0.15
 0.30      -0.20    0.16
```

분석 결과

- 새로운 변수(none_self.esteemw1과 none_self.esteemw2)에 대한 기술통계량을 'psych' 패키지의 describe 함수를 통해 살펴보면 다음과 같다.
- 기존의 1차년도와 2차년도 자기통제력 변수의 사례수('n')는 각각 594명과 534명이었다.
- 이에 비해 결측값 사례를 제외하고 새로 만든 자기통제력 변수의 사례수는 1차년도와 2차년도 모두 533명으로 나타나고 있다.
- 기존 1차년도와 2차년도 자기통제력 변수의 평균('mean')은 각각 19.38과 19.91로 평균 차이는 0.53으로 나타났다.
- 이에 비해 결측값 사례를 제외한 1차년도와 2차년도 자기통제력 변수의 평균은 각각 19.36과 19.92이고, 평균 차이는 0.56으로 짝지어진 T 검증에서의 평균 차이와 동일하게 나타나고 있다.
- 이와 같이 짝지어진 T 검증의 결과를 좀 더 자세히 살펴보기 위해 기술통계량을 출력할 경우에는 결측값 사례에 대해서 고려해야 한다.

04 Section > 일표본 T 검증의 분석 방법

일표본 T 검증을 위한 가설은 다음과 같이 설정하였다.

가설

연구가설

이 연구에서의 자기통제력의 평균과 다른 연구에서의 자기통제력의 평균 간에는 차이가 있을 것이다(다른 연구에서의 자기통제력의 평균은 18.5).

가설을 검증하기 위한 분석 방법은 다음과 같다.

분석 순서

① 자기통제력 변수를 만드는데 필요한 문항의 방향을 해석이 용이하도록 방향을 반대로 재부호화한다. 즉 현재는 자기통제력 변수의 점수가 높을수록 자기통제력이 낮은 것을 의미하기 때문에 분석 결과를 해석할 때 혼동이 올 가능성이 높다. 따라서 방향을 반대로 바꾸어주는 것이다.

② 자기통제력 변수를 만들고 변수 설명을 입력한다.

③ 일표본 T 검증을 통해 기존 연구의 결과와 현재의 데이터의 평균을 비교한다.

R Script

```
# ① 분석에 사용되는 변수 만들기
# 역부호화
attach(spssdata)
spssdata$rq34a1w1[q34a1w1==1] <- 5
spssdata$rq34a1w1[q34a1w1==2] <- 4
spssdata$rq34a1w1[q34a1w1==3] <- 3
spssdata$rq34a1w1[q34a1w1==4] <- 2
spssdata$rq34a1w1[q34a1w1==5] <- 1

spssdata$rq34a2w1[q34a2w1==1] <- 5
```

```
spssdata$rq34a2w1[q34a2w1==2]  <- 4
spssdata$rq34a2w1[q34a2w1==3]  <- 3
spssdata$rq34a2w1[q34a2w1==4]  <- 2
spssdata$rq34a2w1[q34a2w1==5]  <- 1

spssdata$rq34a3w1[q34a3w1==1]  <- 5
spssdata$rq34a3w1[q34a3w1==2]  <- 4
spssdata$rq34a3w1[q34a3w1==3]  <- 3
spssdata$rq34a3w1[q34a3w1==4]  <- 2
spssdata$rq34a3w1[q34a3w1==5]  <- 1

spssdata$rq34a4w1[q34a4w1==1]  <- 5
spssdata$rq34a4w1[q34a4w1==2]  <- 4
spssdata$rq34a4w1[q34a4w1==3]  <- 3
spssdata$rq34a4w1[q34a4w1==4]  <- 2
spssdata$rq34a4w1[q34a4w1==5]  <- 1

spssdata$rq34a5w1[q34a5w1==1]  <- 5
spssdata$rq34a5w1[q34a5w1==2]  <- 4
spssdata$rq34a5w1[q34a5w1==3]  <- 3
spssdata$rq34a5w1[q34a5w1==4]  <- 2
spssdata$rq34a5w1[q34a5w1==5]  <- 1

spssdata$rq34a6w1[q34a6w1==1]  <- 5
spssdata$rq34a6w1[q34a6w1==2]  <- 4
spssdata$rq34a6w1[q34a6w1==3]  <- 3
spssdata$rq34a6w1[q34a6w1==4]  <- 2
spssdata$rq34a6w1[q34a6w1==5]  <- 1
detach(spssdata)
```

스크립트 설명

① 자기통제력 변수는 관련된 6개의 문항을 더하여 만든다. 그런데 자기통제력의 문항은 범죄의 일반이론에 따라서 '낮은 자기통제력'을 기준으로 문항을 구성하였다. 이에 대한 응답지는 낮은 점수 순으로 '전혀 그렇지 않다'에서부터 '매우 그렇다'까지 5점 척도로 측정하였다. 즉 이 문항에 대한 응답의 값이 높을수록 자기통제력이 낮다는 것을 의미한다.

- 이러한 경우에는 결과를 해석할 때에 점수가 낮을수록 높은 자기통제력을 가지고 있다고 해석해야 하고, 높은 점수일수록 낮은 자기통제력을 가지고 있다고 해석해야 하기 때문에 혼동의 가능성이 높다는 어려움이 있다.
- 따라서 해석상 편의를 위해 자기통제력 변수를 구성하는 문항들에 대해 역방향으로 재부호화하게 된다면 해석상 어려움을 줄일 수 있을 것이다.
- 자기통제력을 구성하는 문항인 q34a01w1부터 q34a06w1까지의 문항에 대해 가장 낮은 점수인 1점은 5점으로, 2점은 4점, 3점은 그대로 3점으로, 4점은 2점, 그리고 가장 높은 5점은 1점으로 재부호화한다.
- 재부호화를 하기 위해 attach 함수를 이용하여 재부호화할 데이터(spssdata)를 지정하고, q34a01w1 문항이 1점인 경우에는 5점으로 재부호화하여 rq34a01w1이라는 새로운 변수에 저장하도록 한다. 그리고 2점부터 5점까지의 점수를 차례대로 재부호화하면 된다. 또한 q34a02w1부터 q34a06w1까지의 문항에 대해서도 동일한 방법을 적용한다.
- detach 함수를 이용하여 역부호화를 종료한다.

R Script

```
# ② 자기통제 변수를 만들기 위한 변수 합치기
attach(spssdata)
spssdata$self.control <- rq34a1w1+rq34a2w1+rq34a3w1+rq34a4w1+rq34a5w1+rq34a6w1
detach(spssdata)

# 자기통제 변수의 변수 설명 입력
library(sjmisc)
spssdata$self.control <- set_label(spssdata$self.control, "자기통제력")
```

스크립트 설명

② 자기통제력 변수를 만들고, 변수의 설명을 입력한다.

- attach 함수를 이용하여 새로 만든 6개의 자기통제력 변수들을 더해서 새 변수(spssdata$self.control)에 저장하고, detach 함수로 자기통제력 변수 만들기를 종료한다.
- 새로 만든 자기통제력 변수에 변수 설명을 입력하기 위해서 'sjmisc' 패키지를 불러온다.
- set_label 함수를 이용하여 자기통제력 변수의 변수 설명을 입력한다.

R Script

```
# ③ 일표본 T 검증
t.test(spssdata$self.control, mu=18.5)
```

명령어 설명

mu	비교 집단의 평균

스크립트 설명

③ 일표본 T 검증은 같은 측정문항으로 측정된 기존의 연구결과에 제시된 평균과 분석하고자 하는 데이터의 평균 간의 차이를 검증하기 위한 방법이다. 검증과정은 데이터 내의 변수에 대한 평균과 표준오차를 계산하고, 이 결과를 기존 연구결과의 평균과 비교하게 된다.

- t.test 함수에서 일표본 T 검증방법은 평균과 표준오차를 계산하기 위한 데이터 내의 변수를 지정하고, mu 인자에는 비교하고자 하는 평균을 입력한다.
- 일표본 T 검증을 위한 가설은 자기통제력 변수의 평균 차이이므로, t.test 함수에 앞서 만들어 놓은 변수를 지정한다(spssdata$self.control).
- 비교하고자 하는 연구의 평균을 mu 인자에 입력한다(mu=18.5).

Console

```
> t.test(spssdata$self.control, mu=18.5)

        One Sample t-test

data:  spssdata$self.control
t=9.8295, df=594, p-value < 2.2e-16
alternative hypothesis: true mean is not equal to 18.5
95 percent confidence interval:
 19.76619 20.39851
sample estimates:
mean of x
 20.08235
```

분석 결과

- 일표본 T 검증의 결과를 살펴보면, T 값은 9.8295이고, 자유도가 594인 경우의 유의도는 0.05 미만인 것으로 나타났다.
- 연구 데이터의 자기통제력 평균(mean of x)은 20.08235로 비교하고자 하는 평균인 18.5보다 높게 나타나고 있었다.
- 연구 데이터에서의 자기통제력 평균이 기존 연구의 평균과 차이가 없을 것이라는 영가설은 기각되었다.

CHAPTER 06

분산분석

Statistical · Analysis · for · Social · Science · Using R

분산분석

01 Section > 분산분석의 적용

1 변수들의 척도

분산분석에서의 독립변수의 척도는 T 검증에서와 같이 명목척도나 서열척도와 같은 비연속 척도이다. 종속변수도 T 검증과 같이 등간척도나 비율척도이다. 분산분석이 T 검증과 다른 점은 T 분석에서는 독립변수의 범주의 수가 2개인 경우에만 사용할 수 있지만 분산분석에서는 3개 이상의 집단에 대해 집단 간 차이를 검증할 수 있다는 점이다. 또한 독립변수의 수에 있어서도 T 검증에서는 1개의 독립변수만을 분석할 수 있으나, 분산분석에서는 2개 이상의 독립변수에 대해서도 분석할 수 있다.

2 분산분석의 통계량

T 검증에서는 종속변수의 분포를 설명하기 위해 두 집단의 평균 차이를 중심으로 살펴보았지만, 분산분석에서는 3집단 이상의 평균 차이를 통해 종속변수의 분포를 설명해야 한다. 따라서 독립변수로 가정된 3집단 이상의 평균 차이를 나타낼 수 있는 하나의 통계량을 통해 종속변수의 분포를 설명해야 한다. 만약 T 검증에서와 같이 두 집단씩 짝을 지어 두 집단 간의 평균 차이를 계산하게 된다면, 두 집단씩 짝을 지어 계산한 두 집단 간의 평균 차이가 2개 이상 나타나게 되므로, 집단 간 평균 차이를 나타내는 대표적인 값을 구하기 어려울 것이다.

이러한 이유로 분산분석에서는 3집단 이상인 경우에 집단 간의 평균 차이는 전체 평균을 기준으로 각 집단의 평균이 흩어져 있는 정도를 나타내는 분산을 통해 검증한다. 〈그림 6−1〉에서와 같이 우선 전체 집단 내에서 모든 사례의 응답이 자신이 속한 집단의 평균과 같다고 가정해 보자. 이 경우에는 전체 분포에서 응답값의 수는 집단의 수와 같아진다. 이런 가정 하에서 그림 (a)와 (b)를 비교해 보면, 상대적으로 그림 (b)에 비해 (a)의 집단 간 평균 차이가 크다는 것을 알 수 있다. 그렇다면 전체 평균을 기준으로 응답값의 분산을 계산하게 된다면 분명 그림 (b)보다는 (a)의 분산이 더 클 것이다. 이렇듯 전체 집단 내에서 집단 간의 평균 차이가 클수록 전체 평균을 기준으로 집단의 평균이 흩어져 있는 정도를 나타내는 분산이 커진다는 점을 확인할 수 있다. 즉 전체 집단에서 집단 평균의 분산이 커질수록 집단 간 평균 차이가 커진다는 것이다.

그림 6−1 전체 평균과 집단의 평균 분포

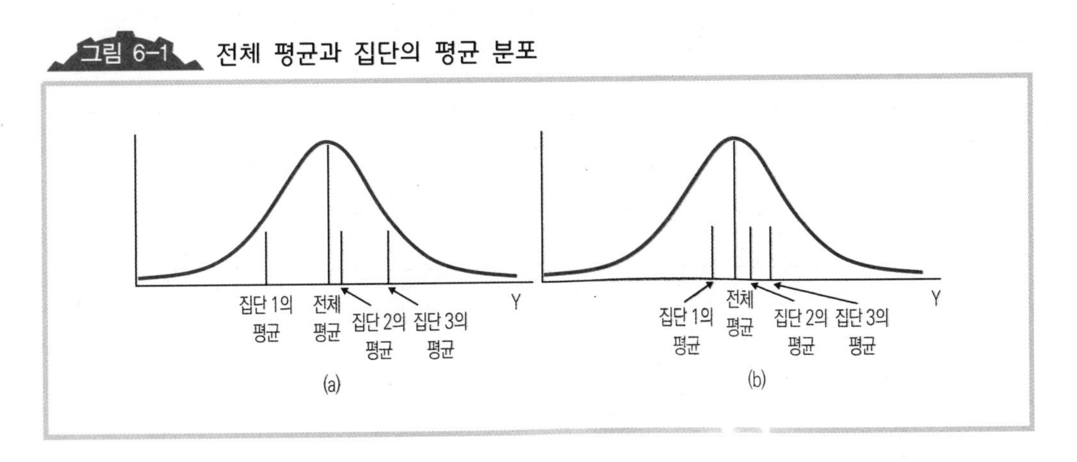

이와 같이 전체 평균을 기준으로 각 집단의 평균이 흩어져 있을수록 어떤 집단이 종속변수의 값이 낮은지, 또 어떤 집단이 높은 값을 갖는지 알 수 있게 된다. 즉 집단 간 평균차이가 클수록 종속변수의 분포를 더 잘 설명할 수 있게 된다.

분산분석에서 한 가지 더 고려해야 할 점은 각 집단 내의 분포이다. T 검증에서도 살펴본 바와 같이 집단 내의 흩어짐의 정도에 따라 집단 간 평균 차이가 같다하더라도 종속변수의 분포를 설명하는 정도가 달라진다. 〈그림 6-2〉에서와 같이 그림 (c)와 (d)를 비교해 보면, 집단 간 평균 차이는 동일하다. 다만 집단 내의 흩어짐의 정도가 상대적으로 그림 (d)에서 더 큰 것으로 나타나고 있다. 이런 경우에 집단 1이 종속변수의 분포에서 낮은 값을 가질 것이라는 것에 대해서는 그림 (d)보다는 (c)에서 더 잘 설명될 수 있을 것이다. 즉 집단 내의 분산이 적을수록 독립변수로 가정한 집단을 통해 종속변수의 분산을 더 잘 설명할 수 있게 된다. 여기서 집단 내 흩어져 있는 정도는 독립변수의 집단의 특성으로 설명하지 못하는 개인의 독특한 특성(uniqueness)이 된다. 분산분석에서는 독립변

그림 6-2 집단의 분포 비교

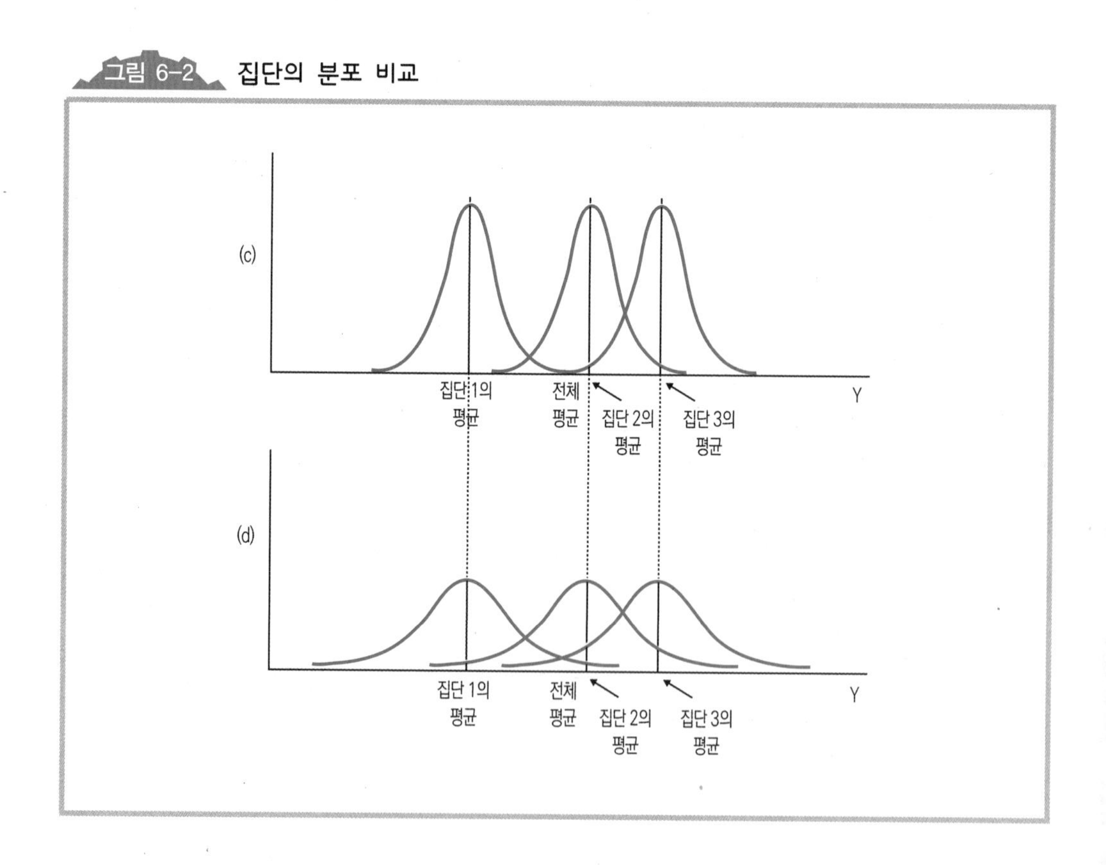

수의 집단의 특성을 통해 종속변수의 분산을 설명한다. 따라서 특정 집단에 속한 개별 사례의 값이 집단의 평균값과 차이가 있다면 이 차이는 집단으로 설명하지 못하는 분산, 즉 독립변수에 의해 설명되지 않는 종속변수의 분산이 된다.

지금까지 살펴본 분산분석의 논리를 제곱합을 통해 정리해 보도록 한다. 아래의 분산 공식은 두 가지 부분으로 나누어 볼 수 있다. 분산 공식에서 분자 부분은 개별 사례값과 표본 평균 간의 차이를 제곱하여 모두 더한 제곱합이다. 그리고 분모 부분은 자유도로 표본의 수에서 하나를 제외한 값이다.

$$Var(X) = \frac{\sum_{i=1}^{n}(X_i - \overline{X})^2}{N-1}$$

분산 공식에서 제곱합 부분으로 종속변수와 독립변수 간의 관계를 나타내면, 종속변수의 전체 제곱합(TSS: Total Sum of Square)은 독립변수에 의해 설명되는 제곱합인 집단 간 제곱합(BSS: Between Sum of Square)과 독립변수로 설명되지 않는 제곱합인 집단 내 제곱합(WSS: Within Sum of Square)으로 구성된다.

$$TSS = BSS + WSS$$

각각의 제곱합은 다음과 같은 수식에 의해 계산된다.

$$TSS = \sum(X_{ij} - \overline{X}_{..})^2$$
$$BSS = \sum n_j(\overline{X}_{.j} - \overline{X}_{..})^2$$
$$WSS = \sum(X_{ij} - \overline{X}_{.j})^2$$

X_{ij} : j번째 집단의 i의 번째 사례(개별 사례의 값)
$\overline{X}_{..}$: 전체 평균
$\overline{X}_{.j}$: j번째 집단의 평균
n_j : j번째 집단의 사례수

분산분석은 F 통계량을 통해 유의확률을 구하여 가설검증을 하게 된다. F 통계량은

독립변수에 의해 설명되는 종속변수의 분산과 독립변수에 의해 설명되지 않는 분산으로 계산할 수 있다. 앞서 살펴본 종속변수의 전체 제곱합, 집단 간 제곱합, 그리고 집단 내 제곱합과 같은 제곱합은 분산을 구하기 위한 수식에서 자유도를 제외한 부분이다. F 통계량을 계산하기 위해서는 제곱합에 자유도로 나누어 평균 제곱합을 구하여 계산하게 된다. 우선 집단 간 제곱합(Between Mean Square)은 모든 개별 사례의 값이 집단 평균과 같다고 가정하여 계산하였다. 따라서 집단 간 제곱합에서의 응답값은 집단의 수와 같게 되므로 집단의 수에서 한 집단을 제외한 값이 집단 간 평균 제곱합을 계산하기 위한 자유도가 된다(j－1). 집단 내 평균 제곱합을 계산하기 위한 자유도는 각 집단의 평균을 기준으로 집단 내의 제곱합을 계산했으므로, 각 집단에 포함된 사례수에서 한 사례씩 제외한 값이 된다(전체 사례수(n)－집단수(j)).

$$F=\frac{BMS}{WMS}=\frac{\frac{BSS}{j-1}}{\frac{WSS}{n-j}}$$

F 통계량은 집단 간 평균 제곱합이 클수록, 집단 내 평균 제곱합이 적을수록 커지게 된다. 즉 F 통계량이 클수록 독립변수로 가정된 집단 간의 평균 차이가 없을 것이라는 영가설은 기각되고, 연구가설이 채택될 가능성이 높아지게 된다.

하나의 독립변수와 하나의 종속변수를 통한 분산분석을 일원 분산분석(One－way analysis of variance)이라고 한다. 분산분석은 두 개 이상의 독립변수와 하나의 종속변수에 대해서도 분석할 수 있다. 하나의 종속변수를 설명하기 위해 두 개의 독립변수를 가정한 분산분석은 이원 분산분석이라고 한다. 이원분산분석에서 종속변수의 전체 제곱합(TSS)은 첫 번째 독립변수에 의해 설명되는 제곱합(BSS_1), 두 번째 독립변수에 의해 설명되는 제곱합(BSS_2), 첫 번째 독립변수와 두 번째 독립변수의 상호작용에 의해 설명되는 제곱합(BSS_{12}), 그리고 독립변수에 의해 설명되지 않는 제곱합(WSS)으로 구성된다.

$$TSS=BSS_1+BSS_2+BSS_{12}+WSS$$

02 Section > 일원 분산분석의 분석 방법

일원 분산분석을 설명하기 위해서 다음과 같이 연구가설을 설정한다.

가설

연구가설
　학교성적에 따른 집단 간의 자아존중감 수준은 다를 것이다.

연구가설에 대한 분석은 다음의 단계로 이루어진다.

분석 순서

① 첫 번째 해야 할 작업은 독립변수를 만드는 일이다. 이 과정은 세분화하면 세 단계로 구분할 수 있다. 첫 번째는 학교성적의 척도가 되는 세 변수들을 사용해서 학교성적이라는 변수를 만드는 것이다.
② 두 번째 단계는 세 변수를 더해서 만든 학교성적 변수의 분포를 구해보는 것이다. 분산분석을 위해서 독립변수는 비연속변수이어야 하기 때문에 집단을 구분하기 위해서 먼저 분포의 모습을 살피기 위함이다.
③ 세 번째 단계는 독립변수의 변수값을 묶어서 몇 개의 집단으로 분류하는 것이다. 여기에서는 3개의 집단으로 분류한다.
④ 다음으로 종속변수인 자아존중감 변수를 구성한다.
⑤ 연구가설을 검증한다.
⑥ 집단에 따른 기술통계량을 출력한다. 이는 집단 간 분포의 차이를 구체적으로 알아보기 위함이다.
⑦ 집단의 차이를 분명하게 보여주기 위해서 집단에 따른 평균 비교를 위한 도표를 출력한다.
⑧ 학교성적 변수의 3집단 중에서 어느 집단 간에 유의미한 차이를 보이는지 알아보기 위해서 사후검증을 수행한다.

R Script

```
# ① 학교성적 변수 만들기
attach(spssdata)
spssdata$grade <- q18a1w1+q18a2w1+q18a3w1
detach(spssdata)
```

스크립트 설명

① 가설을 검증하기 위해 독립변수인 학교성적 변수를 만들고, 학교성적 정도에 따른 집단을 재부호화해야 한다.

- 이를 위해 우선 학교성적 변수를 구성하는 항목은 국어, 영어, 그리고 수학 과목에 대한 성적으로 q18a1w1부터 q18a3w1까지의 항목으로 구성한다.
- 학교성적 변수를 만들기 위해 attach 함수를 이용하여 데이터를 불러오고, q18a1w1부터 q18a3w1까지의 항목을 더하여 성적(grade) 변수로 저장한다.

R Script

```
# ② 학교성적 변수(grade)의 분포 살펴보기
cbind(Freq=table(spssdata$grade),
      Cum.prop=cumsum(prop.table(table(spssdata$grade))))
```

명령어 설명

cbind	몇몇 열들을 묶어주는 함수

스크립트 설명

② 학교성적 변수의 분포를 cbind 함수를 이용하여 살펴보도록 한다.

- cbind 함수에는 table 함수를 사용하여 성적 변수의 빈도분포를 출력하게 하였으며, 이와 함께 성적변수의 누적비율을 출력하도록 하였다.

Console

```
> cbind(Freq=table(spssdata$grade),
+ Cum.prop=cumsum(prop.table(table(spssdata$grade))))
  Freq   Cum.prop
3    6 0.01008403
```

```
4     8  0.02352941
5    11  0.04201681
6    31  0.09411765
7    66  0.20504202
8    80  0.33949580
9    98  0.50420168
10   93  0.66050420
11   77  0.78991597
12   67  0.90252101
13   30  0.95294118
14   17  0.98151261
15   11  1.00000000
```

분석 결과

- 성적 변수의 분포를 살펴보아 성적의 정도에 따라 학교성적이 높은 집단, 학교성적이 중간인 집단, 그리고 학교성적이 낮은 집단으로 구분하고자 한다.
- 학교성적 정도에 따른 집단은 가급적 비슷한 사례수가 되도록 하기 위해 누적 비율이 33.3%와 66.7%를 기준으로 이 기준에 가장 가까운 값으로 집단을 나누도록 한다.
- 즉 누적 비율이 0%에서 33.3% 미만까지 첫 번째 집단으로 정의하고, 33.3% 이상부터 66.7% 미만까지 두 번째 집단으로 정의한다. 그리고 66.7% 이상인 경우는 세 번째 집단으로 정의한다.
- 누적 비율을 살펴보면, 33.3%에 가장 가까운 학교성적 점수는 8점(33.95%)으로 나타났고, 66.7%에 가장 가까운 학교성적 점수로는 10점(66.05%)으로 나타났다. 따라서 최소값인 3점부터 응답자의 누적 비율이 33.3%와 가장 가까운 8점까지는 학교성적이 낮은 집단으로 지정하고, 9점부터 응답자의 누적 비율이 66.7%와 가장 가까운 학교성적 점수인 10점까지 학교점수가 중간인 집단으로, 끝으로 11점 이상인 경우에는 학교성적이 높은 집단으로 나눈다.

R Script

```
# ③ 학교성적 변수를 3집단으로 분류
# 학교성적 변수를 정도에 따라 3집단으로 분류 및 변수와 변수값 설명 입력
attach(spssdata)
spssdata$grp.grade[grade>=min(grade) & grade<=8] <- 1
spssdata$grp.grade[grade>=9 & grade<=10] <- 2
```

```
spssdata$grp.grade[grade>=11 & grade<=max(grade)] <-3
detach(spssdata)

# 학교성적 변수의 변수 및 변수값 설명 입력
library(sjmisc)
spssdata$grp.grade <- set_label(spssdata$grp.grade, "학교성적")
spssdata$grp.grade <- set_labels(spssdata$grp.grade,
        c("낮은 학교성적 집단", "중간 학교성적 집단", "높은 학교성적 집단"))

# 독립변수를 문자형 변수로 변환
spssdata$grp.grade.factor <- factor(spssdata$grp.grade, levels=c(1,2,3),
        labels=c("낮은 학교성적 집단", "중간 학교성적 집단", "높은 학교성적 집단"))
```

스크립트 설명

③ 학교성적 변수를 성적 정도에 따라 3집단으로 분류한다.

- attach 함수를 이용하여 학교성적 변수(grade)가 가장 낮은 점수부터 8점까지는 낮은 학교성적 집단을 의미하는 숫자로 '1'을 부여하여 새로운 변수인 학교성적 정도에 따른 집단 변수(grp.grade)에 저장한다.
- 학교성적 변수가 9점과 10점인 경우에는 중간 학교성적 집단을 의미하는 숫자로 '2'를 부여하여 학교성적 정도에 따른 집단 변수에 저장한다.
- 학교성적 변수가 11점 이상부터 최대값까지는 높은 학교성적 집단을 의미하는 숫자로 '3'을 부여하여 학교성적 정도에 따른 집단 변수에 저장한다.
- 학교성적 정도에 따른 집단 변수에 대해 'sjmisc' 패키지의 set_label 함수를 이용하여 변수 설명을 입력하고, set_labels 함수를 통해서 변수값 설명을 입력한다. 여기서 변수값 설명은 낮은 변수값에 대한 설명부터 차례대로 입력해야 하고, 변수값과 변수값 설명의 개수가 일치해야 한다.
- 여기에서 1−3의 숫자는 숫자 그대로의 의미보다는 집단을 구분하기 위해 숫자로 구분해 놓았을 뿐이다. 이 숫자에서 높은 학교성적 집단('3')은 낮은 학교성적 집단('1') 보다 3배 더 학교성적이 높다는 의미가 아니다. 여기서 숫자의 의미는 단지 집단을 구분하기 위해 임의로 지정한 기호일 뿐이다. 따라서 독립변수에서 지정한 숫자는 숫자 그대로의 의미가 아닌 집단을 구분하기 위한 의미를 가지고 있다는 것을 가정하여 분석을 해야 한다.
- 분산분석을 위해서는 독립변수를 factor 함수를 사용해서 문자형 변수로 변환해야 한다. 분산분석에서 독립변수의 값은 명목척도와 같이 각 집단을 구분하기 위한 기호로

볼 수 있다.

- factor 함수에 factor로 변환할 변수(spssdata$grp.grade)를 지정하고, 숫자로 표현된 학교성적 변수에서 1번을 낮은 학교성적 집단, 2번을 중간 학교성적 집단, 3번을 높은 학교성적 집단으로 지정한다. 그리고 factor로 변환된 변수는 spssdata$grp.grade.factor라는 객체에 저장한다.
- 여기서 요인(factor)은 성별이나 지역과 같이 범주의 형식으로 변수를 저장하는 방식이다.

참고

요인(factor)

R에서 요인이라는 개념은 통계프로그램으로 R을 첫 번째로 배우는 사람보다 SPSS를 사용해본 사람들에게 더 혼란스러운 개념일 수 있다. SPSS에서 factor라 함은 요인분석(factor analysis)에서 사용하는 개념으로서 암묵적인 변수(잠재변수)의 의미를 가진다. 반면에 R에서 요인이란 독특한 데이터구조 중의 하나에 해당한다. 즉 특정 유형의 데이터 구조를 가지는 변수에 대해서 factor라는 명칭을 사용한다. 요인이란 어떤 상태를 나타내는 범주형 자료(categorical data)를 지칭하는 것으로서 명목 또는 순서변수에 해당한다. 이러한 유형의 변수는 R에서 특수하게 저장되고 사용된다.

- 범주형 자료를 만들기 위해서 factor라는 함수를 사용한다. 예를 들어 2장의 예제데이터에서 성별을 의미하는 변수 sexw1에서 1은 남자이고, 2는 여자이다. 이 변수를 요인으로 변환시키는 명령어는 다음과 같다.

```
spssdata$sexw1.factor <- factor(spssdata$sexw1, labels =c("남", "여"))
```

위 명령어는 숫자변수의 성격을 가지는 spssdata라는 데이터프레임 안에 있는 sexw1 변수를 범주형 변수로 변환시키는데 첫 번째 레벨(1)을 "남"으로, 두 번째 레벨(2)을 "여"로 변환시키라는 의미이다. 이런 의미를 좀 더 확장시켜본다면 factor 함수를 변수값 설명(value label)을 붙이는 방법으로도 사용할 수 있다.

- 범주형 자료는 다음의 특성을 가진다.

```
length(spssdata$sexw1.factor)
mode(spssdata$sexw1.factor)
levels(spssdata$sexw1.factor)
str(spssdata$sexw1.factor)
```

length 함수는 변수의 사례수를 보여준다. 예제데이터에서는 595라는 값이 나온다.
mode 함수는 변수의 자료형을 보여준다. factor는 "numeric"의 값을 가진다.
levels 함수는 범주형 자료의 수준을 보여준다. 예제데이터에서는 "남", "여"라는 결과를 보여준다.
str 함수는 변수의 구조를 보여주는데, 이 변수가 factor임이 나타난다.

- 범주형 자료의 레벨에서 순서가 의미적으로 중요한 경우가 있다. 이 경우 순서적인 특징을 제외하고 범주형 자료인 factor와 동일하다. 순서형 요인(ordered factor)은 ordered 함수로 정의한다.

```
var.fac <- ordered(var, levels=c("low", "middle", "high"))
```

- 또는 아래와 같이 할 수도 있다.

```
status <- factor(status, order=TRUE,
                 levels=c("Poor", "Improved", "Excellent"))
```

위 명령어는 status라는 변수를 이름을 그대로 유지한 상태에서 "Poor", "Improved", "Excellent"의 순서를 가지는 순서형 요인으로 만든다.

여기에서 유의해야할 점은 levels라는 인자를 지정해주지 않으면 문자열에서 알파벳 순으로 레벨의 순서를 정한다는 것이다. 따라서 문자열의 경우 정확하게 순서를 정해줄 필요가 있을 때에는 위에서처럼 별도로 지정해야 한다.

R Script

```
# ④ 종속변수 만들기
# 반대로 측정된 변수의 값을 재부호화
attach(spssdata)
spssdata$rq48a04w1[q48a04w1==1] <- 5
spssdata$rq48a04w1[q48a04w1==2] <- 4
spssdata$rq48a04w1[q48a04w1==3] <- 3
spssdata$rq48a04w1[q48a04w1==4] <- 2
spssdata$rq48a04w1[q48a04w1==5] <- 1

spssdata$rq48a05w1[q48a05w1==1] <- 5
spssdata$rq48a05w1[q48a05w1==2] <- 4
spssdata$rq48a05w1[q48a05w1==3] <- 3
```

```
spssdata$rq48a05w1[q48a05w1==4] <- 2
spssdata$rq48a05w1[q48a05w1==5] <- 1

spssdata$rq48a06w1[q48a06w1==1] <- 5
spssdata$rq48a06w1[q48a06w1==2] <- 4
spssdata$rq48a06w1[q48a06w1==3] <- 3
spssdata$rq48a06w1[q48a06w1==4] <- 2
spssdata$rq48a06w1[q48a06w1==5] <- 1
detach(spssdata)

# 자아존중감 변수를 만들기 위한 변수 합치기
attach(spssdata)
spssdata$self.esteem <- q48a01w1+q48a02w1+q48a03w1+rq48a04w1+rq48a05w1+
        rq48a06w1
detach(spssdata)

# 자아존중감 변수의 변수 설명 입력
spssdata$self.esteem <- set_label(spssdata$self.esteem, "자아존중감")
```

스크립트 설명

④ 종속변수인 자아존중감 변수를 만드는 방법은 5장에서 이미 소개하였다. 그렇지만 5장에서 만든 자아존중감 변수는 mergedata에 만든 것이기 때문에, spssdata에도 새롭게 변수를 만들어야 한다.

- 종속변수인 자아존중감 변수는 q48a01w1부터 q48a06w1까지의 항목을 통해 구성한다.
- 종속변수를 구성하는 항목들 중에서 q48a04w1부터 q48a06w1까지의 항목은 다른 항목과는 다른 방향으로 측정하였기 때문에 이 세 항목에 대해서는 역부호화를 시행한다.
- 종속변수를 구성하는 항목들의 방향을 일치시킨 6개의 문항을 더하여 spssdata 내에 자아존중감 변수(self.esteem)를 만든다.
- 'sjmisc' 패키지를 이용하여 자아존중감 변수에 대한 변수 설명을 입력한다.

R Script

```
# ⑤ 연구가설 검증
ano1 <- aov(self.esteem ~ grp.grade.factor, data=spssdata)
anova(ano1)
```

명령어 설명

aov	분산분석의 모형을 만들기 위한 함수
anova	분산분석에서 가정한 모형의 결과를 출력해주는 함수

스크립트 설명

⑤ 분산분석은 aov 함수를 통해 수행할 수 있다. aov 함수에는 종속변수와 요인(factor)으로 변환한 독립변수를 차례로 입력하고, 그 사이에 '~'를 입력한다.

- 만약 독립변수가 요인(factor)이 아니면 변수값을 숫자로 인식하게 되므로 회귀분석과 같이 독립변수가 한 단위 증가함에 따라 종속변수의 변화량을 검증하는 방식으로 분석하게 되어 통계량과 유의도의 결과가 다르게 출력되기 때문에 반드시 주의해서 분석해야 한다.[1]
- aov 함수를 이용하여 종속변수, 독립변수, 그리고 데이터를 지정하고 분산분석 결과를 ano1이라는 객체에 저장한다.
- anova 함수를 이용하여 분산분석의 결과를 출력한다.

참고

만약 독립변수를 요인으로 변환시키지 않았다면 분산분석을 위한 aov 함수에서 독립변수를 입력할 때 as.factor 함수를 이용하여 분석할 수도 있다. as.factor 함수는 원래의 변수가 숫자 변수라 하더라도 as.factor 함수를 사용한 명령문에 대해서만 일시적으로 해당 변수를 요인(factor)으로 인식하게 한다. 따라서 독립변수를 입력하는 위치에 'as.factor(독립변수)'를 입력하면 분산분석을 할 때에 독립변수를 요인으로 인식하여 결과를 출력하게 된다.

---

1 독립변수가 요인(factor)으로 지정되었는지 여부를 모르는 경우에는 'is.factor(데이터$해당변수)'를 입력하면, 그 결과로 'TRUE' 혹은 'FALSE'가 출력된다. 'TRUE'로 출력된다면 해당 변수가 factor로 지정되었기 때문에 독립변수를 그대로 분산분석에 사용할 수 있으나, 'FALSE'로 출력된다면 독립변수가 factor로 지정되지 않았으므로 factor 함수를 이용하여 독립변수를 요인으로 변환하여 분석을 해야 한다.

또 다른 방법은 분산분석 결과에서 독립변수의 자유도가 1로 나온다면 독립변수가 factor로 지정되지 않았을 것이라고 의심해 볼 수 있다. 분산분석는 3집단 이상일 경우에 집단 간의 평균 차이를 검증하기 위해 사용되는 방법이다. 따라서 독립변수의 자유도는 (집단수-1)이므로 적어도 2 이상의 값이 나와야 한다. 분산분석에서 독립변수의 자유도가 1로 나온다는 것은 회귀분석에서와 같이 독립변수가 한 단위 증가함에 따라 변하는 종속변수의 변화량을 분석했다고 생각해 볼 수 있다.

Console

```
> ano1 <- aov(self.esteem ~ grp.grade.factor, data=spssdata)
> anova(ano1)
Analysis of Variance Table

Response: self.esteem
                   Df  Sum Sq  Mean Sq  F value     Pr(>F)
 grp.grade.factor    2   685.8   342.92   27.909  2.618e-12    ***
 Rusiduals         591  7261.7    12.29
---
Signif. codes:  0 '***'  0.001 '**'  0.01 '*'  0.05 '.'  0.1 ' '  1
```

분석 결과

- 가설에 대한 분산분석 결과를 살펴보면, F 값은 27.909로 유의도는 2.618e−12로 나타났다.
- 집단 간 제곱합(BSS)은 685.8이고, 자유도는 2이므로 집단 간 평균 제곱합(BMS)은 342.92이다.
- 집단 내 제곱합(WSS)은 7261.7이고, 자유도는 591이므로 집단 내 평균 제곱합은 12.29이다.
- F 값은 집단 간 평균 제곱합을 집단 내 평균 제곱합으로 나눈 27.909가 되어, 집단 간 제곱합의 자유도와 집단 내 제곱합의 자유도를 감안한 유의도는 소수점 11번째 자리까지 0이므로 영가설의 채택 혹은 기각을 판단할 수 있는 기준인 0.05보다 낮게 나타나므로 학교성적 정도에 따른 집단 간의 자아존중감 점수의 차이가 없다는 영가설은 기각하고, 연구가설을 채택한다.

R Script

```
# ⑥ 집단별 평균값 구하기
# 'psych' 패키지를 이용한 집단별 평균값 구하기
library(psych)
describeBy(spssdata$self.esteem, spssdata$grp.grade)
```

스크립트 설명

⑥ 분산분석의 결과를 좀 더 구체적으로 파악하기 위해 집단별 평균값을 출력할 수 있는 방법을 살펴본다.

- 'psych' 패키지의 describeBy 함수를 이용하여 집단별 기술통계량을 출력할 수 있다.

• describeBy 함수에 종속변수와 독립변수를 차례대로 지정하면 집단에 따른 사례수, 평균, 표준편차 등의 기술통계량이 출력된다.

Console

```
> describeBy(spssdata$self.esteem, spssdata$grp.grade)
group: 1
  vars   n  mean   sd median trimmed  mad min max range skew kurtosis   se
1    1 202 18.19 3.39     18   18.09 2.97  11  30    19 0.38     0.48 0.24
---------------------------------------------------------------------------
group: 2
  vars   n  mean   sd median trimmed  mad min max range  skew kurtosis   se
1    1 191 19.16 3.41     19   19.24 2.97   7  30    23 -0.29     0.87 0.25
---------------------------------------------------------------------------
group: 3
  vars   n  mean   sd median trimmed  mad min max range skew kurtosis   se
1    1 201 20.78 3.71     21   20.74 4.45  12  30    18 0.08    -0.42 0.26
```

분석 결과

• group: 1은 낮은 학교성적 집단에 대한 기술통계량이다. 사례수는 202명, 자기존중감 평균은 18.19점이고, 표준편차는 3.39인 것으로 나타났다.

• group: 2는 중간 학교성적 집단에 대한 기술통계량으로 사례수는 191명, 자기존중감 평균은 19.16점, 표준편차는 3.41이었다.

• group: 3은 높은 학교성적 집단으로 사례수는 201명, 자기존중감 평균은 20.78점, 그리고 표준편차는 3.71로 나타났다.

R Script

```
# 'sjPlot' 패키지를 이용한 분산분석 테이블
# Viewer에 직접 출력하는 방법
library(sjPlot)
sjt.grpmean(spssdata$self.esteem, spssdata$grp.grade, encoding="EUC-KR")
# 결과표를 외부 파일로 저장하는 방법
sjt.grpmean(spssdata$self.esteem, spssdata$grp.grade,
      file="(파일 저장 경로)/(파일 이름)")
```

명령어 설명

nsjt.grpmea	'sjPlot' 패키지에서 집단의 평균 점수를 표로 출력해주기 위한 함수

스크립트 설명

- 집단별 기술통계량을 출력할 수 있는 또 다른 방법으로는 'sjPlot' 패키지의 sjt.grpmean 함수를 이용하는 방법이 있다.
- sjt.grpmean 함수에 종속변수와 독립변수를 차례로 지정한다.
- 결과표를 Viewer에서 직접 확인하기 위해서는 encoding 인자에 "EUC-KR"을 입력한다. 맥을 사용하는 경우에는 "UTF-8"이라고 입력한다. 리눅스에서는 encoding 인자를 사용할 필요가 없다.
- 결과표를 외부 파일로 저장하기 위해서는 결과표를 저장할 위치를 file 인자 다음에 지정하여 시행한 후에 Excel에서 저장된 파일을 불러오면 결과를 살펴볼 수 있다.

표 6-1 'sjPlot' 패키지의 집단별 기술통계량(1)

자아존중감

학교성적	*mean*	*N*	*sd*	*se*	*p*
낮은 학교성적 집단	18.19	202	3.39	0.24	<.001
중간 학교성적 집단	19.16	191	3.41	0.25	.01
높은 학교성적 집단	20.78	201	3.71	0.26	<.001
Total	19.38	594	3.66	0.15	

Anova: R^2=.086 · adj. R^2=.083 · η=.294 · F=27.909 · p<.001

분석 결과

- 결과표에는 집단별 평균, 사례수, 표준편차, 표준오차가 제시되어 있고, 분산분석의 결과(F 값과 유의도)가 함께 출력된다.

R Script

```
# ⑦ 'sjPlot' 패키지를 이용한 분산분석 그래프 만들기
sjp.setTheme(axis.textsize=1.2, geom.label.size=4.5)
sjp.aov1(spssdata$self.esteem, spssdata$grp.grade, geom.size=0.5, wrap.labels=7,
     axis.lim=c(17,22), meansums=TRUE)
```

명령어 설명

sjp.aov1	'sjPlot' 패키지에서 분산분석의 결과를 도표로 출력해주기 위한 함수
geom.size	평균을 나타내는 도표 내 표시의 크기
wrap.labels	변수값 설명에서 한 라인당 글자수 지정
axis.lim	X축의 범위를 지정하기 위한 인자
meansums	집단의 평균값의 표시 여부

스크립트 설명

⑦ 분산분석의 결과를 도표로 출력할 수 있는 방법으로 우선 'sjPlot' 패키지의 sjp.aov1 함수를 이용할 수 있다.

- 도표의 형식을 조정하기 위해 sjp.setTheme 함수를 이용하여 X축과 Y축의 글자 크기를 조절하고(axis.textsize), 도표에 표시될 집단 평균의 글자 크기를 조절한다(geom.label.size).
- sjp.aov1 함수에는 종속변수와 독립변수를 차례로 지정한다.
- 다음으로 도표 내 평균을 나타내는 표시의 크기(geom.size)나 독립변수의 설명에서 라인당 글자수(wrap.labels), 집단의 평균값에 대한 표시방법(meansums) 등을 지정할 수 있다.

그림 6-3 'sjPlot' 패키지의 분산분석 결과 도표

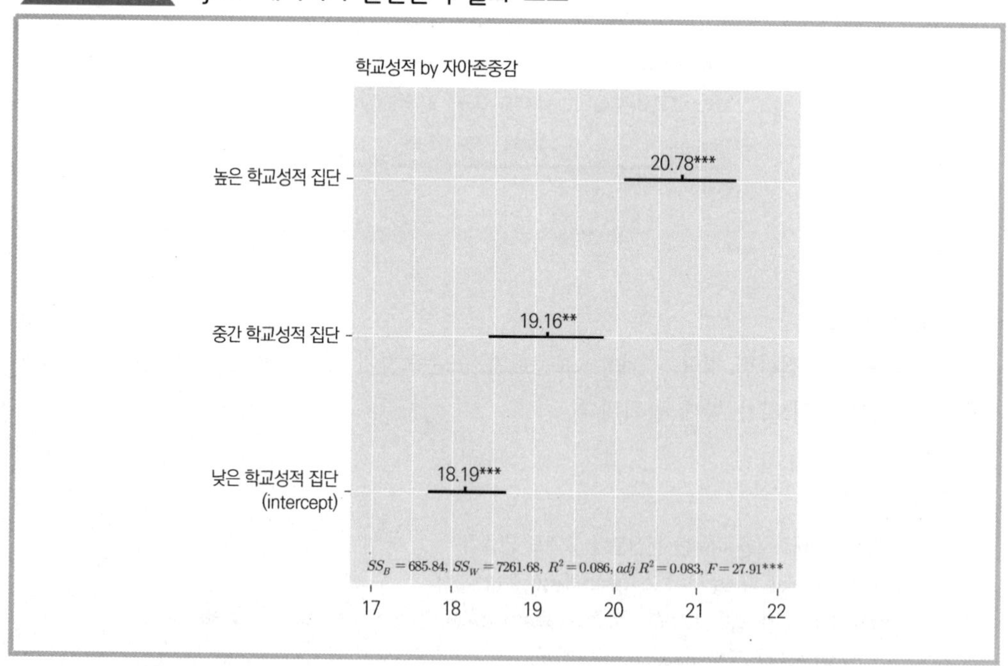

분석 결과

- 출력된 도표에는 집단의 자아존중감의 평균이 표시되어 출력되었다.
- 더불어 각 집단에서 표시된 선의 길이는 신뢰구간을 의미한다.

R Script

```
# 'gplots' 패키지를 이용한 분산분석 그래프 만들기
library(gplots)
plotmeans(self.esteem ~ grp.grade.factor, data=spssdata, xlab="학교성적",
        ylab="자아존중감", ci.label=TRUE, mean.label=TRUE, ylim=c(17, 22),
        barwidth=5, digits=2, col="brown", pch=1, barcol="red",
        main="학교성적에 따른 집단별 자아존중감 수준")
```

명령어 설명

plotmeans	'gplots' 패키지에서 집단 평균과 신뢰구간을 도표로 표현할 수 있는 함수
xlab	x축의 설명
ylab	y축의 설명
ci.label	신뢰구간 값의 출력 여부
mean.label	집단 평균값의 출력 여부
ylim	y축의 최대값과 최소값
barwidth	막대바의 넓이
digits	소수점 자리수 지정
pch	도표 표시지점의 상징 지정
barcol	막대바의 색 지정
main	도표 제목 입력

스크립트 설명

- 분산분석의 결과를 도표로 출력할 수 있는 또 다른 방법은 'gplots' 패키지의 plotmeans 함수를 이용하는 방법이다.
- plotmeans 함수에서 독립변수는 요인으로 변환된 변수(grp.grade.factor)를 사용해야 한다.
- plotmeans 함수에는 종속변수와 독립변수를 차례로 입력하고, 종속변수와 독립변수가 있는 데이터를 지정한다.
- 그리고 x축과 y축의 설명(xlab="학교성적", ylab="자아존중감"), 통계량 출력여부(ci.label=TRUE, mean.label=TRUE), 막대바의 넓이, 소수점 자리수, 막대바의 색, 도표의 제목 등을 설명할 수 있다.

그림 6-4 'gplots' 패키지의 집단별 기술통계량 비교 도표

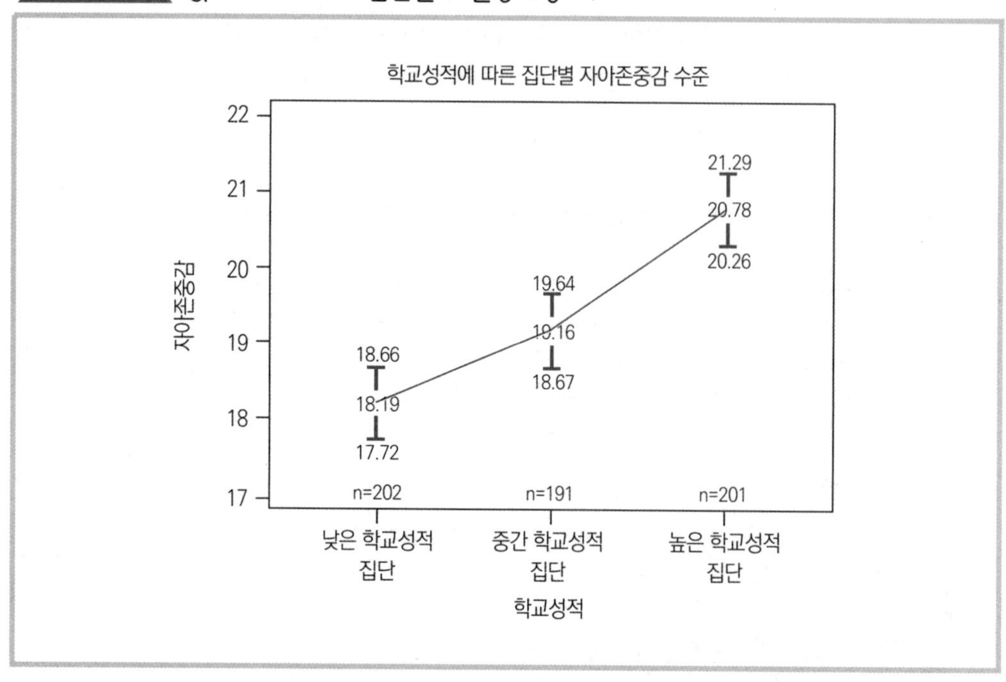

분석 결과

- plotmeans 함수를 이용하여 도표를 만들면 집단별 평균이나 신뢰구간에 대한 정보를 알 수 있으나, 분산분석의 결과가 함께 출력되지 않으므로 집단별 기본적인 기술통계량만이 필요한 경우에 사용할 수 있는 방법이다.

다음으로 사후검증 방법에 대해서 소개한다. 사후검증에는 여러 가지 방법이 있지만 여기에는 대표적인 것 3가지를 소개한다. scheffe 검증, LSD 검증, duncan 검증이다. 이 중에서 하나를 골라서 사용하면 된다.

R Script

```
# ⑧ 사후검증
# scheffe 사후검증
install.packages("agricolae")
library(agricolae)
scheffe.test(ano1, "grp.grade.factor", alpha=0.05, console=TRUE)
```

명령어 설명

scheffe.test	'agricolae' 패키지에서 scheffe 사후검증을 위한 함수
alpha	집단 간 차이의 유의도 지정
console	console에 결과 출력여부(기본값은 FALSE)

스크립트 설명

⑧ 분산분석을 통해 집단 간 평균 차이에 대한 가설을 검증하였다. 분산분석의 결과로 나타나는 유의도는 모든 집단 간의 평균 차이가 통계적으로 유의하다는 것을 의미하지 않는다. 단지 집단들 중에서 적어도 하나 이상의 집단 평균이 다른 집단의 평균과 다르다는 것을 의미한다. 따라서 구체적으로 어떤 집단들 간의 차이가 통계적으로 유의한지에 대해서는 사후검증을 통해 좀 더 자세히 살펴보아야 한다.

- 사후검증의 방법은 집단들 간의 등분산이 가정되었는가의 여부에 따라, 그리고 집단의 사례수가 동일한지에 따라 다양한 사후검증 방법이 있다. 여기서는 사회과학에서 많이 사용하는 scheffe, LSD, 그리고 duncan 사후검증 방법을 설명한다.
- 다양한 사후검증을 분석할 수 있는 'agricolae' 패키지를 설치하고 불러온다.
- scheffe 사후검증 방법은 집단 간의 사례수가 같거나 다를 경우에 모두 사용할 수 있는 방법이다.
- scheffe.test 함수로 scheffe 사후검증을 분석할 수 있다. scheffe.test 함수에 앞서 연구가설에 따라 분산분석을 시행한 결과를 저장했던 객체(ano1)를 지정한다. 그리고 독립변수("grp.grade.factor")를 지정한다. 독립변수는 큰 따옴표 안에 지정한다.
- alpha 인자로 집단 간의 차이에 대한 유의도를 지정하고(alpha=0.05), 사후검증 결과를 콘솔에 출력할지에 대한 여부를 입력한다(console=TRUE).

Console

```
> scheffe.test(ano1, "grp.grade.factor", alpha=0.05, console=TRUE)

Study: ano1 ~ "grp.grade.factor"

Scheffe Test for self.esteem
Mean Square Error : 12.28711

grp.grade.factor,  means
```

```
   self.esteem         std   r Min Max
1    18.19307 3.385270 202  11  30
2    19.15707 3.409961 191   7  30
3    20.77612 3.707375 201  12  30

alpha: 0.05 ; Df Error: 591
Critical Value of F: 3.010969

Harmonic Mean of Cell Sizes  197.8732
Minimum Significant Difference: 0.8647977

Means with the same letter are not significantly different.

Groups, Treatments and means
a        3        20.78
b        2        19.16
c        1        18.19
```

분석 결과

- 분석 결과에는 우선 집단 내 평균 제곱합(Mean Square Error)이 출력되고, 다음에는 각 집단에 따른 자아존중감의 평균, 표준편차(std), 사례수(r), 최소값(Min), 그리고 최대값(Max)이 출력된다.
- 다음에는 집단 간 차이를 검증하기 위해 지정했던 유의도(alpha: 0.05)와 자유도(Df Error: 591)가 제시된다. 그리고 집단 간 제곱합의 자유도가 2이고, 집단 내 제곱합의 자유도가 591에서 유의도가 0.05 수준인 경우의 F 값이 3.010969임을 보여준다.
- 각 집단의 평균 사례수(Harmonic Mean of Cell Sizes)는 197.8732이고, 집단 간에 유의미한 차이가 있기 위한 최소 평균 차이(Minimum Significant Difference)는 0.8637977로 나타났다.
- 즉 집단 간의 평균 차이가 0.8637977 이상이면 집단 간에는 통계적으로 유의한 차이가 있는 것으로 볼 수 있다.
- 마지막으로 각 집단의 평균이 유의한 차이가 있는지에 대한 결과가 제시된다. 사후검증 결과, 집단(Groups)은 a, b, 그리고 c로 나누어졌다. 즉 독립변수의 3집단의 평균이 모두 유의한 차이를 보이고 있다는 것이다. 만약 독립변수의 3집단 중에서 2집단의 평균이 유의한 차이를 보이지 않았다면, a와 b로만 나누어졌을 것이다.

• 첫 번째 집단인 a는 독립변수의 변수값(Treatments)이 3(높은 학교성적 집단)인 집단이고, 이 집단의 평균(means)은 20.78로 나타났다. 두 번째 집단인 b는 독립변수의 변수값이 2(중간 학교성적 집단)인 집단으로, 평균이 19.16이었다. 세 번째 집단인 c(낮은 학교성적 집단)는 독립변수의 변수값이 1인 집단이고, 이 집단의 평균은 18.19로 나타났다.
• scheffe 사후검증의 결과에서 학교성적 정도에 따른 3집단 간의 평균 차이는 유의도 0.05 수준에서 모두 통계적으로 유의한 차이가 있는 것으로 나타났다.

R Script

```
# LSD 사후검증
library(agricolae)
LSD.test(ano1, "grp.grade.factor", alpha=0.05, console=TRUE)
```

명령어 설명

LSD.test	'agricolae' 패키지에서 LSD 사후검증을 위한 함수
alpha	집단 간 차이의 유의도 지정
console	console에 결과 출력여부(기본값은 FALSE)

스크립트 설명

• 두 번째 사후검증 방법으로 LSD 사후검증 방법은 T 검증을 반복적으로 사용하여 모든 집단의 평균에 대해 2집단씩 비교하여 집단 간 평균 차이를 검증하는 방법이다.
• LSD.test 함수로 LSD 사후검증을 분석할 수 있다. scheffe.test 함수에서와 같이 LSD.test 함수에 연구가설에 따라 분산분석을 시행한 결과를 저장했던 객체(ano1)를 지정하고, 독립변수("grp.grade.factor")를 지정한다.
• alpha 인자로 집단 간의 차이에 대한 유의도를 지정하고(alpha=0.05), 사후검증 결과를 콘솔에 출력할지에 대한 여부를 입력한다(console=TRUE).

Console

```
> LSD.test(ano1, "grp.grade.factor", alpha=0.05, console=TRUE)

Study: ano1 ~ "grp.grade.factor"
LSD t Test for self.esteem
```

```
Mean Square Error:  12.28711

grp.grade.factor,  means and individual ( 95 %) CI

  self.esteem      std   r      LCL      UCL Min Max
1    18.19307 3.385270 202 17.70869 18.67745  11  30
2    19.15707 3.409961 191 18.65893 19.65520   7  30
3    20.77612 3.707375 201 20.29053 21.26170  12  30

alpha: 0.05 ; Df Error: 591
Critical Value of t: 1.963986

Minimum difference changes for each comparison

Means with the same letter are not significantly different.

Groups, Treatments and means
a        3           20.78
b        2           19.16
c        1           18.19
```

분석 결과

- 분석 결과에서는 우선 집단 내 평균 제곱합(Mean Square Error)이 출력된다. 그리고 각 집단에 따른 자아존중감의 평균, 표준편차(std), 사례수(r), 95% 신뢰구간의 하한값(LCL)과 상한값(UCL), 최소값(Min), 그리고 최대값(Max)이 출력된다.
- 95% 신뢰구간에서 1번 집단의 하한값이 17.70869이고, 상한값이 18.67745이다. 만약 2번 집단의 평균이 1번 집단의 하한값에서 상한값까지의 범위 내에 있게 되면 1번 집단과 2번 집단 간에는 유의도 0.05 수준에서 집단 간 평균 차이가 없는 것으로 볼 수 있다.
- 다음으로 집단 간 차이를 검증하기 위해 지정했던 유의도(alpha: 0.05)와 자유도(Df Error: 591), 그리고 자유도가 591에서 유의도가 0.05 수준인 경우의 T 값(Critical Value of t)은 1.963986으로 나타나고 있다.
- 즉 반복적으로 2집단 간의 T 검증을 시행했을 경우에 T 값이 1.963986 이상으로 나타나면 유의도 0.05 수준에서 해당 2집단 간의 평균 차이는 유의한 차이가 있다는 것을 의미한다.

- scheffe 사후검증 방법에서와 같이 가장 아래에는 각 집단의 평균이 유의한 차이가 있는지에 대한 결과를 보여주고 있다. 사후검증 결과, 집단(Groups)은 a, b, 그리고 c로 나누어졌으므로, 독립변수의 3집단의 평균이 모두 유의한 차이가 있는 것을 알 수 있다.
- 첫 번째 집단인 a는 독립변수의 변수값(Treatments)이 3(높은 학교성적 집단)인 집단이고, 이 집단의 평균(means)은 20.78로 나타났다. 두 번째 집단인 b는 독립변수의 변수값이 2(중간 학교성적 집단)인 집단으로, 평균이 19.16이었다. 세 번째 집단인 c(낮은 학교성적 집단)는 독립변수의 변수값이 1인 집단이고, 이 집단의 평균은 18.19로 나타났다.
- LSD 사후검증의 결과에서 학교성적 정도에 따른 3집단 간의 평균 차이는 유의도 0.05 수준에서 모두 통계적으로 유의한 차이가 있는 것으로 나타났다.

R Script

```
# duncan 사후검증
library(agricolae)
duncan.test(ano1, "grp.grade.factor", alpha=0.05, console=TRUE)
```

명령어 설명

duncan.test	'agricolae' 패키지에서 duncan 사후검증을 위한 함수
alpha	집단 간 차이의 유의도 지정
console	console에 결과 출력여부(기본값은 FALSE)

스크립트 설명

- 세 번째 사후검증 방법으로 duncan 사후검증 방법은 주로 각 집단의 사례수가 동일한 경우에 사용되는 사후검증 방법이다.
- duncan.test 함수로 duncan 사후검증을 분석할 수 있다. duncan.test 함수에 연구가설에 따라 분산분석을 시행한 결과를 저장했던 객체(ano1)를 지정하고, 독립변수("grp.grade.factor")를 지정한다.
- alpha 인자로 집단 간의 차이에 대한 유의도를 지정하고(alpha=0.05), 사후검증 결과를 콘솔에 출력할지에 대한 여부를 입력한다(console=TRUE).

Console

```
> duncan.test(ano1, "grp.grade.factor", alpha=0.05, console=TRUE)

Study: ano1 ~ "grp.grade.factor"

Duncan's new multiple range test
for self.esteem

Mean Square Error:  12.28711

grp.grade.factor,  means

  self.esteem      std   r Min Max
1    18.19307 3.385270 202  11  30
2    19.15707 3.409961 191   7  30
3    20.77612 3.707375 201  12  30

alpha: 0.05 ; Df Error: 591

Critical Range
        2         3
0.6921254 0.7286754

Harmonic Mean of Cell Sizes  197.8732

Different value for each comparison
Means with the same letter are not significantly different.

Groups, Treatments and means
a        3        20.78
b        2        19.16
c        1        18.19
```

분석 결과

- 분석 결과에서는 집단 내 평균 제곱합(Mean Square Error)이 출력되고, 각 집단에 따른 자아존중감의 평균, 표준편차(std), 사례수(r), 최소값(Min), 그리고 최대값(Max)이 출력된다.

- 다음으로 집단 간 차이를 검증하기 위해 지정했던 유의도(alpha: 0.05)와 자유도(Df Error: 591)가 출력된다. 그리고 자유도가 591에서 유의도가 0.05 수준인 경우에 2번 집단과 3번 집단의 95% 신뢰구간이 출력된다.
- 2번 집단의 평균값인 19.15707의 ±0.6921254 범위 내에 1번 집단이나 3번 집단의 평균이 있다면 유의도 0.05 수준에서 해당 집단과의 평균 차이가 유의미하지 않다는 의미이다.
- scheffe 사후검증 방법에서와 같이 가장 아래에는 각 집단의 평균이 유의한 차이가 있는지에 대한 결과를 보여주고 있다. 사후검증 결과, 집단(Groups)은 a, b, 그리고 c로 나누어졌으므로, 독립변수의 3집단의 평균이 모두 유의한 차이가 있는 것으로 나타났다.
- 첫 번째 집단인 a는 독립변수의 변수값(Treatments)이 3(높은 학교성적 집단)인 집단이고, 이 집단의 평균(means)은 20.78로 나타났다. 두 번째 집단인 b는 독립변수의 변수값이 2 (중간 학교성적 집단)인 집단으로, 평균이 19.16이었다. 세 번째 집단인 c(낮은 학교성적 집단)는 독립변수의 변수값이 1인 집단이고, 이 집단의 평균은 18.19로 나타났다.
- duncan 사후검증의 결과에서 학교성적 정도에 따른 3집단 간의 평균 차이는 유의도 0.05 수준에서 모두 통계적으로 유의한 차이가 있는 것으로 나타났다.

03 Section > 이원 분산분석의 분석 방법

이원 분산분석은 독립변수가 비연속변수로서 2개 이상이며, 종속변수는 연속변수일 때 사용하는 분석 방법이다. 이원 분산분석 이상에서는 상호작용 효과가 중요한 의미를 지니기 때문에 이에 대한 이해가 필요하다.

이원 분산분석을 설명하기 위해서 다음과 같이 가설을 설정한다.

가설

연구가설 1

1-1) 성별 집단 간에 부모에 대한 애착 수준은 다를 것이다

1-2) 학교성적에 따른 집단 간에 부모에 대한 애착 수준은 다를 것이다

연구가설을 검증하기 위해서 다음의 분석 단계를 따른다.

분석 순서

① 독립변수인 성별 변수와 학교성적 변수는 이미 만들어진 상태이고, 학교성적 변수는 이미 요인으로 변환하였다. 여기서는 성별 변수를 요인으로 변환하도록 한다.

② 종속변수를 만든다. 종속변수인 부모에 대한 애착 변수는 5장에서 이미 만들어진 변수가 있기에 그대로 사용한다.

③ 가설을 검증한다. 즉 주효과와 상호작용 효과를 검증한다.

④ 집단에 따른 평균값과 기술통계량을 출력한다.

⑤ 두 독립변수의 변수값 설명을 하나의 변수로 변환시킨다.

⑥ 변환된 변수를 중심으로 집단에 따른 기술통계량을 다시 출력한다.

⑦ 집단에 따른 평균 비교를 위한 도표를 출력한다.

R Script

```
# ① 성별 변수를 요인(factor)으로 변환하기
spssdata$sexw1.factor <- factor(spssdata$sexw1,  levels=c(1,2),
        labels=c("남자", "여자"))
```

스크립트 설명

① 연구가설에서 독립변수는 성별 변수과 학교성적 변수이다. 이 두 독립변수는 이미 만들었고, 학교성적 변수는 이전 가설검증을 위해 요인으로 변환하였다. 여기서는 성별 변수를 요인으로 변환한다.

- factor 함수에 factor로 변환할 변수(spssdata$sexw1)를 지정하고, 숫자로 표현된 성별 변수에서 1번을 남자로, 2번을 여자로 지정한다. 그리고 factor로 변환된 변수는 spssdata$sexw1.factor라는 객체에 저장한다.

② 연구가설에서 종속변수는 부모에 대한 애착이다. 5장에서 이미 만든 변수가 있기에 그대로 사용한다.

R Script

```
# ③ 독립변수의 주효과와 상호작용 효과 1
tw.ano1a <- aov(attachment ~ sexw1.factor + grp.grade.factor +
        sexw1.factor:grp.grade.factor, data=spssdata)

# 독립변수의 주효과와 상호작용 효과 2
```

```
tw.ano1b <- aov(attachment ~ sexw1.factor * grp.grade.factor,
         data=spssdata)
anova(tw.ano1a)
```

스크립트 설명

③ 연구가설은 이원 분산분석을 사용해서 검증해야 하는 것으로, 독립변수인 성별과 학교성적 정도에 따른 종속변수인 부모에 대한 애착의 차이를 검증하는 것이다. 즉 독립변수인 성별과 학교성적 변수가 각각 종속변수를 설명하는 정도를 나타내는 주효과와 두 독립변수가 함께 종속변수를 설명하는 상호작용 효과를 살펴보는 것이다.

- 이원 분산분석에서도 일원 분산분석과 같이 aov 함수를 이용하여 이원 분산분석을 위한 모형을 설정한다.
- aov 함수에는 종속변수와 독립변수를 차례대로 입력한다. 분산분석과 다음에 나올 회귀분석 모형에서는 종속변수와 독립변수를 '~'로 연결한다.
- 이원 분산분석에서 독립변수를 입력하는 방식은 두 가지 방법이 있다. 두 가지 방법 중에서 하나를 선택해서 입력하면 된다.
- 첫 번째는 독립변수의 주효과를 살펴보기 위해 각각의 독립변수를 나열하고, 그 사이에 '+' 표시를 입력한다(sexw1.factor+grp.grade.factor). 그 다음으로 상호작용 효과를 살펴볼 독립변수를 표시하기 위해서는 해당 독립변수를 나열하고, 그 사이에 ':' 표시를 하면 된다(sexw1.factor:grp.grade.factor). 그리고 상호작용 효과도 또 하나의 독립변수이므로 독립변수들과 상호작용 효과를 입력한 명령어 사이에 '+'를 표시하면 된다.
- 두 번째 독립변수와 상호작용 효과를 입력하는 방법은 독립변수를 나열하고, 독립변수들 사이에 '*' 표시를 하면 각 독립변수의 주효과와 상호작용 효과를 모두 분석하는 모형으로 지정된다(sexw1.factor * grp.grade.factor). 이러한 방법으로 독립변수와 종속변수가 있는 데이터를 입력하면 이원 분산분석을 위한 모형설정이 끝나게 된다.
- 이원 분산분석을 위한 모형설정에서 독립변수의 주효과와 상호작용 효과를 위한 모형을 입력방법에 따라 tw.ano1a와 tw.ano1b라는 객체로 저장하였다.
- 그리고 anova 함수를 이용하여 이들 모형에 대한 분석 결과를 출력할 수 있다.

Console

```
> tw.ano1a <- aov(attachment ~ sexw1.factor + grp.grade.factor +
+ sexw1.factor:grp.grade.factor, data=spssdata)
```

```
> anova(tw.ano1a)
Analysis of Variance Table

Response: attachment
                             Df  Sum Sq Mean Sq F value    Pr(>F)
 sexw1.factor                 1   352.8  352.84 17.8393 2.784e-05***
 grp.grade.factor             2   780.9  390.46 19.7411 5.031e-09***
 sexw1.factor:grp.grade.factor 2  191.9   95.93  4.8503  0.008142**
 Rusiduals                  589 11649.8   19.78
---
Signif. codes: 0 '***' 0.001 '**' 0.01 '*' 0.05 '.' 0.1 ' ' 1
```

분석 결과

- 독립변수의 주효과와 상호작용 효과를 모두 인정한 모형의 분석 결과에서는 성별 변수와 학교성적 변수의 주효과의 F 값은 각각 17.8393과 19.7411였고, 이 두 변수는 모두 집단에 따라 부모에 대한 애착 평균이 통계적으로 유의한 차이가 있는 것으로 나타났다.
- 성별 집단에 따라 부모에 대한 애착 평균 차이가 없을 것이라는 영가설은 기각되었다.
- 학교성적 집단에 따라 부모에 대한 애착 평균 차이가 없을 것이라는 영가설은 기각되었다.
- 성별과 학교성적 변수의 상호작용 효과는 F 값이 4.8503으로 유의도가 0.05보다 낮은 수준으로 나타났다. 이에 따라 성별과 학교성적 변수의 상호작용은 부모에 대한 애착에 통계적으로 유의한 영향을 미치고 있는 것으로 나타났다.

R Script

```
# 독립변수의 주효과만을 출력함
tw.ano1c <- aov(attachment ~ sexw1.factor + grp.grade.factor,
        data=spssdata)
anova(tw.ano1c)
```

스크립트 설명

- 독립변수들 간의 상호작용 효과를 인정하지 않고 주효과만을 살펴보기 위해서는 독립변수들을 입력하고, 입력한 독립변수들 사이에 '+' 표시만을 한다(sexw1.factor+ grp.grade.factor).

Console

```
> tw.ano1c <- aov(attachment ~ sexw1.factor + grp.grade.factor,
+ data=spssdata)
> anova(tw.ano1c)
Analysis of Variance Table

Response: attachment
                  Df Sum Sq Mean Sq F value    Pr(>F)
 sexw1.factor      1   352.8  352.84  17.610 3.129e-05 ***
 grp.grade.factor  2   780.9  390.46  19.487 6.371e-09 ***
 Rusiduals       591 11841.7   20.04
---
Signif. codes:  0 '***'  0.001 '**'  0.01 '*'  0.05 '.'  0.1 ' ' 1
```

분석 결과

- 독립변수의 주효과만을 인정한 이원 분산분석 모형의 결과를 살펴보면, 성별 변수와 학교성적 변수의 주효과는 F 값이 각각 17.610과 19.487로 나타났고, 유의도는 모두 0.05보다 낮은 수준으로 나타났다.
- 이에 따라 성별과 학교성적 집단에 따라 부모에 대한 애착 평균은 통계적으로 유의한 차이가 있는 것으로 나타났다.
- 성별 집단에 따라 부모에 대한 애착 평균 차이가 없을 것이라는 영가설은 기각되었다.
- 학교성적 집단에 따라 부모에 대한 애착 평균 차이가 없을 것이라는 영가설은 기각되었다.
- 앞서 살펴보았던 독립변수의 주효과와 상호작용 효과를 모두 인정한 모형과 결과를 비교해 보면, 독립변수의 집단 간 제곱합과 집단 내 제곱합이 다르게 나타났다. 이는 상호작용 효과가 제외됨에 따라 독립변수의 집단 간 제곱합과 집단 내 제곱합에 영향을 미치기 때문이다.

세 번째 단계는 상호작용 효과가 어떤 형태로 나타나는가 살펴보기 위해서 독립변수의 집단별로 부모에 대한 애착의 평균이 어떻게 분포하는지 살펴보는 단계이다. 여기에서는 세 개의 함수를 소개한다. 첫 번째는 앞서 소개한 바 있는 describeBy 함수이며, 두 번째는 aggregate 함수이고, 세 번째는 tapply 함수이다.

R Script

```
# ④ 집단별 평균값 구하기
library(psych)
describeBy(spssdata$attachment, list(spssdata$sexw1, spssdata$grp.grade),
           mat=TRUE, digits=2)
```

명령어 설명

describeBy	'psych' 패키지에서 집단에 따른 기술통계량 산출을 위한 함수
mat	결과를 list 형태 혹은 matrix 형태로 출력(기본은 list 형태이고, TRUE로 지정하면 matrix 형태로 출력)

스크립트 설명

④ 성별과 학교성적 집단 간의 상호작용 효과가 부모에 대한 애착에 통계적으로 유의한 영향을 미치는 것으로 나타났다. 이원 분산분석에서 상호작용 효과가 통계적으로 유의하게 나타난 경우에는 상호작용 효과가 어떤 형태로 종속변수에 영향을 미치는지 확인해야 한다.

- 이원 분산분석에서 상호작용 효과에 대한 확인은 하나의 독립변수를 고정시킨 상태에서 또 다른 독립변수의 집단에 따른 종속변수의 차이를 살펴보는 것으로 확인할 수 있다.
- 즉 성별 변수를 고정시킨다면, 남자 청소년인 경우에 학교성적 집단에 따른 부모에 대한 애착 평균을 살펴보고, 여자 청소년인 경우에 학교성적 집단에 따른 부모에 대한 애착 평균을 비교하는 것으로 상호작용 효과를 확인할 수 있다.
- 또 다른 방법으로는 고정시킬 변수를 바꾸어 학교성적 집단에 따른 성별 변수의 자아존중감 평균 차이를 살펴볼 수 있다.
- 성별과 학교성적 변수별로 부모에 대한 애착 평균을 살펴볼 수 있는 방법으로 먼저 'psych' 패키지의 describeBy 함수를 이용하는 방법을 살펴본다. describeBy 함수에는 종속변수를 우선 지정하고, 그 다음에 독립변수를 지정한다. 독립변수가 2개 이상인 경우에는 list 함수를 이용하여 지정할 수 있다. 그리고 출력할 결과의 형태는 matrix 형태로 출력하고(mat=TRUE), 출력될 결과에 대한 소수점을 지정한다(digits=2).

Console

```
> describeBy(spssdata$attachment, list(spssdata$sexw1, spssdata$grp.grade),
+ mat=TRUE, digits=2)
```

	item	group1	group2	vars	n	mean	sd	median	trimmed	mad	min	max	range
11	1	1	1	1	100	18.76	4.19	19.0	18.89	2.97	9	30	21
12	2	2	1	1	102	19.02	4.71	19.0	19.17	4.45	6	30	24
13	3	1	2	1	93	19.54	4.52	19.0	19.53	4.45	6	30	24
14	4	2	2	1	98	20.97	4.19	20.5	21.02	5.19	10	30	20
15	5	1	3	1	103	20.17	4.34	20.0	20.23	4.45	10	30	20
16	6	2	3	1	99	23.18	4.70	23.0	23.58	4.45	9	30	21

skew	kurtosis	se
-0.21	0.05	0.42
-0.35	0.11	0.7
-0.04	0.15	0.47
-0.13	-0.43	0.42
0.01	-0.34	0.43
-0.77	0.67	0.47

분석 결과

- describeBy 함수에 의한 분석 결과로는 두 집단의 값에 따른 사례수, 평균, 표준편차 등 기술통계량이 출력된다.
- 남자 청소년(group1=1)의 경우만 살펴보면, 낮은 학교성적 집단(group2=1)의 부모에 대한 애착 평균은 18.76이고, 중간 학교성적 집단(group2=2)은 19.54, 높은 학교성적 집단(group2=3)은 20.17로 나타났다.
- 여자 청소년(group1=2)의 경우만 살펴보면, 낮은 학교성적 집단(group2=1)의 부모에 대한 애착 평균은 19.02이고, 중간 학교성적 집단(group2=2)은 20.97, 높은 학교성적 집단(group2=3)은 23.18로 나타났다.
- 성별에 따른 학교성적 집단의 부모에 대한 애착 평균의 차이를 살펴보면, 낮은 학교성적 집단인 경우에 성별 부모에 대한 애착 평균의 차이는 0.26이었다. 중간 학교성적 집단에서는 성별 부모에 대한 애착 평균의 차이는 1.43, 높은 학교성적 집단에서는 3.01로 나타났다.
- 이 결과에서 남학생보다는 여학생들의 경우에 성적이 높아질수록 부모에 대한 애착이 증가하는 속도가 더 빠른 것을 알 수 있다. 즉 남학생과 여학생 집단에서 성적과 부모에 대한 애착의 관계가 동일하지 않음을 보여주는 것이고 바로 이것을 상호작용 효과라고 한다.

R Script

```
# 집단별 평균값 구하기
aggregate(attachment ~ sexw1 + grp.grade, data = spssdata, FUN = 'mean')
```

명령어 설명

aggregate	데이터를 몇몇 하위집단으로 나누고, 하위집단별로 기술통계량을 출력할 수 있는 함수
FUN	계산할 기술통계량을 지정(평균 'mean', 표준편차 'sd' 등)

스크립트 설명

- 두 독립변수의 집단에 따라 기술통계량을 살펴볼 수 있는 두 번째 방법은 aggregate 함수를 이용하는 방법이다. aggregate 함수는 formula에 따라 하위집단을 나누고 각 하위집단의 기술통계량을 출력해 준다. 여기서 formula는 독립변수와 종속변수를 입력하는 방식으로, 앞서 분산분석을 위해 사용했던 aov 함수와 같은 형태로 입력한다. 한 가지 주의할 점은 상호작용 효과는 입력하지 않는다는 것이다.
- formula는 종속변수와 독립변수를 차례대로 입력하고, 종속변수와 독립변수 사이에 '~'를 입력한다. 그리고 독립변수가 2개 이상인 경우에는 독립변수를 나열하고, 그 사이에 '+'를 입력하면 된다.
- aggregate 함수에는 formula를 지정하고, formula에 지정된 변수가 있는 데이터를 입력한다.
- FUN 인자에 결과에 출력할 기술통계량을 지정하면 된다. 여기에서는 평균(mean)을 지정하였다.

Console

```
> aggregate(attachment ~ sexw1 + grp.grade, data = spssdata, FUN = 'mean')

  sexw1  grp.grade  attachment
1     1          1    18.76000
2     2          1    19.01961
3     1          2    19.53763
4     2          2    20.96939
5     1          3    20.17476
6     2          3    23.18182
```

분석 결과

- 성별과 성적 집단에 따라서 부모에 대한 애착의 평균의 분포를 보여준다. 앞에서 describeBy 함수가 다양한 기술통계량을 보여주는 반면, aggregate 함수는 원하는 기술통계량만 선택적으로 제시해주기 때문에 좀 더 쉽게 흐름을 볼 수 있다.

R Script

```
# 집단별 평균값 구하기
tapply(spssdata$attachment, spssdata[, c("sexw1", "grp.grade")], mean)
tapply(spssdata$attachment, list(spssdata$sexw1, spssdata$grp.grade), mean)
```

명령어 설명

tapply	요인 변수에 의해 구분된 셀 별로 특정 변수의 기술통계량(함수)을 출력해주는 함수

스크립트 설명

- 두 독립변수의 집단에 따라 기술통계량을 살펴볼 수 있는 세 번째 방법은 tapply 함수를 이용하는 방법이다.
- tapply 함수에는 기술통계량(여기서는 평균값)을 구하고자 하는 종속변수를 입력하고, 그 다음에는 집단 변수를 입력한다. 만약 집단 변수가 2개 이상일 경우 다양한 방법으로 변수명을 입력할 수 있다. 여기에서는 두 가지의 예를 소개한다. 첫 번째로 분석하고자 하는 데이터 프레임의 열에서 변수명을 입력하는 방식으로 지정할 수 있다(spssdata[, c("sexw1", "grp.grade")]). 두 번째는 list 함수를 통해 지정해 준다(list(spssdata$sexw1, spssdata$ grp.grade)).
- 끝으로는 출력할 통계량을 입력한다. 이 분석에서는 평균값을 출력할 것이므로 mean이라고 입력한다.

Console

```
> tapply(spssdata$attachment, spssdata[, c("sexw1", "grp.grade")], mean)
     grp.grade
sexw1        1        2        3
    1 18.76000 19.53763 20.17476
    2 19.01961 20.96939 23.18182
> tapply(spssdata$attachment, list(spssdata$sexw1, spssdata$grp.grade), mean)
         1        2        3
1 18.76000 19.53763 20.17476
2 19.01961 20.96939 23.18182
```

분석 결과

- 두 가지 방식의 분석 결과를 소개하였다. 결과값은 당연하게 동일하겠지만 첫 번째 방법

의 경우에는 변수명을 출력해주기 때문에 좀 더 알아보기 쉽다는 장점이 있다.

• 상호작용 효과를 구체적으로 알아보기 위해서 독립변수들의 집단을 교차시켜서 평균의 흐름을 살펴보는 것이 목적이기 때문에, 앞에서 소개한 다른 두 방법에 비해서 tapply 함수의 경우에는 결과를 행렬의 형태로 제시하기 때문에 평균의 분포를 직관적으로 알기 쉽다는 장점을 가진다.

이제는 앞에서 했던 독립변수의 집단별로 평균의 분포를 살펴보는 작업을 'sjPlot' 패키지를 사용해서 해보기로 한다. 'sjPlot' 패키지를 사용하기 위해서는 두 개의 독립변수의 집단을 교차시켜서 새로운 변수의 집단으로 만들고(⑤), 새 변수의 집단별로 부모에 대한 애착의 평균을 구하는 단계(⑥)를 거치게 된다.

여기에서 새로운 변수를 만드는 과정을 두 가지 방식으로 소개한다.

R Script

```
# ⑤ 두 독립변수의 변수값 설명을 하나의 변수로 변환 1
attach(spssdata)
spssdata$grp.sex.grade[sexw1==1 & grp.grade==1] <- 11
spssdata$grp.sex.grade[sexw1==1 & grp.grade==2] <- 12
spssdata$grp.sex.grade[sexw1==1 & grp.grade==3] <- 13
spssdata$grp.sex.grade[sexw1==2 & grp.grade==1] <- 21
spssdata$grp.sex.grade[sexw1==2 & grp.grade==2] <- 22
spssdata$grp.sex.grade[sexw1==2 & grp.grade==3] <- 23
detach(spssdata)

library(sjmisc)
spssdata$grp.sex.grade <- set_label(spssdata$grp.sex.grade,
        "성별 학교성적")
spssdata$grp.sex.grade <- set_labels(spssdata$grp.sex.grade,
        c("남자/낮은 학교성적 집단", "남자/중간 학교성적 집단",
        "남자/높은 학교성적 집단", "여자/낮은 학교성적 집단",
        "여자/중간 학교성적 집단", "여자/높은 학교성적 집단"))
```

스크립트 설명

⑤ 두 독립변수의 집단에 따라 기술통계량을 살펴볼 수 있는 또 다른 방법으로는 두 독립변수에서 나타날 수 있는 모든 경우의 집단을 하나의 집단 변수로 만들고, 새롭게 만든 집

단 변수에 대한 평균을 산출하여 확인할 수 있다.

- 가설에서는 남자 청소년들의 학교성적 수준에 따른 세 집단의 평균과 여자 청소년들의 학교성적 수준에 따른 세 집단의 평균을 구해야 한다. 이렇듯 성별에 대한 정보와 학교성적에 대한 정보를 하나의 변수('성별*학교성적')로 만들어야 한다. 이렇게 만들어진 '성별*학교성적' 변수를 통해 집단별 평균을 구하거나, 'sjPlot' 패키지의 sjt.grpmean 함수를 이용하여 결과를 출력할 수 있다.
- 성별 변수와 학교성적 변수를 하나의 변수로 만드는 방법은 '남자 청소년(sexw1==1)'이면서 '낮은 학교성적 집단(grp.grade==1)'인 경우에는 새로운 부호('11')를 지정하여 새로운 변수(grp.sex.grade)로 만들고, '여자 청소년(sexw1==2)'이면서 '낮은 학교성적 집단(grp.grade==1)'인 경우에는 새로운 부호('21')를 지정하여 새로운 변수(grp.sex.grade)로 만드는 식으로 두 독립변수의 모든 경우에 새로운 부호를 지정하여 새로운 변수에 저장하면 된다.
- 이 방법을 사용하기 위해 우선 attach 함수로 새로운 변수를 만들기 위한 데이터를 지정하고, 두 독립변수의 모든 경우에 새로운 부호를 지정한 후에 detach 함수로 마무리한다. 그리고 'sjmisc' 패키지의 set_label 함수를 이용하여 새로 만들어진 변수에 대한 설명을 입력하고, set_labels 함수로 변수값 설명을 입력한다.
- set_labels 함수를 이용하여 변수값 설명을 입력할 때에는 변수값의 오름차순 순서에 맞추어 변수값 설명을 입력해야 한다는 점을 주의해야 한다.

R Script

```
# 변환한 변수 확인
# Viewer에 직접 출력하는 방법
library(sjPlot)
sjt.frq(spssdata$grp.sex.grade, encoding="EUC-KR")
# 결과표를 외부 파일로 저장하는 방법
sjt.frq(spssdata$grp.sex.grade, file="(파일 저장 경로)/(파일 이름)")
```

스크립트 설명

- 앞서 만들어 놓은 변수(grp.sex.grade)를 'sjPlot' 패키지의 sjt.frq 함수를 이용하여 확인한다.
- 'sjPlot' 패키지를 불러온다.
- sjt.frq 함수에는 분석할 변수를 지정하고, Viewer에서 결과를 직접 확인하기 위해서는 encoding 인자에 "EUC-KR"을 입력한다. 맥을 사용하는 경우에는 "UTF-8"이라고 입력

한다. 리눅스에서는 encoding 인자를 사용할 필요가 없다.

- 결과표를 외부 파일로 저장하기 위해서는 file 인자에 분석 결과를 외부파일로 저장할 경로와 파일 이름을 입력한다.

표 6-2 'sjPlot' 패키지의 집단별 기술통계량(2)

성별 학교성적

value	N	raw %	valid %	cumulative %
남자/낮은 학교성적 집단	100	16.81	16.81	16.81
남자/중간 학교성적 집단	93	15.63	15.63	32.44
남자/높은 학교성적 집단	103	17.31	17.31	49.75
여자/낮은 학교성적 집단	102	17.14	17.14	66.89
여자/중간 학교성적 집단	98	16.47	16.47	83.36
여자/높은 학교성적 집단	99	16.64	16.64	100.00
missings	0	0.00		

total N=595 · valid N=595 · $\bar{x}$=17.03 · σ=5.06

분석 결과

- sjt.frq 함수를 통해 얻어진 결과에서는 성별 변수과 학교성적 변수가 결합되어 하나의 변수가 만들어진 것을 확인할 수 있다.

R Script

```
# 두 독립변수의 변수값 설명을 하나의 변수로 변환 2
# paste 함수를 이용하여 성별 변수와 학교성적 변수를 하나의 변수로 만들기
spssdata$grp.sex.grade <- paste(spssdata$sexw1.factor, spssdata$grp.grade.factor,
        sep="/")
spssdata$grp.sex.grade <- set_label(spssdata$grp.sex.grade,
        "성별 학교성적")

# 새롭게 만들어진 변수 확인
table(spssdata$grp.sex.grade)
```

명령어 설명

factor	범주와 같이 요소들이 나열되는 형태로 변환시키기 위한 함수
paste	문자로 변환한 후 벡터를 연결하기 위한 함수

스크립트 설명

- 성별 변수와 학교성적 변수를 하나의 변수로 만드는 또 다른 방법으로는 paste 함수를 이용하는 방법이다. paste 함수는 〈그림 6-5〉와 같이 변수 간 구분을 삭제하여 두 변수의 값을 하나로 합치는 방식이다.

그림 6-5 paste 함수의 기능

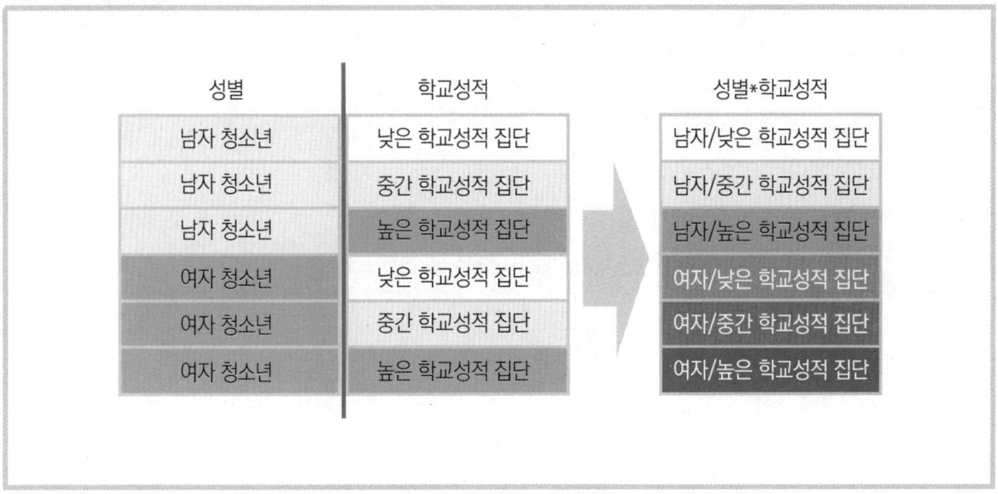

성별	학교성적	성별*학교성적
남자 청소년	낮은 학교성적 집단	남자/낮은 학교성적 집단
남자 청소년	중간 학교성적 집단	남자/중간 학교성적 집단
남자 청소년	높은 학교성적 집단	남자/높은 학교성적 집단
여자 청소년	낮은 학교성적 집단	여자/낮은 학교성적 집단
여자 청소년	중간 학교성적 집단	여자/중간 학교성적 집단
여자 청소년	높은 학교성적 집단	여자/높은 학교성적 집단

- 그렇지만 성별 변수와 학교성적 변수의 값은 숫자로 되어 있기 때문에 이 변수들 그대로 paste 함수를 사용하게 된다면 숫자들의 조합으로 새로운 변수가 만들어지게 된다. 따라서 factor로 변환된 성별 변수와 학교성적 변수를 사용해야 한다. 앞에서 이미 sexw1.factor와 grp.grade.factor를 만들었기 때문에 이 변수를 사용한다.
- paste 함수에는 새롭게 하나의 변수값으로 합칠 변수를 차례로 지정하고, 변수값 설명 간에 구분할 수 있는 기호를 지정한다(sep="/").
- 성별과 학교성적 변수의 변수값 설명을 합쳐서 grp.sex.grade라는 새로운 변수에 저장한다.
- 새로운 변수의 값을 table 함수로 확인해 보면 '남자/낮은 학교성적 집단'부터 '여자/중감 학교성적 집단'까지 6개의 범주를 가진 변수로 나타나고 있다.

Console

```
> table(spssdata$grp.sex.grade)
남자/낮은 학교성적 집단 남자/높은 학교성적 집단 남자/중간 학교성적 집단
                  100                     103                      93
여자/낮은 학교성적 집단 여자/높은 학교성적 집단 여자/중간 학교성적 집단
                  102                      99                      98
```

R Script

```
# ⑥ 집단에 따른 기술통계량 출력
# Viewer에 직접 출력하는 방법
sjt.grpmean(spssdata$attachment, spssdata$grp.sex.grade,
      encoding="EUC-KR")
# 결과표를 외부 파일로 저장하는 방법
sjt.grpmean(spssdata$attachment, spssdata$grp.sex.grade,
      file="(파일 저장 경로)/(파일 이름)")
```

명령어 설명

sjt.grpmean	'sjPlot' 패키지에서 집단별 기술통계량을 위한 함수

스크립트 설명

⑥ 'sjPlot' 패키지의 sjt.grpmean 함수를 이용하여 paste 함수로 만들어진 성별*학교성적 변수(grp.sex.grade)에 대한 기술통계량을 구한다.

- sjt.grpmean 함수에는 평균이 계산될 종속변수를 입력하고, 독립변수인 성별과 학교성적 변수를 합친 성별*학교성적 변수(grp.sex.grade)를 입력한다.
- 결과표를 Viewer에서 직접 확인하기 위해서는 encoding 인자에 "EUC-KR"을 입력한다. 맥을 사용하는 경우에는 "UTF-8"이라고 입력한다. 리눅스에서는 encoding 인자를 사용할 필요가 없다.
- 결과표를 외부 파일로 저장하기 위해서는 file 인자에 결과를 저장할 파일 이름과 저장할 위치를 입력하면 된다.

표 6-3 'sjPlot' 패키지의 집단별 기술통계량(3)

부모에 대한 애착

성별 학교성적	*mean*	*N*	*sd*	*se*	*p*
남자/낮은 학교성적 집단	18.76	100	4.19	0.42	<.001
남자/중간 학교성적 집단	19.54	93	4.52	0.47	.23
남자/높은 학교성적 집단	20.17	103	4.34	0.43	.02
여자/낮은 학교성적 집단	19.02	102	4.71	0.47	.68
여자/중간 학교성적 집단	20.97	98	4.19	0.42	<.001
여자/높은 학교성적 집단	23.18	99	4.70	0.47	<.001
Total	20.27	595	4.67	0.19	

Anova: R^2=.102 · *adj.* R^2=.095 · η=.320 · *F*=13.404 · *p*<.001

분석 결과

- 저장된 파일을 Excel로 불러들여 살펴보면, 성별*학교성적 변수의 각 범주에 따라 평균, 사례수, 표준편차, 그리고 표준오차가 출력되고, 아래에는 R^2, 수정된 R^2, F 값, 그리고 유의도가 출력된다.

다음은 마지막으로 상호작용 효과를 좀 더 직관적으로 보여주기 위해서 분석 결과를 그래프로 보여주는 방법을 살펴보기로 한다.

R Script

```
# ⑦ 집단에 따른 평균 비교를 위한 도표 출력
interaction.plot(spssdata$grp.grade.factor, spssdata$sexw1.factor,
        spssdata$attachment, col=1:length(levels(spssdata$sexw1.factor)),
        trace.label="성별", xlab="학교성적", ylab="부모에 대한 애착",
        ylim=range(c(17, 24)), type="b",
        fun=function(x) mean(x, na.rm=TRUE))
```

명령어 설명

interaction.plot	상호작용 도표 작성을 위한 함수
trace.label	범례에 입력될 설명
col	도표의 점과 선의 색을 지정
length(levels(x))	변수 x의 속성 수
xlab	x축의 설명
ylab	y축의 설명
ylim	y축의 최대값과 최소값
type	도표에 선, 점, 혹은 선과 점을 표시('l'은 선, 'p'는 점, 'b'는 선과 점)

스크립트 설명

⑦ 성별과 학교성적에 따른 평균의 분포를 앞서 소개한 여러 가지 방법으로 출력한 표 형태로 살펴볼 때는 직관적으로 성별 혹은 학교성적에 따른 자아존중감 평균 분포를 비교하기 어렵다. 따라서 각 집단의 평균을 도표로 시각화하여 비교하면 한눈에 집단에 따른 평균을 비교해 볼 수 있다.

- 상호작용 효과를 도표로 출력하기 위해 interaction.plot 함수를 이용할 수 있다.
- interaction.plot 함수에는 우선 x축에 나타낼 독립변수를 가장 먼저 입력한다. 이번 분석에서는 x축에 성적 변수의 집단값을 표시한다. 도표에 변수값을 그대로 출력하기 위해 factor로 변환한 학교성적 변수를 입력한다(grp.grade.factor).
- 다음으로 x축에 나타나지 않고 범례에 표시될 독립변수를 입력한다(sexw1.factor). 이어서 종속변수를 입력한다(attachment).
- col 인자를 이용하여 도표의 점과 선의 색을 지정한다. col 인자를 입력하지 않으면 도표 내의 점과 선은 모두 검정색으로 출력된다. 도표의 점과 선의 색을 모두 다르게 출력하기 위해서는 범례에 표시된 집단에 따라 각각 점과 선의 색을 지정해야 한다. 점과 선의 색은 숫자마다 지정되어 있는데, '1'은 검정색, '2'는 빨간색, '3'은 녹색, '4'는 파란색 등으로 표현된다.
- 범례에 표시될 변수의 속성('남자', '여자')에 따라 원하는 색을 지정하거나(col=c(1,2) 혹은 col=1:2), 범례에 표현된 변수의 집단수를 구할 수 있는 함수를 이용하여 자동적으로 범례에 표시된 집단에 따라 점과 선의 색을 다르게 지정할 수 있다.
- 범례에 표현된 변수의 집단수를 구할 수 있는 함수로는 우선 levels 함수를 이용하여 해당 변수의 속성을 출력하고(levels(spssdata$sexw1.factor)), 출력된 변수 속성의 요인이나 벡터 길이를 출력해주는 length 함수를 이용한다. 즉 levels 함수의 결과는 '남자'와 '여자'로

출력되고, length 함수는 이 두 개의 변수 속성을 출력하게 되어 2라는 결과값을 제시한다. 따라서 col=1:length(levels(spssdata$sexw1.factor))라는 명령어는 col=1:2라는 명령어와 같은 결과를 산출하게 되어, 범례에서 남자인 경우에는 검정색의 점과 선이 출력되고, 여자인 경우에는 빨간색(본서의 파란색)의 점과 선이 출력된다. 만일 범례에 표현된 변수의 속성이 5개의 집단이라면 위의 명령어를 통해 자동적으로 col=1:5라는 결과를 자동적으로 얻을 수 있다.

- 범례의 설명과 x축의 설명, 그리고 y축의 설명을 입력한다(trace.label="성별", xlab="학교성적", ylab="자아존중감 평균"). 그리고 y축의 최소값과 최대값 지정, 도표의 점과 선의 형식 지정, 그리고 도표에 표시할 기술통계량을 지정하여 도표를 출력한다(ylim=range(c(17, 22)), type="b", fun=function(x) mean(x, na.rm=TRUE)).
- 도표에 표시할 기술통계량의 평균이 기본으로 설정되어 있기 때문에 생략해도 무방하며, 위에서 사용한 공식은 결측값이 있는 변수일 경우에 사용할 수 있는 일반적인 표현이다.

그림 6-6 interaction.plot 함수의 결과

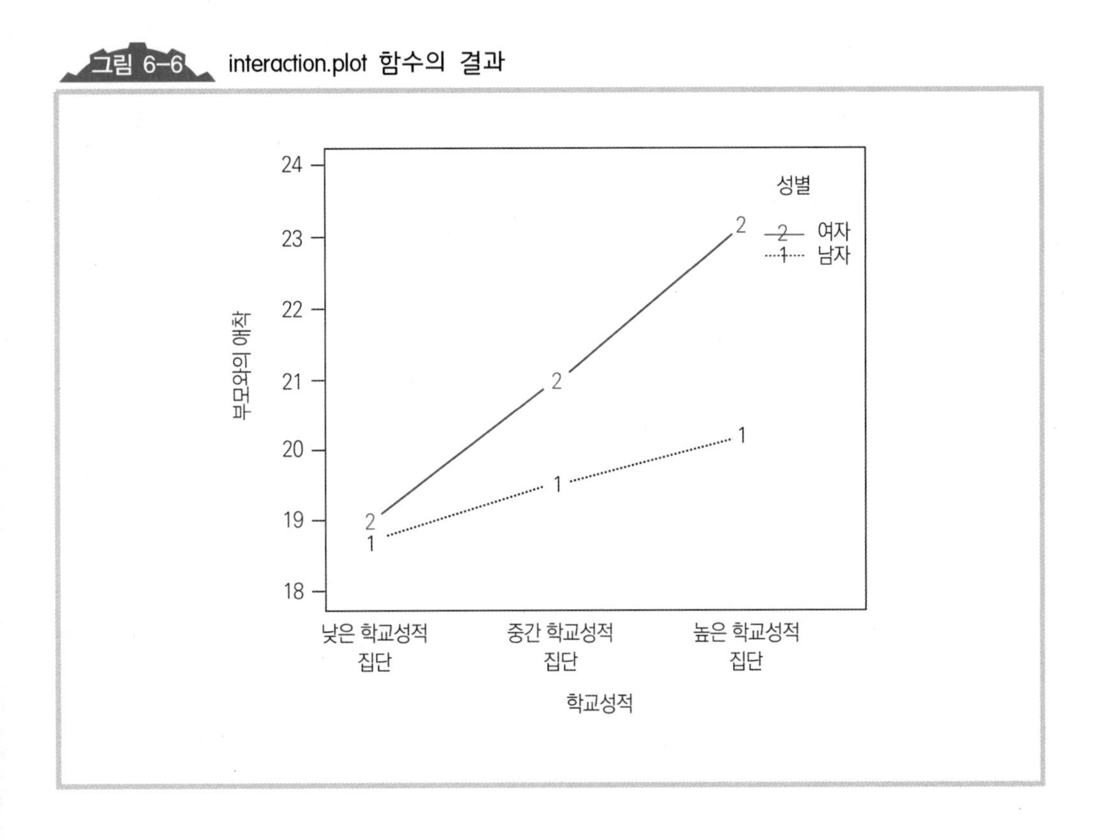

분석 결과

- 상호작용 도표를 통한 결과를 살펴보면, 남자 청소년의 경우에는 낮은 학교성적 집단부터 높은 학교성적 집단까지 지속적으로 자아존중감 평균이 증가하는 것으로 나타나고 있다.
- 이에 비해 여자 청소년의 경우에는 낮은 학교성적 집단과 중간 학교성적 집단의 경우에는 남자 청소년에 비해 자아존중감 평균 차이가 상대적으로 작게 나타나고 있으나, 높은 학교성적 집단의 경우에는 평균 차이가 훨씬 더 크게 나타나고 있었다.
- 즉 남자와 여자 청소년들 간에는 학교성적에 따른 부모에 대한 애착의 차이의 기울기가 상당히 차이를 보이고 있음을 알 수 있다.

CHAPTER 07

상관분석

Statistical · Analysis · for · Social · Science · Using R

상관분석

01 Section > 상관분석의 적용

1 변수들의 척도

상관분석은 두 변수 간의 관계를 검증하기 위한 방법이다. 상관분석에서 적용될 수 있는 변수의 척도는 두 변수 모두 등간척도나 비율척도와 같은 연속척도이다. 그리고 상관분석에서는 두 변수 간의 인과관계를 검증하지 않으므로 독립변수와 종속변수를 가정하지 않는다. 다만 두 변수 간에는 관계의 정도와 가설검증을 통해 두 변수 간의 관계가 통계적으로 유의한 관계인지를 알 수 있다.

2 상관분석의 통계량

연속척도로 측정된 두 변수 간의 관계는 〈그림 7–1〉과 같이 표현할 수 있다. 변 X

그림 7-1 두 변수 간의 관계

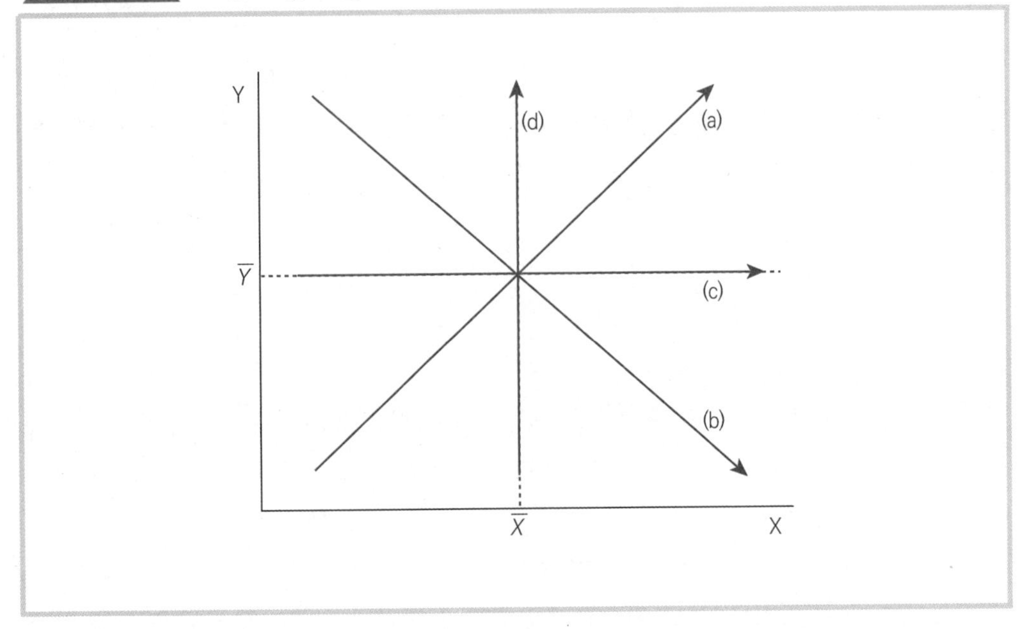

와 변수 Y 간의 관계를 살펴보면, (a)의 경우에는 그래프에서 변수 X가 증가함에 따라 변수 Y도 증가하고 있다. 이러한 경우에는 두 변수 간에 정적 관계(positive relationship)가 있다고 볼 수 있다. 반대로 (b)의 경우에 변수 X가 증가함에 따라 변수 Y는 감소하고 있다. 이때 두 변수 간에는 부적 관계(negative relationship)가 있다고 할 수 있다. 그리고 (c)나 (d)의 경우에는 한 변수가 증가 혹은 감소하더라도 다른 변수는 항상 같은 값을 가지고 있다. 이러한 경우에 두 변수에는 전혀 관계가 없다고 볼 수 있다.

두 변수 간의 관계를 좀 더 자세히 살펴보기 위한 통계량으로 공분산에 대해 살펴보도록 한다. 공분산은 다음과 같은 수식을 통해 두 변수 간의 관계를 하나의 통계량으로 보여준다. 공분산 계수가 양수이면 두 변수 간의 관계가 정적 관계이며, 음수인 경우에는 부적 관계이다. 그리고 0인 경우에는 두 변수 간에 독립적 관계가 있다는 것을 의미한다. 그러나 공분산 계수가 크다고 해서 반드시 두 변수 간 관계의 정도가 크다는 것을 의미하지는 않는다. 그 이유는 두 변수의 측정 단위의 크기에 따라 공분산 계수가 달라지기 때문이다. 예를 들면, 동일한 표본에 대해 키와 몸무게를 측정한다고 가정하자. 이 때 동일한 표본에 대해 키와 몸무게를 각각 ㎝와 g으로 측정하여 1번 데이터를 만들고, 다시 키와 몸무게를 m와 kg으로 측정하여 2번 데이터를 만들었다고 하자. 이런 경우에 1번 데이터로 키와 몸무게의 공분산 계수를 계산한 값은 2번 데이터로 계산한 값의 100,000배 더 큰 값이 된다. 공분산 계수를 통해 그 값이 음수 혹은 양수인가에 따라 두 변수 간의 관계가 정적 관계인지 혹은 부적 관계인지 알 수 있지만, 두 변수 간의 관계 정도까지 파악하기는 어렵다.

$$\text{공분산 계수: } Cov(X, Y) = \frac{\sum(X_i - \overline{X})(Y_i - \overline{Y})}{N-1}$$

이와 같은 공분산 계수의 문제점을 해결하기 위해 상관계수를 사용할 수 있다. 상관계수는 공분산 계수를 표준화한 계수이다. 즉 두 변수의 공분산 계수를 표준편차로 나누는 것으로 상관계수를 계산할 수 있다. 상관계수는 표준화된 계수이므로 두 변수의 단위가 달라지더라도 같은 값의 계수가 계산될 수 있다. 또 어떤 변수에 같은 값을 더하거나, 빼거나, 곱하거나, 나눈 값으로 상관계수를 계산하더라도 항상 같은 값을 얻을 수 있다.

$$\text{상관계수: } Corr(X, Y) = \frac{Cov(X, Y)}{sd_x \cdot sd_y} = \frac{\sum(X_i - \overline{X})(Y_i - \overline{Y})}{\sqrt{\sum(X_i - \overline{X})^2} \cdot \sqrt{\sum(Y_i - \overline{Y})^2}}$$

상관계수는 -1부터 1까지의 값을 가진다. 상관계수가 음수인 경우에는 두 변수 간에 부적 관계를 갖고, 양수인 경우에는 정적 관계를 갖는다. 그리고 상관계수의 절대값이 클수록 두 변수는 밀접하게 관련이 되어 있는 것으로 판단할 수 있다.

상관계수는 두 변수 간의 관련성을 나타내주는 계수이다. 이 두 변수 간의 관계에서 또 다른 변수를 통제한 후의 관계를 살펴볼 수 있는 계수는 편상관계수(partial correlation)이다. 여기서 통제의 의미는 해당 변수의 영향을 배제한다는 의미이다. 즉 변수 X와 변수 Y 간의 관계가 실제로 관계가 있는지 아니면 변수 X와 변수 Y가 동시에 밀접한 관련이 있는 또 다른 변수 Z에 의해 관련이 있게 된 것인지를 살펴볼 수 있는 방법이다. 예를 들어 매미의 수와 얼음의 판매량 간에는 높은 관계가 있다는 결과가 나왔다면, 이 두 변수가 실제로 관계가 있는지 살펴볼 필요가 있다. 즉 두 변수에 공통적으로 영향을 미치는 온도로 인해 매미의 수와 얼음의 판매량 간에 관계가 있는 것처럼 결과가 나타났을 수도 있기 때문이다. 따라서 매미의 수와 얼음의 판매량 간의 관계를 살펴보기 위해 온도와 상관없이 이 두 변수 간의 관계가 있는지를 살펴보아야 한다.

〈그림 7-2〉의 다이어그램에서와 같이 상관계수는 변수 X와 변수 Y 사이의 교집합이 커질수록 상관계수가 높아진다. 이에 비해 편상관계수는 변수 X와 변수 Y를 통제하기 위한 변수 Z를 투입하여 변수 Z와 관련된 변수 X와 변수 Y의 관계를 모두 배제하고 두 변수 간의 관계를 살펴보게 된다.

그림 7-2 **상관계수와 편상관계수**

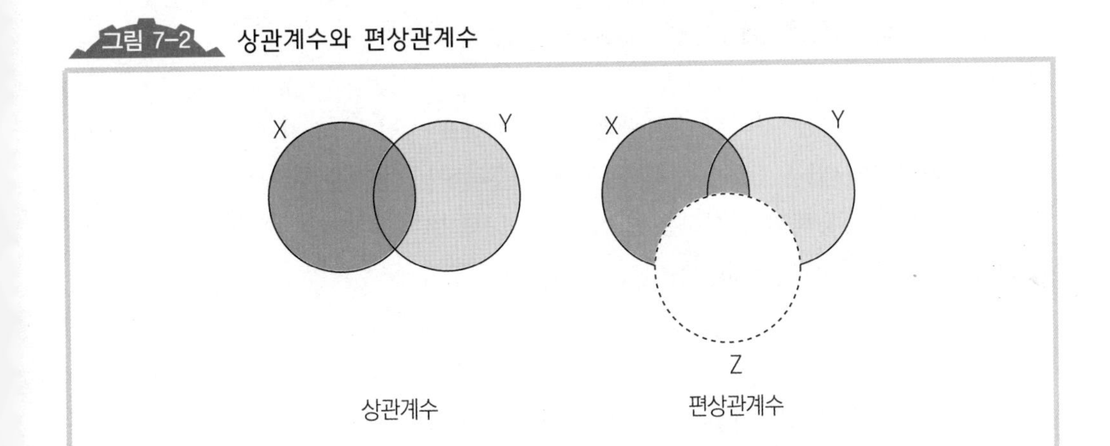

02 Section > 단순상관분석의 분석 방법

먼저 두 변수 간의 단순상관관계를 검증하기 위해서 다음과 같이 가설을 설정한다. 연구가설 1에서는 부모에 대한 애착, 부정적 양육, 자기통제력, 그리고 자아존중감과 자기신뢰감 간의 관계를 살펴보기 위한 가설이 설정되었다. 그리고 연구가설 2에서는 부모에 대한 애착, 자기통제력, 자기신뢰감, 그리고 부정적 양육과 공격성 간의 상관관계를 검증하도록 구성하였다.

가설

연구가설 1
- 1-1) 부모에 대한 애착과 자기신뢰감 간에는 관계가 있을 것이다.
- 1-2) 부정적 양육과 자기신뢰감 간에는 관계가 있을 것이다.
- 1-3) 자기통제력와 자기신뢰감 간에는 관계가 있을 것이다.
- 1-4) 자아존중감과 자기신뢰감 간에는 관계가 있을 것이다.

연구가설 2
- 2-1) 부모에 대한 애착과 공격성 간에는 관계가 있을 것이다.
- 2-2) 자기통제력과 공격성 간에는 관계가 있을 것이다.
- 2-3) 자기신뢰감과 공격성 간에는 관계가 있을 것이다.
- 2-4) 부정적 양육과 공격성 간에는 관계가 있을 것이다.

여기에서는 두 변수 간의 단순상관관계를 분석하는 방법을 3가지로 소개한다. 첫 번째는 기본패키지에 있는 cor 함수를 사용해서 분석하는 방법을 제시하고, 두 번째는 'psych' 패키지를 사용해서 분석하는 방법, 그리고 세 번째는 'sjPlot' 패키지를 사용해서 분석하는 방법의 순서로 소개한다.

cor 함수를 이용한 상관분석

분석 순서

① 상관분석을 수행할 독립변수와 종속변수를 만든다.
② cor 함수를 이용해서 상관분석을 수행한다.
③ 두 변수 간의 상관계수와 유의도 출력한다.

R Script

```
# ① 변수 만들기
# 변수 더하기
# 부정적 양육 변수
spssdata$negative.parenting <- spssdata$q33a12w1+spssdata$q33a13w1+spssdata $q33a14w1+
                                spssdata$q33a15w1
spssdata$negative.parenting <- set_label(spssdata$negative.parenting, "부정적 양육")
```

```
# 자기신뢰감 변수
spssdata$self.confidence <- spssdata$q48b1w1+spssdata$q48b2w1+spssdata$q48b3w1
spssdata$self.confidence <- set_label(spssdata$self.confidence, "자기신뢰감")

# 공격성 변수
spssdata$aggressive <- spssdata$q48c1w1+spssdata$q48c2w1+spssdata$q48c3w1+
                       spssdata$q48c4w1+spssdata$q48c5w1+spssdata$q48c6w1
spssdata$aggressive <- set_label(spssdata$aggressive, "공격성")
```

스크립트 설명

① 가설을 검증하기 위해 우선 가설에 사용된 변수를 만들어야 한다. 가설에서 언급된 '부모에 대한 애착', '부정적 양육', '자기통제력', '자아존중감', '자기신뢰감', 그리고 '공격성' 변수 중에서 부모에 대한 애착, 자기통제력, 자아존중감 변수는 앞에서 이미 만들었기에 그대로 사용하고, 나머지 변수는 새로 만든다.

- 변수를 구성하는 문항들의 값을 더하여 새 변수를 만든다.
- 만들어진 변수에는 'sjmisc' 패키지의 set_label 함수를 이용하여 변수 설명을 입력한다.

R Script

```
# ② cor 함수를 이용한 상관분석
cor(spssdata[c("attachment", "negative.parenting", "self.control", "self.esteem",
        "self.confidence", "aggressive")], use="pairwise.complete.obs")
```

명령어 설명

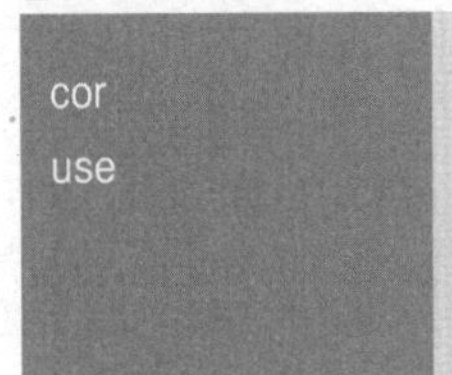

명령어	설명
cor	상관분석을 위한 함수
use	데이터의 결측값 처리를 위한 인자(all.obs: 데이터에 결측값이 없음, complete.obs: listwise와 같이 분석대상인 변수에서 결측값이 있는 사례는 모두 제외하여 분석, pairwise.complete.obs: 상관분석의 두 변수 중에서 결측값이 있는 사례만 제외하여 분석)[1]

---

1 만일 변수 X_1, X_2, 그리고 X_3에 대한 상관분석을 시행한다고 가정할 때 각 변수의 결측값이 아래와 같다고 한다면,

ID	X_1	X_2	X_3
1	2	.	2
2	3	2	3
3	1	5	4
4	4	3	.

스크립트 설명

② 상관관계를 분석하기 위한 방법으로 cor 함수를 사용한다.

- cor 함수에 분석하고자 하는 데이터와 변수를 지정하고, 데이터 내의 결측값 처리에 대한 인자를 지정한다.
- 상관분석의 대상 변수는 우선 데이터를 지정하고, [ ] 기호 안에 문자형 벡터로 분석 대상 변수 이름을 입력한다. 물론 변수의 위치를 숫자로 기록해도 된다. 변수의 위치를 숫자로 지정할 경우에는 names(spssdata)를 사용해서 변수명과 변수의 위치를 알 수 있다. 이를 사용하여 변수의 위치를 숫자로 입력하면 동일한 결과를 얻을 수 있다.
- use 인자는 데이터의 결측값 처리 방법을 지정하기 위한 인자이다. 상관분석의 두 변수의 쌍 중에서 하나라도 결측값이 있는 경우에만 해당 사례를 제외하기 위해 인자를 pairwise.complete.obs로 지정한다.

Console

```
> cor(spssdata[c("attachment", "negative.parenting", "self.control", "self.esteem",
+ "self.confidence", "aggressive")], use="pairwise.complete.obs")
                   attachment negative.parenting self.control self.esteem
attachment          1.0000000        -0.23406281    0.2858099   0.2840487
negative.parenting -0.2340628         1.00000000   -0.2728664  -0.1746945
self.control        0.2858099        -0.27286636    1.0000000   0.2865772
self.esteem         0.2840487        -0.1746945     0.2865772   1.0000000
self.confidence     0.1906212        -0.0540190     0.1396876   0.3522055
aggressive         -0.1380493         0.2524495    -0.4505565  -0.2601739
                   self.confidence   aggressive
attachment              0.19062116  -0.13804932
negative.parenting     -0.05401904   0.25244955
self.control            0.13968764  -0.45055651
self.esteem             0.35220546  -0.26017391
self.confidence         1.00000000  -0.02064256
aggressive             -0.02064256   1.00000000
```

결측값 처리를 'all.obs'로 지정한 경우에는 상관분석을 하고자 하는 변수에 결측값이 있으므로 분석이 실행되지 않는다. 'complete.obs'로 지정했다면 결측값이 전혀 없는 사례인 ID 2번과 3번의 응답만으로 상관분석을 하게 된다. 'pairwise.complete.obs'로 지정한 경우에는 X_1과 X_2의 상관분석에서는 ID 2번, 3번, 그리고 4번의 응답으로 상관분석을 하게 되고, X_2와 X_3에 대한 상관분석에는 ID 2번과 3번, X_1과 X_3의 상관분석에서는 ID 1번, 2번, 그리고 3번의 응답으로 상관분석을 하게 된다.

분석 결과

- 상관분석의 결과는 행렬(matrix)의 형태로 출력된다. 부모에 대한 애착(attachment)과 부정적 양육(negative.parenting) 간의 상관계수는 −0.23406281로 나타났다. 이 두 변수들은 부적(negative) 관계로 부모에 대한 애착이 증가할 때 부정적 양육은 감소하는 관계가 있다는 의미이다.
- 부모에 대한 애착과 자기통제력(self.control) 간의 상관계수는 0.2858099로, 부모에 대한 애착이 증가할 때 자기통제력도 함께 증가하는 정적(positive) 관계가 있는 것으로 나타났다.
- 변수들 중에서 가장 강한 상관관계가 있는 변수는 상관계수의 절대값이 가장 큰 공격성(aggressive)과 자기통제력으로 상관계수가 −0.45055651로 나타났다.

앞의 명령어에서는 cor 함수에 분석하려는 데이터명과 변수명을 모두 기록하였는데, 이 변수명들을 자주 분석에 사용한다면 해당 변수만으로 구성한 객체를 만들면 나중에 편리하게 사용할 수 있다. 또한 앞의 [분석 결과]에서 소수점 자리수가 너무 길게 나와서 보기에 불편함에 있기 때문에 소수점 자리수를 다음과 같이 조정할 수 있다.

R Script

```
# 분석하려는 변수만을 객체로 만들어 분석하는 방법
cor.var <- spssdata[c("attachment", "negative.parenting", "self.control",
          "self.esteem", "self.confidence", "aggressive")]
cor(cor.var, use="pairwise.complete.obs")

# 상관계수의 소수점 자리수 조정
round(cor(spssdata[c("attachment", "negative.parenting", "self.control",
          "self.esteem", "self.confidence", "aggressive")],
          use="pairwise.complete.obs"), 2)
round(cor(cor.var, use="pairwise.complete.obs"), 2)
```

스크립트 설명

- cor 함수를 이용하는 또 다른 방법으로는 분석하고자 하는 변수만을 지정하여 따로 객체로 만들어 cor 함수에 지정하는 방법이다.
- 출력된 상관계수의 소수점 자리를 조정하기 위해 round 함수를 이용할 수도 있다. round 함수에 cor 함수를 사용한 분석 스크립트를 입력하고, 소수점 둘째자리까지 출력하기 위

해서 2를 인자로 입력하였다.

Console

```
> cor(cor.var, use="pairwise.complete.obs")
                  attachment negative.parenting self.control self.esteem
attachment         1.0000000        -0.23406281    0.2858099   0.2840487
negative.parenting -0.2340628        1.00000000   -0.2728664  -0.1746945
self.control        0.2858099       -0.27286636    1.0000000   0.2865772
self.esteem         0.2840487       -0.1746945     0.2865772   1.0000000
self.confidence     0.1906212       -0.0540190     0.1396876   0.3522055
aggressive         -0.1380493        0.2524495    -0.4505565  -0.2601739
                  self.confidence  aggressive
attachment             0.19062116 -0.13804932
negative.parenting    -0.05401904  0.25244955
self.control           0.13968764 -0.45055651
self.esteem            0.35220546 -0.26017391
self.confidence        1.00000000 -0.02064256
aggressive            -0.02064256  1.00000000
> round(cor(spssdata[c("attachment", "negative.parenting", "self.control",
+ "self.esteem", "self.confidence", "aggressive")],
+ use="pairwise.complete.obs"), 2)

                  attachment negative.parenting self.control self.esteem
attachment              1.00              -0.23         0.29        0.28
negative.parenting     -0.23               1.00        -0.27       -0.17
self.control            0.29              -0.27         1.00        0.29
self.esteem             0.28              -0.17         0.29        1.00
self.confidence         0.19              -0.05         0.14        0.35
aggressive             -0.14               0.25        -0.45       -0.26

                  self.confidence aggressive
attachment                   0.19      -0.14
negative.parenting          -0.05       0.25
self.control                 0.14      -0.45
self.esteem                  0.35      -0.26
self.confidence              1.00      -0.02
aggressive                  -0.02       1.00
```

R Script

```
# ③ 두 변수 간의 상관계수와 유의도 출력
cor.test(spssdata$attachment, spssdata$self.confidence)
```

명령어 설명

cor.test	두 변수 간의 상관계수와 유의도를 출력하기 위한 함수

스크립트 설명

③ cor 함수를 이용한 상관관계 분석에서 변수들 간의 상관계수는 출력할 수 있으나 상관계수에 따른 유의도를 출력할 수 없다. 변수들 간의 상관관계에 대한 유의도를 살펴보기 위해서는 cor.test 함수를 이용할 수 있다.

- cor.test 함수에는 상관계수와 유의도를 출력하고자 하는 두 변수(부모에 대한 애착(attachment)과 자기신뢰감(self.confidence))를 지정하여 분석해 본다.

Console

```
> cor.test(spssdata$attachment, spssdata$self.confidence)

        Pearson's product-moment correlation

data:  spssdata$attachment and spssdata$self.confidence
t = 4.7246, df = 592, p-value = 2.882e-06
alternative hypothesis: true correlation is not equal to 0
95 percent confidence interval:
 0.1118891 0.2669750
sample estimates:
      cor
0.1906212
```

분석 결과

- cor.test 함수를 이용한 분석 결과를 살펴보면, 부모에 대한 애착과 자기신뢰감 간의 상관계수는 0.1906212이고, 유의도는 2.882e−06으로 0.05보다 낮게 나타나고 있다.
- 부모에 대한 애착과 자기신뢰감 간에는 관계가 없을 것이라는 영가설은 기각되고, 부모에 대한 애착과 자기신뢰감 간에는 관계가 있을 것이라는 연구가설이 채택된다.

• 부모에 대한 애착과 자기신뢰감 간의 상관계수가 양수로 나타나고 있으므로 정적 관계가 있는 것으로 볼 수 있다. 즉 부모에 대한 애착이 높아짐에 따라 자기신뢰감도 높아지는 관계를 보이고 있다.
• cor.test 함수는 상관계수와 유의도를 구할 수 있지만 두 변수만을 대상으로 분석할 수 있으므로 여러 변수들에 대한 상관계수나 유의도를 동시에 구하기에는 적합하지 않다는 한계가 있다.

2 'psych' 패키지를 이용한 상관분석

앞에서 소개한 기본 함수를 이용한 상관분석은 제한된 정보만을 제시해주기 때문에 다소 불편한 점이 있다. 하나의 명령어로 상관분석 결과에 대한 좀 더 다양한 정보를 제시해주는 것이 'psych' 패키지의 corr.test 함수를 사용하는 방법이다.

R Script

```
# 'psych' 패키지를 이용한 상관분석
library(psych)
corr.test(spssdata[c("attachment", "negative.parenting", "self.control",
        "self.esteem", "self.confidence", "aggressive")],
        method="pearson", use="pairwise.complete.obs", adjust="none")
```

명령어 설명

corr.test	'psych' 패키지에서 상관분석을 위한 함수
method	상관계수의 계산방법('pearson', 'spearman', 그리고 'kendall')
adjust	여러 가설을 검증할 때 유의도를 조정하기 위한 인자

스크립트 설명

• 여러 변수들 간의 상관관계를 분석할 수 있는 방법으로는 우선 'psych' 패키지의 corr.test 함수를 이용하는 방법이 있다
• corr.test 함수에는 상관관계를 분석할 변수들을 지정하고, method 인자로 상관계수를 산출할 방법을 지정한다.
• 상관계수를 산출하는 방법은 피어슨(pearson), 스피어만(spearman), 그리고 켄달(kendall)

의 방법이 있다. 피어슨 상관계수는 연속변수인 두 변수 간의 상관계수를 산출할 수 있는 방법이고, 스피어만과 켄달 상관계수는 순위 상관계수로 자료의 순위값(서열)으로 계산하는 방법이다.

- use 인자로 결측값을 처리할 방법을 입력하고, adjust 인자로 유의도를 조정하여 출력하는지에 대한 여부를 지정한다.

Console

```
> library(psych)
> corr.test(spssdata[c("attachment", "negative.parenting", "self.control",
+ "self.esteem", "self.confidence", "aggressive")],
+ use="pairwise.complete.obs", adjust="none")
Call:corr.test(x = spssdata[c("attachment", "negative.parenting", "self.control",
    "self.esteem", "self.confidence", "aggressive")], use =
    "pairwise.complete.obs", adjust = "none")

Correlation matrix
                   attachment  negative.parenting  self.control  self.esteem
attachment               1.00               -0.23          0.29         0.28
negative.parenting      -0.23                1.00         -0.27        -0.17
self.control             0.29               -0.27          1.00         0.29
self.esteem              0.28               -0.17          0.29         1.00
self.confidence          0.19               -0.05          0.14         0.35
aggressive              -0.14                0.25         -0.45        -0.26

                   self.confidence  aggressive
attachment                    0.19       -0.14
negative.parenting           -0.05        0.25
self.control                  0.14       -0.45
self.esteem                   0.35       -0.26
self.confidence               1.00       -0.02
aggressive                   -0.02        1.00

Sample Size
                   attachment  negative.parenting  self.control  self.esteem
attachment                595                 594           595          594
negative.parenting        594                 594           594          593
```

```
self.control                 595                  594            595            594
self.esteem                  594                  593            594            594
self.confidence              594                  593            594            593
aggressive                   594                  593            594            593

                  self.confidence   aggressive
attachment                   594          594
negative.parenting           593          593
self.control                 594          594
self.esteem                  593          593
self.confidence              594          593
aggressive                   593          594

Probability values (Entries above the diagonal are adjusted for multiple tests.)
                   attachment  negative.parenting  self.control  self.esteem
attachment                  0                0.00             0            0
negative.parenting          0                0.00             0            0
self.control                0                0.00             0            0
self.esteem                 0                0.00             0            0
self.confidence             0                0.19             0            0
aggressive                  0                0.00             0            0
                  self.confidence  aggressive
attachment                   0.00        0.00
negative.parenting           0.19        0.00
self.control                 0.00        0.00
self.esteem                  0.00        0.00
self.confidence              0.00        0.62
aggressive                   0.62        0.00

 To see confidence intervals of the correlations, print with the short=FALSE option
```

분석 결과

- corr.test 함수를 이용한 결과를 살펴보면, 부모에 대한 애착, 부정적 양육, 자기통제력, 자아존중감, 자기신뢰감, 그리고 공격성에 대한 상관관계 행렬이 3가지 유형으로 출력된다. 첫 번째는 상관계수 행렬이며, 두 번째는 분석에 사용된 사례수의 행렬이며, 세 번째는 유의도 행렬이다.
- 첫 번째 행렬은 변수들 간의 상관계수가 출력된다. 부모에 대한 애착과 공격성 간의 상관계수는 −0.14, 부모에 대한 애착과 자기신뢰감 간의 상관계수는 0.19, 그리고 공격성과 자기신뢰감 간의 상관계수는 −0.02 등으로 나타났다.
- 다음의 행렬은 상관계수를 계산하는데 적용된 사례수이다. 결측값의 처리방법을 pairwise.

complete.obs로 지정했으므로 상관계수를 계산하는 한 쌍의 변수들 중에서 결측값이 있는 사례를 제외하고 상관계수를 계산하는데 유효한 사례수를 제시하기 때문에 짝지어진 변수에 따라서 사례수가 달라진다.

- 마지막에 출력된 행렬에는 유의도가 출력된다.
- 변수들 간의 상관계수에 따른 유의도를 살펴보면, 대체로 유의도가 0.05 미만으로 나타나고 있으나 부정적 양육과 자기신뢰감 간의 관계에서는 유의도가 0.19로 나타나고 있다. 따라서 부정적 양육과 자기신뢰감 간에는 관계가 없을 것이라는 영가설을 채택하게 된다. 이와 더불어 공격성과 자기신뢰감 간의 관계에서도 유의도가 0.62로 나타나고 있어 공격성과 자기신뢰감 간의 관계가 없을 것이라는 영가설을 채택하게 된다.
- 변수들 간의 상관계수에 따른 유의도 결과를 통해 연구가설에 대한 검증을 정리하면 다음과 같다.

표 7-1 연구가설의 검증 결과

	가설	영가설	연구가설
연구 가설 1	부모에 대한 애착과 자기신뢰감	기각	채택
	부정적 양육과 자기신뢰감	채택	기각
	자기통제와 자기신뢰감	기각	채택
	자아존중감과 자기신뢰감	기각	채택
연구 가설 2	부모에 대한 애착과 공격성	기각	채택
	자기통제력과 공격성	기각	채택
	자기신뢰감과 공격성	채택	기각
	부정적 양육과 공격성	기각	채택

3 'sjPlot' 패키지를 이용한 상관분석

앞 장에서도 몇 차례 소개하였지만 'sjPlot' 패키지는 사회과학 데이터를 분석하여 그 결과를 더 쉽게 논문이나 보고서에 사용할 수 있도록 출력해주는 장점을 가지고 있다. 'psych' 패키지를 이용한 상관분석은 상관분석의 가설검증에 필요한 정보들을 모두 제시하여 주지만, 그 결과를 활용하는 데는 많은 노력이 필요하다. 이러한 단점을 'sjPlot' 패키지가 보완해 준다.

R Script

```
# 'sjPlot' 패키지를 이용한 상관분석
# 상관분석을 위해 앞에서 6개의 변수로 만든 객체(cor.var)를 사용하여 분석하는 방법
library(sjPlot)
sjt.corr(cor.var, corr.method="pearson", na.deletion="pairwise", p.numeric=TRUE,
   triangle="lower", encoding="EUC-KR")

# 상관분석 대상 변수를 직접 입력하는 방법
sjt.corr(spssdata[c("attachment", "negative.parenting", "self.control",
      "self.esteem", "self.confidence", "aggressive")], corr.method="pearson",
      na.deletion="pairwise", p.numeric=TRUE, triangle = "lower", encoding="EUC-KR")
```

명령어 설명

sjt.corr	'sjPlot' 패키지에서 상관분석을 표로 출력하기 위한 함수
corr.method	상관계수의 계산방법
na.deletion	결측값 처리방법을 지정하기 위한 인자(기본값은 "listwise")
encoding	변수와 변수값 설명에 사용할 문자의 출력형식 지정
p.numeric	숫자로 유의도를 출력할지에 대한 여부
triangle	상관관계 행열에서 상관계수를 출력할 영역을 지정

스크립트 설명

- 여러 변수들 간의 상관관계를 분석할 수 있는 또 다른 방법은 'sjPlot' 패키지를 이용하는 방법이다.
- 'sjPlot' 패키지는 상관계수 행렬을 표의 형태나 도표의 형태로 모두 출력할 수 있다.
- 상관계수 행렬을 표의 형태로 출력하기 위해서는 sjt.corr 함수를 이용한다.
- sjt.corr 함수에 상관관계를 분석할 대상 변수를 지정한다. 대상 변수를 지정하기 위해서 해당 변수를 지정하여 객체(cor.var)로 저장하고, 그 객체를 sjt.corr 함수에 입력하는 방법을 사용할 수 있다.
- 또 다른 방법으로 sjt.corr 함수에 직접 대상 변수를 입력할 수 있다.
- sjt.corr 함수에 상관관계를 분석하기 위한 대상 변수를 지정한 후에 몇몇 인자를 사용해서 상관관계 행렬표에 대한 선택사항을 입력한다.
- corr.method로 상관계수의 계산방법을 지정한다. 'sjPlot' 패키지에서는 기본적으로 스피어

만의 방법으로 상관계수가 출력되고, 사용자의 지정에 따라 피어슨이나 켄달의 방법으로 상관계수를 출력할 수 있다.

- sjt.corr 함수에서 결측값 처리방법에 대한 인자(na.deletion)는 기본적으로 "listwise"로 지정되어 있기 때문에 여기에서는 "pairwise"로 지정하였다. 여기서 pairwise는 상관계수를 계산하는 한 쌍의 변수들 중에서 결측값이 있는 사례만을 제외하고 상관계수를 계산하는 방식이다.
- p.numeric는 상관계수에 따른 유의도를 표시하는 방법을 지정하는 인자이다. 이 인자에 대해 TRUE로 지정하면 유의도는 숫자로 출력되고, FALSE로 지정하면 '*' 기호로 유의도가 출력된다.
- triangle은 상관관계 행렬에서 출력할 상관계수를 지정하는 것이다. 상관관계 행렬은 대각행렬(diagonal matrix)로 대각선을 중심으로 양쪽의 상관계수가 동일한 값을 갖는다. 따라서 대각선의 한 쪽은 다른 한 쪽과 동일한 값이므로 한 쪽의 상관계수를 출력하지 않더라도 문제가 없다. triangle 인자를 통해 대각선의 어느 쪽의 상관계수를 출력할 것인지를 지정할 수 있다.
- 결과표를 Viewer에서 직접 확인하기 위해 encoding 인자에 "EUC-KR"을 입력한다. 맥을 사용하는 경우에는 "UTF-8"이라고 입력한다. 리눅스에서는 encoding 인자를 사용할 필요가 없다.
- 만약 결과표를 외부 파일로 저장하려면 file 인자를 이용하여 외부 파일에 저장하고, 저장된 파일을 Excel로 확인할 수 있다.

표 7-2 'sjPlot' 패키지의 상관분석 결과

	부모에 대한 애착	부정적 양육	자기통제	자아존중감	자기신뢰감	공격성
부모에 대한 애착						
부정적 양육	-0.234 (<.001)					
자기통제	0.286 (<.001)	-0.273 (<.001)				
자아존중감	0.284 (<.001)	-0.175 (<.001)	0.287 (<.001)			
자기신뢰감	0.191 (<.001)	-0.054 (.189)	0.140 (.001)	0.352 (<.001)		
공격성	-0.138 (.001)	0.252 (<.001)	-0.451 (<.001)	-0.260 (<.001)	-0.021 (.616)	

Computed correlation used pearson-method with pairwise-deletion.

R Script

```
# 상관분석 결과를 도표로 출력
sjp.setTheme(axis.textsize=1.0)
sjp.corr(spssdata[c("attachment", "negative.parenting", "self.control",
        "self.esteem", "self.confidence", "aggressive")],
        corr.method="pearson", wrap.labels=5, na.deletion="pairwise")
```

명령어 설명

sjp.corr	'sjPlot' 패키지에서 상관분석을 도표로 출력하기 위한 함수
corr.method	상관계수의 계산방법
wrap.labels	변수값 설명에서 한 라인당 글자수 지정
na.deletion	결측값 처리 방식(따로 지정을 하지 않는다면 'listwise'로 지정됨)

스크립트 설명

- 상관분석의 결과를 도표로 출력하기 위해서는 sjp.corr 함수를 사용할 수 있다.
- sjp.corr 함수에는 sjt.corr 함수와 동일한 방법으로 상관분석을 할 대상 변수를 입력한다.
- corr.method 인자로 상관계수를 계산할 방법을 지정하고, wrap.labels 인자로 상관분석 도표에서 한 줄당 들어갈 변수 설명의 글자수를 지정한다.
- na.deletion 인자는 결측값을 처리할 방법을 지정할 수 있는 인자로, 기본적으로 'listwise'로 지정된다. 'listwise'는 상관분석을 하고자 하는 대상 변수들 중에서 결측값이 하나라도 있다면 그 사례는 제외하고 결과를 출력한다. 여기에서는 'pairwise'로 입력하였다.

그림 7-3 'sjPlot' 패키지의 상관분석 결과도표

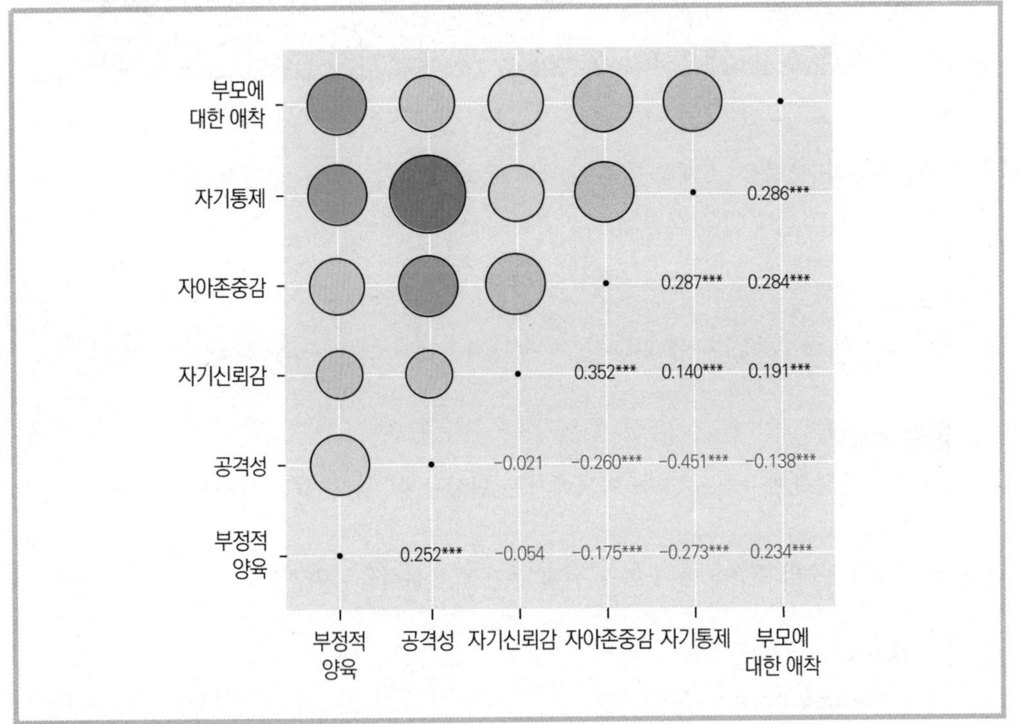

분석 결과

- sjp.corr 함수를 통해 출력한 결과를 살펴보면, 도표의 대각선 아래에는 상관계수 값과 유의도가 출력된다.
- 상관계수 값이 양수이면 파란색(본서에서는 검정색)으로 표시가 되고, 음수이면 빨간색(본서에서는 파란색)으로 표시된다.
- 유의도 표시는 '*' 표시가 하나인 경우에는 유의도가 0.05 미만이고, '**'는 유의도가 0.01 미만, 그리고 '***'는 유의도가 0.001 미만이라는 의미이다. '*' 표시가 없을 경우에는 유의도가 0.05 이상이므로 영가설을 채택하게 된다.
- 도표의 대각선 위에는 상관계수 값과 유의도가 그림으로 표시된다. 상관계수의 값이 양수이면 파란색(본서에서는 검정색)으로 표시되고, 음수이면 빨간색(본서에서는 파란색)으로 표시된다. 그리고 상관계수의 절대값이 클수록 원의 크기가 크게 표시된다.

03 Section > 편상관분석의 분석 방법

편상관분석 방법을 소개하기 위해서 다음과 같이 가설을 설정하였다.

가설

연구가설

자기통제력을 통제한 후에 부모에 대한 애착과 공격성 간에는 관계가 있을 것이다.

분석 순서

① 먼저 편상관계수를 구한다. 여기에서는 편상관계수를 구하는 방법을 3가지로 소개하였다.

② 편상관계수의 유의도를 구하기 위해 추가적인 분석을 수행한다.

R Script

```
# ① 편상관계수 구하기 1
# 상관계수 행렬 구하기
cor1 <- cor(spssdata[c("attachment", "aggressive", "self.confidence",
        "self.control", "negative.parenting")], use="pairwise.complete.obs")

# 'psych' 패키지를 이용한 편상관계수 구하기
library(psych)
partial.r(cor1, c(1,2), 4)
```

명령어 설명

partial.r	'psych' 패키지에서 편상관계수를 구하기 위한 함수

스크립트 설명

① 편상관계수를 구하기 위한 방법으로 'psych' 패키지의 partial.r 함수를 이용한 방법이 있다.

- partial.r 함수로 편상관계수를 구하기 위해서는 먼저 상관계수 행렬을 만들어야 한다.
- 만들어진 상관계수 행렬로 partial.r 함수를 이용해 편상관계수를 구하게 된다.

- 상관계수 행렬을 만들기 위해 cor 함수를 이용하고, cor1 객체에 상관계수 행렬을 저장한다.
- library 함수를 이용하여 'psych' 패키지를 불러온다.
- partial.r 함수에는 상관계수 행렬을 저장한 객체를 지정하고, 편상관계수를 구할 변수와 통제할 변수를 차례로 지정한다.
- 편상관계수를 구할 변수는 상관계수 행렬에서의 순서로 지정해야 한다.
- 가설에서 통제변수는 자기통제력이고, 편상관계수를 구할 변수는 부모에 대한 애착과 공격성이다.
- 상관계수 행렬에서 부모에 대한 애착과 공격성의 순서는 첫 번째와 두 번째이므로 편상관계수를 구할 변수는 c(1,2)로 지정한다.
- 통제변수인 자기통제력은 상관계수 행렬에서 네 번째에 위치해 있으므로 4로 지정한다. 만약 두 개 이상의 통제변수와 편상관계수를 구하려는 변수가 3개 이상인 경우에도 편상관계수의 계산이 가능하다.
- 만약 편상관계수를 구할 변수가 부모에 대한 애착, 공격성, 부정적 양육이고, 통제변수가 자기신뢰감과 자기통제력인 경우에는 partial.r(cor1, c(1,2,5), c(3,4))로 지정하면 편상관계수를 구할 수 있다.

Console

```
> library(psych)
> cor1 <- cor(spssdata[c("attachment", "aggressive", "self.confidence",
+ "self.control", "negative.parenting")], use="pairwise.complete.obs")
> partial.r(cor1, c(1,2), 4)
partial correlations
             attachment aggressive
attachment         1.00      -0.01
aggressive        -0.01       1.00
```

분석 결과

- 편상관분석의 결과를 살펴보면, 편상관계수가 −0.01로 나타났다. 앞에서 두 변수 간의 단순상관계수가 −0.14인 것과 비교하면 자기통제력이라는 변수를 통제한 후에 두 변수 간의 상관관계가 현저하게 약화되었음을 알 수 있다.
- partial.r 함수에서는 지정한 변수들에 대한 편상관계수는 구할 수 있으나, 편상관계수의 유의도는 출력되지 않는다.

R Script

```
# 편상관계수 구하기 2
# 편상관계수의 대상 변수만의 객체 만들기
examdata1 <- spssdata[c("attachment", "aggressive", "self.control")]

# 편상관계수 구하기
install.packages("ggm")
library(ggm)
pcor(c("attachment", "aggressive", "self.control"), var(examdata1,
     na.rm=TRUE))
```

명령어 설명

ggm	그래픽화된 마코프 모델을 위한 패키지
pcor	'ggm' 패키지에서 편상관계수를 구하기 위한 함수
var	공분산 행렬을 구하기 위한 함수
na.rm	결측값 유무 여부를 지정

스크립트 설명

- 편상관계수를 구할 수 있는 또 다른 방법으로는 'ggm' 패키지의 pcor 함수를 이용한 방법이 있다.
- 편상관계수를 구할 대상 변수와 통제변수를 데이터에서 추출하여 examdata1이라는 객체에 저장한다.
- 'ggm' 패키지를 설치하고 불러온다.
- pcor 함수에 편상관계수를 구할 2개의 변수와 통제변수 1개를 지정한다.
- pcor 함수에서는 두 변수에 대한 편상관계수만을 구할 수 있으므로, 편상관계수를 구할 2개의 변수만이 지정될 수 있다.
- 대신 통제변수로는 2개 이상의 변수를 동시에 지정할 수 있다.
- 따라서 pcor 함수에서 변수로 지정되는 변수에서 앞의 두 개의 변수는 편상관계수를 구할 변수이고, 세 번째 이후의 변수들은 통제변수가 된다.
- 다음에 var 함수로 앞서 만든 객체에 있는 변수들에 대한 공분산 행렬을 구하고, 결측값 유무 여부를 지정한다(var(examdata1, na.rm=TRUE)).

Console

```
> library(ggm)
> pcor(c("attachment", "aggressive", "self.control"), var(examdata1,
+ na.rm=TRUE))
[1] -0.01008324
```

분석 결과

- pcor 함수를 이용한 편상관분석의 결과를 살펴보면, 'psych' 패키지의 partial.r 함수의 결과(−0.01)와 같이 편상관계수가 −0.01008324로 나타났다.

R Script

```
# 편상관계수의 대상 변수를 직접 입력하여 편상관계수 구하기(객체를 따로 만들 필요 없음)
pcor(c("attachment", "aggressive", "self.control"),
        var(spssdata[c("attachment", "aggressive", "self.control")],
        na.rm=TRUE))
```

스크립트 설명

- 편상관계수를 구할 변수를 지정하여 따로 객체를 만들지 않고 직접 편상관계수를 구할 수 있는 방법도 있다.
- pcor 함수에 앞선 방법과 같이 편상관계수를 구할 변수 2개를 지정하고, 다음에 통제할 변수를 지정한다.
- 공분산 행렬을 구하기 위한 var 함수에 데이터 객체 대신에 공분산 행렬을 구할 데이터와 변수를 직접 입력하고, 결측값 유무의 여부를 지정하면 된다.
- 분석 결과는 앞에서 따로 객체를 만들어서 분석한 것과 동일하다.

R Script

```
# 편상관계수 구하기 3
pcor1 <- var(examdata1, na.rm=TRUE)
library(ggm)
parcor(pcor1)
```

명령어 설명

parcor	'ggm' 패키지에서 편상관계수를 구하기 위한 함수

스크립트 설명

- 세 번째 편상관계수를 구할 수 있는 방법으로 'ggm' 패키지의 parcor 함수를 사용할 수 있다.
- parcor 함수는 공분산 행렬을 사용해서 편상관계수를 계산하고, 공분산 행렬 내의 모든 변수에 대한 편상관계수 행렬을 출력한다.
- 이 때 편상관계수를 구하는 두 변수 이외의 나머지 모든 변수가 통제변수가 된다. 예를 들어 parcor 함수에서 사용할 공분산 행렬에 1, 2, 3, 그리고 4라는 변수가 있다면, 1과 2의 편상관계수를 구하기 위한 통제변수는 3과 4가 되고, 2와 3의 편상관계수를 구하기 위한 통제변수는 1과 4가 된다.
- 앞서 편상관계수를 구하기 위한 변수 2개와 통제변수 1개를 추출하여 만든 객체인 examdata1을 이용하여 공분산 행렬을 pcor1이라는 객체에 저장한다(pcor1 <- var(examdata1, na.rm=TRUE)).
- parcor 함수에 pcor1이라는 공분산 행렬 객체를 입력하면 공분산 행렬 내의 변수들에 대한 편상관계수 행렬이 출력된다.

Console

```
> pcor1 <- var(examdata1, na.rm=TRUE)
> parcor(pcor1)
              attachment   aggressive  self.control
attachment    1.00000000  -0.01008324     0.2545364
aggressive   -0.01008324   1.00000000    -0.4331279
self.control  0.25453639  -0.43312792     1.0000000
```

분석 결과

- 산출된 결과에서 부모에 대한 애착과 공격성 간의 편상관계수는 −0.01008324인데, 이 때 통제변수는 부모에 대한 애착과 공격성을 제외한 나머지 변수(자기통제력)이다. 부모에 대한 애착(attachment)와 자기통제력(self.control)의 계수인 0.25453639는 이 두 변수를 제외한 나머지 변수인 공격성(aggressive)을 통제한 후의 편상관계수가 된다.

R Script

```
# ② 편상관계수의 유의도 구하기
pcor.test(pcor(c("attachment", "aggressive", "self.control"),
     var(examdata1, na.rm=TRUE)), 1, n=nrow(examdata1))
```

명령어 설명

pcor.test	'ggm' 패키지에서 편상관계수의 T 값, 자유도, 그리고 유의도를 구하기 위한 함수
nrow()	데이터 열의 수를 나타낼 수 있는 함수

스크립트 설명

② 앞서 편상관계수를 구하기 위한 방법들에서 편상관계수는 구할 수 있으나 편상관계수에 따른 유의도는 출력되지 않는다. 편상관계수에 따른 유의도를 살펴볼 수 있는 방법으로 pcor.test 함수를 이용하는 방법이 있다.

- pcor.test 함수는 우선 pcor 함수를 이용하여 편상관계수를 구하게 된다(pcor(c("attachment", "aggressive", "self.control"), var(examdata1, na.rm=TRUE))).
- 그 다음으로 통제변수의 갯수를 지정한다.
- 분석에서는 부모에 대한 애착(attachment), 공격성(aggressive), 그리고 자기통제력(self.control)에서 자기통제력을 통제한 후에 부모에 대한 애착과 공격성 간의 편상관계수를 구하고자 하였다. 따라서 통제변수는 한 개(1)가 된다.
- 끝으로 사례수를 지정하면 되는데, 사례수를 직접 입력할 수 있으나 nrow 함수를 이용하여 데이터의 열(사례 수)을 자동으로 구할 수 있다.

Console

```
> pcor.test(pcor(c("attachment", "aggressive", "self.control"),
+ var(examdata1, na.rm=TRUE)), 1, n=nrow(examdata1))
$tval
[1] -0.2453484

$df
[1] 592

$pvalue
[1] 0.8062717
```

분석 결과

- 출력된 결과를 살펴보면 T값이 −0.2453484이고, 자유도는 592, 그리고 유의도는 0.8062717로 나타났다.
- 유의도는 영가설의 채택과 기각의 기준인 0.05보다 높으므로 영가설을 채택하게 된다. 즉 자기통제를 통제한 후의 부모에 대한 애착과 공격성 간의 관계가 없을 것이라는 영가설이 지지되었다.

CHAPTER 08

회귀분석

Statistical · Analysis · for · Social · Science · Using R

회귀분석

01 Section > 회귀분석의 적용

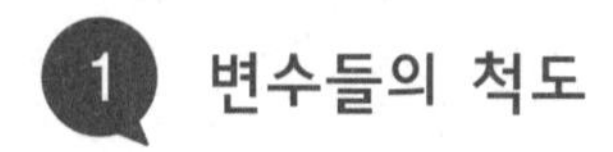

1 변수들의 척도

회귀분석은 독립변수와 종속변수 간의 인과관계를 검증하기 위한 방법으로, 독립변수나 종속변수는 모두 등간척도나 비율척도로 측정된 변수들을 사용하여 분석한다. 종속변수의 수는 1개인 경우에만 가능하다. 독립변수의 수는 2개 이상인 경우에도 회귀분석이 다양하다. 흔히 독립변수의 수에 따라 독립변수의 수가 1개인 회귀분석을 단순회귀분석(Simple regression)이라 하고, 2개 이상인 회귀분석을 다중회귀분석(Multiple regression)이라 한다.

2 회귀분석의 통계량

실제 자료에서 연속척도로 측정된 독립변수와 종속변수의 관계를 살펴보면 〈그림 8-1〉의 (a)와 같은 산포도 형태로 나타날 것이다. 회귀분석은 이 자료를 바탕으로 두 변수 간의 관계를 가장 잘 나타낼 수 있는 일차함수의 형태를 찾아내는 것이다. 즉 〈그림 8-1〉의 (b)에서와 같이 독립변수와 종속변수의 관계는 $\hat{Y}=a+bX$와 같은 일차함수로 표현할 수 있다. 여기서 a는 절편이고, b는 기울기가 된다. X는 독립변수의 값이고, $\hat{Y}$는 독립변수가 특정 값일 경우에 예상되는 종속변수 Y의 값이다.

그런데 일차함수로 추정된 종속변수의 값과 실제 자료 간에는 거의 필연적으로 차이가 나타나게 된다. 즉 $Y=a+bX+e$와 같은 형태의 일차함수가 나타나게 된다. 여기서 e는 오차(error)이다. 따라서 회귀분석에서는 독립변수와 종속변수의 관계를 가장 잘 나타낼 수 있는 일차함수를 찾아내는데, 그 기준은 오차가 최소화될 수 있는 일차함수를 찾아내는 것이다. 이처럼 오차가 최소일 때의 독립변수와 종속변수의 관계를 나타내는 일차함수를 찾아내는 방법을 최소자승법(Ordinary Least Square)이라 한다. 최소자승법에서는 오차를 제곱하여 더한 오차의 제곱합을 최소로 하는 절편과 기울기를 구하게 된다. 추정된 종속변수의 값과 실제 자료 간의 차이가 오차이므로 $\sum(Y-\hat{Y})^2$는 $\sum(Y-a-bX)^2$

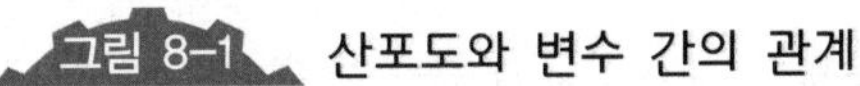

산포도와 변수 간의 관계

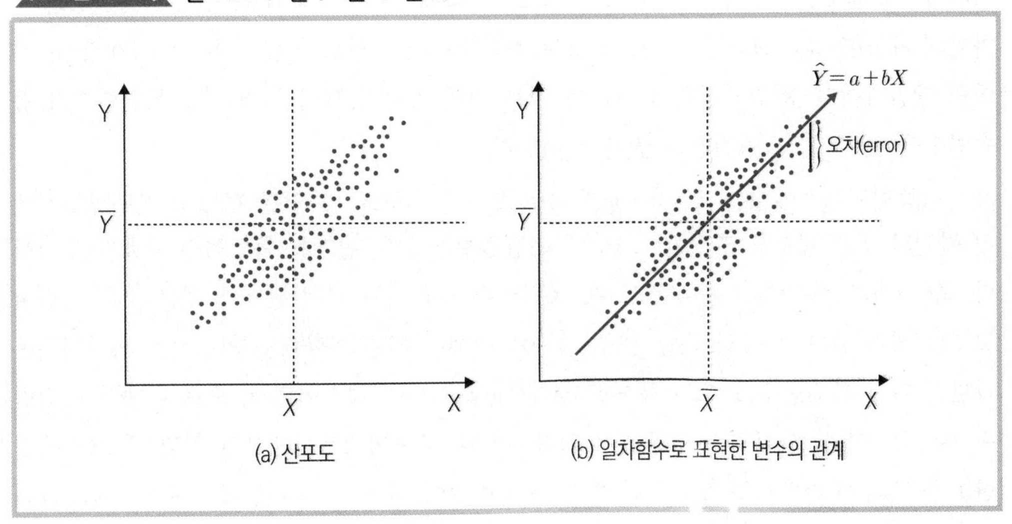

(a) 산포도
(b) 일차함수로 표현한 변수의 관계

와 같다($Y = a + bX + e$이므로 e를 중심으로 다시 정리하면 $e = Y - a - bX$). 따라서 $\sum(Y - \hat{Y})^2 = \sum(Y - a - bX)^2$이 된다. 이 방정식을 편미분하여 절편과 기울기를 구하면 다음과 같다.

$$a = \overline{Y} - b\overline{X}$$

$$b = \frac{Cov(X, Y)}{Var(X)} = \frac{\sum(X_i - \overline{X})(Y_i - \overline{Y})}{\sum(X_i - \overline{X})^2}$$

절편 a는 독립변수 X가 0일 경우의 종속변수 Y의 값이다. 그리고 기울기 b는 독립변수 X가 한 단위 증가할 때의 종속변수 Y의 변하는 정도를 의미하는 회귀 계수(regression coefficient)이다. 기울기가 크다는 것은 독립변수의 증가량에 따른 종속변수의 변화 정도가 크다는 것을 의미하므로, 독립변수가 종속변수에 큰 영향을 미치고 있는 것으로 볼 수 있다. 그리고 회귀 계수의 표집분포는 T 분포를 통해 통계적 유의도를 살펴볼 수 있다.

회귀분석에서 또 한 가지 살펴보아야 할 통계량은 결정계수(R^2)이다. R^2는 종속변수의 전체 분산 중에서 독립변수에 의해 설명된 분산이다. R^2의 값은 0부터 1까지의 값을 갖고, 그 값은 독립변수에 의해 설명된 종속변수의 전체 분산의 비율로 해석할 수 있다. R^2와 관련해서 통계적 검증은 분산분석에서와 같은 방법을 이용한다. 회귀분석에서도 앞서 살펴본 분산분석에서와 같이 종속변수의 전체 제곱합(SST)은 독립변수에 의해 설명되는 제곱합(SSR: 회귀제곱합)과 독립변수에 의해 설명되지 않는 제곱합(SSE: 오차제곱합)으로 구성된다. 〈그림 8-2〉에서와 같이 회귀제곱합은 종속변수의 평균과 종속변수의 추정값 간 차이의 제곱합이다. 그리고 오차제곱합은 종속변수의 추정값과 종속변수의 실제값 간 차이의 제곱합이다. 회귀제곱합이 크다는 것은 회귀 계수가 크다는 것이고, 독립변수가 종속변수에 큰 영향을 미친다는 것을 의미한다.

다중회귀분석에서는 $\hat{Y} = a + b_1X_1 + b_2X_2 + \ldots + b_nX_n$과 같은 형태의 회귀방정식에서 절편과 회귀 계수를 추정한다. 이 때 독립변수들 간의 관계는 독립적인 관계를 가정한다. 즉 절편과 회귀 계수를 추정할 때 독립변수들 간에는 전혀 관계가 없는 것을 가정하고 계산하게 된다. 하나의 독립변수가 종속변수에 미치는 영향력을 의미하는 회귀계수는 나머지 다른 독립변수를 모두 통제한 후에 계산된 회귀 계수이면서, 오로지 해당 독립변수만이 종속변수에 미치는 영향력이 된다. 이 때 다중회귀분석에서의 회귀 계수는 독립변수들 간의 상관관계를 모두 제외하고 종속변수에 미치는 영향을 계산하게 된다. 그런

그림 8-2 회귀분석에서의 여러 가지 제곱합

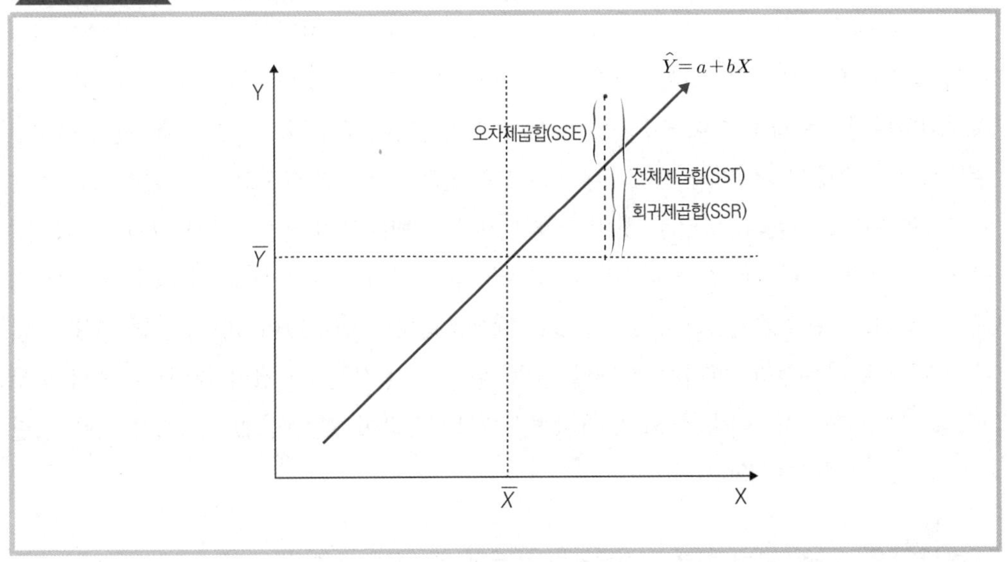

데 독립변수들 간에 강한 상관관계가 있다면 독립변수들 간에 서로 관계가 있는 분산은 제외하고 나머지 독립변수의 분산으로 회귀 계수를 구해야 하기 때문에 잘못된 회귀계수가 구해질 수 있다. 이렇듯 독립변수들 간에 강한 상관관계로 발생할 수 있는 문제를 다중공선성(Multicollinearity)의 문제라고 한다. 다중공선성의 문제는 독립변수들 간의 상관계수를 구하거나 분산팽창요인(Variance Inflation Factor)을 구하여 진단할 수 있다. 만약 독립변수들 간의 강한 상관계수가 나타나거나 분산팽창요인의 값이 10을 넘는다면, 상관관계가 높은 독립변수 중 일부를 제거하거나, 높은 상관관계의 독립변수를 하나의 변수로 변형하는 등의 방법으로 해결해야 한다.

다중회귀분석에서 2개 이상의 독립변수들 중에서 종속변수에 가장 큰 영향을 미치는 영향을 비교해보고자 한다면, 회귀 계수만으로 직접 비교는 할 수 없다. 그 이유는 독립변수의 측정 단위가 다르기 때문이다. 이러한 경우에는 다른 독립변수가 통제된 후의 회귀 계수를 표준화하여 직접 비교가 가능하도록 할 수 있다. 흔히 표준화된 회귀 계수는 beta(β)라고 표시한다.

회귀분석에서 분석할 수 있는 독립변수의 척도와 관련하여 독립변수에 대한 가정은 종속변수에 비해 엄격하지 않다. 경우에 따라서는 집단의 특성이 종속변수에 미치는 영향을 회귀분석을 통해 살펴볼 수도 있다. 이런 경우에는 범주형 변수는 더미변수(dummy variables)로 변환하여 회귀분석에서 사용할 수 있다.

더미변수는 집단의 특성에 따라 0과 1로 변환하여 만들어지고, 만들 수 있는 더미변수의 갯수는 (집단의 수−1)이다. 만약 독립변수가 〈표 8−1〉과 같이 세 개의 집단으로 측정되었다면, 두 개의 더미변수를 만들어서 회귀분석에 적용할 수 있다. 첫 번째 더미변수(D1)는 변수값이 1이거나 3인 경우에는 모두 0으로 재부호화하고, 변수값이 2인 경우에만 1로 재부호화한다. 따라서 첫 번째 더미변수는 변수값이 2인 집단과 그렇지 않은 집단으로 나누어 진다. 두 번째 더미변수(D2)에서는 변수값이 1이거나 2인 경우에는 0으로 재부호화하고, 변수값이 3인 경우에만 1로 재부호화하여 변수값이 3인 집단과 그렇지 않은 집단으로 나누었다. 따라서 집단의 변수값이 1인 경우는 두 개의 더미변수에서 모두 0으로 재부호화된다. 이렇게 모든 더미변수에서 그 값이 변함이 없는 집단을 준거집단(reference group)이라고 한다.

표 8-1 변수값에 따른 더미변수의 부호와 준거집단 지정

	더미변수1(D1)	더미변수2(D2)	
변수값=(1)	D1=0	D2=0	준거집단
변수값=(2)	D1=1	D2=0	
변수값=(3)	D1=0	D2=1	

더미변수를 이용한 회귀분석에서는 준거집단을 어떤 집단으로 가정할 것인가에 따라서 결과가 달라지고, 준거집단을 기준으로 결과를 해석해야 하기 때문에 준거집단이 매우 중요하다. 회귀분석의 결과를 해석할 때는 각각의 더미변수가 성별 변수와 같이 두 개의 집단만을 가진 변수로 본다. 즉 각각의 더미변수에 대한 해석은 준거집단과 1의 값을 가진 집단, 이렇게 두 개의 집단를 가진 변수로 해석될 수 있다. 만약 회귀분석의 결과에서 첫 번째 더미변수(D1)의 회귀 계수가 양수의 값이고 통계적으로 유의하게 나타났다면, 준거집단에 비해 변수값이 2인 집단이 종속변수가 증가하였다고 해석할 수 있다. 또한 두 번째 더미변수(D2)의 회귀 계수가 음수의 값이고 통계적으로 유의하게 나타났다면, 변수값이 3인 집단에 비해 준거집단이 종속변수가 증가하였다고 해석하게 된다. 이처럼 기준이 되는 준거집단과 더미변수에서 지정한 집단 간의 관계가 회귀분석의 결과로 출력되기 때문에 기준이 달라지게 된다면 결과도 달라지게 된다.

02 Section > 단순회귀분석의 분석 방법

가설

연구가설
1) 자기신뢰감은 자아존중감에 영향을 미칠 것이다.
2) 부모에 대한 애착은 자아존중감에 영향을 미칠 것이다.

1 연구가설 1의 검증

분석 순서

① 연구가설의 검증을 위해서 사용할 변수는 이미 만들어진 상태에 있기 때문에 그 변수들을 사용한다.
② 자기신뢰감이 자아존중감에 미치는 영향에 대한 단순회귀분석을 수행한다.
③ 'sjPlot' 패키지를 이용해서 회귀분석 결과표와 도표를 출력한다.

R Script

```
# ② 단순회귀분석
# 연구가설 1의 검증
regression1_1 <- lm(self.esteem ~ self.confidence, data=spssdata)
summary(regression1_1)
# 별도의 객체로 저장하지 않는 분석 방법: 위의 명령문과 같은 결과가 산출됨
summary(lm(self.esteem ~ self.confidence, data=spssdata))
```

명령어 설명

lm	회귀분석을 위한 함수

스크립트 설명

② 회귀분석을 시행하기 위해 lm 함수를 이용한다.

- lm 함수에는 종속변수와 독립변수를 차례대로 입력하고, 종속변수와 독립변수 사이에는 '~' 표시를 한다.
- 연구가설 1은 종속변수가 자아존중감이고, 독립변수가 자기신뢰감이므로 self.esteem ~ self.confidence라고 입력하고, 종속변수와 독립변수가 있는 데이터를 지정하면 된다 (data=spssdata). 그리고 lm 함수에서 지정한 회귀모형은 regression1_1이라는 객체에 할당한다.
- summary 함수에 이 객체를 지정하면 회귀분석 결과를 확인할 수 있다.
- 회귀분석 결과를 객체로 저장하지 않고 분석 결과를 보기 위해서 summary 함수와 lm 함수를 함께 사용하여 회귀모형의 결과를 확인할 수 있다.

Console

```
> regression1_1 <- lm(self.esteem ~ self.confidence, data=spssdata)
> summary(regression1_1)

Call:
lm(formula = self.esteem ~ self.confidence, data = spssdata)

Residuals:
     Min        1Q    Median       3Q       Max
-12.4132   -2.1866   -0.1199   2.2001   12.8801

Coefficients:
                    Estimate   Std. Error   t value    pr(>|t|)
(Intercept)         12.82659     0.72983     17.575    <2e-16***
self.confidence       0.6133     0.06704      9.148    <2e-16***
---
Signif. codes:  0 '***' 0.001 '**' 0.01 '*' 0.05 '.' 0.1 ' ' 1

Residual standard error: 3.432 on 591 degrees of freedom
  (2 observations deleted due to missingness)
Multiple R-squared:  0.124,    Adjusted R-squared:  0.1226
F-statistic:  83.7 on 1 and 591 DF,  p-value: < 2.2e-16
```

분석 결과

- 연구가설 1의 분석 결과를 살펴보면, 가장 먼저 입력한 회귀모형이 다시 출력되고, 그 아래에는 회귀모형에서 벗어난 잔차(residuals)의 분포에 대한 정보를 보여준다.
- 그 다음으로 절편과 독립변수의 기울기에 대한 추정통계량이 출력된다. 절편의 추정량(intercept)은 12.82659이고, 독립변수의 기울기 값에 대한 추정량은 0.61333으로 나타났다.
- 독립변수의 기울기 값에 대한 추정량은 독립변수와 종속변수의 관계식을 의미하므로 회귀 계수(coefficient)라고도 불린다. 절편은 독립변수가 0인 경우의 종속변수 값이므로, 자기신뢰감이 0일 때의 자아존중감의 값은 12.82659이다. 그리고 독립변수의 회귀 계수는 양수이므로 독립변수와 종속변수 간에는 정적 관계가 있다는 것이다. 따라서 독립변수가 한 단위 증가할 때 종속변수는 0.61333만큼 증가하게 된다.
- 독립변수의 회귀 계수에 대한 통계적 검증을 위한 통계량은 T 값이다. 이 T 값은 독립변수의 회귀 계수를 표준오차로 나누어 준 값이다. T 값을 통해 독립변수가 종속변수에 미치는 영향에 대한 검증을 할 수 있다. T 값은 9.148이고, T 값에 대한 유의도는 2e−16로 소수점 15번째 자리까지 0인 값이다. 유의도가 영가설을 채택 혹은 기각할 수 있는 기준인 0.05보다 낮은 수준이므로 영가설은 기각되고, 연구가설을 채택할 수 있다. 즉 자기신뢰감은 자아존중감에 영향을 미칠 것이라는 연구가설을 채택하게 된다. 그리고 독립변수와 종속변수의 관계를 회귀식으로 표현하면 아래와 같다.

$$\hat{Y} = 12.82659 + 0.61333X \quad \text{(연구가설 1의 결과)}$$

- 다음으로 R^2와 F 검증의 결과가 출력된다. R^2는 종속변수의 분산 중에서 독립변수에 의해 설명된 분산의 비율을 의미한다. R^2 값은 최소값이 0이고, 최대값이 1인 값을 가진다. 그리고 R^2 값이 클수록 독립변수에 의해 설명되는 종속변수의 분산이 크다는 것을 의미한다. 연구가설 1의 결과에서 R^2 값은 0.124로 종속변수의 전체 분산 중에서 독립변수에 의해 설명되는 분산이 12.4%라고 해석할 수 있다. R^2 값은 회귀분석에서 독립변수의 수가 많아질수록 커지는 특성을 가지고 있다. 따라서 독립변수의 수가 많을 때에는 독립변수의 수를 고려하여 R^2 값을 계산해야 한다. 이렇게 독립변수의 수를 고려한 R^2 값이 수정된 R^2(Adjusted R−squared)이다.
- F 검증의 결과를 살펴보면, F 값은 83.7이고, 유의도는 2.2e−16으로 나타났다. F 값에 따른 유의도가 영가설의 기각 혹은 채택의 기준인 0.05보다 낮은 수준이므로 영가설은 기각된다. 여기서 영가설은 '회귀모형은 의미가 없다'가 된다. 즉 회귀모형에서 가정한 독립변

수에 의해 설명되는 종속변수의 분산이 그리 크지 않기 때문에 제시한 회귀모형은 의미가 없다는 것이다. 그리고 연구가설은 '회귀모형은 의미가 있다'가 되고, 독립변수에 의해 종속변수의 분산이 통계적으로 유의하게 설명된다는 의미이다.

R Script

```
# ③ 'sjPlot' 패키지를 이용한 회귀분석 결과표와 도표 출력
# Viewer에 직접 출력하는 방법
library(sjPlot)
sjt.lm(regression1_1, show.se=TRUE, show.ci=FALSE, show.fstat=TRUE,
    pred.labels=c("자기신뢰감"), encoding="EUC-KR")
# 결과표를 외부 파일로 저장하는 방법
sjt.lm(regression1_1, show.se=TRUE, show.ci=FALSE, show.fstat=TRUE,
    pred.labels=c("자기신뢰감"), file="(파일 저장 경로)/(파일 이름)")
```

명령어 설명

sjt.lm	'sjPlot' 패키지에서 회귀분석 결과표를 출력하기 위한 함수
show.se	회귀분석 결과표에 표준오차 출력 여부
show.ci	회귀분석 결과표에 신뢰구간 출력 여부
show.fstat	회귀분석 결과표에 F 값 출력 여부
pred.labels	독립변수의 변수 설명 지정

스크립트 설명

③ 연구가설 1에 대한 회귀분석 결과를 'sjPlot' 패키지의 sjt.lm 함수를 이용하여 출력한다.

- sjt.lm 함수는 독립변수와 종속변수를 직접 입력하여 회귀분석의 결과를 출력하는 것이 아니라 앞서 lm 함수로 회귀분석을 한 결과를 이용하여 결과표로 출력해준다.
- 따라서 lm 함수로 연구가설 1에 대한 회귀분석 결과를 할당한 객체 regression1_1을 sjt.lm 함수에 지정한다.
- 다음으로 결과표에 출력될 통계량을 지정한다. 사용자가 따로 지정하지 않는다면 독립변수의 회귀 계수, 신뢰구간, 유의도, 분석에 포함된 사례수, 그리고 R^2 값이 출력된다.
- 이 분석에서는 통계량 중에서 신뢰구간은 출력하지 않고(show.ci=FALSE), 표준오차와 F 검증의 결과를 출력하였다(show.se=TRUE, show.fstat=TRUE).
- 회귀분석의 결과를 Viewer에서 직접 확인하기 위해서는 encoding 인자에 "EUC-KR"을 입력한다. 맥을 사용하는 경우에는 "UTF-8"이라고 입력한다. 리눅스에서는 encoding 인

자를 사용할 필요가 없다.

- 출력될 결과표를 외부 파일로 저장하기 위해 file 인자로 파일을 저장할 경로와 파일 이름을 입력한다.

표 8-2 'sjPlot' 패키지의 단순회귀분석 결과(1)

	자아존중감		
	B	*std. Error*	*p*
(Intercept)	12.83	0.73	**<.001**
자기신뢰감	0.61	0.07	**<.001**
Observations	593		
R^2 / adj. R^2	.124 / .123		
F-statistics	83.695***		

분석 결과

- 출력된 결과를 살펴보면, 앞서 lm 함수를 통해 자기신뢰감이 자아존중감에 미치는 영향을 살펴본 결과와 동일한 것을 확인할 수 있다

R Script

```
# 연구가설 1에 대한 회귀분석 결과 도표
sjp.setTheme(axis.title.size = 1.4, axis.textsize = 1.2)
sjp.lm(regression1_1, show.summary=TRUE)
```

명령어 설명

sjp.setTheme	'sjPlot' 패키지에서 도표의 설정을 위한 함수
axis.title.size	축의 제목 크기
axis.textsize	축의 글자 크기 지정
sjp.lm	'sjPlot' 패키지에서 회귀분석 결과 도표를 출력하기 위한 함수
show.summary	분석 결과에 대한 출력 여부

스크립트 설명

- 회귀분석 결과를 도표 형식으로 출력하기 위해 sjp.lm 함수를 이용한다.
- sjp.setTheme 함수로 도표에 출력될 글자 크기를 조정한다.
- lm 함수로 분석한 회귀분석의 결과가 할당된 객체(regression1_1)를 sjp.lm 함수에 입력한다.
- 회귀모형에 대한 분석 결과를 도표에 제시하도록 한다(show.summary=TRUE).

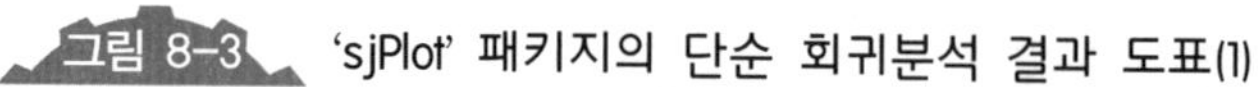

그림 8-3 'sjPlot' 패키지의 단순 회귀분석 결과 도표(1)

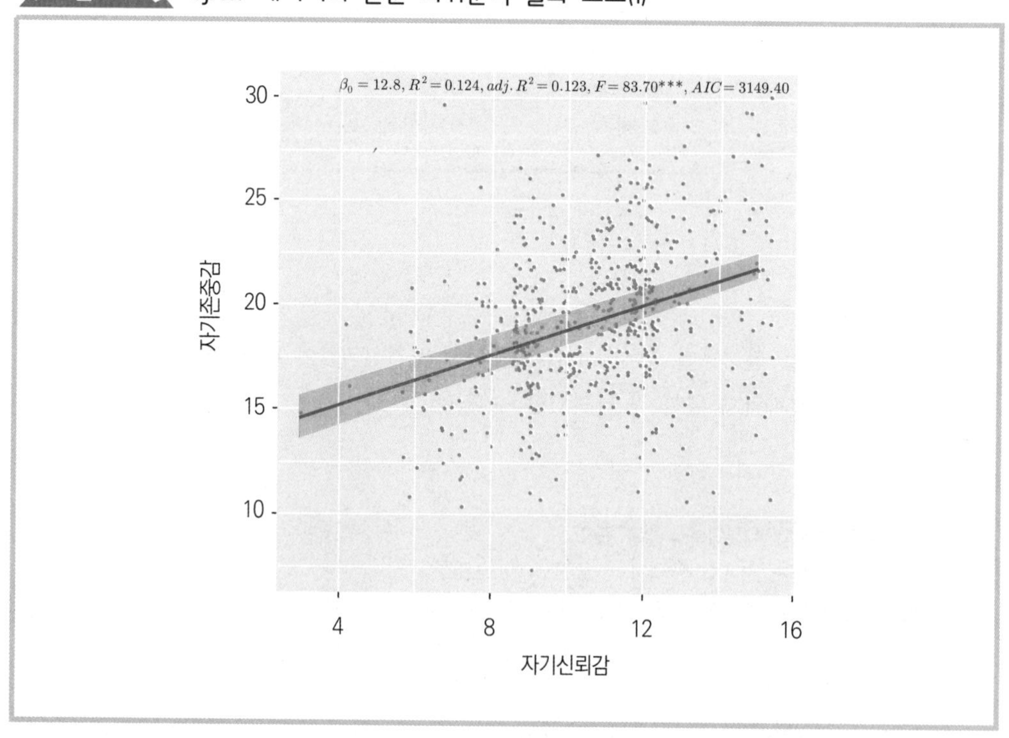

분석 결과

- 출력된 결과를 보면, 독립변수의 영향을 나타내는 회귀선이 그려져 있다. 이 회귀선은 독립변수의 기울기를 나타내는 것으로, 회귀선이 수직에 가까울수록 종속변수에 미치는 독립변수의 영향이 크다는 것을 의미한다.
- 회귀선의 위와 아래에 표시된 음영의 영역은 신뢰구간을 의미한다.

• 도표의 상단부에는 회귀모형에 대한 통계량이 제시되고 있다. 회귀모형에 대한 통계량에는 절편(β_0), R^2 값과 수정된 R^2 값(R^2/adj. R^2), F 값과 유의도, 그리고 AIC[1] 값이 제시되고 있다.

2 연구가설 2의 검증

분석 순서

① 부모에 대한 애착과 자아존중감도 이미 만들어진 변수가 있기에 그대로 사용한다.

② 부모에 대한 애착이 자아존중감에 미치는 영향에 대한 단순회귀분석을 수행한다.

③ 'sjPlot' 패키지를 이용한 회귀분석 결과표와 도표를 출력한다.

R Script

```
# ② 연구가설 2의 검증
regression1_2 <- lm(self.esteem ~ attachment, data=spssdata)
summary(regression1_2)
```

스크립트 설명

• 연구가설 2에 대한 검증을 해보도록 한다. 연구가설 2는 독립변수가 부모에 대한 애착이고, 종속변수가 자아존중감이다.

• 회귀분석을 수행한 결과를 regression1_2라는 객체에 저장하고, summary 함수에 분석 결과를 저장한 객체를 지정하여 회귀분석 결과를 출력한다.

Console

```
> regression1_2 <- lm(self.esteem ~ attachment, data=spssdata)
> summary(regression1_2)
Call:
lm(formula = self.esteem ~ attachment, data = spssdata)
```

1 AIC(Akaike Information Criterion)는 통계적 모형을 비교할 수 있는 기준으로 통계적으로 가장 적합한 모형을 찾는데 사용된다.

```
Residuals:
     Min       1Q   Median       3Q      Max
-12.9825  -2.3980  -0.0924   2.1273  12.2429

Coefficients:
               Estimate    Std. Error    t value    pr(>|t|)
(Intercept)    14.86405      0.64249     23.135    < 2e-16***
attachment      0.22254      0.03087      7.208    1.74e-12***
---
Signif. codes:  0 '***' 0.001 '**' 0.01 '*' 0.05 '.' 0.1 ' ' 1

Residual standard error: 3.513 on 592 degrees of freedom
  (1 observation deleted due to missingness)
Multiple R-squared:  0.08068,  Adjusted R-squared:  0.07913
F-statistic: 51.96 on 1 and 592 DF,  p-value: 1.737e-12
```

분석 결과

- 회귀분석의 결과를 살펴보면, 절편은 14.86405이고, 독립변수의 회귀 계수는 0.22254로 나타났다.
- 독립변수인 부모에 대한 애착이 0인 경우에 자아존중감은 14.86405이고, 부모에 대한 애착이 한 단위 증가할수록 자아존중감은 0.22254만큼 증가함을 알 수 있다. 독립변수의 기울기에 대한 t 값은 7.208이고, 유의도는 1.74e−12로 나타났다.
- 유의도는 0.05보다 낮은 수준이므로 부모에 대한 애착이 자아존중감에 영향을 미치지 않는다는 영가설은 기각되고, 부모에 대한 애착이 자아존중감에 영향을 미치고 있다는 연구가설이 채택된다.
- F 값은 51.96이고, F 값에 따른 유의도는 1.737e−12로 0.05보다 낮은 수준으로 나타나고 있어 '회귀모형은 의미가 없다'는 영가설은 기각되고, '회귀모형은 의미가 있다'는 연구가설이 채택된다.
- 독립변수가 설명하는 종속변수의 분산인 R^2 값은 0.08068로 종속변수의 전체 분산 중에서 8.068%를 독립변수가 설명하는 것으로 나타났다.

R Script

```
# ③ 'sjPlot' 패키지를 이용한 회귀분석 결과표와 도표 출력
# 연구가설 1과 연구가설 2의 결과를 하나의 표로 출력
# Viewer에 직접 출력하는 방법
library(sjPlot)
sjt.lm(regression1_1, regression1_2, show.se=TRUE, show.ci=FALSE, show.fstat=TRUE,
       pred.labels=c("자기신뢰감", "부모에 대한 애착"), encoding="EUC-KR")
# 결과표를 외부 파일로 저장하는 방법
sjt.lm(regression1_1, regression1_2, show.se=TRUE, show.ci=FALSE, show.fstat=TRUE,
       pred.labels=c("자기신뢰감", "부모에 대한 애착"),
       file="(파일 저장 경로)/(파일 이름)")
```

명령어 설명

sjt.lm	'sjPlot' 패키지에서 회귀분석 결과표를 출력하기 위한 함수
show.se	회귀분석 결과표에 표준오차 출력 여부
show.ci	회귀분석 결과표에 신뢰구간 출력 여부
show.fstat	회귀분석 결과표에 F 값 출력 여부
pred.labels	독립변수의 변수 설명 지정

스크립트 설명

③ 'sjPlot' 패키지에서 sjt.lm 함수는 표의 형태로 회귀분석의 결과를 출력할 수 있다.

- sjt.lm 함수는 하나의 회귀모형에 대한 분석 결과를 출력해 줄 수 있을 뿐만 아니라, 여러 개의 회귀모형에 대한 분석 결과를 하나의 표에 출력해 줄 수도 있다.
- 앞서 lm 함수를 이용한 연구가설 1과 연구가설 2의 회귀모형에 대한 분석 결과를 동시에 출력할 수 있는 방법을 제시한다.
- sjt.lm 함수는 lm 함수를 이용한 결과를 이용하기 때문에 sjt.lm 함수에는 앞서 연구가설 1과 연구가설 2의 회귀분석 결과를 저장한 regression1_1과 regression1_2라는 객체를 입력한다.
- 이 분석에서는 통계량 중에서 신뢰구간은 출력하지 않고(show.ci=FALSE), 표준오차와 F 검증의 결과를 출력하도록 하였다(show.se=TRUE, show.fstat=TRUE).
- 결과표에서 독립변수의 설명은 pred.labels 인자를 이용하여 직접 입력하였다. 만약 독립변수와 종속변수의 설명(labels)이 데이터에 입력되어 있다면 pred.labels 인자를 이용하지 않아도 독립변수와 종속변수의 설명이 결과표에 출력된다.
- sjt.lm 함수를 이용한 회귀분석 결과를 Viewer에서 직접 확인하기 위해서 encoding 인자에 "EUC−KR"을 입력한다. 맥을 사용하는 경우에는 "UTF−8"이라고 입력한다. 리눅스에서

는 encoding 인자를 사용할 필요가 없다.

- 회귀분석 결과를 외부 파일로 저장하기 위해서는 file 인자에 결과를 저장할 경로와 파일 이름을 입력하고, 해당 파일을 Excel에서 불러오면 확인할 수 있다.

표 8-3 'sjPlot' 패키지의 단순회귀분석 결과(2)

	자아존중감			자아존중감		
	B	*std. Error*	*p*	*B*	*std. Error*	*p*
(Intercept)	12.83	0.73	**<.001**	14.86	0.64	**<.001**
자기신뢰감	0.61	0.07	**<.001**			
부모에 대한 애착				0.22	0.03	**<.001**
Observations		593			594	
R^2 / adj. R^2		.124 / .123			.081 / .079	
F-statistics		83.695***			51.957***	

분석 결과

- 회귀분석의 결과를 살펴보면, 연구가설 1과 연구가설 2의 회귀모형에 대한 결과가 하나의 결과표에 출력되었다.
- 첫 번째 회귀모형에서는 연구가설 1에 대한 검증으로 자아존중감에 대한 자기신뢰감의 영향을 검증한 결과이다. 결과표에서는 절편과 독립변수의 기울기에 대한 추정량인 회귀계수(B), 표준오차(std. Error), 그리고 유의도(p)가 출력되었고, 제시한 회귀모형에 대한 사례수(Observations), R^2 값과 수정된 R^2 값(R^2/adj. R^2), 그리고 F 검증의 결과(F−statistics)가 출력되었다. 첫 번째 회귀모형에서 출력된 값들은 이전의 lm 함수를 이용한 결과와 동일하게 나타나고 있다.
- 또한 두 번째 회귀모형은 연구가설 2인 부모에 대한 애착이 자아존중감에 미치는 영향에 대하여 검증한 결과를 제시하고 있다.

R Script

```
# 연구가설 2에 대한 회귀분석 결과 도표
sjp.setTheme(axis.title.size = 1.4, axis.textsize = 1.2)
sjp.lm(regression1_2, show.summary=TRUE)
```

명령어 설명

sjp.setTheme	'sjPlot' 패키지에서 도표의 설정을 위한 함수
axis.title.size	축의 제목 크기
axis.textsize	축의 글자 크기 지정
sjp.lm	'sjPlot' 패키지에서 회귀분석 결과 도표를 출력하기 위한 함수
show.summary	분석 결과에 대한 출력 여부

스크립트 설명

- 회귀분석 결과를 도표의 형식으로 출력하기 위해 sjp.lm 함수를 이용한다.
- sjp.setTheme 함수로 도표에 출력될 글자 크기를 조정한다.
- lm 함수로 분석한 회귀분석의 결과가 할당된 객체(regression1_2)를 sjp.lm 함수에 입력한다.
- sjp.lm 함수는 sjt.lm 함수와는 달리 여러 회귀분석에 대한 결과를 함께 출력할 수 없으며, 하나의 회귀분석에 대한 결과만을 출력할 수 있다.
- 회귀모형에 대한 분석결과를 제시하도록 한다(show.summary=TRUE).

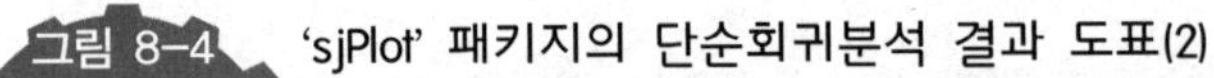
그림 8-4 'sjPlot' 패키지의 단순회귀분석 결과 도표(2)

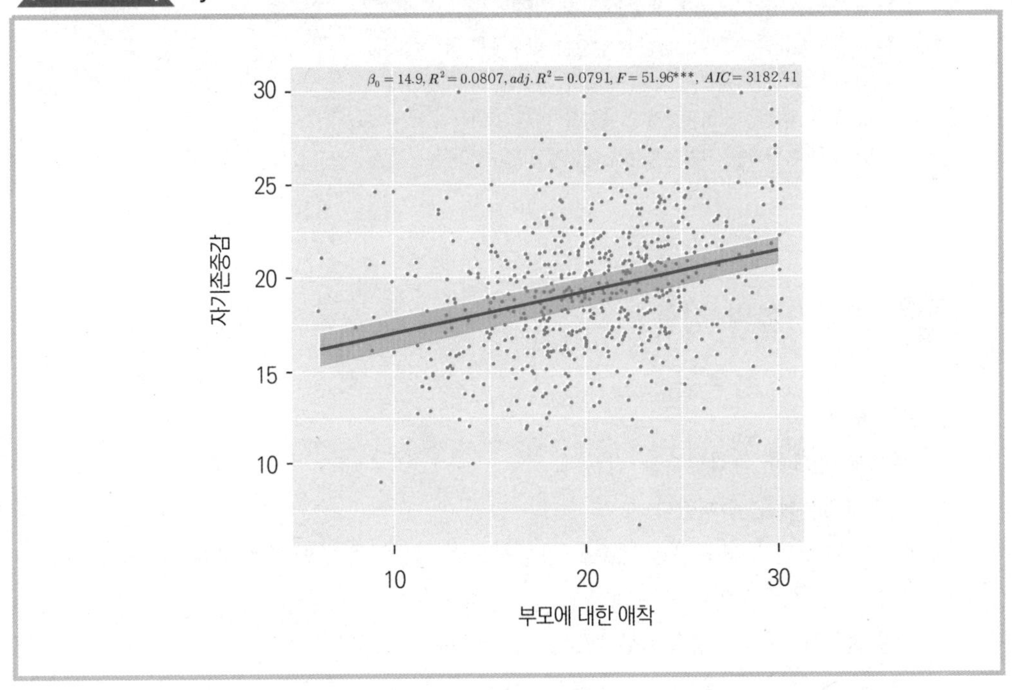

분석 결과

- 출력된 결과에는 부모에 대한 애착이 자아존중감에 미치는 영향에 대한 도표가 출력되었다. 이 도표의 해석은 앞서 연구가설 1의 결과에 대한 도표의 해석을 참고하면 된다.

03 Section > 다중회귀분석의 분석 방법

일반적으로 사회현상에 대한 회귀분석을 수행할 때 회귀모형에 하나의 독립변수만으로 분석하는 경우는 거의 없고, 대부분 여러 개의 독립변수로 모형을 구성한다.

가설

연구가설 1
- 1-1) 성별은 자아존중감에 영향을 미칠 것이다.
- 1-2) 자기신뢰감은 자아존중감에 영향을 미칠 것이다.
- 1-3) 부모에 대한 애착은 자아존중감에 영향을 미칠 것이다.
- 1-4) 부모 감독은 자아존중감에 영향을 미칠 것이다.
- 1-5) 부정적 양육은 자아존중감에 영향을 미칠 것이다.

1 연구가설의 검증

분석 순서

① 분석에 필요한 독립변수를 만든다.

② 다중회귀분석을 수행한다.

③ R은 SPSS와 달리 표준화된 계수를 자동적으로 계산해주지 않기 때문에 별도로 표준화된 계수를 구하는 작업이 필요하다.

④ 독립변수들 간의 다중공선성 여부를 진단한다.

⑤ 'sjPlot' 패키지를 이용해서 결과표 및 도표를 출력한다.

R Script

```
# ① 변수 만들기
# 부모 감독 변수 만들기
spssdata$monitor <- spssdata$q33a07w1+spssdata$q33a08w1+spssdata$q33a09w1+
        spssdata$q33a10w1
# 부모 감독 변수 설명 입력
spssdata$monitor <- set_label(spssdata$monitor, "부모 감독")

# 성별 변수 재부호화
attach(spssdata)
spssdata$sexw1.re[sexw1 == 1] <- 0
spssdata$sexw1.re[sexw1 == 2] <- 1
detach(spssdata)

library(sjmisc)
spssdata$sexw1.re <- set_label(spssdata$sexw1.re, "성별")
spssdata$sexw1.re <- set_labels(spssdata$sexw1.re, c("남자", "여자"))
```

스크립트 설명

① 연구가설 1은 하나의 종속변수에 5개의 독립변수가 미치는 영향에 대해 검증하는 것이다. 이러한 연구가설 1을 검증하기 위해 우선 독립변수와 종속변수를 만든다.

- 연구가설 1에서 종속변수는 자아존중감(self.esteem)이고, 독립변수는 성별(sexw1), 자기신뢰감(self.confidence), 부모에 대한 애착(attachment), 부모 감독(monitor), 그리고 부정적 양육(negative.parenting)이다.
- 이들 변수들 중에서 부모 감독을 제외하고 나머지 변수들은 이미 만들었던 변수들이므로 부모 감독을 만들면 다중회귀분석을 시행할 수 있다.
- 또한 성별 변수에 대해서도 재부호화를 하도록 한다. 성별 변수(sexw1)는 남자 청소년인 경우에는 '1'로, 여자 청소년인 경우에는 '2'로 측정되었다. 성별 변수의 변수값을 남자 청소년인 경우에는 '0'으로, 여자 청소년인 경우에는 '1'로 재부호화한 변수(sexw1.re)를 만들어 남자 청소년을 기준으로 여자 청소년인 경우의 영향을 살펴보도록 한다.

R Script

```
# ② 다중회귀분석
regression2 <- lm(self.esteem ~ sexw1.re+self.confidence+attachment+
        monitor+negative.parenting, data=spssdata)
summary(regression2)
```

스크립트 설명

② 다중회귀분석은 단순회귀분석의 방법과 같이 lm 함수를 이용한다.

- lm 함수에는 종속변수와 독립변수 순서로 입력한다.
- 종속변수와 독립변수 사이에 '~' 기호를 입력하고, 독립변수들 사이에는 '+' 기호를 입력한다. 그리고 종속변수와 독립변수가 있는 데이터를 지정하면 된다.
- lm 함수를 이용한 회귀분석의 결과는 regression2라는 객체에 저장하고, summary 함수를 사용하여 회귀분석의 결과를 확인할 수 있다.

Console

```
> regression2 <- lm(self.esteem ~ sexw1.re+self.confidence+attachment+
+ monitor+negative.parenting, data=spssdata)
> summary(regression2)

Call:
lm(formula = self.esteem ~ sexw1.re + self.confidence + attachment +
    monitor + negative.parenting, data = spssdata)

Residuals:
     Min       1Q   Median       3Q      Max
-12.0556  -1.7500   0.1817   1.3354  13.3301

Coefficients:
                    Estimate  Std. Error  t value    pr(>|t|)
(Intercept)         11.26111     0.98854   11.392    < 2e-16***
sexw1.re            -0.30816     0.27900   -1.105    0.26983
self.confidence      0.52499     0.06843    7.672    7.13e-14***
attachment           0.15729     0.03461    4.545    6.68e-06***
monitor              0.02588     0.04920    0.526    0.59906
negative.parenting  -0.12629     0.04533   -2.786    0.00551**
---
Signif. codes:  0 '***' 0.001 '**' 0.01 '*' 0.05 '.' 0.1 ' ' 1

Residual standard error: 3.319 on 585 degrees of freedom
  (4 observations deleted due to missingness)
Multiple R-squared:  0.1887,   Adjusted R-squared:  0.1818
F-statistic: 27.22 on 5 and 585 DF,  p-value: < 2.2e-16
```

분석 결과

- 다중회귀분석의 결과를 살펴보면, 절편은 11.26111로 나타났다. 그리고 성별의 회귀 계수는 −0.30816, 자기신뢰감은 0.52499, 부모에 대한 애착은 0.15729, 부모 감독은 0.02588, 그리고 부정적 양육은 −0.12629로 나타났다. 다중회귀분석의 결과를 수식으로 나타내면 다음과 같다.

$$\hat{Y} = 11.26111 - 0.30816X_1 + 0.52499X_2 + 0.15729X_3 + 0.02588X_4 - 0.12696X_5$$

$\hat{Y}$: 자아존중감의 추정값
X_1: 성별
X_2: 자기신뢰감
X_3: 부모와의 애착
X_4: 부모 감독
X_5: 부정적 양육

- 독립변수의 회귀 계수에 대한 유의도를 살펴보면, 성별과 부모 감독은 유의도가 0.05보다 높게 나타나고 있어 성별과 부모 감독은 종속변수에 영향을 미치지 않는다는 영가설을 채택하게 된다.
- 자기신뢰감, 부모에 대한 애착, 그리고 부정적 양육은 유의도가 모두 0.05보다 낮은 수준으로 나타났다. 따라서 이들 독립변수는 종속변수에 대해 통계적으로 유의한 영향을 미치고 있음을 알 수 있다.
- 독립변수 중에서 부정적 양육은 회귀 계수가 음수로 나타나고 있어 부정적 양육이 증가할수록 종속변수인 자아존중감은 감소하는 것으로 나타나고 있다. 자기신뢰감과 부모에 대한 애착의 회귀 계수는 모두 양수로 나타나고 있어 이들 독립변수의 값이 증가할수록 자아존중감이 증가하는 것으로 나타났다.
- 다중회귀모형에 대한 통계량을 살펴보면, F 값이 27.22로 유의도는 2.2e−16으로 나타났다. F 값에 따른 유의도가 0.05보다 낮은 수준이므로 회귀모형은 의미가 없다는 영가설을 기각하고, 회귀모형은 의미가 있다는 연구가설을 채택할 수 있다.
- R^2 값은 0.1887로 종속변수의 분산 중에서 독립변수에 의해 설명되는 분산은 18.87%인 것으로 나타났다.
- 다중회귀분석의 결과에서 종속변수에 통계적으로 유의한 영향을 미치는 것으로 나타난 독립변수는 자기신뢰감, 부모에 대한 애착, 그리고 부정적 양육이다.

• 위의 결과에서는 종속변수에 미치는 독립변수의 상대적 영향력의 크기를 비교할 수 없다.
• lm 함수에서 얻은 독립변수의 회귀 계수는 독립변수가 한 단위 증가할 때 종속변수가 변하는 양을 의미한다. 만약 각 독립변수의 단위가 다르게 측정되었다면 회귀 계수의 의미가 서로 다르므로 독립변수의 회귀 계수로는 직접 비교가 불가능하다. 따라서 종속변수에 대한 독립변수의 영향을 의미하는 회귀 계수를 비교하기 위해서는 표준화된 계수로 비교해야 한다.

R Script

```
# ③ 표준화 계수값 구하기
install.packages("QuantPsyc")
library(QuantPsyc)
lm.beta(regression2)
round(lm.beta(regression2), 3) # 표준화 계수값을 소수점 3자리로 지정
```

명령어 설명

QuantPsyc	심리학의 양적 연구를 위한 패키지
lm.beta	표준화된 회귀 계수를 구하기 위한 함수

스크립트 설명

③ 표준화 계수는 'QuantPsyc' 패키지의 lm.beta 함수를 통해 구할 수 있다.
• lm.beta 함수에는 다중회귀분석의 결과를 저장한 객체를 입력하면 된다. 그리고 round 함수를 이용하여 표준화 계수의 소수점을 지정할 수 있다.

Console

```
> lm.beta(regression2)
      sexw1.re  self.confidence   attachment     monitor  negative.parenting
   -0.04202828       0.30069582   0.19993262  0.02322585         -0.10692453

> round(lm.beta(regression2), 3)
      sexw1.re  self.confidence   attachment     monitor  negative.parenting
        -0.042            0.301        0.200       0.023              -0.107
```

분석 결과

- 소수점 3자리로 지정한 표준화 계수값을 비교하면 자기신뢰감의 표준화 계수가 0.301로 가장 높게 나타나고 있다. 그 다음으로는 부모에 대한 애착(0.200), 부정적 양육(−0.107), 성별(−0.042), 그리고 부모 감독(0.023)의 순으로 나타나고 있다.
- 이 결과를 통해 자아존중감에 가장 큰 영향을 미치는 독립변수는 자기신뢰감인 것을 알 수 있다.

R Script

```
# ④ 다중공선성 진단을 위한 VIF 값 구하기
library(car)
vif(regression2)
```

명령어 설명

car	회귀분석의 응용을 위한 패키지
vif	다중공선성을 진단하기 위한 VIF를 계산해주는 함수

스크립트 설명

④ 다중회귀분석을 할 때는 다중공선성(multicollinearity)의 문제를 고려하는 것이 필요하다.

- 다중공선성은 독립변수들 간에 높은 상관관계가 있는 경우에 발생되는데, 독립변수들 간에 다중공선성이 존재할 때 회귀 계수 추정치의 안정성과 신뢰성에 문제가 발생한다.
- 회귀모형에서 다중공선성을 진단하기 위한 방법 중의 하나로 분산팽창계수(VIF: Variance Inflation factor)를 구해보면 된다. 분산팽창계수는 'car' 패키지의 vif 함수를 이용해서 구할 수 있다.
- vif 함수에는 다중회귀분석의 결과를 저장한 객체를 입력하여 구할 수 있다. vif 값이 클수록 다중공선성으로 인해 회귀모형이 문제가 있다는 것을 의미한다.
- 대체로 다중공선성으로 인한 문제가 있다고 가정할 수 있는 vif 값은 10을 기준으로 한다. vif 값이 10 미만이면 다중공선성으로 인한 문제는 없다고 간주할 수 있다.

Console

```
> vif(regression2)
    sexw1.re  self.confidence      attachment         monitor  negative.parenting
    1.044100         1.107805        1.395480        1.405715            1.062209
```

분석 결과

- 연구가설에서 가정한 회귀모형에서의 다중공선성을 살펴보면 모든 독립변수의 vif 값이 2 미만으로 나타나고 있어 다중공선성으로 인한 문제는 없는 것으로 볼 수 있다.
- 만약 vif 값이 10 이상인 변수가 존재한다면 다중공선성의 문제를 해결하기 위해서 해당 변수를 제외하거나, 해당 변수와 유사한 다른 변수와 더하여 하나의 변수로 만드는 방법을 사용할 수 있다.

R Script

```
# ⑤ 'sjPlot' 패키지를 이용한 결과표 및 도표 출력
# 다중회귀분석 결과표 작성
sjt.lm(regression2, show.std=TRUE, show.se=TRUE, show.ci=FALSE, show.fstat=TRUE,
       encoding="EUC-KR")

# 통계량 설명을 한글로 변경
sjt.lm(regression2, show.std=TRUE, show.se=TRUE, show.ci=FALSE, show.fstat=TRUE,
       string.se="표준오차", string.std="표준화 계수", string.est="계수",
       string.p="유의도", encoding="EUC-KR")
```

명령어 설명

sjt.lm	'sjPlot' 패키지에서 회귀분석 결과를 표로 출력할 수 있는 함수
string.se	표준오차의 설명 입력
string.std	표준화 계수의 설명 입력
string.est	회귀 계수의 설명 입력
string.p	유의도의 설명 입력
sjp.lm	'sjPlot' 패키지에서 회귀분석 결과를 도표로 출력하기 위한 함수

스크립트 설명

⑤ 다중회귀분석의 결과를 살펴보는 방법으로 'sjPlot' 패키지를 이용하여 다중회귀분석의 결과를 표나 도표의 형태로 출력하는 방법이 있다.

- sjt.lm 함수는 다중회귀분석의 결과를 표의 형식으로 출력할 수 있는 함수이다.
- sjt.lm 함수에는 lm 함수에서 다중회귀분석 모형의 결과를 저장한 객체를 지정한다.
- 결과표에 출력될 통계량을 몇몇 인자를 이용하여 지정할 수 있다. 이 분석에서는 표준화 계수(show.std=TRUE), 표준오차(show.se=TRUE), 그리고 F 값(show.fstat=TRUE)을 출력하도록 하였다.

- 결과표에는 회귀 계수와 회귀 계수에 대한 유의도가 함께 출력되는데, 이 두 통계량은 따로 지정하지 않아도 기본적으로 출력되도록 지정되어 있다.
- sjt.lm 함수는 lm 함수와는 달리 별도의 패키지와 함수를 이용하지 않고 표준화 계수에 대해 출력 여부를 지정하면 결과표에 포함되어 출력된다.
- 만일 다중회귀분석의 결과표에서 통계량에 대한 설명을 직접 입력하기를 원한다면 추가적인 인자를 통해 변경할 수 있다. 두 번째 분석 결과에서는 회귀 계수(B)에 대한 설명을 '계수'로 변경하고(string.est="계수"), 표준오차(std.Error)에 대한 설명을 '표준오차'로(string.se="표준오차"), 표준화 계수(std.Beta)에 대한 설명은 '표준화 계수'로(string.std="표준화 계수"), 유의도(p)에 대한 설명은 '유의도'(string.p="유의도")로 변경하였다.
- sjt.lm 함수를 이용한 회귀분석 결과를 Viewer에서 직접 확인하기 위해서는 encoding 인자에 "EUC-KR"을 입력한다. 맥을 사용하는 경우에는 "UTF-8"이라고 입력한다. 리눅스에서는 encoding 인자를 사용할 필요가 없다.
- 회귀분석 결과를 외부 파일로 저장하기 위해서는 file 인자에 결과를 저장할 경로와 파일 이름을 입력하고, 해당 파일을 Excel에서 불러오면 확인할 수 있다.

표 8-4 'sjPlot' 패키지의 다중회귀분석 결과

	자아존중감			
	B	*std. Error*	*std. Beta*	*p*
(Intercept)	11.26	0.99		**<.001**
성별	-0.31	0.28	-0.04	.270
자기신뢰감	0.52	0.07	0.30	**<.001**
부모에 대한 애착	0.16	0.03	0.20	**<.001**
부모 감독	0.03	0.05	0.02	.599
부정적 양육	-0.13	0.05	-0.11	**.006**
Observations	591			
R^2 / adj. R^2	.189 / .182			
F-statistics	27.219***			

표 8-5 통계량 설명을 한글로 변경한 다중회귀분석 결과

	자아존중감			
	계수	*표준오차*	*표준화 계수*	*유의도*
(Intercept)	11.26	0.99		**<.001**
성별	-0.31	0.28	-0.04	.270
자기신뢰감	0.52	0.07	0.30	**<.001**
부모에 대한 애착	0.16	0.03	0.20	**<.001**
부모 감독	0.03	0.05	0.02	.599
부정적 양육	-0.13	0.05	-0.11	**.006**
Observations	591			
R^2 / adj. R^2	.189 / .182			
F-statistics	27.219***			

분석 결과

- 결과표를 살펴보면, 다섯 개의 독립변수에 대한 앞서 지정한 통계량이 출력되었다. 이들 통계량은 회귀 계수(B), 표준오차(std.Error), 표준화 계수(std.Beta), 그리고 유의도(p)로 출력되었고, 다중회귀모형에 대한 통계량에는 분석에 사용한 사례수(Observations), R^2 값과 수정된 R^2 값(R^2/adj. R^2), 그리고 F 검증의 결과(F-statistics)가 출력되었다.

R Script

```
# 'sjPlot' 패키지를 이용한 다중회귀분석 도표 작성
sjp.setTheme(axis.title.size = 1.0, axis.textsize = 1.2)
sjp.lm(regression2, axis.labels=c("성별", "자기신뢰감", "부모에 대한 애착",
      "부모 감독", "부정적 양육"), axis.title="자아존중감",
      wrap.labels=5, show.summary=TRUE)
# 'sjPlot' 패키지를 이용한 다중회귀분석 도표에 표준화 계수를 이용하여 작성
sjp.lm(regression2, axis.labels=c("성별", "자기신뢰감", "부모에 대한 애착",
      "부모 감독", "부정적 양육"), axis.title="자아존중감",
      wrap.labels=5, type="std", axis.lim=c(-0.20, 0.40),
      show.summary=TRUE)

# 'sjPlot' 패키지를 이용한 다중공선성 진단
library(lmtest)
sjp.lm(regression2, type="vif")
```

명령어 설명

sjp.lm	'sjPlot' 패키지에서 회귀분석 결과를 도표로 출력하기 위한 함수
axis.labels	y축에 출력될 변수 설명을 입력
axis.title	x축에 출력될 제목을 입력
type	출력될 계수값을 지정(lm: 추정치, std: 표준화 계수, vif: 다중공선성 진단을 위한 계수 등)
axis.lim	x축의 최소값과 최대값을 지정
wrap.labels	변수 설명에서 한 라인당 글자수 지정
show.summary	분석 결과에 대한 출력 여부
lmtest	선형회귀모형에서의 진단을 위한 패키지

스크립트 설명

- 'sjPlot' 패키지의 sjp.lm 함수는 회귀분석의 결과를 도표 형식으로 출력할 수 있는 함수이다. sjp.lm 함수에서는 회귀 계수와 관련된 도표는 forest plot의 형식으로 출력된다.
- 도표에 대한 기본적인 설정을 위해 sjp.setTheme 함수를 이용한다.
- 여기에는 축 제목의 크기(axis.title.size=1.0)와 x축과 y축 설명의 글자 크기를 지정한다(axis.textsize=1.2).
- sjp.lm 함수에는 다중회귀분석의 결과를 저장한 객체(regression2)를 지정하고, y축에 출력될 변수 설명을 lm 함수에 입력한 독립변수의 순서대로 입력한다(axis.labels=c("성별", "자기신뢰감", "부모에 대한 애착", "부모 감독", "부정적 양육")). 그리고 x축의 제목을 입력하고(axis.title="자아존중감"), 변수 설명에서 한 라인당 출력될 글자수와 다중회귀모형에 대한 통계량의 출력 여부를 지정한다(wrap.labels=5, show.summary=TRUE).
- 만일 회귀 계수 대신 표준화 계수를 표시하고자 한다면 type 인자를 이용하여 도표를 출력할 수 있다. type 인자는 기본적으로 회귀 계수(lm)로 지정되어 있으므로 따로 지정하지 않는다면 비표준화된 회귀 계수가 출력된다. type 인자를 std로 지정하게 되면 도표에 회귀 계수 대신에 표준화 계수가 출력된다(type="std").
- 다중회귀모형에 대한 다중공선성 진단의 결과를 도표로 출력하기 위해서는 type 인자를 vif로 지정해야 한다. 그리고 다중공선성 진단을 위한 vif 값을 계산하기 위해서는 'lmtest' 패키지가 로딩되어 있어야 한다. sjp.lm 함수에는 다중회귀분석의 결과가 저장된 객체를 지정하고, type 인자에는 vif로 지정한다.

그림 8-5 'sjPlot' 패키지의 다중회귀분석 결과 도표(회귀계수)

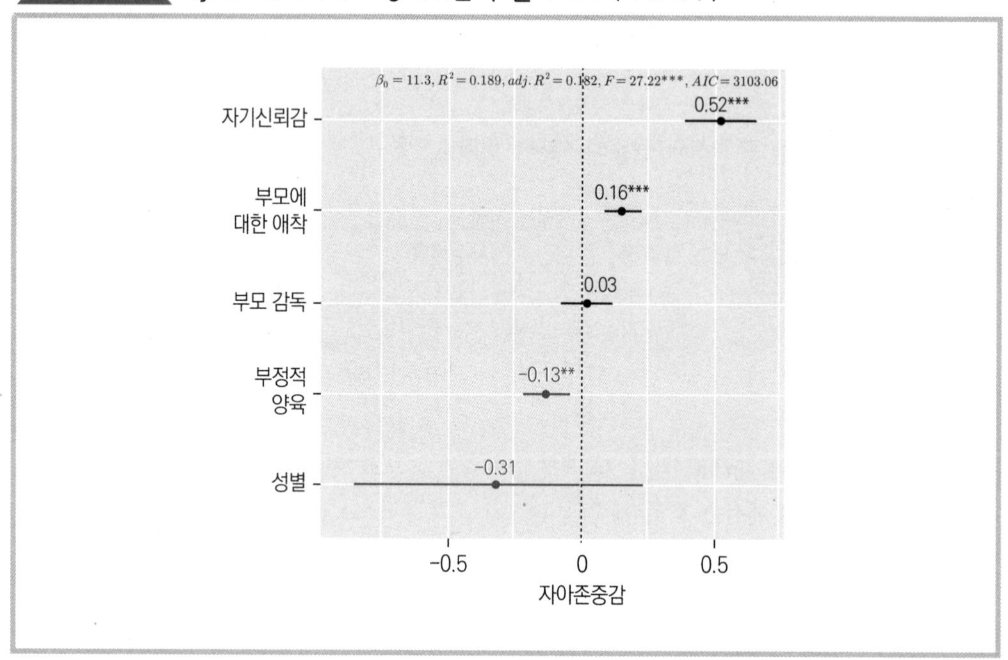

분석 결과

- 출력된 결과에는 각 독립변수의 회귀 계수의 크기가 도표로 표시되었다. 각 독립변수의 점의 위치는 회귀 계수를 의미하고, 따로 숫자와 유의도 표시로도 표시되었다.
- 여기서 회귀 계수가 음수인 경우에는 빨간색(본서에서는 파란색) 점과 숫자로 표시되고, 양수인 경우에는 파란색(본서에서는 검정색)으로 표시된다. 그리고 선의 길이는 신뢰구간을 의미한다.
- 도표의 위쪽에는 다중회귀모형에 대한 통계량이 출력되었다.

그림 8-6 'sjPlot' 패키지의 다중회귀분석 결과 도표(표준화 회귀계수)

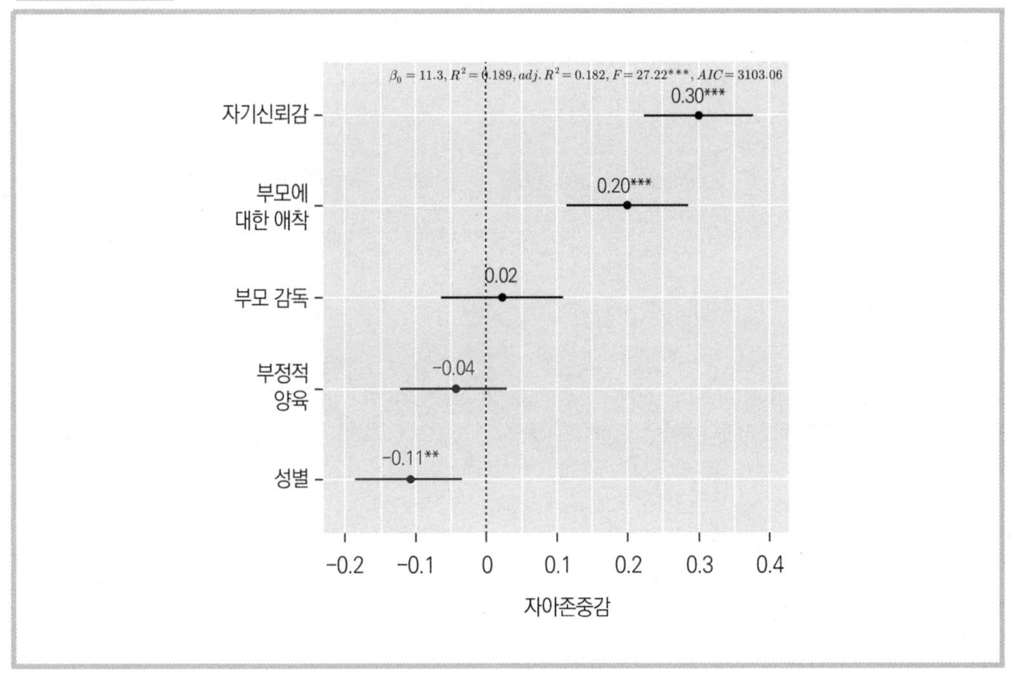

분석 결과

- 표준화 계수로 출력된 도표는 회귀 계수의 결과와 같은 형식으로 출력되고, 점의 위치나 선의 길이는 각각 표준화 계수와 표준화 계수에 따른 신뢰구간을 의미한다.

그림 8-7 다중공선성 진단 도표

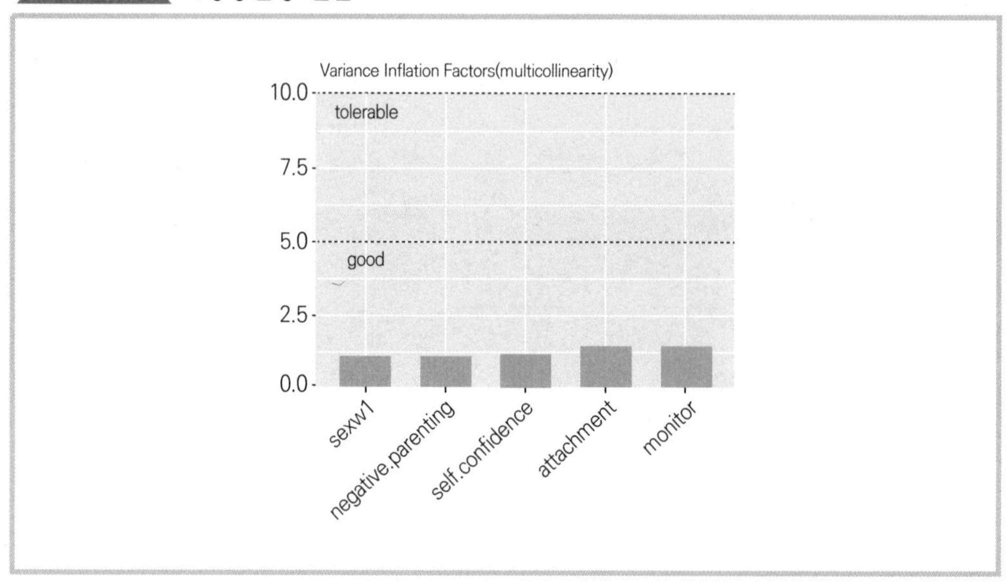

분석 결과

- 다중공선성 진단 결과를 살펴보면, 독립변수들의 vif 값이 모두 2.5 이하인 것을 확인할 수 있다. 따라서 앞서 분석한 다중회귀분석의 결과에서는 다중공선성으로 인한 문제는 없는 것으로 판단할 수 있다.
- 도표에는 vif 값이 5와 10을 기준으로 'good'과 'tolerable'로 표시되어 있다. vif 값이 5 미만이라면 다중공선성의 문제가 없는 다중회귀모형이고, 5 이상 10 미만인 경우에는 vif 값이 다소 높지만 다중공선성의 문제가 발생될 만큼의 잘못된 회귀모형은 아니라고 할 수 있다.
- 그렇지만 vif 값이 10 이상이라면 다중공선성으로 인한 문제가 발생될 수 있으므로 vif 값이 10 이상인 변수를 제외하거나, 해당 변수와 상관관계가 높은 다른 변수와 더하여 하나의 변수로 만들어 다중공선성의 문제를 해결해야 한다.

2 모형 선택 방법

다중회귀분석은 2개 이상의 독립변수가 하나의 종속변수에 미치는 영향을 살펴보기 위한 방법이다. 앞에서 분석한 내용은 연구가설을 검증하기 위해서 복수의 독립변수와 하나의 종속변수 간의 관계를 동시에 분석한 것이다. 그렇지만 연구목적에 따라서는 종속변수를 설명하는데 있어 가장 효과적으로 설명할 수 있는 독립변수가 무엇인지를 찾아내는 것이 목적인 경우도 있다. 사회과학 연구에서 중요한 원리 중의 하나는 간명성(parsimony)이다. 같은 효과라면 수많은 독립변수로 종속변수를 설명하는 것보다는 주요한 몇 개의 독립변수로 설명하는 것이 더 좋은 모형이라는 것이다.

이 경우 회귀 모형에 투입된 수많은 독립변수들 중에서 어떤 변수를 회귀 모형에서 제외하는 것이 더 좋은 모형이 될지를 결정해야 한다. 이 때 사용되는 통계량 중 하나가 AIC(Akaike Information Criterion)[2]이다. AIC는 변수의 수와 모형 적합도를 고려한 통계량으로 값이 낮을수록 좋은 모형으로 볼 수 있다.

모형 선택은 step 함수를 이용하여 분석할 수 있다. step 함수에서 변수 선택의 방법은 전진(forward) 선택 방법과 후진(backward) 제거 방법, 그리고 선택 제거(both) 방법이 있다. 전진 선택 방법은 사용자가 기준으로 삼은 모형에서 변수가 하나씩 추가되었을 때의 AIC 값을 비교하게 된다. 기준으로 삼은 모형의 AIC 값보다 변수가 추가되었을 때의 AIC 값이 더 낮아진다면 해당 변수를 추가하게 된다. 또한 다음 단계에서는 이전 단계에서 변수가 추가된 모형의 AIC 값과 또 다른 변수가 추가되었을 때의 AIC 값을 비교하여 이전 단계에서의 AIC 값보다 낮은 AIC 값이 나오는 변수를 찾게 된다.

후진 제거 방법은 제시된 회귀 모형에서 하나의 변수가 제거되었을 경우의 AIC 값이 제거되기 이전의 AIC 값보다 낮아지면 해당 변수를 제거하는 방식이다. 선택 제거 방법은 전진 선택 방법과 후진 제거 방법을 함께 사용하는 방법으로 첫 번째 단계에서는 후진

---

2 AIC는 모형의 적합도(goodness of fit)와 모형의 복잡성(complexity of the model) 사이의 균형을 다루는 통계량으로 수식은 다음과 같다.

$$AIC = 2k - 2\ln(L)$$

수식에서 k는 모수(parameter)의 개수이고, 2ln(L)은 모형의 적합도를 의미한다. AIC의 값은 모수의 개수, 즉 변수의 수가 많아지면 높아지게 된다. 그리고 모형의 적합도가 높으면 AIC의 값은 낮아지게 된다. AIC의 값은 낮을수록 좋은 모형이라는 의미로, 적은 변수로 적합도가 높은 모형이 좋은 모형이라는 간명성의 원리를 반영한 것이다.

제거의 방법을 사용하여 하나의 변수를 제거한다. 그리고 다음 단계에서는 또 다른 변수를 제거했을 경우의 AIC 값을 비교하여 변수가 제거되었을 경우에 AIC 값이 가장 낮아진 변수를 제거한다. 이와 동시에 이전 단계에서 제거되었던 변수가 추가되었을 경우의 AIC 값을 함께 비교하게 된다. 만약 이전 단계에서 제거된 변수가 다음 단계에서 추가되었을 경우에 AIC 값이 낮아지게 된다면 이 변수는 다시 추가된다.

1) 전진 선택 방법

분석 순서

① 데이터에서 결측값 사례를 제외한다.

② 전진 선택 방법에 사용하기 위해서 모든 독립변수를 투입한 회귀분석 결과와 기본 모형의 결과를 객체에 할당한다

③ step 함수를 이용하여 전진 선택 방법의 모형 선택을 분석한다.

R Script

```
# ① 결측값 사례 제외
spssdata.no.na <- na.omit(spssdata[c("self.esteem", "sexw1.re", "self.confidence",
        "attachment", "monitor", "negative.parenting")])
```

스크립트 설명

① step 함수를 이용하기 전에 회귀 모형에서 가정한 독립변수와 종속변수에 결측값이 없는 데이터를 만들어야 한다.

- 이러한 이유로는 전진 선택 방법이나 후진 선택 방법에서 변수가 추가되거나 제거되는데, 투입되거나 제거되는 변수에 따라 결측값 사례수가 다르게 되면 분석 결과의 일관성이 떨어지기 때문이다.
- 결측값이 있는 사례를 제거하기 위한 방법으로 na.omit 함수를 이용할 수 있다. na.omit 함수에 회귀 모형에 투입된 변수를 지정하면 spssdata.no.na라는 객체에는 결측값이 없는 사례만 저장된다.

R Script

```
# ② 전체 모형과 기본 모형
regression3 <- lm(self.esteem ~ sexw1.re+self.confidence+attachment+
    monitor+negetive.parenting, data=spssdata.no.na)
null <- lm(self.esteem ~ 1, data=spssdata.no.na)

# ③ 전진 선택 모형
step1 <- step(null, scope=list(lower=null, upper=regression3), direction="forward")
summary(step1)
```

명령어 설명

na.omit	해당 데이터에서 결측값 사례를 제거하기 위한 함수
step	AIC를 기준으로 모형을 선택하기 위한 함수
scope	모형 선택에서의 변수 범위
direction	모형선택을 위한 단계의 방향을 지정(forward[전진 선택], backward[후진 제거], both[전진 선택과 후진 제거의 방법을 모두 사용])

스크립트 설명

② 전진 선택 방법에 사용하기 위해서 모든 독립변수를 투입한 회귀분석 결과와 기본 모형의 결과를 각각 객체에 할당한다.

- 전진 선택 방법을 통한 모형 선택을 분석하기 위해 모든 독립변수를 투입한 전체 모형을 regression3이라는 객체에 할당한다.
- 또한 전진 선택 방법을 통한 모형 선택을 분석하기 위해서는 사용자가 가정한 기본 모형을 지정한다.
- 모형 선택에서 사용자가 제외할 수 없는 독립변수가 있다면, 그 독립변수가 포함된 모형을 시작으로 단계별로 독립변수를 추가할 수 있다.
- 이 분석에서는 독립변수가 전혀 없는 모형을 기본 모형으로 가정하여 null이라는 객체에 저장하였다(null <- lm(self.esteem ~ 1, data=spssdata.no.na)).

③ step 함수를 이용한 모형 선택에서 전진 선택 방법을 적용하여 살펴본다.

- step 함수에는 기본 모형을 지정하고, scope 인자를 통해 기본 모형(lower=null)과 연구자가 지정한 회귀 모형(upper=regression3)을 입력한다. 여기서 연구자가 지정한 회귀 모형은 연구자가 가정한 독립변수가 모두 투입된 회귀 모형이 된다.
- 모형 선택을 위한 각 단계의 방향을 지정한다(direction="forward").

• step 함수로 지정한 모형 선택에 대한 분석 결과는 step1이라는 객체에 저장한다.

Console

```
> spssdata.no.na <- na.omit(spssdata[c("self.esteem", "sexw1.re",
+ "self.confidence", "attachment", "monitor", "negative.parenting")])
> regression3 <- lm(self.esteem ~ sexw1.re+self.confidence+attachment+
+ monitor+negative.parenting, data=spssdata.no.na)
> null <- lm(self.esteem ~ 1, data=spssdata.no.na)
> step1 <- step(null, scope=list(lower=null, upper=regression3), direction="forward")
Start:  AIC=1537.49
self.esteem ~ 1

                     Df   Sum of Sq      RSS      AIC
+ self.confidence     1      996.40   6945.7   1460.3
+ attachment          1      657.51   7284.6   1488.4
+ monitor             1      378.05   7564.1   1510.7
+ negative.parenting  1      241.68   7700.4   1521.2
<none>                                7942.1   1537.5
+ sexw1.re            1        4.33   7937.8   1539.2
```

분석 결과 : 첫 번째 단계

• step 함수를 이용한 결과를 살펴보면, 첫 번째 단계에서는 기본 모형이 적용되었고, 기본 모형에서 각 독립변수가 추가되었을 경우의 자유도(Df), 제곱합(Sum of Sq), 잔차 제곱합(RSS: Residual Sum of Square), 그리고 AIC 값이 출력된다.

• 아무런 독립변수가 포함되지 않은 기본 모형의 AIC 값은 첫 번째 단계에 제시된 AIC 값인 1537.49이다. AIC 값이 제시된 바로 아래 해당 모형이 제시되어 있고(self.esteem ~ 1), 그 아래 모형에 포함되지 않은 변수들에 대한 정보가 제시되어 있다. 이 정보에는 남아 있는 변수들 중에서 해당 변수가 모형에 포함되었을 때 예상되는 AIC 값이 제시되어 있다.

• AIC 값을 기준으로 살펴보면, 독립변수를 전혀 가정하지 않은 기본 모형에 자기신뢰감 변수(self.confidence)가 추가되었을 경우의 AIC 값은 1460.3으로 나타났다.

• 자기신뢰감 변수가 추가되었을 경우에는 기본 모형의 AIC 값보다 낮고, 다른 변수가 추가되었을 때보다 AIC 값이 더 낮기 때문에 첫 번째 단계에서 선택된 독립변수는 자기신뢰감이다.

Console

```
Step:  AIC=1460.26
self.esteem ~ self.confidence

                      Df  Sum of Sq     RSS     AIC
+ attachment           1     398.92  6546.8  1427.3
+ negative.parenting   1     189.70  6756.0  1445.9
+ monitor              1     117.04  6828.7  1452.2
<none>                               6945.7  1460.3
+ sexw1.re             1       0.04  6945.7  1462.3
```

분석 결과 : 두 번째 단계

- 두 번째 단계에서의 모형은 이전 단계에서 선택된 독립변수인 자기신뢰감이 추가된 모형이 된다. 이 모형의 AIC 값은 1460.26으로 나타났다. 그리고 두 번째 단계에서는 첫 번째 단계에서 선택된 자기신뢰감 변수를 제외한 나머지 독립변수에 대한 정보가 출력된다.
- 독립변수가 추가되었을 경우에 기본 모형의 AIC 값보다 낮은 AIC 값을 갖는 독립변수는 부모에 대한 애착(attachment), 부정적 양육(negative.parenting), 그리고 부모 감독(monitor)으로 나타났다.
- 이들 변수 중에서 AIC 값이 가장 낮은 독립변수는 부모에 대한 애착이므로 두 번째 단계에서 선택된 독립변수는 부모에 대한 애착이 된다.

Console

```
Step:  AIC=1427.3
self.esteem ~ self.confidence + attachment

                      Df  Sum of Sq     RSS     AIC
+ negative.parenting   1     88.193  6458.6  1421.3
<none>                               6546.8  1427.3
+ sexw1.re             1     13.892  6532.9  1428.0
+ monitor              1      2.933  6543.9  1429.0
```

분석 결과 : 세 번째 단계

- 세 번째 단계에서의 모형은 독립변수로 자기신뢰감과 부모에 대한 애착을 가정한 모형이 된다. 그리고 이전 단계에서와 같은 방법으로 살펴본 결과, 부정적 양육이 세 번째 단계에

서 선택되었다.

Console

```
Step:  AIC=1421.29
self.esteem ~ self.confidence + attachment + negative.parenting


                    Df   Sum of Sq      RSS      AIC
<none>                              6458.6   1421.3
+ sexw1.re           1     12.3871  6446.2   1422.2
+ monitor            1      1.9987  6456.6   1423.1
```

분석 결과 : 네 번째 단계

- 네 번째 단계에서는 독립변수로 자기신뢰감, 부모에 대한 애착, 그리고 부정적 양육이 가정된 기본 모형의 AIC 값보다 기본 모형에 추가되었을 경우에 AIC 값이 낮아지는 독립변수가 없으므로 전진 선택 방법은 중단된다.

Console

```
> summary(step1)

Call:
lm(formula = self.esteem ~ self.confidence + attachment + negative.parenting,
    data = spssdata.no.na)

Residuals:
     Min       1Q   Median      3Q      Max
-12.2688  -1.9965  -0.0109  1.9593  13.3149

Coefficients:
                    Estimate   Std. Error   t value    pr(>|t|)
(Intercept)         11.25424     0.96976    11.605    < 2e-16***
self.confidence      0.53994     0.06621     8.155    2.13e-25***
attachment           0.15947     0.03067     5.199    2.77e-07***
negative.parenting  -0.12817     0.04527    -2.831      0.0048**
---
Signif. codes:  0 '***' 0.001 '**' 0.01 '*' 0.05 '.' 0.1 ' ' 1
```

```
Residual standard error: 3.317 on 587 degrees of freedom
Multiple R-squared:  0.1868,    Adjusted R-squared:  0.1826
F-statistic: 44.94 on 3 and 587 DF,  p-value: < 2.2e-16
```

분석 결과 : 전진 선택 방법의 최종 모형

- 전진 선택 방법을 통한 최종 모형은 독립변수로 자기신뢰감, 부모에 대한 애착, 그리고 부정적 양육인 포함된 회귀 모형이다. 그리고 최종 모형의 결과는 summary 함수에 step 함수를 이용한 결과를 저장한 객체(step1)를 입력하면 확인할 수 있다.
- 최종 모형의 결과를 살펴보면, 독립변수인 자기신뢰감, 부모에 대한 애착, 그리고 부정적 양육은 종속변수인 자아존중감에 모두 통계적으로 유의한 영향을 미치고 있는 것으로 나타났다. 이들 독립변수 중에서 자기신뢰감과 부모에 대한 애착은 회귀 계수가 양수이므로 종속변수에 정적 영향을 미치고 있다. 즉 자기신뢰감이나 부모에 대한 애착이 높아질수록 자아존중감이 높아진다. 이에 비해 부정적 양육의 회귀 계수는 음수이므로 자아존중감에 부적 영향을 미치는 것으로 나타나고 있어, 부정적 양육이 높아질수록 자아존중감이 낮아지는 결과를 보이고 있다.
- 최종 모형의 F 값은 44.94이고, 유의도는 2.2e−16으로 0.05보다 낮은 수준이므로 최종 모형은 의미가 있는 것으로 나타났다. 그리고 R^2 값은 0.1868로 종속변수인 자아존중감의 전체 분산 중에서 3개의 독립변수가 18.68%를 설명하고 있는 것을 알 수 있다.

2) 후진 제거 방법

분석 순서

① 데이터에서 결측값 사례를 제외한다.

- step 함수를 이용하기 전에 회귀 모형에서 가정한 독립변수와 종속변수에 결측값이 없는 데이터를 만들어야 한다.
- 데이터에서 결측값 사례를 제외하는 방법은 전진 선택 방법에서 설명하였으므로 생략한다.

② 후진 제거 방법에 사용하기 위해서 모든 독립변수를 투입한 회귀분석 결과를 객체에 할당한다

- 이를 위해서 전진 선택 방법에서 이미 만들어둔 regression3이라는 객체를 사용한다.

③ step 함수를 이용하여 후진 제거 방법의 모형 선택을 분석한다.

R Script

```
# ③ 후진 제거 모형
step2 <- step(regression3, direction="backward")
summary(step2)
```

스크립트 설명

③ 다음으로 모형 선택의 방법으로 후진 제거 방법을 살펴보도록 한다. 후진 제거 방법은 step 함수에서 연구자가 가정한 회귀 모형을 입력한 후에 direction 인자를 backward로 지정하면 된다.

- 후진 제거 방법을 위해 step 함수에는 앞서 연구자가 가정한 회귀 모형에서 모든 독립변수를 투입한 회귀분석 결과를 할당한 객체(regression3)를 지정한다.
- direction 인자에는 backward로 지정한다.
- 후진 제거 방법을 통해 얻은 모형 선택의 결과를 출력하기 위해 step 함수의 내용을 step2라는 객체에 할당하고, summary 함수를 통해 결과를 출력한다.

Console

```
> step2 <- step(regression3, direction="backward")
Start:  AIC=1423.87
self.esteem ~ sexw1.re + self.confidence + attachment + monitor + negative.parenting


                    Df  Sum of Sq     RSS     AIC
monitor              1       3.05  6446.2  1422.2
sexw1.re             1      13.44  6456.6  1423.1
<none>                             6443.2  1423.9
negative.parenting   1      85.48  6528.6  1429.7
attachment           1     227.50  6670.7  1442.4
self.confidence      1     648.23  7091.4  1478.5
```

분석 결과 : 첫 번째 단계

- 후진 제거 방법을 이용한 모형 선택의 결과를 살펴보면, 첫 번째 단계에서는 사용자가 지정한 회귀 모형에서 모든 독립변수를 가정한 회귀 모형이 기본 모형이 된다. 이 기본 모형의 AIC 값은 1423.87로 나타났다.
- 기본 모형에서 각 독립변수를 제외했을 경우에 예상되는 AIC 값을 살펴보면, 부모 감독

(monitor)의 AIC 값은 1422.2로 기본 모형일 경우보다 낮게 나타났고, 다른 독립변수를 제외했을 경우보다 가장 낮게 나타났다. 따라서 첫 번째 단계에서 제거될 독립변수는 부모 감독이 된다.

Console

```
Step:  AIC=1422.15
self.esteem ~ sexw1.re + self.confidence + attachment + negative.parenting

                     Df  Sum of Sq     RSS     AIC
sexw1.re              1      12.39  6458.6  1421.3
<none>                              6446.2  1422.2
negative.parenting    1      86.69  6532.9  1428.0
attachment            1     309.58  6755.8  1447.9
self.confidence       1     708.03  7154.2  1481.7
```

분석 결과 : 두 번째 단계

- 두 번째 단계에서는 첫 번째 단계에서 제외된 부모 감독을 제외한 회귀 모형을 기본 모형으로 가정한다.
- 두 번째 단계의 기본 모형에서 각 독립변수를 제외했을 경우의 AIC 값을 비교해 보면, 성별(sexw1.re)이 제외될 경우에 AIC 값은 1421.3으로 기본 모형의 AIC 값(1422.15)보다 더 낮아진다. 따라서 성별을 제외하는 것이 더욱 간명성이 있는 회귀 모형인 것으로 나타났다.

Console

```
Step:  AIC=1421.29
self.esteem ~ self.confidence + attachment + negative.parenting

                     Df  Sum of Sq     RSS     AIC
<none>                              6458.6  1421.3
negative.parenting    1      88.19  6546.8  1427.3
attachment            1     297.41  6756.0  1445.9
self.confidence       1     731.70  7190.3  1482.7
```

분석 결과 : 세 번째 단계

- 세 번째 단계에서는 첫 번째와 두 번째 단계에서 제외된 부모 감독과 성별을 제외한 회귀 모형이 기본 모형이 되고, AIC 값은 1421.29이다.
- 세 번째 단계에서는 독립변수를 제외할 경우에 기본 모형보다 AIC 값이 더 낮게 나타나지 않으므로 후진 제거 방법은 중단된다.

〈후진 제거 방법의 최종 모형〉

- 후진 제거 방법을 통해 선택한 모형은 부정적 양육, 부모에 대한 애착, 그리고 자기신뢰감이 독립변수로 가정된 모형이 된다.
- 후진 제거 방법을 통해 얻은 회귀 분석 결과는 step 함수의 내용을 저장한 객체인 step2를 summary 함수에 입력하면 확인할 수 있다. 후진 제거 방법을 통해 얻은 회귀 모형은 앞서 전진 선택 방법을 통해 얻은 모형과 같으므로 회귀 분석의 결과를 생략한다.

3) 선택 제거 방법

분석 순서

① 데이터에서 결측값 사례를 제외한다.

- step 함수를 이용하기 전에 회귀 모형에서 가정한 독립변수와 종속변수에 결측값이 없는 데이터를 만들어야 한다.
- 데이터에서 결측값 사례를 제외하는 방법은 전진 선택 방법에서 설명하였으므로 생략한다.

② 선택 제거 방법에 사용하기 위해서 모든 독립변수를 투입한 회귀분석 결과를 객체에 할당한다

- 이를 위해서 이전 방법에서 이미 만들어둔 regression3이라는 객체를 사용한다.

③ step 함수를 이용하여 선택 제거 방법의 모형 선택을 분석한다.

R Script

```
# ③ 선택 제거 방법
step3 <- step(regression3, direction="both")
summary(step3)
```

스크립트 설명

③ 다음으로 모형 선택 방법 중에서 선택 제거 방법에 대해 살펴본다. step 함수에서 사용자가 가정한 회귀 모형을 입력하고, direction 인자에 both를 지정하면 된다.

- step 함수의 내용을 step3이라는 객체에 저장하여 선택 제거 방법을 통해 얻은 회귀 모형의 결과를 확인할 수 있도록 한다.

Console

```
> step3 <- step(regression3, direction="both")
Start:  AIC=1423.87
self.esteem ~ sexw1.re + self.confidence + attachment + monitor + negative.parenting

                     Df  Sum of Sq     RSS     AIC
monitor               1       3.05  6446.2  1422.2
sexw1.re              1      13.44  6456.6  1423.1
<none>                              6443.2  1423.9
negative.parenting    1      85.48  6528.6  1429.7
-attachment           1     227.50  6670.7  1442.4
self.confidence       1     648.23  7091.4  1478.5
```

분석 결과 : 첫 번째 단계

- 선택 제거 방법의 첫 번째 단계에서는 후진 제거 방법과 같이 사용자가 회귀 모형에서 지정한 모든 독립변수를 가정한 모형이 기본 모형이 되고, 첫 번째 단계기본 모형의 AIC 값은 1423.87이다.
- 기본 모형에서 각 독립변수를 제거했을 경우에 예상되는 AIC 값을 비교해 보면, 부모 감독(monitor)을 제거했을 경우의 AIC 값이 1422.2로 기본 모형의 AIC 값보다 낮고, 다른 어떤 독립변수를 제거했을 경우보다 가장 낮게 나타나므로 첫 번째 단계에서 제거될 독립변수는 부모 감독이 된다.

Console

```
Step:  AIC=1422.15
self.esteem ~ sexw1.re + self.confidence + attachment + negative.parenting

                     Df  Sum of Sq     RSS     AIC
sexw1.re              1      12.39  6458.6  1421.3
```

```
<none>                                       6446.2  1422.2
+ monitor               1           3.05     6443.2  1423.9
negative.parenting      1          86.69     6532.9  1428.0
attachment              1         309.58     6755.8  1447.9
self.confidence         1         708.03     7154.2  1481.7
```

분석 결과 : 두 번째 단계

- 두 번째 단계에서는 첫 번째 단계에서 제거된 부모 감독을 제외한 회귀 모형이 기본 모형이 되고, AIC 값은 1422.15이다.
- 두 번째 단계에서는 기본 모형에서 각 독립변수를 제거했을 경우의 AIC 값이 출력되고, 첫 번째 단계에서 제거되었던 부모 감독이 다시 추가되었을 경우의 AIC 값도 함께 출력된다.
- 선택 제거 방법은 후진 제거 방법을 통해 각 단계 마다 독립변수를 제거하지만, 동시에 이전 단계에서 제거된 독립변수를 다시 추가했을 경우의 AIC 값을 계산하여 기본 모형과 비교하게 된다.
- 이전 단계에서 제거된 독립변수가 다시 추가된 경우의 통계량은 변수명 앞에 '+' 표시가 되고, 각 단계의 기본 모형에서 제거되었을 경우의 통계량은 변수명 앞에 '–' 표시가 되어 구분된다.
- 첫 번째 단계에서 제거되었던 부모 감독을 다시 추가한 모형은 첫 번째 단계의 기본 모형과 같은 모형이 되므로 AIC 값은 첫 번째 단계 기본 모형의 AIC 값과 같은 1423.9가 되고, 두 번째 기본 모형의 AIC 값보다 크기 때문에 부모 감독은 두 번째 단계에서 추가되지 않는 것이 더 좋은 모형이 된다.
- 기본 모형에서 성별(sexw1.re)을 제거했을 경우의 AIC 값은 1421.3으로 기본 모형의 AIC 값보다 더 낮은 것으로 나타나고 있다. 따라서 두 번째 단계의 결과는 첫 번째 단계에서 제거되었던 부모 감독은 다시 추가되지 않고, 두 번째 기본 모형에서 성별을 제거하는 것이 더 좋은 모형이 되는 것으로 나타났다.

Console

```
Step:  AIC=1421.29
self.esteem ~ self.confidence + attachment + negative.parenting

                      Df  Sum of Sq     RSS     AIC
<none>                               6458.6  1421.3
```

```
+ sexw1.re              1      12.39   6446.2   1422.2
+ monitor               1       2.00   6456.6   1423.1
negative.parenting      1      88.19   6546.8   1427.3
attachment              1     297.41   6756.0   1445.9
- self.confidence       1     731.70   7190.3   1482.7
```

분석 결과 : 세 번째 단계

- 세 번째 단계에서는 이전 두 단계에서 부모 감독과 성별을 제외한 회귀 모형이 기본 모형이 되고, AIC 값은 1421.29이다. 기본 모형에서 이전 두 단계에서 제거된 성별이나 부모 감독이 다시 추가되었을 경우의 AIC 값은 각각 1422.2와 1423.1로 세 번째 단계 기본 모형의 AIC 값보다 더 높게 나타났다. 이 결과를 통해 세 번째 단계에서 부모 감독이나 성별은 다시 추가되지 않는 것이 더 좋은 모형이라고 판단할 수 있다. 그리고 세 번째 단계의 기본 모형에서 각 독립변수가 제거되었을 경우의 AIC 값은 기본 모형보다 더 높게 나타나고 있다. 이 결과는 세 번째 기본 모형에서 더 이상 제거될 독립변수가 없는 것을 의미하고, 모형 선택 과정은 종료하게 된다.

〈선택 제거 방법의 최종 모형〉

- 선택 제거 방법을 통해 선택한 모형은 부정적 양육, 부모에 대한 애착, 그리고 자기신뢰감이 독립변수로 포함하는 모형이다.
- 선택 제거 방법을 통해 얻은 회귀 분석 결과는 step 함수의 내용을 저장한 객체인 step3를 summary 함수를 사용해서 확인할 수 있다. 'both' 방법을 통해 얻은 회귀 모형은 전진 선택 방법을 통해 얻은 모형과 같으므로 회귀 분석의 결과에 대한 설명은 생략하도록 한다.

3 더미변수를 이용한 회귀분석의 분석 방법

집단 변수를 포함한 다중회귀분석 방법을 설명하기 위해서 다음과 같이 연구가설을 설정한다.

가설

연구가설 1
  1-1) 성별은 자아존중감에 영향을 미칠 것이다.
  1-2) 부모에 대한 애착은 자아존중감에 영향을 미칠 것이다.
  1-3) 부모 감독은 자아존중감에 영향을 미칠 것이다.
  1-4) 직업 결정 상태는 자아존중감에 영향을 미칠 것이다.

1) 더미변수를 만들어 연구가설을 검증하는 방법

분석 순서

① 집단 변수(직업 결정 상태)를 더미변수로 만든다.
② 더미변수를 이용한 다중회귀분석을 수행한다.
③ 'sjPlot' 패키지를 이용한 다중회귀분석 결과표를 작성한다.

R Script

```
# ① 더미변수 만들기
spssdata$job.dummy1 <- ifelse(spssdata$q2w1==2, 1, 0)
spssdata$job.dummy2 <- ifelse(spssdata$q2w1==3, 1, 0)
library(sjmisc)
spssdata$job.dummy1 <- set_label(spssdata$job.dummy1, "직업결정_대강의 생각")
spssdata$job.dummy2 <- set_label(spssdata$job.dummy2, "직업결정_정해지지 않음")

# 더미변수 확인
table(spssdata$q2w1)
table(spssdata$job.dummy1)
table(spssdata$job.dummy2)
```

명령어 설명

ifelse	조건에 충족되었을 경우와 충족되지 않을 경우의 값을 각각 재부호화하기 위한 함수
set_label	'sjmisc' 패키지에서 변수설명을 입력하기 위한 함수
set_labels	'sjmisc' 패키지에서 변수값 설명을 입력하기 위한 함수

스크립트 설명

① 연구가설에서 더미변수를 만들 대상 변수는 '직업 결정 상태(q2w1)'이다. 이 변수의 구체

적 변수 설명은 '학생은 현재 장래 얻고자 하는 구체적인 직업을 정해 놓으신 상태인가요?'이고, '(1) 구체적으로 확정해 놓은 직업이 있다', '(2) 확정적이지는 않지만 대강 생각해 놓은 직업이 있다', 그리고 '(3) 아직 정해놓은 장래의 직업이 없다'라는 세 개의 속성으로 측정되었다. 이 변수에서 변수값이 1번인 '구체적으로 확정해 놓은 직업이 있다'라고 응답한 사례들을 준거집단으로 하여 나머지 2번이나 3번으로 응답한 집단과의 차이를 검증해 보도록 한다.

- 회귀분석에서 더미변수를 이용할 수 있는 두 가지 방법이 있다. 첫 번째 방법으로는 사용자가 직접 더미변수를 만드는 방법이다. R에서 사용자가 직접 더미변수를 만드는 방법은 여러 가지 방법이 있지만 이 책에서는 ifelse 함수를 이용하여 간단하게 더미변수를 만드는 방법을 이용하도록 한다.
- ifelse 함수는 사용자가 지정한 변수값과 이외의 변수값을 각각 재부호화할 수 있도록 한다. 아래의 예에서는 spssdata 데이터에서 '직업 결정 상태(q2w1)' 변수의 값이 2인 경우에는 1로 재부호화하고, 변수의 값이 2 이외의 값일 경우에는 0으로 재부호화하여 spssdata라는 데이터의 job.dummy1이라는 변수에 저장하게 된다(spssdata$job.dummy1 <− ifelse(spssdata$q2w1==2, 1, 0)). 그 다음에는 '직업 결정 상태' 변수의 값이 3인 경우에는 1로 재부호화하고, 변수의 값이 3 이외의 값일 경우에는 0으로 재부호화하여 spssdata라는 데이터의 job.dummy2라는 변수에 저장하게 된다(spssdata$job.dummy2 <− ifelse(spssdata$ q2w1==3, 1, 0)). 이렇게 만든 더미변수에 'sjmisc' 패키지의 set_label 함수로 변수 설명을 입력하고, table 함수로 제대로 더미변수가 만들어졌는지 확인한다.

Console

```
> spssdata$job.dummy1 <- ifelse(spssdata$q2w1==2, 1, 0)
> spssdata$job.dummy2 <- ifelse(spssdata$q2w1==3, 1, 0)
> table(spssdata$q2w1)

  1   2   3
129 353 113
> table(spssdata$job.dummy1)
  0   1
242 353
> table(spssdata$job.dummy2)
  0   1
482 113
```

분석 결과

• '직업 결정 상태'의 분포를 살펴보면, 1번의 사례수는 129명이었고, 2번의 사례수는 353명, 그리고 3번의 사례수는 113명이다. 첫 번째 더미변수(job.dummy1)은 원래의 변수값에서 2인 경우에는 1로 재부호화하였고, 이외의 응답은 0으로 재부호화하였다. 따라서 첫 번째 더미변수에서 1의 사례수(353명)는 원변수(q2w1)에서 변수값 2의 사례수와 같아야 한다. 그리고 두 번째 더미변수(job.dummy2)는 원변수의 변수값에서 3인 경우에는 1로 재부호화하였으므로 두 번째 더미변수의 변수값이 1인 사례수(113명)는 원변수에서 변수값 3의 사례수와 같아야 한다.

R Script

```
# ② 더미변수를 이용한 다중회귀분석
regression4 <- lm(self.esteem ~ sexw1.re+attachment+monitor+job.dummy1+job.dummy2,
        data=spssdata)
summary(regression4)

# 표준화 계수 출력
library(QuantPsyc)
lm.beta(regression4)
```

스크립트 설명

② 더미변수를 만들고 확인한 다음에는 연구가설에 따른 다중회귀분석을 시행한다. 다중회귀분석은 lm 함수를 이용하여 분석한다. lm 함수에는 연구가설에 따른 종속변수와 독립변수를 차례로 입력하고, 해당 변수들이 있는 데이터를 지정한다. 그리고 다중회귀분석의 결과를 regression4라는 객체에 저장한다. 분석 결과를 살펴보기 위해 summary 함수에 분석 결과가 저장된 객체(regression4)를 입력한다.

Console

```
> regression4 <- lm(self.esteem ~ sexw1.re+attachment+monitor+job.dummy1+job.dummy2,
+  data=spssdata)
> summary(regression4)

Call:
lm(formula = self.esteem ~ sexw1.re + attachment + monitor +
```

```
    job.dummy1 + job.dummy2, data = spssdata)

Residuals:
     Min       1Q   Median      3Q     Max
-13.6872  -2.4654   0.7161  2.6271  12.5168

Coefficients:
                  Estimate    Std. Error    t value    pr(>|t|)
(Intercept)       15.38092       0.79284     19.400    < 2e-16***
sexw1.re          -0.62211       0.29167     -2.133    0.03334*
attachment         0.18659       0.03546      5.262      2e-07***
monitor            0.10230       0.05010      2.042    0.04160*
job.dummy1        -0.92307       0.36063     -2.560    0.01073*
job.dummy2        -1.44868       0.45403     -3.191    0.00149**
---
Signif. codes:  0 '***' 0.001 '**' 0.01 '*' 0.05 '.' 0.1 ' ' 1

Residual standard error: 3.469 on 587 degrees of freedom
  (2 observations deleted due to missingness)
Multiple R-squared:  0.1109,   Adjusted R-squared:  0.1033
F-statistic: 14.64 on 5 and 587 DF,  p-value: 1.544e-13

> lm.beta(regression4)
   sexw1.re  attachment     monitor  job.dummy1  job.dummy2
-0.08497708  0.23794181  0.09240798 -0.12378117 -0.15437845
```

분석 결과

- 다중회귀분석의 결과를 살펴보면, 성별, 부모에 대한 애착, 부모 감독, 그리고 두 개의 더미변수 모두 종속변수인 자아존중감에 통계적으로 유의한 영향을 미치고 있는 것으로 나타났다. 이들 독립변수 중에서 부모에 대한 애착과 부모 감독은 회귀 계수가 양수이므로 종속변수에 정적 영향을 미치고 있는 것으로 나타났다. 즉 부모에 대한 애착이나 부모 감독이 증가할수록 자아존중감은 증가하는 것으로 나타났다. 성별과 두 개의 더미변수는 모두 회귀 계수가 음수로 나타나고 있다. 성별의 변수값은 0이 남성이고, 1은 여성으로 재부호화하였다. 따라서 독립변수의 값이 낮아질수록 자아존중감이 높아지므로, 여성에 비해 남성일수록 자아존중감이 높아지는 것으로 나타났다.
- 여기서 더미변수에 대한 결과해석은 앞에서 언급했듯이 주의해야 한다. 더미변수들에서 준

거집단은 '(1) 구체적으로 확정해 놓은 직업이 있다'이고, 첫 번째 더미변수(job.dummy1)에서 변수값이 1로 재부호화한 집단은 '(2) 확정적이지는 않지만 대강 생각해 놓은 직업이 있다'이다. 따라서 더미변수에서 변수값이 1인 집단('(2) 확정적이지는 않지만 대강 생각해 놓은 직업이 있다')에 비해 준거집단('(1) 구체적으로 확정해 놓은 직업이 있다')의 자아존중감이 높은 것으로 해석해야 한다. 또한 두 번째 더미변수의 영향에 대해서도 변수값이 1인 집단('(3) 아직 정해놓은 장래의 직업이 없다')에 비해 준거집단의 자아존중감이 높은 것으로 해석해야 한다.

- 다중회귀모형의 F 검증 결과를 살펴보면, F 값이 14.64이고, 유의도가 1.544e−13으로 0.05보다 낮은 수준이므로 '회귀모형은 의미가 없다'는 영가설은 기각되고, '회귀모형은 의미가 있다'는 연구가설이 채택된다. 그리고 R^2 값은 0.1109로 종속변수의 전체 분산 중에서 독립변수가 11.09% 설명하고 있는 것으로 나타났다.

R Script

```
# ③ 'sjPlot' 패키지를 이용한 다중회귀분석 결과표 작성
sjt.lm(regression4, show.std=TRUE, show.se=TRUE, show.ci=FALSE,
      show.fstat=TRUE, string.se="표준오차", string.std="표준화 계수",
      string.est="계수", string.p="유의도", encoding="EUC-KR")
```

스크립트 설명

③ 'sjPlot' 패키지의 sjt.lm 함수를 이용하여 회귀분석의 결과를 출력하는 방법을 살펴보도록 한다.

- sjt.lm 함수에는 앞서 lm 함수로 분석한 결과를 저장한 객체(regression4)를 지정한다. 그리고 표준화 계수, 표준오차, 그리고 F 검증의 결과는 결과표에 출력하도록 하였고(show.std =TRUE, show.se=TRUE, show.fstat=TRUE), 신뢰구간은 출력하지 않도록 하였다(show.ci=FALSE).
- 통계량의 설명을 한글로 출력하도록 입력하였다(string.se="표준오차", string.std="표준화 계수", string.est="계수", string.p="유의도").
- 결과표를 Viewer에서 직접 출력하기 위해 encoding 인자에 "EUC−KR"을 입력한다. 맥을 사용하는 경우에는 "UTF−8"이라고 입력한다. 리눅스에서는 encoding 인자를 사용할 필요가 없다.

표 8-6 'sjPlot' 패키지의 더미변수를 이용한 다중회귀분석 결과(1)

	자아존중감			
	계수	*표준오차*	*표준화 계수*	*유의도*
(Intercept)	15.38	0.79		**<.001**
성별	-0.62	0.29	-0.08	**.033**
부모에 대한 애착	0.19	0.04	0.24	**<.001**
부모 감독	0.10	0.05	0.09	**.042**
직업결정_대강의 생각	-0.92	0.36	-0.12	**.011**
직업결정_정해지지 않음	-1.45	0.45	-0.15	**.001**
Observations	593			
R^2 / adj. R^2	.111 / .103			
F-statistics	14.637***			

분석 결과

- sjt.lm 함수를 이용한 더미변수를 포함한 다중회귀분석 결과를 살펴보면, 계수, 표준오차, 표준화 계수, 그리고 유의도가 출력되었다.
- 출력된 결과는 lm 함수를 이용한 결과와 lm.beta 함수를 이용한 표준화 계수값이 일치하는 결과를 보이고 있다.

2) factor 변수로 변환하여 연구가설을 검증하는 방법

분석 순서

① 더미변수로 만들 변수를 factor 함수를 사용해서 factor 변수로 변환한다.

② factor 변수가 포함된 다중회귀분석을 수행한다.

③ 'sjPlot' 패키지를 이용해 다중회귀분석 결과표를 작성한다.

R Script

```
# ① 더미변수로 만들 변수를 factor 변수로 변환하기
spssdata$q2w1a <- factor(spssdata$q2w1)
```

명령어 설명

factor	범주와 같이 요소들이 나열되는 형태로 변화시키기 위한 함수

스크립트 설명

① 회귀분석에서 더미변수를 이용할 수 있는 또 다른 방법은 더미변수로 만들 대상 변수를 factor로 변환하는 방법이다.

- factor 함수는 성별이나 지역과 같은 범주형 변수로 데이터에 저장하는데 사용되는 함수이다.
- lm 함수는 독립변수를 factor로 인식하게 되면 해당 변수의 변수값에서 가장 낮은 값의 집단을 준거집단으로 삼아 일시적으로 더미변수를 만들어 분석한다.
- 이러한 방법을 이용하면 사용자가 직접 더미변수를 만들지 않아도 더미변수를 이용한 회귀분석이 가능하게 된다.
- 더미변수로 만들 변수를 factor로 인식할 수 있게 만들 수 있는 방법으로는 첫 번째로 해당 변수를 factor 변수로 만드는 것이다. 이 방법은 factor 함수를 이용하여 변환할 수 있다. factor 함수에 대상 변수를 입력하고, factor로 변환된 새로운 변수를 객체(q2w1a)에 저장한다.

R Script

```
# ② factor 변수가 포함된 다중회귀분석
# factor 변수로 다중회귀분석 시행
regression5 <- lm(self.esteem ~ sexw1.re+attachment+monitor+q2w1a, data=spssdata)
summary(regression5)
```

스크립트 설명

② lm 함수에는 종속변수와 독립변수를 차례대로 입력하고, 변수가 있는 데이터를 지정한다. 그리고 독립변수 중 더미변수로 분석할 변수는 factor로 변환한 객체(q2w1a)를 대신 입력하여 분석할 수 있다.

Console

```
> spssdata$q2w1 <- to_factor(spssdata$q2w1)
> regression5 <- lm(self.esteem ~ sexw1.re+attachment+monitor+q2w1a, data=spssdata)
> summary(regression5)
```

```
Call:
lm(formula = self.esteem ~ sexw1.re + attachment + monitor + q2w1a, data = spssdata)

Residuals:
     Min       1Q   Median       3Q      Max
-13.6872  -2.4654  -0.7161   2.6271  12.5168

Coefficients:
              Estimate   Std. Error   t value   pr(>|t|)
 (Intercept)  15.38092   0.79284      19.400    <2e-16 ***
 sexw1.re     -0.62211   0.29167      -2.133    0.03334 *
 attachment    0.18659   0.03546       5.262      2e-07 ***
 monitor       0.10230   0.05010       2.042    0.04160 *
 q2w1a2       -0.92307   0.36063      -2.560    0.01073 *
 q2w1a3       -1.44868   0.45403      -3.191    0.00149 **
---
Signif. codes:  0 '***' 0.001 '**' 0.01 '*' 0.05 '.' 0.1 ' ' 1

Residual standard error: 3.469 on 587 degrees of freedom
  (2 observations deleted due to missingness)
Multiple R-squared:  0.1109,   Adjusted R-squared:  0.1033
F-statistic: 14.64 on 5 and 587 DF,  p-value: 1.544e-13
```

분석 결과

- 회귀분석의 결과를 보면, 더미변수는 q2w1a2와 q2w1a3로 출력되고 있다.
- 이 변수들은 각각 더미변수의 원변수인 q2w1a에서 변수값 2번을 1로 재부호화한 더미변수(q2w1a2)와 변수값 3번을 1로 재부호화한 더미변수(q2w1a3)이다.
- 앞서 연구자가 더미변수를 직접 만들어 분석한 결과와 비교하면 회귀 계수, 표준오차, T값, 그리고 유의도가 동일한 것을 확인할 수 있다.

R Script

```
# as.factor 함수로 더미변수가 포함된 다중회귀분석 결과 산출
regression5_1 <- lm(self.esteem ~ sexw1.re+attachment+monitor+
        as.factor(q2w1), data=spssdata)
summary(regression5_1)
```

```
# 표준화 계수 출력
library(QuantPsyc)
lm.beta(regression5_1)
```

명령어 설명

as.factor	범주와 같이 요소들이 나열되는 형태로 변화시키기 위한 함수

스크립트 설명

- 더미변수로 만들어야 하는 변수를 factor로 lm 함수에서 인식시킬 수 있는 또 다른 방법으로는 lm 함수에 더미변수로 만들 변수에 대해 as.factor 함수로 지정하는 방법이다.
- lm 함수에는 종속변수와 독립변수를 차례대로 입력하고, 더미변수로 만들 변수를 as.factor에 지정한다.
- lm 함수의 결과를 regression5_1이라는 객체에 저장하고, summary 함수에 이 객체를 지정하여 분석 결과를 확인한다.

Console

```
> regression5_1 <- lm(self.esteem ~ sexw1.re+attachment+monitor+
+ as.factor(q2w1), data=spssdata)
> summary(regression5_1)

Call:
lm(formula = self.esteem ~ sexw1.re + attachment + monitor + as.factor(q2w1),
    data = spssdata)

Residuals:
     Min       1Q   Median      3Q      Max
-13.6872  -2.4654  -0.7161  2.6271  12.5168

Coefficients:
                      Estimate   Std. Error   t value    pr(>|t|)
(Intercept)           15.38092     0.79284     19.400    < 2e-16***
sexw1.re              -0.62211     0.29167     -2.133    0.03334*
attachment             0.18659     0.03546      5.262      2e-07***
monitor                0.10230     0.05010      2.042    0.04160*
```

```
 as.factor(q2w1)2              -0.92307        0.36063      -2.560      0.01073*
 as.factor(q2w1)3              -1.44868        0.45403      -3.191      0.00149**
---
Signif. codes:  0 '***' 0.001 '**' 0.01 '*' 0.05 '.' 0.1 ' ' 1

Residual standard error: 3.469 on 587 degrees of freedom
  (2 observations deleted due to missingness)
Multiple R-squared:  0.1109,   Adjusted R-squared:  0.1033
F-statistic: 14.64 on 5 and 587 DF,  p-value: 1.544e-13
> lm.beta(regression5_1)
       sexw1.re       attachment          monitor   as.factor(q2w1)2
    -0.08497708       0.23794181       0.09240798        -0.16025060
as.factor(q2w1)3
    -0.19788412
Warning messages:
1: In var(if (is.vector(x) || is.factor(x)) x else as.double(x), na.rm = na.rm) :
  Calling var(x) on a factor x is deprecated and will become an error.
  Use something like 'all(duplicated(x)[-1L])' to test for a constant vector.
2: In b * sx :
  longer object length is not a multiple of shorter object length
```

분석 결과

- 분석 결과에는 더미변수로 변환된 변수이름이 as.factor(q2w1)2와 as.factor(q2w1)3으로 출력되었다.
- 이 결과에서도 factor로 인식된 q2w1 변수값 2번을 1로 재부호화한 더미변수와 변수값 3번을 1로 재부호화한 더미변수이다. 출력된 결과의 통계량은 이전의 분석 결과와 동일하다.
- 그러나 표준화 계수를 출력한 결과에서는 경고 메시지가 출력되었다.
- 또한 표준화 계수는 사용자가 더미변수를 만들어 다중회귀분석을 한 결과와 비교할 때 더미변수의 표준화 계수가 다르게 나타나고 있다.
- 더미변수로 만들 독립변수를 factor로 인식하게 하여 회귀분석을 하는 방법은 회귀 계수나 표준오차, 유의도 등에 대해서는 문제가 없으나 표준편차를 계산하는 과정에서 오류가 있어 표준화 계수는 정확하지 않는 값이 출력된다.

주의: 더미변수로 만들 독립변수를 factor로 인식하게 하여 회귀분석을 하는 방법은 회귀 계수나 표준오차, 유의도 등에 대해서는 문제가 없으나 표준편차를 계산하는 과정에서 오류가 있어 표준화 계수는 정확하지 않는 값이 출력된다. 이와 더불어 이 방법에서는 준거집단을 사용자 마음대로 지정하기 어렵다는 단점도 있다. 따라서 연구에서 더미변수에 대한 표준화 계수가 필요한 경우나 준거집단을 다양하게 지정하여 분석하고자 하는 경우에는 사용자가 더미변수를 직접 만들어 분석하는 것을 추천한다.

R Script

```
# ③ 'sjPlot' 패키지를 이용한 다중회귀분석 결과표 작성
sjt.lm(regression5, show.std=TRUE, show.se=TRUE, show.ci=FALSE, show.fstat=TRUE,
      string.se="표준오차", string.std="표준화 계수", string.est="계수",
      string.p="유의도", encoding="EUC-KR")
```

스크립트 설명

③ 'sjPlot' 패키지의 sjt.lm 함수를 이용하여 회귀분석의 결과를 살펴보도록 한다.

- sjt.lm 함수에 factor로 인식된 변수로 회귀분석한 결과를 저장한 객체(regression5)를 지정하고, 출력할 통계량과 통계량에 대한 설명을 입력한다.
- 결과표를 Viewer에서 직접 출력하기 위해 encoding 인자에 "EUC-KR"을 입력한다. 맥을 사용하는 경우에는 "UTF-8"이라고 입력한다. 리눅스에서는 encoding 인자를 사용할 필요가 없다.

표 8-7 'sjPlot' 패키지의 더미변수를 이용한 다중회귀분석 결과(2)

	자아존중감			
	계수	*표준오차*	*표준화 계수*	*유의도*
(Intercept)	15.38	0.79		**<.001**
성별	-0.62	0.29	-0.08	**.033**
부모에 대한 애착	0.19	0.04	0.24	**<.001**
부모 감독	0.10	0.05	0.09	**.042**
q2w1a				
2	-0.92	0.36	-0.12	**.011**
3	-1.45	0.45	-0.15	**.001**
Observations	593			
R^2 / adj. R^2	.111 / .103			
F-statistics	14.637***			

분석 결과

- 저장된 결과표를 살펴보면, 더미변수의 설명은 해당 변수값의 설명으로 대체되어 출력되었다.
- 회귀 계수, 표준오차, 표준화 계수, 그리고 유의도 등의 통계량은 연구자가 더미변수를 만들어 분석했던 앞선 분석의 결과와 모두 일치하였다.

4 독립변수들 간의 상호작용 효과를 포함한 회귀분석 방법

다중회귀분석은 독립변수들 간에 관계가 없다는 것을 가정하여 결과를 산출한다. 그렇지만 다중회귀분석에서도 분산분석과 마찬가지로 독립변수 간에 상호작용효과를 고려하여 분석할 수 있다. 다중회귀분석에서 상호작용 효과를 고려한 분석은 단순하게 말하면 상호작용 효과가 있는 것으로 생각되는 변수들을 서로 곱하여 회귀모형에 포함시키는 방식으로 처리한다. 이러한 과정을 보여주기 위해서 다음과 같은 연구가설을 설정하였다.

가설

연구가설 1
- 1-1) 성별은 자기신뢰감에 영향을 미칠 것이다.
- 1-2) 부정적 양육은 자기신뢰감에 영향을 미칠 것이다.
- 1-3) 부모에 대한 애착은 자기신뢰감에 영향을 미칠 것이다.
- 1-4) 부모 감독은 자기신뢰감에 영향을 미칠 것이다.

분석 순서

① 다중공선성 문제의 해결을 위해서 상호작용 효과를 분석할 새로운 변수를 만든다.
② 독립변수들 간의 상호작용 효과를 포함하는 다중회귀분석을 수행한다.
③ 다중회귀분석 모형의 다중공선성을 진단한다.
④ 'sjPlot' 패키지를 이용하여 결과표와 도표를 출력한다.

R Script

```
# ① 변수 만들기
# 각 변수의 평균을 0으로 만들기
```

```
mean.attachment <- mean(spssdata$attachment, na.rm=TRUE)
spssdata$centered.attachment <- spssdata$attachment-mean.attachment
mean.monitor <- mean(spssdata$monitor, na.rm=TRUE)
spssdata$centered.monitor <- spssdata$monitor-mean.monitor
```

명령어 설명

mean	변수의 평균을 구하기 위한 함수

스크립트 설명

① 상호작용 효과를 검증하기 위해 독립변수들을 곱하여 새로운 상호작용 변수를 만들고, 이 상호작용 변수를 이용하여 회귀모형을 구성할 때 가장 큰 문제가 될 수 있는 것은 다중공선성이다. 원래의 독립변수와 독립변수를 사용해 만든 새로운 상호작용 변수 간에 높은 상관관계로 인해서 다중공선성 문제가 나타날 가능성이 매우 높기 때문이다. 이러한 문제를 해결하기 위한 방법 중의 하나로 독립변수를 평균 중심화(Mean Centering)하는 방법이 있다.

- 평균 중심화 방법은 상호작용 효과를 보고자 하는 독립변수의 평균을 모두 0으로 만드는 방법이다. 이 평균 중심화의 방법으로 상호작용 효과를 살펴보게 된다면 다중공선성의 문제를 해결할 수 있다.
- 상호작용 효과를 살펴볼 독립변수의 평균을 0으로 만드는 방법은 두 가지가 있다. 하나는 연구자가 직접 변수의 평균을 구하고, 해당 변수에서 평균을 빼는 방법이다.
- 변수의 평균은 mean 함수를 이용하여 구할 수 있다. mean 함수에 평균을 구하고자 하는 부모에 대한 애착 변수(attachment)를 입력한다. 그리고 na.rm 인자를 통해 해당 변수에 결측값을 제거할지에 대한 여부를 지정하고, 평균값을 저장할 객체를 지정한다(mean.attachment).
- 다음으로 평균을 0으로 만들 변수와 평균값이 저장된 객체를 지정하고, 그 사이에 '–' 기호를 입력하여 변수값에서 평균값을 뺀다.
- 이러한 방법으로 새롭게 만든 변수(centered.attachment)의 평균은 0이 된다. 그리고 상호작용 효과를 살펴볼 또 다른 변수인 부모 감독(monitor) 변수도 같은 방법으로 평균을 0으로 만든다.

참고

평균 중심화하지 않고 상호작용 모형을 검증할 경우에 발생하는 문제점

상호작용 모형을 검증할 때 독립변수를 그대로 상호작용 변수로 만들어 사용할 경우에는 다중공선성의 문제가 발생할 수 있다. 이러한 다중공선성이 있을 때 어떤 문제가 발생하는지 확인하기 위해 평균 중심화를 하지 않고 상호작용 효과를 검증하기 위한 다중회귀분석을 시행해 보도록 한다.

R Script

```
# 상호작용 모형
regression6_1 <- lm(self.confidence ~ sexw1.re+negative.parenting+
        attachment*monitor, data=spssdata)
summary(regression6_1)

# 다중공선성 진단
library(car)
vif(regression6_1)
```

스크립트 설명

- 회귀분석에서 두 독립변수 간의 상호작용 효과가 종속변수에 미치는 영향을 살펴보기 위한 방법으로는 lm 함수를 이용한다. lm 함수에는 종속변수와 독립변수를 차례대로 입력하고, 상호작용 효과를 살펴볼 독립변수 사이에는 '*'표시를 하면 된다.
- R에서 회귀분석 시에 상호작용 효과를 모형에 포함시키 위해서 두 변수를 ':' 기호로 연결하여 입력하면 된다. 즉 attachment:moniter라고 하면 된다. 위의 모형에서 attachment*monitor라는 표현은 attachment+moniter+attachment:moniter와 동일하다.
- 그리고 회귀분석 결과를 저장할 객체를 지정하고, sumamry 함수로 결과를 확인한다. 다중공선성 진단을 위해 'car' 패키지의 vif 함수를 이용한다.

Console

```
> regression6_1 <- lm(self.confidence ~ sexw1.re+negative.parenting+
+ attachment*monitor, data=spssdata)
> summary(regression6_1)
```

```
Call:
lm(formula = self.confidence ~ sexw1.re + negative.parenting + attachment *
    monitor, data = spssdata)

Residuals:
    Min       1Q  Median      3Q     Max
-6.0142 -1.6188  0.4472  1.8397  5.0757
Coefficients:
                      Estimate   Std. Error   t value    pr(>|t|)
 (Intercept)         11.210107    1.253106     8.946    < 2e-16***
 sexw1.re            -0.467651    0.166274    -2.813    0.00508**
 negative.parenting  -0.004043    0.027188    -0.149    0.88184
 attachment          -0.127939    0.062104    -2.060    0.03983*
 monitor             -0.072285    0.091155    -0.793    0.42810
 attachment:monitor   0.011990    0.004312     2.781    0.00560**
---
Signif. codes:  0 '***' 0.001 '**' 0.01 '*' 0.05 '.' 0.1 ' ' 1

Residual standard error: 1.99 on 586 degrees of freedom
  (3 observations deleted due to missingness)
Multiple R-squared:  0.109,    Adjusted R-squared:  0.1014
F-statistic: 14.33 on 5 and 586 DF,  p-value: 2.977e-13
> vif(regression6_1)
          sexw1.re   negative.parenting   attachment         monitor
          1.032667             1.062868    12.519072       13.423290
attachment:monitor
         35.634541
```

분석 결과

- 회귀분석의 결과를 살펴보면, 성별(sexw1.re), 부모에 대한 애착(attachment), 그리고 부모에 대한 애착과 부모 감독(monitor) 간의 상호작용이 종속변수인 자기신뢰감(self.confidence)에 통계적으로 유의한 영향을 미치는 것으로 나타나고 있다. 그렇지만 다중공선성 진단을 하면, 상호작용 효과를 가정한 두 독립변수의 vif 값이 모두 10 이상으로 나타나고 있고, 상호작용 변수의 vif 값은 35 정도로 나타나고 있어 다중공선성으로 인한 문제가 있는 것으로 나타났다. 이러한 결과는 회귀분석의 결과에서 부모에 대한 애착과 부모 감독, 그리고 이 두 변수의 상호작용 변수 간의 높은 상관관계로 다중공

선성 문제가 발생되었기 때문에 회귀분석의 결과를 그대로 받아들이는 것은 문제가 있다는 것을 보여준다.

R Script

```
# scale 함수를 이용한 평균 중심화 방법
# scale 함수를 이용하여 각 변수의 평균을 0으로 만들기
spssdata$centered.attachment <- scale(spssdata$attachment, center=TRUE, scale=FALSE)
spssdata$centered.monitor <- scale(spssdata$monitor, center=TRUE, scale=FALSE)

# scale 함수를 이용하여 표준화된 값으로 변환(변수의 평균은 0이고, 분산은 1로 변환)
spssdata$centered.attachment <- scale(spssdata$attachment, center=TRUE, scale=TRUE)
spssdata$centered.monitor <- scale(spssdata$monitor, center=TRUE, scale=TRUE)
```

명령어 설명

scale	변수의 평균을 0으로 만들거나, 표준화하기 위한 함수
center	scale 함수에서 변수의 평균을 0으로 만들지 여부를 지정
scale	scale 함수에서 변수의 표준화 여부를 지정

스크립트 설명

- 평균 중심화를 할 수 있는 또 다른 방법으로 scale 함수를 이용하는 방법이 있다.
- scale 함수를 이용하면 상호작용 효과를 살펴볼 독립변수의 평균을 0으로 만들거나, 표준화시킬 수 있다.
- scale 함수에는 평균을 0으로 만들 변수를 입력하고, center 인자에는 TRUE로 입력하여 평균 중심화를 하도록 지정한다.
- 만약 해당 변수를 표준화하려고 한다면 scale 인자에도 TRUE로 입력하면 된다. scale 함수를 이용하여 평균을 0으로 만들거나 표준화한 값을 객체에 저장(centered.attachment, centered.monitor)하여 회귀분석에 이용하도록 한다.
- 상호작용 효과를 살펴볼 독립변수에 대해 평균을 0으로 만들고 상호작용 효과를 분석한 결과와 표준화를 시켜 분석한 결과는 회귀 계수만이 차이가 있을 뿐, 표준오차, T 값, 표준화 계수, 유의도 등에는 차이가 없다. 따라서 표준화 계수를 중심으로 결과를 얻고자 한다면 평균 중심화를 위한 어떤 방법을 사용해도 상관이 없다.

R Script

```
# ② 변수들 간의 상호작용을 가정한 다중회귀분석
regression6 <- lm(self.confidence ~ sexw1.re+negative.parenting+
        centered.attachment*centered.monitor, data=spssdata)
summary(regression6)
```

스크립트 설명

② 회귀분석의 결과를 출력하기 위해 lm 함수에는 종속변수와 독립변수를 차례대로 입력한다.

- 상호작용 효과를 살펴보기 위한 변수들 사이에는 '*' 표시를 한다.
- 지정된 변수가 있는 데이터를 지정하고, 분석 결과를 객체(regression6)에 저장한다. summary 함수에 회귀분석 결과를 저장한 객체를 지정하면 결과를 출력할 수 있다.

Console

```
> regression6 <- lm(self.confidence ~ sexw1.re+negative.parenting+
+ centered.attachment*centered.monitor, data=spssdata)
> summary(regression6)

Call:
lm(formula = self.confidence ~ sexw1.re + negative.parenting + centered.attachment *
    centered.monitor, data = spssdata)

Residuals:
    Min      1Q  Median     3Q    Max
-6.0142 -1.6188  0.4472 1.8397 5.0757

Coefficients:
                      Estimate   Std. Error  t value   pr(>|t|)
(Intercept)          10.856515   0.221342    49.049   < 2e-16***
sexw1.re             -0.467651   0.166274    -2.813    0.00508**
negative.parenting   -0.004043   0.027188    -0.149    0.88184
centered.attachment   0.029329   0.020786     1.411    0.15878
centered.monitor      0.170767   0.028702     5.950   4.63e-09***
centered.attachment:
centered.monitor      0.011990   0.004312     2.781    0.00560**
---
```

```
Signif. codes:  0 '***' 0.001 '**' 0.01 '*' 0.05 '.' 0.1 ' ' 1

Residual standard error: 1.99 on 586 degrees of freedom
  (3 observations deleted due to missingness)
Multiple R-squared:  0.109,	Adjusted R-squared:  0.1014
F-statistic: 14.33 on 5 and 586 DF,  p-value: 2.977e-13
```

분석 결과

- 회귀분석의 결과를 살펴보면, 종속변수인 자기신뢰감에 통계적으로 유의한 영향을 미치는 독립변수로는 성별(sexw1.re), 부모 감독(centered.monitor), 그리고 부모에 대한 애착과 부모 감독의 상호작용(centered.attachment:centered.monitor)으로 나타났다.
- 성별의 회귀 계수는 음수이므로 자기신뢰감에 부적 영향을 미치고 있는 것으로 나타났다. 즉 성별 변수는 0이 남자 청소년이고, 1이 여자 청소년이므로 여자 청소년이 남자 청소년에 비해서 자기신뢰감이 낮다는 것으로 해석할 수 있다.
- 부모 감독의 회귀 계수는 양수로 나타나고 있어 자기신뢰감에 정적 영향을 미치고 있었다. 부모 감독이 높아질수록 자기신뢰감은 높아지는 것으로 나타났다.
- 부모에 대한 애착과 부모 감독의 상호작용의 회귀 계수는 양수이므로 자기신뢰감에 정적 영향을 미치고 있는 것으로 나타났다. 여기에서는 방향보다는 상호작용 효과가 통계적으로 유의미하게 나타났다는 점에 주목하여 해석하는 것이 좋다. 구체적으로 부모에 대한 애착과 부모 감독의 상호작용이 자기신뢰감에 미치는 영향의 형태에 대해서는 단순히 회귀 계수를 통해 해석하기보다 상호작용 그래프를 통해 자세히 살펴보는 것이 필요하다.

R Script

```
# ③ 다중공선성 진단
library(QuantPsyc)
vif(regression6)
```

스크립트 설명

③ 상호작용 효과를 검증하기 위한 다중회귀분석에서 독립변수들 간의 다중공선성을 진단하기 위해 'QuantPsyc' 패키지의 vif 함수를 이용한다.

- 'QuantPsyc' 패키지를 불러온다.
- vif 함수에 다중공선성을 진단하기 위한 다중회귀분석 결과를 할당한 객체를 입력한다.

Console

```
> vif(regression6)
    sexw1.re  negative.parenting       centered.attachment       centered.monitor
    1.032667             1.062868                  1.402413               1.330824
    centered.attachment:centered.monitor
                                1.011612
```

분석 결과

- 상호작용 효과를 검증하기 위한 다중회귀분석에서 다중공선성을 살펴보면, 모든 독립변수와 상호작용 변수에서 vif 값이 모두 2 이내인 것으로 나타나고 있어 앞서 독립변수의 평균 중심화를 하지 않고 상호작용의 효과를 살펴본 결과에 비해 vif 값이 매우 낮아진 것을 확인할 수 있다.
- 독립변수의 vif 값이 모두 2 이내로 나타나고 있어 다중공선성의 문제는 없는 것으로 판단할 수 있다.

R Script

```
# ④ 'sjPlot' 패키지를 이용한 다중회귀분석의 결과표와 상호작용 도표 작성
# 'sjPlot' 패키지를 이용한 다중회귀분석 결과표 작성
sjt.lm(regression6, show.std=TRUE, show.se=TRUE, show.ci=FALSE, show.fstat=TRUE,
      string.se="표준오차", string.std="표준화 계수", string.est="계수",
      string.p="유의도", pred.labels=c("성별", "부정적 양육", "부모에 대한 애착",
      "부모 감독", "애착과 감독의 상호작용"), encoding="EUC-KR")
```

명령어 설명

sjt.lm	'sjPlot' 패키지에서 회귀분석 결과를 표로 출력하기 위한 함수
pred.labels	독립변수의 설명을 입력하기 위한 인자

스크립트 설명

④ 회귀분석의 결과를 출력할 수 있는 또 다른 방법으로 'sjPlot' 패키지의 sjt.lm 함수를 이용할 수 있다.

- sjt.lm 함수에는 회귀분석의 결과를 저장한 객체를 입력하고, 결과표에 출력할 통계량을 지정하고, 통계량의 설명을 입력한다.
- pred.labels 인자로 독립변수의 설명을 입력할 수 있다. 이 때 독립변수의 설명을 입력할

경우에 독립변수의 순서는 lm 함수를 이용하여 다중회귀분석을 할 때의 독립변수 입력 순서와 동일하게 입력해야 하는 점을 주의해야 한다.

- 결과표를 Viewer에서 직접 출력하기 위해 encoding 인자에 "EUC-KR"을 입력한다. 맥을 사용하는 경우에는 "UTF-8"이라고 입력한다. 리눅스에서는 encoding 인자를 사용할 필요가 없다.

표 8-8 'sjPlot' 패키지의 상호작용 효과를 포함한 다중회귀분석 결과

	자기신뢰감			
	계수	*표준오차*	*표준화 계수*	*유의도*
(Intercept)	10.86	0.22		**<.001**
성별	-0.47	0.17	-0.11	**.005**
부정적 양육	-0.00	0.03	-0.01	.882
부모에 대한 애착	0.14	0.10	0.07	.159
부모 감독	0.56	0.09	0.27	**<.001**
애착과 감독의 상호작용	0.19	0.07	0.11	**.006**
Observations	592			
R^2 / adj. R^2	.109 / .101			
F-statistics	14.331***			

분석 결과

- sjt.lm 함수로 출력한 결과를 살펴보면, 독립변수의 계수, 표준오차, 표준화 계수, 그리고 유의도가 출력되었다.
- 유의도가 0.05 미만으로 나타난 독립변수는 성별, 부모 감독, 그리고 부모에 대한 애착과 부모 감독의 상호작용으로, 이들 변수들은 종속변수인 자기신뢰감에 통계적으로 유의한 영향을 미치고 있는 것으로 나타났다.
- 종속변수에 통계적으로 유의한 영향을 미치는 변수 중에서 가장 큰 영향을 미치는 독립변수는 성별과 상호작용 변수로 표준화 계수의 절대값(0.11)이 다른 변수들에 비해 가장 큰 것으로 나타났다.

R Script

```
# 'sjPlot' 패키지를 이용한 상호작용 효과 도표 작성
# 도표 형식 지정
sjp.setTheme(axis.title.size = 1.2, axis.textsize = 1.0, legend.title.size=1.2,
        legend.size = 1.1, title.align="center", legend.pos="bottom")

# 상호작용효과 도표 출력
library(effects)
sjp.int(regression6, type="eff",
        title="부모에 대한 애착과 부모 감독의 상호작용이 자기신뢰감에 미치는 영향",
        axis.title=c("부모 감독"), legend.title=c("부모에 대한 애착"),
        legend.labels=c("낮은 애착", "높은 애착"))
```

명령어 설명

sjp.setTheme	'sjPlot' 패키지에서 도표의 설정을 위한 함수
legend.title.size	범례의 제목 크기를 지정하기 위한 인자
legend.size	범례 내의 요인들의 크기를 지정하기 위한 인자
title.align	도표 제목의 위치를 지정하기 위한 인자
legend.pos	범례의 위치를 지정하기 위한 인자
sjp.int	'sjPlot' 패키지에서 상호작용 효과를 도표로 출력해주기 위한 함수
type	상호작용 도표의 형태를 지정하기 위한 인자('cond', 'eff', 'emm')
effects	선형, 일반화 선형, 그 외의 모형에서 효과를 출력해주기 위한 패키지

스크립트 설명

- 상호작용 효과를 그래프로 확인하기 위한 방법으로는 'sjPlot' 패키지에서 sjp.int 함수를 이용할 수 있다.
- sjp.int 함수에는 상호작용 그래프로 출력할 회귀분석 결과(regression6)를 입력한다. 그리고 type 인자에는 상호작용 그래프의 형태를 지정한다. 흔히 type 인자에는 'cond', 'eff', 그리고 'emm'을 지정할 수 있다.
- 'cond'는 조절효과의 유무에 따른 종속변수의 변화나 영향을 나타낼 수 있는 그래프를 출력해 준다. 따라서 조절효과는 유무를 의미하는 이항변수나 더미변수인 경우에 사용할 수 있다.
- 'eff'는 전체적인 상호작용의 효과를 나타내는 그래프를 출력해준다. 이 방법은 'effects' 패키지를 통해 계산되므로 상호작용 그래프를 출력하기 위해서는 library 함수를 통해 로딩

되어 있어야 한다.

- 'emm'은 주로 반복 측정된 변수의 상호작용 효과를 그래프로 출력하기 위해 사용된다. 따라서 패널데이터와 같이 여러 시점에서 반복적으로 측정된 변수에 대해 실험집단과 통제집단 간의 차이를 살펴볼 수 있다.
- 여기서 선택할 수 있는 옵션은 조절변수가 이항변수나 더미변수로 측정된 것이 아니고, 여러 시점에서 반복 측정된 변수도 아니므로 tpye 인자에 'eff'를 지정하여 전체적인 상호작용 효과를 살펴보도록 한다.
- title 인자에 도표의 제목을 입력하고, axis.title 인자에 x축의 설명을 입력한다.
- legend.title 인자와 legend.labels 인자에 각각 범례의 제목과 범례의 내용을 입력하여 도표를 출력한다.

그림 8-8 'sjPlot' 패키지의 상호작용 효과 도표

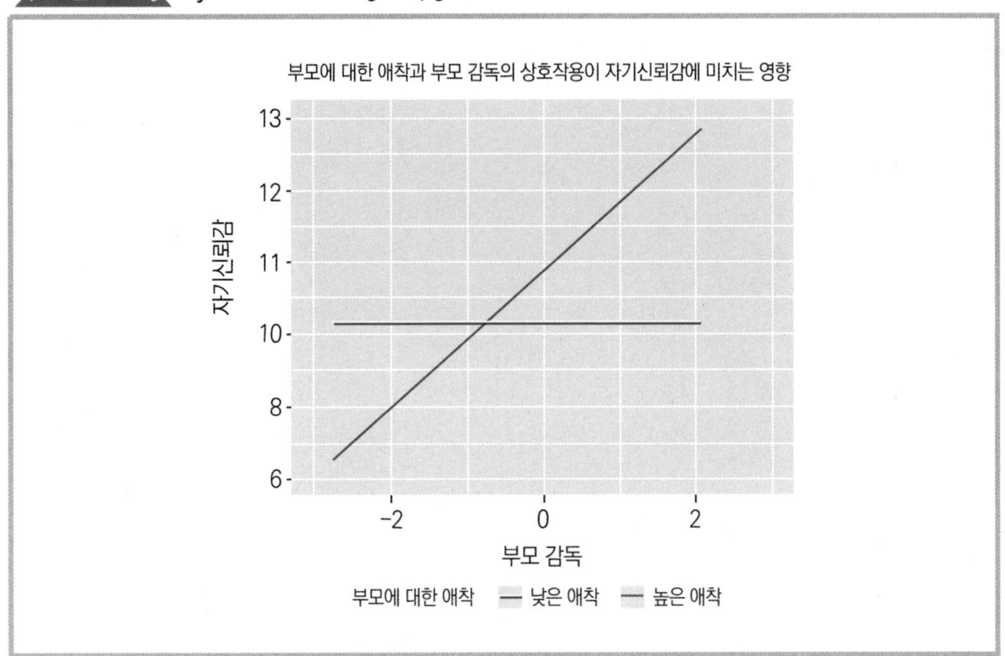

분석 결과

- 출력된 상호작용 효과의 도표를 살펴보면, 부모에 대한 애착이 낮은 집단과 높은 집단으로 나누어 도표에 출력되고 있다.
- 도표에서 부모 감독이 증가함에 따라 자기신뢰감이 증가하는 선은 부모에 대한 애착이

높은 집단인 경우이다. 이에 비해 부모 감독이 증가함에도 자기신뢰감에 큰 변화가 없는 선은 부모에 대한 애착이 낮은 집단인 경우이다.

- 부모에 대한 애착이 높은 집단인 경우에는 부모 감독이 높아질수록 자기신뢰감이 높아지는 것으로 나타나고 있다. 이에 비해 부모에 대한 애착이 낮은 집단인 경우에는 부모 감독이 높아져도 자기신뢰감은 큰 차이를 보이고 있지 않았다.
- 이처럼 부모에 대한 애착의 정도에 따라 부모 감독이 자기신뢰감에 미치는 영향은 다르게 나타나고 있다. 즉 부모에 대한 애착이 낮은 조건에서는 부모 감독이 자기신뢰감에 큰 영향을 미치지 않았지만, 부모에 대한 애착이 높은 조건에서는 부모 감독은 자기신뢰감에 정적인 영향을 미치고 있었다.
- 이렇듯 한 변수의 조건에 따라 또 다른 변수가 종속변수에 미치는 영향이 다르게 나타나는 상호작용 효과가 존재하는 것으로 볼 수 있다.

CHAPTER 09

경로분석

경로분석

01 Section > 경로분석의 적용

1 변수들의 척도

경로분석은 회귀분석과 같이 독립변수와 종속변수 간의 인과관계를 검증하기 위한 방법이다. 또한 경로분석에서는 독립변수 간에도 인과적인 순서가 있는 것을 가정하여 분석할 수 있다. 즉 독립변수, 매개변수, 그리고 종속변수 간의 관계를 검증할 수 있는 방법이 경로분석이다. 이 경로분석에서 분석하고자 하는 변수들은 회귀분석에서와 같이 모두 등간척도나 비율척도로 측정된 변수들을 사용하여 분석한다.

2 경로분석의 통계량

회귀분석과 비교할 때 경로분석의 가장 큰 특징이라고 한다면 〈그림 9-1〉과 같이

그림 9-1 경로분석의 연구모형 예시

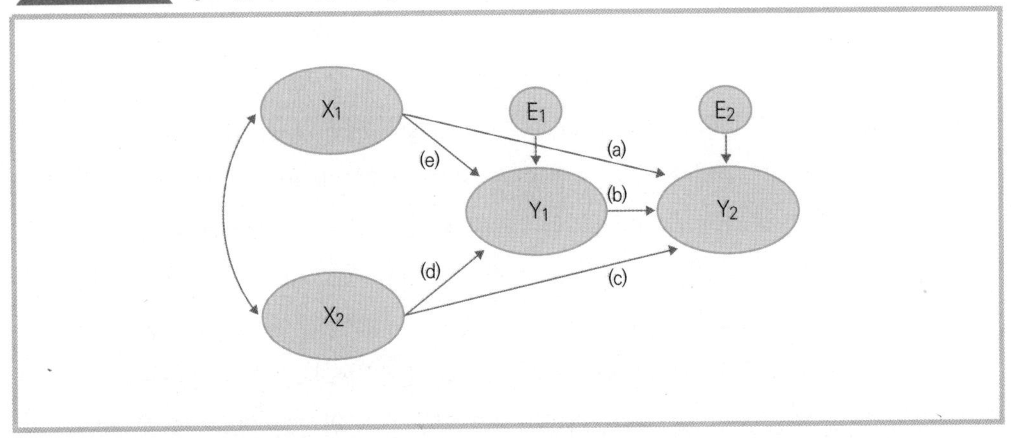

독립변수와 종속변수의 인과관계를 검증하는 것 뿐만 아니라 매개변수의 영향을 살펴볼 수 있다는 점일 것이다. 이 경로분석의 기본적인 가정은 다음과 같다. 첫째, 제시한 연구모형은 완전하다. 둘째, 변수들 간의 관계는 선형적(linear)이다. 셋째, 경로분석에서 사용하는 자료는 이분형(dichotomy)이거나, 연속척도로 측정된 자료여야 한다. 넷째, 오차항(error term)은 연구모형 내의 어떤 변수와도 관계가 없어야 한다. 다섯째, 오차항들 간에는 서로 관계가 없어야 한다. 여섯째, 낮은 다중공선성이 가정되어야 한다. 일곱째, 변수들 간의 인과적 방향은 일방적이어야 한다.

경로분석에서 독립변수인 X_1과 X_2는 연구모형 내의 다른 변수에 의해서는 영향을 받지 않지만 연구모형 외부에서 다른 요인에 의해 영향을 받는 것으로 가정할 수 있으므로 외생변수(exogenous variable)라고 한다. 그리고 Y_1과 Y_2는 연구모형 내 다른 변수들에 의해 설명되는 변수이므로 내생변수(endogenous variable)라고 한다. 내생변수는 연구모형 내 다른 변수들에 의해서만 설명되므로 외생변수나 다른 내생변수에 의해 설명되지 않는 내생변수의 분산은 오차로 가정한다.

경로분석에서 변수들 간의 인과효과를 나타내 주는 것이 경로계수이다. 이 경로계수는 경로모형에서 인과효과를 나타내주는 계수로 어떤 변수가 또 다른 변수에 영향을 미치는 경로에 따른 효과를 비교할 수 있다. 경로계수는 회귀 계수와 같은 표준화되지 않은 계수를 이용할 수도 있고, 표준화 계수를 사용할 수 있다. 그렇지만 보통은 표준화 계수를 많이 사용한다. 그 이유는 표준화 계수가 각 변수가 서로 다른 단위로 측정되었다 하더라도 비교할 수 있게 해주는 계수이므로, 경로에 따른 효과를 직접 비교할 수 있기 때문이다. 이 경로계수는 다중회귀분석이나 구조방정식 모형을 이용하여 구할 수 있다.

두 변수 간의 관계는 공분산이나 상관관계로 살펴볼 수 있다. 공분산이나 상관관계는 인과관계와 비인과관계로 나누어 볼 수 있다. 즉 두 변수의 관계는 인과관계도 있을 수 있지만, 인과관계가 아닌 관계도 포함될 수 있다는 것이다. 따라서 두 변수 간의 관계는 인과관계로 인한 효과(인과적 효과)와 인과관계가 아닌 효과(비인과적 효과)가 모두 포함되어 나타낼 수 있고, 이 두 가지 효과를 모두 합한 효과를 총효과(total effect)라고 한다. 그리고 다시 두 변수 간의 인과적 효과는 독립변수가 직접 종속변수에 영향을 미치는 직접효과(혹은 직접 인과효과)와 독립변수가 매개변수를 통해 간접적으로 영향을 미치는 간접효과(혹은 간접 인과효과)로 구분할 수 있다. 비인과적 효과는 독립변수가 종속변수에 영향을 미치는 효과가 (인과관계로 연결되지 않은) 다른 독립변수를 통해서 영향을 미치는 효과이다. 여기서 독립변수(외생변수)들 간의 관계는 인과적 관계가 아니라 상관관계이기 때문에 비인과적 효과로 가정된다.

두 변수 간의 관계(총효과) = 인과적 효과 + 비인과적 효과
인과적 효과 = 직접효과 + 간접효과

예를 들어 X_1과 Y_2 간의 직접효과는 (a)가 되고, 간접효과는 (e)와 (b)를 곱한 값이 된다. 이처럼 변수의 직접효과와 간접효과의 계수를 구하게 되면 X_1이 Y_2에 대해서 직접적으로 더 많은 영향을 미치는지, 다른 변수를 통해 간접적으로 더 많은 영향을 미치는지를 비교할 수 있다.

02 Section > 경로분석의 분석 방법

경로분석에서는 독립변수와 종속변수 뿐만 아니라 매개변수를 가정하여 분석할 수 있다. 이에 따라 각 변수들 간의 관계를 검증해본다.

가설

연구가설 1
 1-1) 부모에 대한 애착은 자아존중감에 영향을 미칠 것이다.
 1-2) 자기신뢰감은 자아존중감에 영향을 미칠 것이다.
 1-3) 부모에 대한 애착은 자기신뢰감에 영향을 미칠 것이다.

위의 연구가설을 그림으로 표현하면 〈그림 9-2〉의 연구모형과 같다.

그림 9-2 연구모형

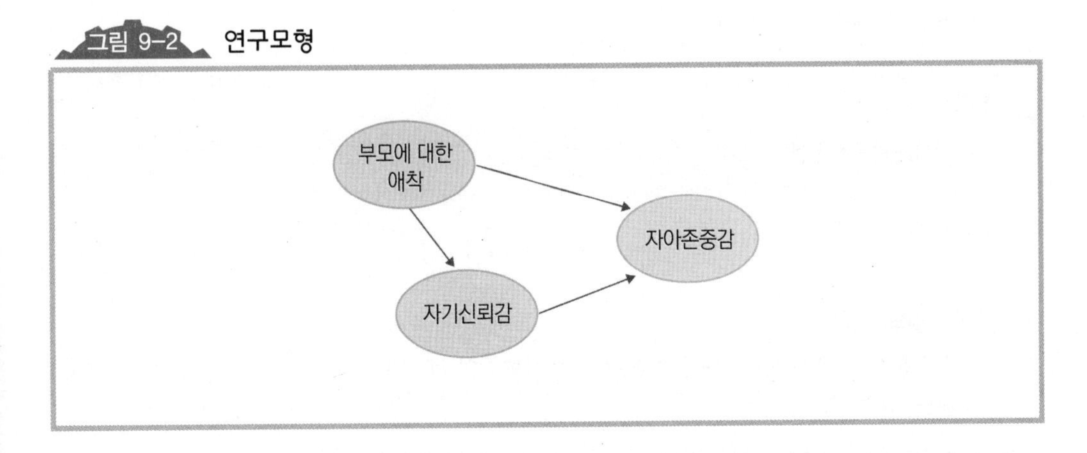

독립변수와 종속변수, 그리고 이 두 변수를 매개하는 매개변수 간의 관계를 검증하기 위한 경로분석은 기존의 회귀분석을 통해 분석하거나, 구조방정식 모형을 통해 분석할 수 있다. 회귀분석을 통한 경로분석은 회귀분석의 모수 추정방식인 최소자승법(ordinary least square)을 통해 추정되는데 비해, 구조방정식 모형에서는 주로 최대우도추정법(maximum likelihood estimation)으로 추정된다. 이처럼 모수를 추정하는 방법은 다르지만 대체로 이 두 방법의 결과는 동일하게 나타난다. 따라서 다음에서는 이 두 방법을 통해 경로분석을 분석하는 방법을 살펴본다.

1 회귀분석을 이용한 경로분석

회귀분석을 이용한 경로분석은 앞에서 살펴보았던 회귀분석의 방법을 그대로 적용할 수 있는 방법이다. 이 방법은 독립변수와 매개변수가 종속변수에 미치는 영향을 살펴보고, 다시 독립변수가 매개변수에 미치는 영향을 살펴보는 방식으로 경로분석을 시행하게 된다.

분석 순서

① 경로분석에 사용할 변수는 이미 만들어진 변수가 있기에 그대로 사용한다.
② 독립변수와 매개변수가 종속변수에 미치는 영향을 분석하기 위한 회귀분석을 수행한다
③ 독립변수가 매개변수에 미치는 영향을 분석하기 위한 회귀분석을 수행한다.
④ 표준화 계수를 출력한다.

R Script

```
# ② 회귀분석을 통한 경로분석
reg1 <- lm(self.esteem ~ self.confidence+attachment, data=spssdata)
summary(reg1)
```

스크립트 설명

② 경로분석은 우선 lm 함수를 이용하여 독립변수와 매개변수가 종속변수에 미치는 영향을 살펴보도록 한다.

- lm 함수에 종속변수, 매개변수, 그리고 독립변수를 차례대로 입력하고, 해당 변수가 있는 데이터를 지정한다.
- 여기서 매개변수와 독립변수의 순서는 구분만 할 수 있다면 크게 고려하지 않아도 문제 없다.
- lm 함수로 분석한 회귀분석의 결과를 reg1이라는 객체에 할당한다.
- summary 함수에 회귀분석의 결과를 할당한 객체(reg1)를 입력하여 회귀분석 결과를 확인한다.

Console

```
> summary(reg1)

Call:
lm(formula = self.esteem ~ self.confidence + attachment, data = spssdata)

Residuals:
```

```
    Min        1Q    Median       3Q       Max
-11.9515  -1.9934   0.0387   2.0290   12.6542

Coefficients:
                      Estimate    Std. Error    t value      pr(>|t|)
 (Intercept)          10.05192      0.85165     11.803     < 2e-16    ***
 self.confidence       0.53847      0.06643      8.106     3.03e-15   ***
 attachment            0.17623      0.02989      5.896     6.26e-09   ***
---
Signif. codes:  0 '***' 0.001 '**' 0.01 '*' 0.05 '.' 0.1 ' ' 1

Residual standard error: 3.338 on 590 degrees of freedom
  (2 observations deleted due to missingness)
Multiple R-squared:  0.1728,   Adjusted R-squared:   0.17
F-statistic: 61.62 on 2 and 590 DF,  p-value: < 2.2e-16
```

분석 결과

- F 값은 61.62이고, 유의도는 2.2e-16으로 0.05 미만으로 나타나고 있어 독립변수에 의해 종속변수가 충분히 설명되고 있다는 것을 확인할 수 있다.
- R^2 값은 0.1728로 종속변수의 전체 분산 중에서 독립변수에 의해 설명되는 분산이 17.28%인 것으로 나타났다.
- 회귀분석의 결과를 살펴보면, 매개변수인 자기신뢰감과 독립변수인 부모에 대한 애착은 종속변수인 자아존중감에 모두 정적으로 유의미한 영향을 미치고 있는 것으로 나타났다.

R Script

```
# ③ 회귀분석을 통한 경로분석
reg2 <- lm(self.confidence ~ attachment, data=spssdata)
summary(reg2)
```

스크립트 설명

③ 다음으로 독립변수가 매개변수에 미치는 영향을 살펴본다.

- lm 함수에 매개변수와 독립변수를 차례대로 입력하고, 해당 변수가 있는 데이터를 지정한다.
- lm 함수로 분석한 회귀분석의 결과를 reg2라는 객체에 할당한다.

• summary 함수에 회귀분석의 결과를 할당한 객체(reg2)를 입력하여 회귀분석 결과를 확인한다.

Console

```
> summary(reg2)

Call:
lm(formula = self.confidence ~ attachment, data = spssdata)

Residuals:
    Min      1Q  Median      3Q     Max
-7.1444 -1.4871  0.1702  1.3415  5.5410

Coefficients:
             Estimate  Std. Error  t value   pr(>|t|)
(Intercept)   8.94493     0.37726   23.710   < 2e-16  ***
attachment    0.08568     0.01813    4.725  2.88e-06  ***
---
Signif. codes:  0 '***' 0.001 '**' 0.01 '*' 0.05 '.' 0.1 ' ' 1

Residual standard error: 2.065 on 592 degrees of freedom
  (1 observation deleted due to missingness)
Multiple R-squared:  0.03634,  Adjusted R-squared:  0.03471
F-statistic: 22.32 on 1 and 592 DF,  p-value: 2.882e-06
```

분석 결과

• F 값은 22.32이고, 유의도는 2.882e−06으로 0.05 미만으로 나타나고 있어 독립변수에 의해 종속변수가 충분히 설명되고 있는 것을 확인할 수 있다.
• R^2 값은 0.03634로 종속변수의 전체 분산 중에서 독립변수에 의해 설명되는 분산은 3.634%인 것으로 나타났다.
• 회귀분석의 결과는 독립변수인 부모에 대한 애착이 매개변수인 자기신뢰감에 정적으로 유의한 영향을 미치고 있었다.

R Script

```
# ④ 표준화 계수 출력
library(QuantPsyc)
round(lm.beta(reg1), 3)
round(lm.beta(reg2), 3)
```

스크립트 설명

④ 'QuantPsyc' 패키지의 lm.beta 함수를 이용하여 앞서 분석했던 회귀분석의 표준화 계수를 확인한다.

- 'QuantPsyc' 패키지를 불러온다.
- lm.beta 함수에 앞서 회귀분석의 결과를 할당한 객체를 입력한다.
- round 함수를 이용하여 표준화 계수의 소수점 자리를 지정한다.

Console

```
> round(lm.beta(reg1), 3)
self.confidence       attachment
          0.309            0.225
> round(lm.beta(reg2), 3)
attachment
     0.191
```

분석 결과

- 이렇게 두 번의 회귀분석을 통해 얻은 회귀 계수는 매개변수를 통제한 후의 독립변수가 종속변수에 미치는 영향(a), 독립변수를 통제한 후의 매개변수가 종속변수에 미치는 영향(b), 그리고 독립변수가 매개변수에 미치는 영향(c)을 의미한다.
- 이 결과를 통해 앞에서 가정했던 연구모형에 대한 검증결과를 정리할 수 있다.
- 이 관계를 표준화 계수를 중심으로 살펴보기 위해 'QuantPsyc' 패키지의 lm.beta 함수를 이용하여 살펴보면, 자기신뢰감을 통제한 후의 부모에 대한 애착이 자아존중감에 미치는 영향을 나타내는 표준화 계수(a)는 0.225로 나타났고, 부모에 대한 애착을 통제한 후의 자기신뢰감이 자아존중감에 미치는 영향에 대한 표준화 계수(b)는 0.309로 나타났다.
- 부모에 대한 애착이 자기신뢰감에 영향을 미치는 영향에 대한 표준화 계수(c)는 0.191로 나타났다.

그림 9-3 회귀분석 결과를 이용한 경로분석

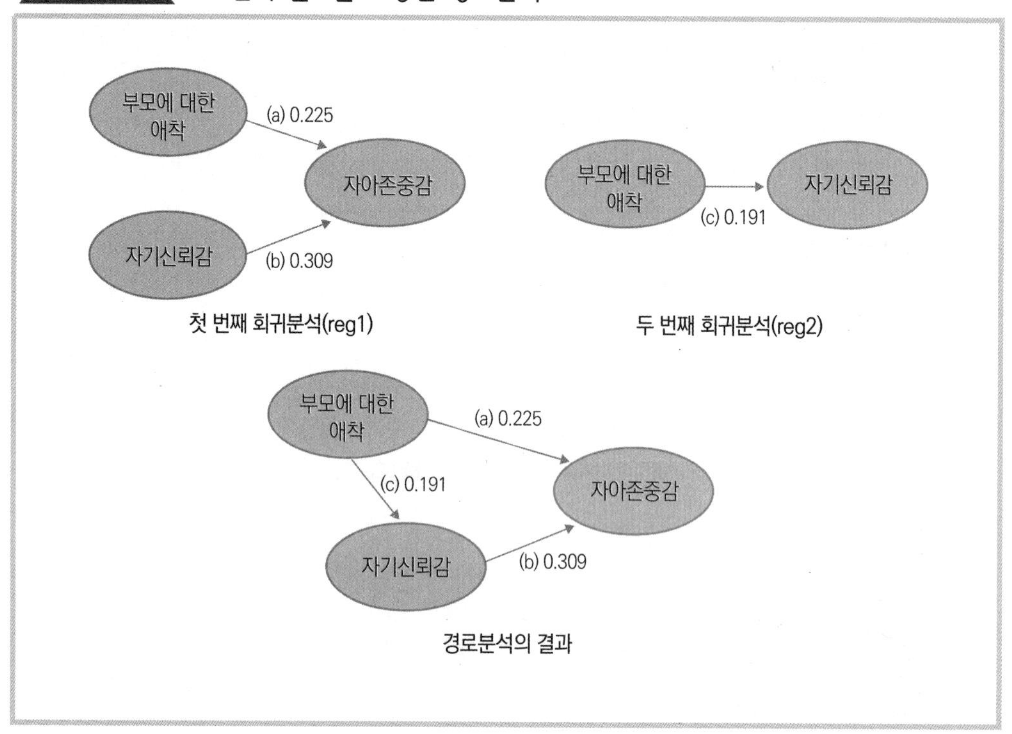

참고

경로 계수 구하기

앞선 분석의 결과를 통해 경로계수를 계산해 보도록 한다. 독립변수인 부모에 대한 애착이 종속변수인 자아존중감에 미치는 총효과를 계산해 보도록 한다. 연구모형에서 부모에 대한 애착이 자아존중감에 미치는 총효과는 다른 독립변수가 없으므로 비인과적 효과를 가정하지 않았다. 따라서 총효과는 인과적 효과와 같은 값을 갖게 된다.

인과적 효과는 부모에 대한 애착이 직접적으로 종속변수에 영향을 미치는 직접효과와 부모에 대한 애착이 매개변수를 통해 자아존중감에 간접적으로 영향을 미치는 간접효과로 나누어 볼 수 있다. 여기서 직접효과의 값은 첫 번째 회귀분석에서 살펴보았듯이, 연구모형에서 종속변수에 영향을 미치는 것으로 가정된 변수들을 모두 통제한 후의 독립변수의 영향인 0.225가 된다. 그리고 간접효과는 부모에 대한 애착이 자기신뢰감을 통해 자아존중감에 미치는 효과이므로 0.309×0.191=0.059(부모에 대한 애착이 자기신뢰감에 미치는 효과×부모에 대한 애착을 통제한 후의 자기신뢰감이 자아존중감에 미치는 효과)가 된다. 이러한 직접효과와 간접효과를 비교함으로써 독립변수가 종속변수에 미치는 영향에 대해 좀 더 자세하게 살펴볼 수 있게 된다.

위의 분석을 통해 얻은 결과를 통해 직접효과, 간접효과, 그리고 총효과를 살펴보면 아래와 같다.

부모에 대한 애착이 자아존중감에 미치는 총효과 =
부모에 대한 애착이 자아존중감에 미치는 직접효과
+ 부모에 대한 애착이 자기신뢰감을 통해 자아존중감에 미치는 간접효과

직접효과:		0.225[(a)]	
간접효과:	자기신뢰감이 자아존중감에 미치는 효과	×	부모에 대한 애착이 자기신뢰감에 미치는 효과
	(0.309)[(b)]	×	(0.191)[(c)]
총효과:		0.225+(0.309×0.191)=0.284	

부모에 대한 애착이 자아존중감에 미치는 직접효과는 0.225이고, 부모에 대한 애착이 자기신뢰감을 통해 자아존중감에 미치는 간접효과는 0.059로 부모에 대한 애착은 자아존중감에 대해 간접효과보다는 직접효과가 더 큰 것으로 나타났다.

R Script

```
# 부모에 대한 애착과 자아존중감 간의 상관관계
round(cor(spssdata[c("attachment", "self.esteem")],
      use="pairwise.complete.obs"), 3)
```

Console

```
> round(cor(spssdata[c("attachment", "self.esteem")],
+ use="pairwise.complete.obs"), 3)

            attachment self.esteem
attachment       1.000       0.284
self.esteem      0.284       1.000
```

독립변수가 종속변수에 미치는 총효과는 0.284로 나타났는데, 앞에서도 언급했듯이 연구모형에서는 독립변수와 종속변수 간의 비인과적 효과를 가정하지 않고, 인과적 효과만을 가정했으므로 직접효과와 간접효과의 합이 두 변수 간의 총효과와 같아진다. 따라서 cor 함수를 통해 독립변수와 종속변수 간의 상관관계를 살펴본 바와 같이 총효과는 두 변수 간의 상관계수와 동일하다.

2 'lavaan' 패키지를 이용한 경로분석

분석 순서

① 이 단계의 분석에서는 이미 만들어진 변수를 사용한다.

② 경로분석에 사용할 연구모형을 만든다.

③ 'lavaan' 패키지를 이용해서 경로분석을 수행한다.

④ 직접 효과와 간접 효과를 비교한다.

R Script

```
# ② 연구모형 입력
model1 <-'self.esteem ~ attachment + self.confidence
          self.confidence ~ attachment'
```

스크립트 설명

② 'lavaan' 패키지를 이용하여 경로분석을 시행하기 위해서는 경로분석의 모형을 먼저 만든 후에 객체에 저장해서 사용해야 한다.

- 'lavaan' 패키지에서 분석할 연구모형의 설정은 위의 스크립트와 같이 왼쪽에는 종속변수, 오른쪽에는 독립변수를 입력하고, 종속변수와 독립변수 사이에 '~' 표시를 지정하면 된다.
- 연구모형의 설정을 위해 먼저 연구모형의 시작을 작은 따옴표(')를 입력하고 시작한다.
- 앞에서 회귀분석을 통한 경로분석의 방법과 같이 종속변수인 자아존중감을 입력하고 '~' 표시를 입력한 다음에 종속변수에 영향을 미치는 독립변수와 매개변수를 입력한다.
- 여기서 독립변수와 매개변수 사이에는 '+' 표시를 입력한다('self.esteem ~ self.confidence + attachment).
- 이와 같이 입력을 하게 되면 독립변수인 부모에 대한 애착과 매개변수인 자기신뢰감이 종속변수인 자아존중감에 영향을 미치게 된다는 연구모형의 일부가 설정된다.
- 다음 줄에서는 매개변수에 영향을 미치는 독립변수를 입력하고, 연구모형의 설정을 끝내기 위해 작은따옴표(')를 입력하여 마무리한다.
- 이렇게 입력한 연구모형을 model1이라는 객체에 저장을 하고, 저장된 연구모형은 'lavaan' 패키지의 sem 함수를 통해 분석을 하게 된다.

R Script

```
# ③ 'lavaan' 패키지를 통한 경로분석
install.packages("lavaan")
library(lavaan)
fit1 <- sem(model1, data=spssdata)
summary(fit1, standardized=TRUE)
```

명령어 설명

lavaan	확인적 요인분석과 구조방정식 모형을 포함한 다양한 잠재변수 모형을 분석하기 위한 패키지
sem	'lavaan' 패키지에서 구조방정식 모형을 분석하기 위한 함수
standardized	구조방정식 모형의 결과를 표준화된 계수로 출력할지에 대한 여부를 지정할 수 있는 인자

스크립트 설명

③ 'lavaan' 패키지의 sem 함수를 이용하여 경로분석을 시행한다.

- 'lavaan' 패키지를 설치하고 library 함수를 이용하여 불러온다.
- sem 함수에는 앞서 연구모형을 저장한 객체를 지정하고, 연구모형에서 지정한 변수들이 있는 데이터를 입력한다.
- sem 함수의 결과를 fit1이라는 객체에 저장한다(fit1 <- sem(model1, data=spssdata).
- 경로분석의 결과는 summary 함수를 통해 살펴볼 수 있다.
- summary 함수에 경로분석의 결과를 저장한 객체(fit1)를 지정하고, standardized 인자를 통해 경로분석의 결과에서 표준화된 계수를 출력하도록 한다.

Console

```
> summary(fit1, standardized=TRUE)
lavaan (0.5-20) converged normally after  18 iterations

                                                  Used       Total
  Number of observations                           593         595

  Estimator                                         ML
  Minimum Function Test Statistic                0.000
  Degrees of freedom                                 0
```

```
  Minimum Function Value              0.0000000000000

Parameter Estimates:

  Information                                  Expected
  Standard Errors                              Standard

Regressions:
                      Estimate   Std.Err   Z-value   P(>|z|)   Std.lv   Std.all
 self.esteem ~
   attachment            0.176     0.030     5.911     0.000    0.176     0.225
   self.confidence       0.538     0.066     8.127     0.000    0.538     0.309
 self.confidence ~
   attachment            0.086     0.018     4.741     0.000    0.086     0.191

Variances:
                      Estimate   Std.Err   Z-value   P(>|z|)   Std.lv   Std.all
 self.esteem            11.086     0.644    17.219     0.000   11.086     0.827
 self.confidence         4.258     0.247    17.219     0.000    4.258     0.963
```

분석 결과

- 출력된 결과를 살펴보면, 첫 번째로 출력되는 결과가 분석에 사용된 사례수이다. 전체 사례수는 595명이었으나, 결측값으로 인해 분석에 사용된 사례수는 593명이다.
- 다음으로는 연구모형의 모수추정방법과 모형적합도와 관련된 통계량이 출력된다. 우선 모수추정방법(Estimator)은 최대우도추정법(ML: Maximum Likelihood)이고, 이하의 내용은 χ^2통계량과 관련된 내용이다. 즉 Minimum Function Test Statistic은 χ^2값이고, 자유도(Degrees of freedom)와 유의도(Minimum Function Value)가 출력된다.
- χ^2통계량과 관련된 값은 모두 0으로 나타나고 있는데, χ^2값은 관찰변수와 잠재변수 간의 차이를 나타내는 통계량이다. 경로분석에서는 관찰변수의 측정오차를 가정하지 않았기 때문에 모형적합도와 관련된 χ^2통계량은 0으로 출력된다(좀 더 자세한 내용은 11장 '구조방정식 모형' 참고).
- 그 다음의 회귀분석(Regressions)에서는 연구모형에서 가정한 변수들 간의 인과관계에 대한 검증결과가 출력된다.
- 여기서 측정치(Estimate)는 회귀 계수를 의미한다. 그리고 표준오차(Std.Err)가 출력되고, 측정치를 표준오차로 나눈 값이 Z 값(Z-value)이 된다. Z 값을 통해 유의도(P(>|z|))를

구할 수 있게 된다.

- 또한 잠재변수(latent variable)[1]만을 표준화시킨 표준화 계수(Std.lv)와 관찰변수(observed variable)와 잠재변수를 모두 표준화시킨 표준화 계수(Std.all)가 출력된다. 따라서 경로분석에서 관찰변수를 표준화시키지 않고 잠재변수만을 표준화시킨 표준화 계수는 측정치와 같아지지만, 관찰변수와 잠재변수를 모두 표준화시킨 표준화 계수는 회귀분석의 표준화 계수와 같은 값을 갖게 된다.
- 부모에 대한 애착과 자기신뢰감이 자아존중감에 미친 영향에 대한 결과를 살펴보면, 부모에 대한 애착과 자기신뢰감의 표준화 계수는 각각 0.225와 0.309로 모두 종속변수인 자아존중감에 정적으로 유의한 영향을 미치는 것으로 나타났다. 그리고 자기신뢰감에 대한 부모에 대한 애착에 대해서는 표준화 계수가 0.191로 유의한 영향을 미치고 있는 것으로 나타났다.
- 다음에 출력된 분산(Variance)에 관련한 결과에서는 다른 변수에 의해 설명된 분산을 제외한 나머지 분산과 관련된 통계량이 출력된다.
- 연구모형에 따르면 종속변수는 독립변수와 매개변수에 의해 설명되는 변수이므로 자아존중감의 분산에 대한 측정치는 독립변수와 매개변수에 의해 설명되는 분산을 제외한 나머지 분산이 11.086이라는 것이다. 그리고 측정치에서 표준오차를 나눈 값은 Z 값이 되고, Z 값을 통해 유의도를 살펴볼 수 있게 된다. 여기서 유의도가 0.05보다 낮게 되면 독립변수와 매개변수에 의해 설명되지 않고 남은 자아존중감의 분산 중에서 아직 설명되어야 할 분산이 있는 것으로 해석할 수 있다.
- 관찰변수와 잠재변수를 모두 표준화시킨 값은 0.827로 나타났다. 자아존중감의 표준화된 분산이 0.827이라는 의미는 독립변수와 매개변수에 의해 설명된 분산이 0.173이라는 것이

1 잠재변수는 실제 관찰로 얻어진 변수들(관찰변수: observed variable)의 값으로 만들어진 잠재적인 변수이다. 특히 구조방정식 모형에서 잠재변수는 실제 관찰을 통해 얻어진 값이 아니며, 관찰을 통해 얻어진 값에서 측정오차를 제외한 나머지의 값들을 통해 잠재변수의 분산을 구하게 된다. 예를 들면, 부모에 대한 애착 변수는 6개의 관찰변수들에서 측정오차를 제외한 나머지의 분산을 통해 잠재적으로 만들어진 잠재변수가 된다. 그렇지만 아래의 그림과 같이 경로분석에서 사용한 변수들은 관찰변수들에서 측정오차를 제거하고 만든 잠재변수가 아니라 이미 6개의 변수를 합산한 변수를 그대로 사용하므로 관찰변수가 곧 잠재변수가 된다.

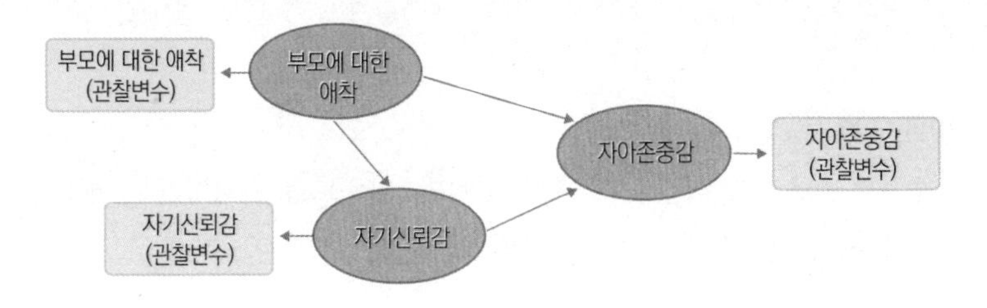

고, 이 값은 회귀분석에서의 R^2 값과 같은 의미를 가지게 된다. 따라서 자아존중감의 전체 분산 중에서 17.3%가 독립변수와 매개변수에 의해 설명되었다는 것을 의미한다.

- 또한 자기신뢰감의 분산에 대한 측정치인 4.258은 독립변수에 의해 설명된 분산을 제외한 나머지 분산을 의미한다. 그리고 Z 값이 17.219로 유의도는 0.05보다 낮게 나타나고 있어, 독립변수에 의해 설명되지 않은 자기신뢰감의 분산 중에서 설명되어야 할 분산이 있음을 알 수 있다. 그리고 관찰변수와 잠재변수를 모두 표준화한 분산이 0.963으로 나타나고 있어, 자기신뢰감의 전체 분산 중에서 독립변수에 의해 설명된 분산은 3.7%인 것으로 나타났다.
- 표준화 계수를 통해 종속변수인 자아존중감에 미치는 부모에 대한 애착에 대한 경로계수를 살펴보면, 자아존중감에 미치는 부모에 대한 애착의 직접효과는 0.225이고, 간접효과는 부모에 대한 애착이 자기신뢰감에 미치는 영향(표준화 계수 0.191)과 자기신뢰감이 자아존중감에 미치는 영향(표준화 계수 0.309)을 곱한 값인 0.059이다. 이 분석에서 가정한 연구모형에서는 비인과적 효과는 가정하지 않았으므로 자아존중감과 부모에 대한 애착 간의 총효과는 직접효과와 간접효과의 합인 0.284가 된다.

R Script

```
# ④ 간접효과와 총효과 출력
model2 <-'self.esteem ~ a*attachment
          self.esteem ~ b*self.confidence
          self.confidence ~ c*attachment
          # 간접효과
          indirect_eff := b*c
          # 총효과
          total_eff := a+(b*c)'
fit2 <- sem(model2, data=spssdata)
summary(fit2, standardized=TRUE)
```

명령어 설명

:=	'lavaan' 패키지에서 새로운 모수를 정의하기 위한 연산자

스크립트 설명

④ 경로계수를 사용자가 직접 구할 수도 있지만, 연구모형을 지정하는 과정에서 간접효과와 총효과를 지정하여 이들 효과를 출력하도록 할 수 있다.

- 작은따옴표로 연구모형의 설정을 시작한다.
- 다음으로 종속변수와 독립변수를 설정하는 데에서 독립변수 앞에 독립변수의 기울기를 의미하는 글자(a)를 입력하고 독립변수 앞에 곱한다(self.esteem ~ a*attachment). 여기서 'a'라는 문자는 분석을 통해 구하게 될 기울기가 된다. 기울기를 의미하는 문자는 기존의 변수명과 중복되지 않는다면 임의의 문자로 지정해도 문제없다.
- 종속변수와 매개변수 간의 관계를 설정하는 데에서도 'b'라는 문자를 매개변수 앞에 곱하여 매개변수의 기울기를 구하도록 설정한다(self.esteem ~ b*self.confidence).
- 다음으로 매개변수와 독립변수 간의 관계에 대해서도 'c'라는 문자를 독립변수 앞에 곱하여 매개변수에 대한 독립변수의 기울기를 구하도록 한다.
- 다음 과정으로 간접효과와 총효과를 분석하는 과정에서 출력될 수 있도록 모수를 지정하고, 그 모수를 계산할 수 있는 항을 만든다.
- 우선 간접효과에 대한 모수는 indirect_eff로 지정하고, 이 모수를 계산하는 항으로 종속변수에 대한 매개변수의 기울기(b)와 매개변수에 대한 독립변수의 기울기(c)를 곱한 값으로 지정한다. 이 때 모수를 새로 지정하는 기호로 ':='을 사용한다.
- 총효과에 대한 모수는 total_eff로 지정하고, 총효과를 계산하는 항으로는 직접효과인 종속변수에 대한 독립변수의 기울기(a)와 간접효과(b*c)를 합한 값으로 지정한다.
- 분석할 모형을 model2라는 객체에 저장하고, 경로분석을 위해 sem 함수에 분석모형 객체(model2)를 입력하고, 분석모형에서 사용한 변수가 있는 데이터를 지정하여 fit2라는 객체에 분석한 결과를 저장한다.
- summary 함수에 분석 결과를 저장한 객체를 지정하고, 표준화 계수를 살펴보기 위해 standardized 인자로 표준화 계수 출력여부를 지정한다.

Console

```
> summary(fit2, standardized=TRUE)
lavaan (0.5-20) converged normally after  18 iterations

                                                  Used       Total
  Number of observations                           593         595

  Estimator                                         ML
  Minimum Function Test Statistic                0.000
  Degrees of freedom                                 0
  Minimum Function Value               0.0000000000000
```

```
Parameter Estimates:

  Information                                    Expected
  Standard Errors                                Standard

Regressions:
                        Estimate   Std.Err   Z-value   P(>|z|)   Std.lv   Std.all
 self.esteem ~
  attachment (a)          0.176     0.030     5.911     0.000    0.176     0.225
  self.confidence (b)     0.538     0.066     8.127     0.000    0.538     0.309
 self.confidence ~
  attachment (c)          0.086     0.018     4.741     0.000    0.086     0.191

Variances:
                        Estimate   Std.Err   Z-value   P(>|z|)   Std.lv   Std.all
  self.esteem            11.086     0.644    17.219     0.000   11.086     0.827
  self.confidence         4.258     0.247    170219     0.000    4.258     0.963

Defined Parameters:
                        Estimate   Std.Err   Z-value   P(>|z|)   Std.lv   Std.all
  indirect_eff            0.046     0.011     4.095     0.000    0.046     0.059
  total_eff               0.223     0.031     7.213     0.000    0.223     0.284
```

분석 결과

- 분석된 결과를 살펴보면, 분석에서 사용된 사례수나 회귀분석 결과, 그리고 분산에 관한 결과는 앞선 결과와 동일한 결과가 출력되었다.
- 여기에 사용자가 정의한 모수(Defined Parameters)에 대한 결과가 추가로 출력되었다. 앞서 간접효과와 총효과를 결과에 출력하기 위해 연구모형에 간접효과와 총효과에 대한 모수와 그 모수를 계산하기 위한 항을 입력하였다. 사용자가 정의한 항에 따라 계산된 모수가 출력된 것이다.
- 여기서 간접효과(indirect_eff)의 추정치는 0.046이고, 이 값은 매개변수가 미친 종속변수에 대한 영향의 추정치(0.538)과 독립변수가 미친 매개변수에 대한 영향의 추정치(0.086)를 곱한 값이다.
- 그리고 관찰변수와 잠재변수를 모두 표준화한 계수인 0.059도 종속변수에 대한 매개변수의 영향에 대한 표준화 계수(0.309)와 매개변수에 대한 독립변수의 영향에 대한 표준화

계수(0.191)를 곱한 값이다.

- 총효과(total_eff)의 추정치는 0.223으로 직접효과에 대한 추정치인 0.176과 간접효과의 추정치(0.046)의 합이다. 그리고 총효과의 표준화 계수(0.284)는 직접효과의 표준화 계수(0.225)와 간접효과의 표준화 계수(0.059)의 합이다.
- 경로분석의 결과를 통해 얻은 결과를 연구모형에 직접 표준화 계수를 입력하여 살펴보면 〈그림 9-4〉와 같다.
- 부모에 대한 애착이 자아존중감에 미치는 직접효과는 0.225이고, 부모에 대한 애착이 자아존중감에 미치는 간접효과는 0.059(점선으로 표시)이다.
- 따라서 부모에 대한 애착은 자아존중감에 대해 자기신뢰감을 통해 영향을 미치는 간접효과보다 직접적으로 영향을 미치는 직접효과가 더욱 큰 것으로 나타났다.

그림 9-4 경로분석 결과와 간접효과

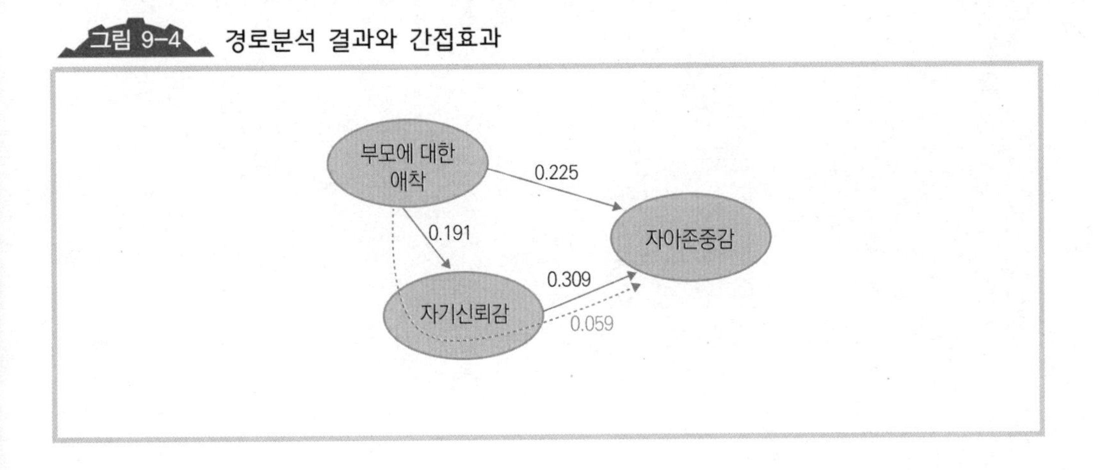

CHAPTER 10

요인분석

Statistical · Analysis · for · Social · Science · Using R

요인분석

01 Section > 요인분석과 신뢰도 분석의 적용

1 변수들의 척도

요인분석과 신뢰도 분석은 등간척도나 비율척도와 같이 연속척도로 측정된 변수에 대해 사용할 수 있다. 사회과학에서 요인분석은 주로 리커트(Likert) 척도로 조사된 문항들을 묶는데 사용된다. 즉 여러 문항들 중에 잠재된 몇 개의 요인을 추출하여 통계적으로 분석하는 방법이다. 신뢰도 분석은 여러 문항들이 몇몇 요인으로 묶여졌을 경우에 각 요인에 해당하는 문항들이 하나의 지표로 잘 표현되는지를 나타내는 내적 일치도(internal consistency)를 살펴보기 위한 분석이다.

2 요인분석과 신뢰도 분석의 통계량

보통 사회과학에서는 사회현상을 연구하기 위해 사회현상들 간의 관계를 먼저 가설이라는 형태로 설정한 후에 이를 검증하는 방식을 취한다. 여기서 가설에서 사용되는 사회현상이란 개념과 같은 것으로 볼 수 있다. 이 개념은 우리가 쉽게 관찰을 통해 파악할 수 있는 사회현상일 수도 있지만, 추상성이 높아서 쉽게 파악하기 어려운 사회현상일 수도 있다. 만약 '성별에 따라 학업성적이 다를 것이다'라는 가설을 설정했다고 하자. 이 가설은 '성별'과 '학업성적'이라는 두 개념 간의 관계를 검증하는 것으로 볼 수 있다. 여기서 '성별'이라는 개념은 추상성이 높지 않아 측정하는데 큰 어려움이 없다. 이에 비해 '학업성적'이라는 개념은 추상성이 높은 개념이므로 쉽게 이 개념에 대해 파악하기 어렵다. 이러한 경우에는 추상성이 높은 개념을 좀 더 정확하게 구체화하여 측정하기 위한 방법이 필요한데, 이러한 과정을 보통 조작적 정의라고 지칭한다. 조작적 정의란 추상적인 개념을 경험적으로 직접 관찰하여 자료를 구할 수 있도록 해주는 효과적인 계획을 수립하는 것을 말한다. 즉 '학업성적'이라는 개념을 측정함에 있어서 어떤 과목을 포함시킬 것인지, 중간시험과 기말시험 중에서 어떤 것을 기준으로 할 것인지, 시험점수와 석차 중에서 어떤 기준을 사용할 것인지 등에 대해 연구자가 연구의 목적에 부합하는 측정가능한 형태의 지표로 구체화하는 방법이다.

이러한 과정으로 구성된 구체적인 항목들은 하나의 추상적인 개념을 측정하기 위해 다시 여러 문항으로 측정하게 된다. 요인분석은 하나의 개념을 측정하기 위해 구성한 여러 문항들을 하나의 요인(개념)으로 볼 수 있는지를 통계적으로 살펴보기 위한 방법이다.

〈그림 10-1〉과 같이 하나의 추상적인 개념을 측정하기 위해 X_1부터 X_5까지 5문항으로 측정하였다고 가정해 보자. 이 경우에 최대로 나타날 수 있는 요인은 5개이다. 즉 5문항이 문항들 간에 묶여질 수 있는 요인이 전혀 없을 경우에 각 문항은 서로 다른 요인에 해당하게 되며, 이 때 문항의 수만큼 요인이 있게 된다.

요인분석에서는 우선 다섯 문항이 첫 번째 요인(F_1)으로 설명되는 분산을 구하게 된다. 그리고 첫 번째 요인이 각 문항에 미치는 영향(λ_{ij})을 적재량(loading)이라고 한다. 이 적재량이 클수록 해당 요인에 의해 설명되는 문항의 분산이 크다는 것을 의미한다. 그리

그림 10-1 요인과 지표 간의 관계

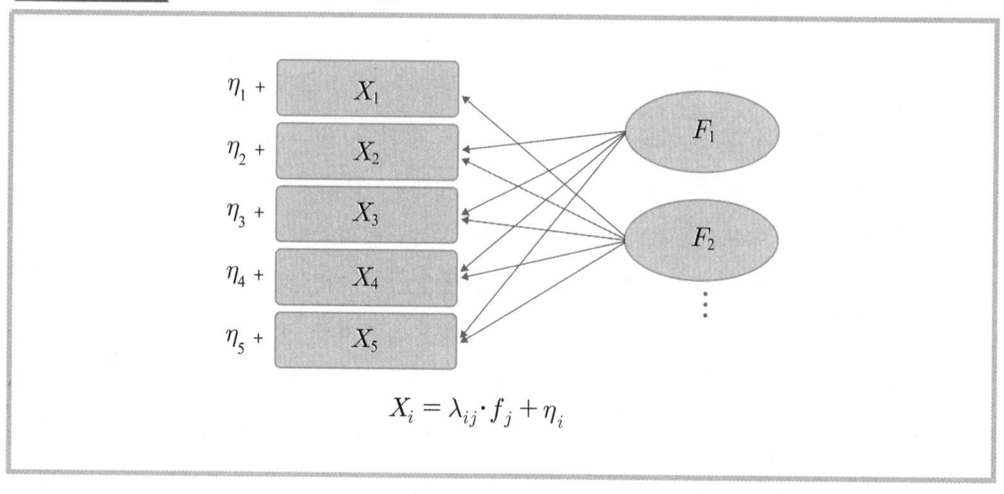

고 첫 번째 요인에 의해 설명되는 5개의 문항의 분산을 모두 더하면 첫 번째 요인의 고유값(eigenvalue)이 된다. 다음 단계로 두 번째 요인(F_2)은 첫 번째 요인에 의해 설명되지 않은 5개 문항의 분산 중에서 공통적으로 설명할 수 있는 분산을 계산하게 된다. 그리고 두 번째 요인이 각 문항에 미치는 영향인 적재량과 고유값을 계산하게 된다. 이러한 방식으로 5개의 요인이 되는 경우까지 적재량과 고유값을 계산한다. 즉 문항의 수만큼 요인의 수가 존재하지만, 이 경우에는 굳이 요인을 사용하는 의미가 없다고 볼 수 있다. 요인분석이란 보다 적은 수의 대표적인 요인을 통해서 많은 문항을 설명할 수 있도록 하는 요인들을 찾아내는 것이 목적이기 때문이다.

따라서 계산된 고유값을 통해 몇 개의 요인을 선택해서 사용할 것인가를 결정한다. 흔히 고유값은 1을 기준으로 하는데 고유값이 1 이상인 요인을 선택한다. 요인분석에서는 각 문항들을 표준화하여 분석에 이용한다. 즉 한 문항의 평균은 0이고, 분산은 1로 변환하게 된다. 이렇게 표준화된 값을 통해 계산된 고유값은 요인에 의해 설명되는 각 문항의 분산을 더한 값이므로, 고유값이 1보다 크다는 것은 해당 요인의 분산이 한 문항의 분산보다 큰 분산값을 갖는다는 의미이다. 요인은 여러 문항을 공통적으로 설명할 수 있는 공통된 요인으로, 이 요인을 통해 여러 문항을 문항의 수보다 적은 몇몇의 요인으로 설명하고자 하는 것이다. 그런데 그 요인이 하나의 문항보다도 더 적은 분산을 가지고 있다면 굳이 요인으로 선택할 필요가 없기 때문이다.

고유값을 통해 요인의 수가 결정되었다면 나머지 요인에 의해 설명되는 각 문항의 분산은 요인으로 설명되지 않는 각 문항의 특성(η_i)이 된다. 만약 5개의 문항에 대한 요인으로 고유값을 고려하여 2개의 요인을 선택했다면, 나머지 3개의 요인에 의해 설명되는 각 문항의 분산은 결국 2개의 요인으로는 설명되지 않는 각 문항의 독특한 특성이라고 가정하게 된다.

요인분석에서 요인의 적재량은 요인과 각 문항의 상관관계의 정도를 나타내는 크기로 해석될 수 있다. 따라서 각 요인에 따른 문항의 적재량을 통해 어떤 요인에 각 문항을 포함시킬지를 결정하게 된다. 그러나 어떤 문항의 적재량이 몇몇 요인에 모두 큰 적재량을 가지고 있거나, 0을 중심으로 양수와 음수의 작은 값을 가지고 있는 경우에는 해당 문항을 특정 요인으로 묶는 것이 어렵게 된다. 〈그림 10-2〉에서와 같이 X_1부터 X_5까지 5개의 문항들에 대해 2개의 요인의 수가 결정되었다고 가정하도록 한다. 우선 (a)의 경우에는 X_1부터 X_3까지의 문항은 요인2와 상관관계가 큰 것으로 나타났고, X_4와 X_5는 요인1과 상관관계가 큰 것으로 나타났다. 그렇지만 X_1부터 X_3까지의 문항은 적지만 요인1과도 상관관계가 있는 것으로 나타났고, X_4와 X_5도 요인2와 적은 상관관계가 있는 것으로 나타났다. 이러한 경우에는 각 요인에 따른 문항의 적재량을 최대화하기 위해 요인을 회전하게 된다. 요인을 회전시키게 되면 각 요인에 해당되는 문항의 적재량이 커지고, 요

그림 10-2 요인의 회전

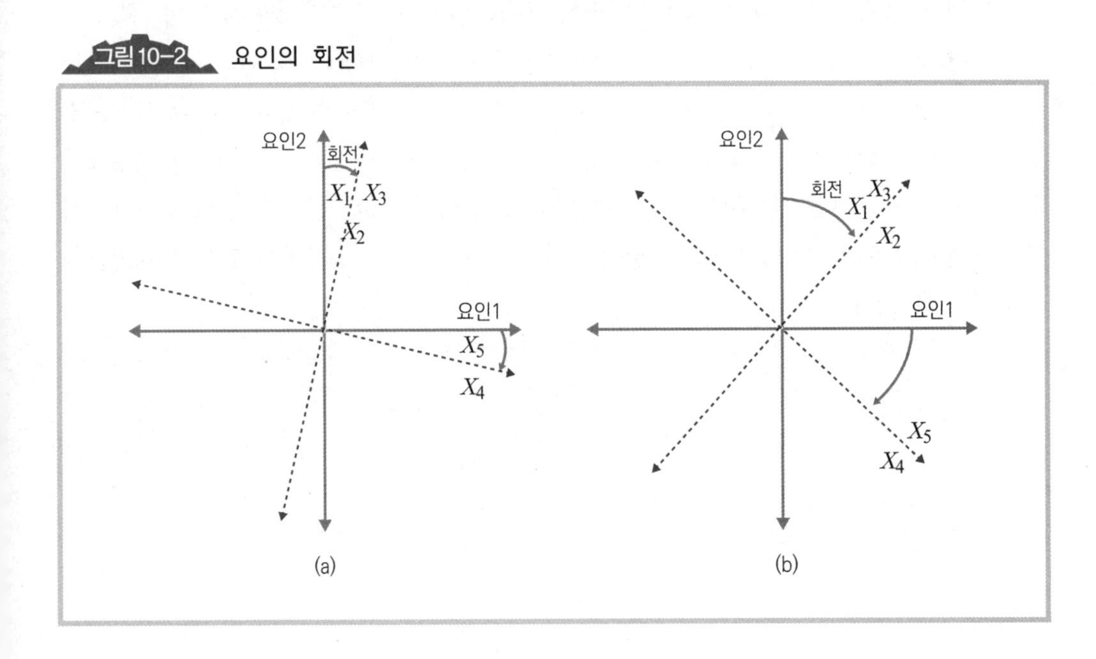

인에 해당되지 않는 문항의 적재량은 최소화될 수 있다. (b)의 경우에서도 X_1부터 X_3까지의 문항은 요인1과 요인2에 대해 모두 정적인 상관관계를 가지고 있다. 또한 X_4와 X_5도 요인1과 요인2에 대해 모두 부적인 상관관계를 가지고 있다. 이런 경우에는 각 문항은 요인1과 요인2에 대해 모두 큰 상관관계를 갖게 되어 어떤 문항이 요인1 혹은 요인2에 해당되는지 판단하기 어렵게 된다. 따라서 각 요인에 해당되는 문항의 적재량을 최대화하고, 요인에 해당되지 않는 문항의 적재량은 최소화하기 위해 요인을 회전시키면 각 요인에 해당되는 문항을 쉽게 판단할 수 있다.

요인분석을 통해 여러 문항을 몇몇 요인으로 묶을 수 있게 되었다. 이제 같은 요인들로 묶어진 문항들에 대한 신뢰도 분석을 통해 연구에서 사용할 요인의 신뢰도를 살펴볼 수 있다. 신뢰도는 동일한 대상에 대해 동일한 척도로 반복측정하였을 때의 값이 일치하는 정도이다. 그런데 현실적으로는 동일한 대상에 대해 같은 문항으로 반복측정한다는 것이 매우 어려운 일이다. 이에 사회과학에서는 내적 일관성을 기반으로 한 Cronbach's α를 이용하여 신뢰도를 살펴본다. Cronbach's α는 우리가 하나의 개념을 측정하기 위해 여러 문항을 구성하여 측정했다면 이 문항들 간의 관계는 아마도 상관관계가 매우 높을 것이라고 가정한다. 따라서 어떤 개념을 측정하기 위해 구성한 여러 문항들 간의 일관성을 통해 신뢰도를 살펴보는 것이다.

여러 문항을 몇몇의 요인으로 묶어주는 요인분석은 두 가지의 종류가 있다. 첫 번째는 탐색적 요인분석(Exploratory factor analysis)으로 주성분 분석(Principal components analysis)으로도 불린다. 탐색적 요인분석은 여러 개의 문항에 있을 수 있는 공통적인 요인을 찾아내는 방법이다. 두 번째로 확인적 요인분석(Confirmatory factor analysis)은 측정된 문항들의 배후에서 영향을 미치는 요인을 가정하여 분석하는 방법이다. 확인적 요인분석은 주로 구조방정식 모형을 통해 분석할 수 있으므로 11장에서 다루도록 하고, 이 장에서는 탐색적 요인분석을 다루도록 한다.

02 Section > 요인분석

이 절에서는 princomp 함수와 factanal 함수를 사용한 요인분석 방법을 소개하기로 하겠다.

분석 순서

① 요인분석을 수행할 변수들을 선택하여 새로운 데이터를 만들고, 결측값 사례를 제외시킨다.
② princomp 함수를 사용하여 분석한 결과를 보고 요인의 수를 결정한다.
③ 요인에 해당하는 변수를 결정한다.

R Script

```
# ① 변수를 선택하여 데이터 만들기
myvar1 <- c("q33a01w1", "q33a02w1", "q33a03w1", "q33a04w1", "q33a05w1",
        "q33a06w1", "q33a07w1", "q33a08w1", "q33a09w1", "q33a10w1")
PCA1 <- spssdata[myvar1]

# 결측값 사례를 제외
PCA1_1 <- na.omit(PCA1)
```

명령어 설명

na.omit	해당 데이터에서 결측값 사례를 제거하기 위한 함수

스크립트 설명

① 탐색적 요인분석을 위해서는 우선 분석의 대상이 되는 변수들만을 추출하여 데이터프레임으로 만들어야 한다.

- 이를 위해 탐색적 요인분석의 대상 변수들만을 추출하기 위해 q33a01w1부터 q33a10w1까지 10개의 변수명을 지정한 다음에 myvar1이라는 객체에 저장한다. myvar1은 해당 변수명만으로 구성된 벡터이다.
- 다음으로 데이터(spssdata)에서 분석에 사용할 변수들만 추출하여 저장한다. 앞에서 만든

myvar1를 사용해서 해당 변수만 추출한 후에 PCA1이라는 데이터프레임을 만든다.

- 탐색적 요인분석을 수행할 10개의 대상 변수들 중에서 결측값이 있는 사례가 있는 경우에는 분석에서 제외해야 하므로 na.omit 함수를 이용하여 해당 데이터에서 결측값이 있는 사례는 제외하여 PCA1_1이라는 객체에 저장한다(PCA1_1 <− na.omit(PCA1)).

R Script

```
# ② factor의 수를 결정
fit1 <- princomp(PCA1_1, cor=TRUE)
summary(fit1)
plot(fit1, type="lines")
```

명령어 설명

princomp	주성분 분석을 위한 함수
plot	결과를 도표로 출력하기 위한 함수

스크립트 설명

② 탐색적 요인분석을 위해서는 주성분 분석을 위한 함수인 princomp 함수를 이용할 수 있다.

- princomp 함수에는 앞서 결측값 사례를 제외한 데이터를 지정하고, cor 인자를 통해 주성분 분석에 상관계수 행렬 또는 공분산 행렬을 사용할지에 대한 여부를 지정한다.
- 주성분 분석의 결과를 fit1이라는 객체에 저장한다.
- summary 함수로 주성분 분석의 결과를 출력한다.
- plot 함수로 주성분 분석의 결과를 도표로 출력한다. plot 함수에 탐색적 요인분석의 결과를 저장한 객체(fit1)를 입력하고, 도표의 형식은 lines로 지정한다.

Console

```
> summary(fit1)
Importance of components:

                         Comp.1    Comp.2     Comp.3     Comp.4     Comp.5    Comp.6
Standard deviation     2.1710395 1.2402559 0.88073066 0.81795969 0.74487701 0.6684018
Proportion of Variance 0.4713413 0.1538235 0.07756865 0.06690581 0.05548418 0.0446761
Cumulative Proportion  0.4713413 0.6251647 0.70273338 0.76963919 0.82512336 0.8697995
```

```
                       Comp.7     Comp.8      Comp.9     Comp.10
Standard deviation     0.62452191 0.5699500  0.55228911  0.53114172
Proportion of Variance 0.03900276 0.0324843  0.03050233  0.02821115
Cumulative Proportion  0.90880222 0.9412865   0.9717885  1.00000000
```

분석 결과

- 우선 주성분 분석의 결과를 살펴보면, 요인의 중요도(Importance of components)에 대해 10개의 요인까지 표준편차(Standard deviation), 분산의 비율(Proportion of Variance), 누적 비율(Cumulative Proportion)이 출력된다.
- 요인분석에서 요인의 수를 결정하는데 중요한 기준이 고유값(Eigenvalue)이다. 이 표에는 고유값 자체가 제공되지는 않는다. 대신 표에 제시된 표준편차를 제곱한 값, 즉 분산이 탐색적 요인분석에서 요인의 수를 결정하는데 사용되는 고유값이 된다.
- 첫 번째 요인(Comp.1)의 고유값은 약 4.7134(2.1710395^2)이고, 두 번째 요인(Comp.2)의 고유값은 약 1.5382(1.2402559^2), 세 번째 요인(Comp.3)은 약 0.7756(0.88073066^2) 등으로 나타났다.
- 흔히 고유값을 통해 요인의 수를 결정할 때 고유값이 1 이상인 요인을 선택하므로, 이 분석에서는 10개의 문항에 대해 2개의 요인으로 나누는 것이 적절하다고 할 수 있다.
- 각 요인이 설명하는 분산의 비율을 살펴보면, 첫 번째 요인은 전체 분산의 약 47.134%를 설명하는 것으로 나타나고 있다. 그리고 두 번째 요인은 전체 분산의 약 15.382%, 세 번째 요인은 약 7.756% 등을 설명하고 있는 것으로 나타났다.
- 요인의 수가 증가함에 따른 전체 분산을 설명하는 누적 비율을 살펴보면, 첫 번째 요인은 전체 분산의 약 47.134%를 설명하고 있고, 첫 번째와 두 번째 요인은 전체 분산의 약 62.516%, 첫 번째부터 세 번째까지의 요인은 약 70.273% 등을 설명하는 것으로 나타났다.
- 앞서 고유값이 1 이상인 요인은 2개의 요인인 경우이므로, 이 2개의 요인으로 전체 분산의 약 62.516%를 설명할 수 있다는 것이다.

그림 10-3 요인분석의 고유값 도표

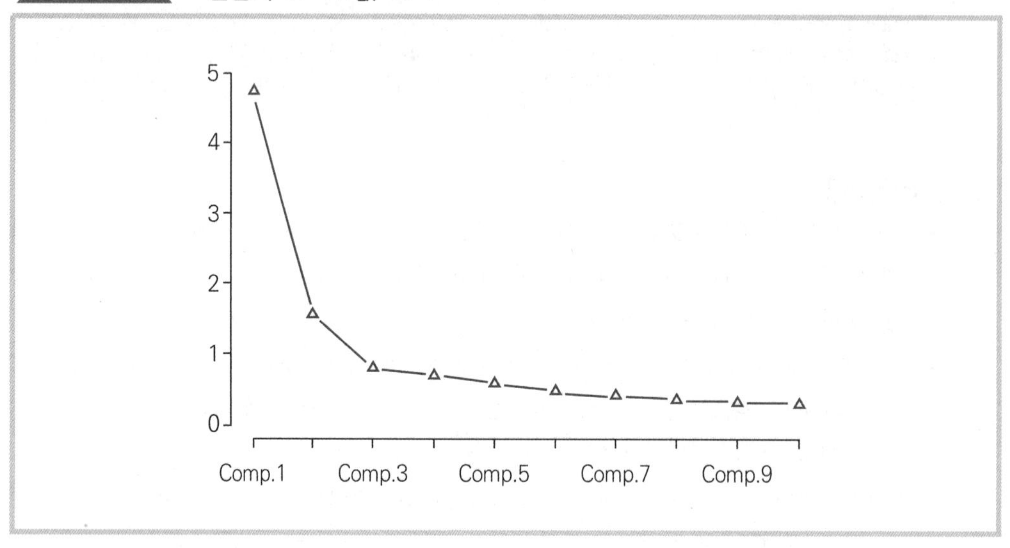

분석 결과

- 출력된 결과를 살펴보면, 첫 번째 요인의 경우에는 분산값이 4 이상 5 미만으로 나타나고 있다. 그리고 두 번째 요인의 분산값은 1 이상 2 미만으로 나타났고, 세 번째 이후의 요인의 분산값은 모두 1 이하로 나타나고 있다.
- 여기서 분산값은 표준편차를 제곱한 값이므로 고유값과 같다. 따라서 고유값이 1 이상인 요인은 두 개의 요인으로 나타나고 있으므로 10개의 문항은 2개의 요인으로 나누어 볼 수 있다.

R Script

```
# 요인들의 적재량
loadings(fit1)
```

명령어 설명

loadings	요인분석의 결과인 적재량을 출력하기 위한 함수

스크립트 설명

- 요인과 각 문항 간의 관계를 나타내는 적재량(loadings)은 loadings 함수를 통해 살펴볼 수 있다.

• loadings 함수에 탐색적 요인분석의 결과를 저장한 객체(fit1)를 입력하여 결과를 확인한다.

Console

```
> loadings(fit1)

         Comp.1 Comp.2 Comp.3 Comp.4 Comp.5 Comp.6 Comp.7 Comp.8 Comp.9 Comp.10
q33a01w1 -0.328 -0.211 -0.135 -0.109  0.729 -0.306 -0.309  0.111         -0.275
q33a02w1 -0.264 -0.328 -0.644  0.242         0.500        -0.198  0.210        
q33a03w1 -0.323 -0.282 -0.279        -0.405 -0.595  0.326        -0.322        
q33a04w1 -0.338 -0.220  0.271 -0.189 -0.431        -0.638  0.327          0.137
q33a05w1 -0.339 -0.205  0.520                0.209  0.274 -0.300         -0.595
q33a06w1 -0.357 -0.231  0.291         0.315  0.136  0.354         0.137   0.684
q33a07w1 -0.321  0.356         0.437         0.128  0.213  0.673 -0.153  -0.193
q33a08w1 -0.308  0.433         0.279               -0.326 -0.509 -0.475   0.197
q33a09w1 -0.313  0.433                      -0.354        -0.176  0.736        
q33a10w1 -0.256  0.339 -0.218 -0.786         0.306  0.182        -0.155        

 Loadings:

                Comp.1 Comp.2 Comp.3 Comp.4 Comp.5 Comp.6 Comp.7 Comp.8 Comp.9 Comp.10
SS loadings        1.0    1.0    1.0    1.0    1.0    1.0    1.0    1.0    1.0     1.0
Proportion Var     0.1    0.1    0.1    0.1    0.1    0.1    0.1    0.1    0.1     0.1
Cumulative Var     0.1    0.2    0.3    0.4    0.5    0.6    0.7    0.8    0.9     1.0
```

분석 결과

• loadings 함수의 출력된 결과를 살펴보면, 첫 번째 요인(Comp.1)에 대해 q33a01w1 문항의 적재량은 -0.328, q33a02w1 문항의 적재량은 -0.264, q33a03w1 문항의 적재량은 -0.323 등으로 나타났다. 이들 적재량은 첫 번째 요인의 전체 분산에 대해 각 문항의 분산이 설명하는 정도를 나타낸다. 따라서 첫 번째 요인과 문항 간의 관계를 수식으로 표현하면 다음과 같다.

$$\text{첫 번째 요인의 전체 분산(SS Loading}=1.0) = (-0.328)^2+(-0.264)^2+(-0.323)^2+(-0.338)^2+(-0.339)^2+(-0.357)^2+(-0.321)^2+(-0.308)^2+(-0.313)^2+(-0.256)^2$$

• 요인에 따른 각 문항의 적재량을 비교하여 각 변수가 어떤 요인에 해당되는지를 살펴볼 수 있다.

• 즉 q33a01w1 문항의 적재량 중에서 절대값이 가장 크게 나타난 값은 −0.328이다. 이 값

에 해당하는 요인은 첫 번째 요인(Comp.1)이므로 q33a01w1 문항은 첫 번째 요인에 포함될 수 있다. 그리고 q33a02w1 문항의 적재량은 세 번째 요인(Comp.3)일 경우에 적재량의 절대값이 가장 크기 때문에 세 번째 요인에 포함될 수 있다.

- 이러한 방식으로 10개의 문항이 어떤 요인에 포함되는지를 확인할 수 있다.
- 그렇지만 출력된 적재량은 요인의 수가 2개가 아닌 10개인 경우를 가정하여 출력된 결과이므로 현재의 결과만을 통해서는 아직 각 요인에 해당하는 문항을 결정할 수 없다.
- 따라서 다음에 살펴볼 과정은 결정된 요인의 수에 따라 대상 문항들이 어느 요인에 포함될 것인지를 살펴보도록 한다.

R Script

```
# ③ factor에 따른 변수 결정
fit <- factanal(PCA1_1, 2, rotation="varimax")
print(fit, digits=3, sort=TRUE)
```

명령어 설명

factanal	요인분석을 위한 함수
rotation	요인의 회전방법을 지정하기 위한 인자
print	객체의 결과를 출력하기 위한 함수
text	도표 등에 해당 설명으로 출력하기 위한 함수

스크립트 설명

③ 앞에서 수행한 분석에서는 사용자가 제시한 문항들을 몇 개의 요인으로 나눌 수 있는가에 대해 살펴보았다. 다음으로는 각 요인에 포함될 문항은 어떤 문항인지 살펴보기 위한 방법으로 두 가지 방법을 살펴보고자 한다.

- 첫 번째 방법은 factanal 함수를 이용한 방법이다. factanal 함수에는 요인분석의 대상 문항들만을 따로 저장한 데이터를 지정하고, 요인의 수를 입력한다(PCA1_1, 2). 그리고 rotation 인자를 통해 회전방법을 지정하고, 그 결과를 fit이라는 객체에 저장한다. factanal 함수에서 사용할 수 있는 회전방법[1]은 'varimax'와 'promax'의 방법이 있다.

---

1 회전방법으로는 직각(orthogonal)과 비직각(non-orthogonal rotation) 회전방법이 있다. 직각 회전방법은 요인들 간에 상관관계가 없다고 가정하여 요인을 회전시키는 방법으로 각 요인 간의 각도를 90°로 유지하면서 회전시키는 방법이다. 비직각 회전방법은 요인들 간에 상관관계가 있을 경우에 사용하는 방법으로, 요인 간의 각도를 90°가 아닌 사각을 유지하면서 변수를 회전시키는 방법이다. 직각 회전방법에는 Varimax, Quartimax, Equimax 등의 방법이 있다.

Varimax 회전방법은 요인행렬의 열(column)을 단순화시키는 방식으로 요인행렬의 각 열에 1 혹은 0에 가까운

• 만일 회전을 하지 않은 결과를 살펴보려면 'none'을 지정하면 된다. 아래의 예에서는 요인분석에서 일반적으로 많이 사용되는 'varimax' 회전방법을 사용하도록 한다(rotation = "varimax").
• print 함수에는 factanal 함수의 결과를 할당한 객체인 fit를 지정하고, digits 인자로 출력될 결과의 소수점을 지정한다. 그리고 입력된 문항의 순서대로 적재량이 출력될 수 있도록 sort 인자에는 TRUE로 지정한다.

Console

```
> print(fit, digits=3, sort=TRUE)

Call:
factanal(x = PCA1_1, factors = 2, rotation = "varimax")

Uniquenesses:
 q33a01w1  q33a02w1  q33a03w1  q33a04w1  q33a05w1  q33a06w1  q33a07w1  q33a08w1
 q33a09w1  q33a10w1
    0.514     0.673     0.516     0.450     0.417     0.340     0.393     0.339
    0.315     0.670

Loadings:
          Factor1  Factor2
q33a01w1   0.653    0.245
q33a02w1   0.562    0.109
q33a03w1   0.667    0.199
q33a04w1   0.702    0.239
q33a05w1   0.724    0.244
q33a06w1   0.773    0.249
q33a07w1   0.282    0.726
q33a08w1   0.214    0.784
```

요인적재량을 보이게 한다. 따라서 문항과 요인 간의 관계가 명확해지고 해석하기 용이한 장점을 가진다. Quartimax 회전방법은 요인행렬의 행(row)을 단순화시키는 방식으로 한 문항이 어떤 요인에 대해 높은 요인적재량을 가지면 다른 요인에 대해서는 낮은 요인적재량을 갖게 하는 방식으로 회전시킨다. 이 방법을 통해 각 문항들을 설명하는데 필요한 요인의 수를 최소화할 수 있다. Equimax 회전방법은 Varimax와 Quartimax 회전방법을 절충한 방법으로, 요인행렬의 행과 열을 동시에 간략히 할 수 있는 방법이다. 그러나 흔히 사용되는 방법은 아니다.
비직각 회전방법인 Oblimax 혹은 Oblimin 회전방법은 연구자가 단순히 이론적으로 더 의미있는 구조나 차원을 얻는데 관심이 있을 경우에 사용하는 방법이다. 이 방법은 고유값이 더 높아지는 대신에 요인들 간의 상호독립성은 감소한다. Promax 회전방법은 Oblimin 회전방법에 비해 빠르게 계산할 수 있어 대용량의 자료를 분석할 경우에 사용된다.

```
q33a09w1      0.209     0.801
q33a10w1      0.215     0.532

                  Factor1   Factor2
SS loadings         3.016     2.357
Proportion Var      0.302     0.236
Cumulative Var      0.302     0.537

Test of the hypothesis that 2 factors are sufficient.
The chi square statistic is 176.59 on 26 degrees of freedom.
The p-value is 2.44e-24
```

분석 결과

- 요인분석의 결과를 살펴보면, 우선 각 문항의 유일성(Uniquenesses)의 값이 출력된다. 유일성은 분석에서 가정한 2개의 요인으로 설명되지 않은 문항의 분산을 의미한다. 따라서 q33a01w1 문항의 전체 분산(1.0)은 2개의 요인으로 설명되지 않는 분산과 2개의 요인으로 설명되는 분산의 합이 된다.
- 2개의 요인으로 설명되는 분산은 다음의 적재량(Loadings)을 출력한 결과에서 살펴볼 수 있다.
- q33a01w1 문항은 첫 번째 요인(Factor1)에서는 적재량이 0.653이고, 두 번째 요인(Factor2)에서는 적재량이 0.245이다. 두 요인의 적재량 값의 제곱합은 각 요인에 따라 설명되는 분산이 된다.

q33a01w1의 전체 분산(1.0) =

$0.514 +$ ← 2개의 요인으로 설명되지 않는 분산

$(0.653)^2 + (0.245)^2$ ← 2개의 요인으로 설명되는 분산

- 각 요인에 해당하는 문항을 결정하는 방법은 각 요인에 따른 적재량을 비교하면 된다. q33a01w1 문항의 경우에는 첫 번째 요인에 대한 적재량이 0.653이고, 두 번째 요인에 대한 적재량은 0.245로 두 번째 요인보다는 첫 번째 요인으로 더 잘 설명된다고 볼 수 있다. 따라서 q33a01w1 문항은 첫 번째 요인을 설명하는 문항으로 판단할 수 있다.
- q33a02w1부터 q33a10w1까지의 문항들에 대해 같은 방법으로 살펴보면, q33a01w1부터

q33a06w1까지의 문항은 첫 번째 요인에 대한 적재량이 상대적으로 더 큰 것으로 나타나고 있어 첫 번째 요인에 해당되는 문항인 것을 알 수 있다. 이 요인에 해당하는 것이 우리가 앞에서 사용했던 변수인 부모에 대한 애착변수에 해당한다.

- q33a07w1부터 q33a10w1까지의 문항은 두 번째 요인에 대한 적재량이 상대적으로 더 큰 것으로 나타났다. 따라서 이들 문항은 두 번째 요인에 해당되는 것을 알 수 있다. 이 요인에 해당하는 것이 앞서 사용했던 부모 감독변수에 해당한다.
- 그 다음에 출력되는 결과에는 요인별 적재량 제곱합(SS loadings), 즉 고유값(eigenvalue)과 전체 분산에서의 요인별 분산의 비율(Proportion Var), 그리고 분산의 누적 비율(Cumulative Var)이 출력되었다.
- 첫 번째 요인은 적재량의 제곱합이 3.016이고, 문항 10개의 전체 분산에서 30.2%가 설명되었다.
- 두 번째 요인의 적재량 제곱합은 2.357로 전체 분산에서 23.6%가 설명되어 2개의 요인은 전체 분산의 53.7%가 설명되었다.
- 카이 제곱 검증의 결과가 나타나고 있는데, 카이 제곱 검증은 요인의 수에 대한 가설 검증의 결과를 나타내는 것이다. 이 검증에서의 영가설은 요인분석을 통해 추출된 요인이 문항 사이의 관계를 정확히 설명한다는 것을 가정하고 있다. 따라서 아래의 결과에서 카이 제곱 검증에 대한 유의도는 0.05보다 낮은 수준으로 영가설이 기각되므로, 추출된 요인이 문항 사이의 관계를 정확히 설명하지 못하는 것으로 나타났다. 그러나 카이 제곱 검증은 표본크기에 큰 영향을 받기 때문에 너무 쉽게 영가설이 기각되는 문제점을 가지고 있으므로, 이러한 문제점을 감안하여 카이 제곱 검증의 결과에 큰 의미를 부여하지 않아도 된다.

R Script

```
# factanal 함수의 결과를 도표로 출력
load <- fit$loadings[,1:2]
plot(load)
text(load, labels=names(PCA1_1), cex=0.7)
```

명령어 설명

text	도표 등에 해당 설명으로 출력하기 위한 함수

스크립트 설명

- 다음으로 요인분석의 결과를 도표의 형태로 출력하기 원하면 plot 함수를 사용할 수 있다.
- 요인분석의 결과를 도표로 살펴보기 위해서는 우선 plot 함수에 사용할 자료를 만들어야 한다. 앞서 요인분석의 결과를 저장한 fit이라는 객체는 객체의 유형으로 보면 리스트(list)에 해당한다. 여기에는 유일성(Uniquenesses), 적재량 값(Loadings)과 같은 정보들이 포함되어 있다. 여기에서 도표에 출력할 정보는 적재량 값이므로, fit이라는 객체 내의 적재량 값(Loadings)을 load라는 객체에 저장한다(참고로 fit이라는 객체에 어떤 정보들이 들어 있는지 알고 싶다면, R의 명령어창에서 fit이라고 입력하면 그 안에 포함된 정보들이 나타난다).
- 그리고 도표로 출력할 요인을 지정한다(load <− fit$loadings[,1:2]). [,1:2]라는 명령문에서 쉼표(,) 앞에는 아무런 숫자를 지정하지 않는다는 것은 모든 문항에 대한 적재량을 지정한다는 의미이고, 1:2는 첫 번째 요인과 두 번째 요인의 적재량을 지정하는 것이다. 만약 요인분석을 통해 3개의 요인이 추출되었을 경우에 첫 번째 요인과 세 번째 요인에 대한 결과를 도표로 출력한다고 하였을 때는 [,1:3]으로 입력하면 된다.
- 모든 문항에 대한 첫 번째 요인과 두 번째 요인의 적재량을 저장한 load 객체를 plot 함수에 입력하면 적재량에 따른 각 문항의 위치가 출력된다.
- 도표에는 각 변수를 구분할 수 없는 도형(○)으로 위치가 나타나기 때문에 문항들을 구별하기 위해서는 text 함수를 이용하여 도표에 문항의 변수명이 출력되도록 한다.
- text 함수에는 변수명의 위치를 나타낼 요인의 적재량이 저장된 load 객체를 지정하고, labels 인자에는 도표에 출력될 문항의 변수명이 저장된 객체인 PCA1_1을 지정하는데, 그 객체의 변수명만을 사용하기 때문에 names라는 인자 내에 입력한다.
- 도표에 출력된 변수명의 크기는 cex 인자로 지정한다(text(load, labels=names(PCA1_1), cex=0.7))

그림 10-4 요인에 따른 문항의 분포

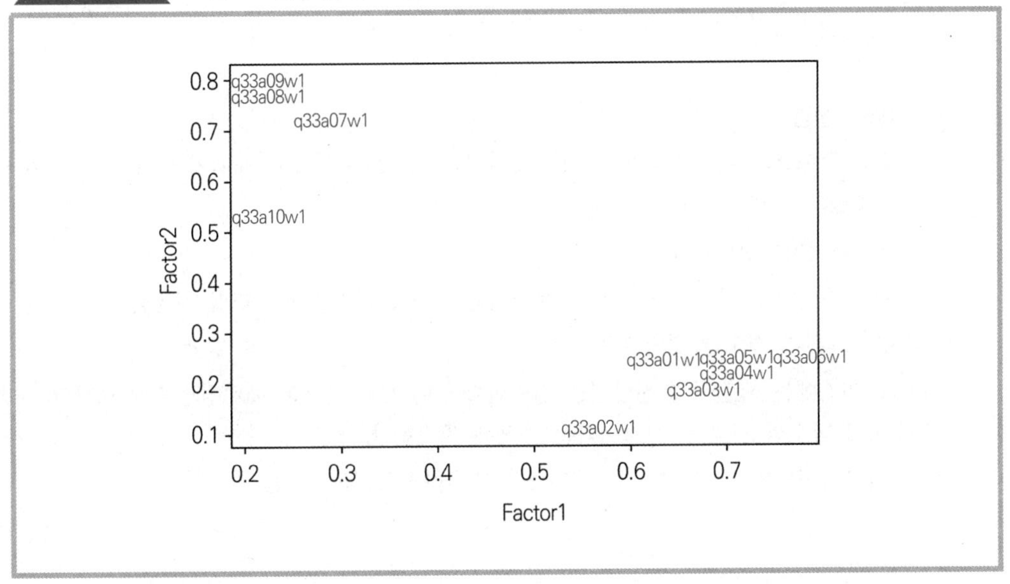

분석 결과

- 도표로 출력된 결과를 살펴보면, q33a01w1부터 q33a06w1까지의 문항은 요인1(Factor1)의 적재량은 높지만, 요인2(Factor2)의 적재량은 낮은 것으로 나타나고 있다.
- 반대로 q33a07w1부터 q33a10w1까지의 문항은 요인1의 적재량은 낮지만, 요인2의 적재량은 높게 나타나고 있다.
- 이 결과를 통해 q33a01w1부터 q33a06w1까지의 문항이 하나의 요인으로 묶여질 수 있고, q33a07w1부터 q33a10w1까지의 문항이 또 다른 요인으로 묶여질 수 있다는 것을 알 수 있다.

다음으로는 'psych' 패키지의 principal 함수를 사용해서 요인의 변수를 결정하는 방법에 대해서 살펴보기로 한다.

R Script

```
# 요인에 따른 변수 결정 2
library(psych)
fit1_1 <- principal(PCA1_1, nfactors=2, rotate="varimax")
fit1_1
```

명령어 설명

principal	'psych' 패키지에서 주성분 분석을 위한 함수

스크립트 설명

- 각 요인에 해당되는 문항을 살펴보는 또 다른 방법으로는 'psych' 패키지의 principal 함수를 이용하는 방법이 있다.
- 'psych' 패키지를 불러온다.
- principal 함수에는 요인분석의 대상 문항들만을 따로 저장한 데이터를 지정하고, nfactors 인자에 요인의 개수를 입력한다.
- rotate 인자에는 요인의 회전방법을 입력한다.[2] 여기에서는 varimax 방법을 선택한다.
- principal 함수의 결과는 fit1_1이라는 객체에 저장한다.
- principal 함수의 결과가 할당된 객체명을 입력하면 분석 결과를 확인할 수 있다.

Console

```
> fit1_1
Principal Components Analysis
Call: principal(r = PCA1_1, nfactors = 2, rotate = "varimax")
Standardized loadings (pattern matrix) based upon correlation matrix
           PC1  PC2   h2   u2 com
q33a01w1  0.72 0.25 0.58 0.42 1.2
q33a02w1  0.70 0.05 0.49 0.51 1.0
q33a03w1  0.76 0.17 0.61 0.39 1.1
q33a04w1  0.74 0.25 0.61 0.39 1.2
q33a05w1  0.73 0.27 0.61 0.39 1.3
q33a06w1  0.78 0.27 0.68 0.32 1.2
q33a07w1  0.26 0.78 0.68 0.32 1.2
q33a08w1  0.18 0.84 0.74 0.26 1.1
q33a09w1  0.18 0.85 0.76 0.24 1.1
q33a10w1  0.17 0.68 0.49 0.51 1.1

                       PC1  PC2
SS loadings           3.45 2.80
Proportion Var        0.34 0.28
```

2 principal 함수에서 사용할 수 있는 요인의 회전방법은 "varimax", "quatimax", "promax", "oblimin", "simplimax", 그리고 "cluster"가 있다.

```
Cumulative Var                0.34  0.63
Proportion Explained          0.55  0.45
Cumulative Proportion         0.55  1.00

Mean item complexity =  1.2
Test of the hypothesis that 2 components are sufficient.

The root mean square of the residuals (RMSR) is  0.07
 with the empirical chi square  300  with prob < 2.1e-48

Fit based upon off diagonal values = 0.97
```

분석 결과

- principal 함수를 이용한 요인분석의 결과를 살펴보면, 첫 번째로 요인별 적재량과 관련된 결과가 출력된다.
- 이 표에는 'PC1', 'PC2', 'h2', 'u2', 그리고 'com'에 대한 통계량이 출력되는데, 'PC1'과 'PC2'는 요인별 적재량이다. 그리고 'h2'는 추출된 요인으로 설명되는 해당 변수의 분산이고, 'u2'는 요인으로 설명되지 않는 분산이다. 'com'은 복잡성(complexity)으로 각 문항에서 유의한 적재량을 가진 요인의 개수를 의미한다. 복잡성 계수가 큰 문항일수록 여러 요인에 유의한 적재량을 가진 요인이므로 어느 한 요인에 포함시키기 어렵다는 의미를 나타낸다.
- q33a01w1 문항의 첫 번째 요인에 대한 적재량은 0.72(PC1)이고, 두 번째 요인의 적재량은 0.25(PC2)로 나타났다. 그리고 q33a01w1 문항의 분산 중에서 2개의 요인으로 설명되는 분산은 0.58(h2)이고, 요인들로 설명되지 않는 분산은 0.42(u2)로 나타났다.

q33a01w1의 전체 분산(1.0) = 2개의 요인으로 설명되는 분산(h2) +
2개의 요인으로 설명되지 않는 분산(u2)
$h2 = (0.72[\text{PC1의 적재량}])^2 + (0.25[\text{PC2의 적재량}])^2$

- 이 문항의 복잡성은 1.2(com)로 1보다 크기 때문에 완벽하게 하나의 요인에만 적재량이 유의하지는 않지만 2개의 요인에 모두 유의한 적재량을 가진 문항은 아니라고 볼 수 있다. 또한 아래의 문항 평균 복잡성(Mean item complexity)은 10개 문항에 대한 복잡성의 평균을 의미한다. 즉 각 문항의 복잡성은 평균 1.2개의 요인에 대해 유의한 적재량을 가지고 있는 것으로 나타나고 있어 2개의 요인에 모두 유의한 적재량을 가진 문항이 그리 많

지 않다는 것을 보여준다.

• 다음으로 각 요인에 따른 분산에 대해 살펴보면, 첫 번째 요인은 적재량의 제곱합(고유값)이 3.45이고, 문항 10개의 전체 분산에서 34%가 설명되었다. 두 번째 요인의 적재량 제곱합은 2.80으로 전체 분산에서 28%가 설명되어 2개의 요인은 전체 분산의 63%를 설명하였다.
• 2개의 요인으로 설명되는 분산을 100%로 가정했을 경우에 설명된 비율(Proportion Explained)은 첫 번째 요인이 55%를 설명하고 있고, 두 번째 요인은 45%를 설명하고 있는 것으로 나타났다.
• 잔차의 평균 제곱 제곱근(RMSR: The root mean square of the residuals)과 카이 제곱 검증의 결과가 나타나고 있는데, 이 두 지표는 요인분석의 적합도를 의미한다. 잔차의 평균 제곱 제곱근은 모든 문항에 대한 평균 잔차를 의미하고, 그 값이 낮을수록 요인분석의 결과가 적합한 것으로 볼 수 있다. 그리고 앞에서 언급한 바와 같이 카이 제곱 검증은 요인의 수에 대한 가설 검증의 결과를 나타내는 것으로 유의도가 0.05보다 높다면 요인분석을 통해 추출된 요인이 문항 사이의 관계를 정확히 설명한다고 볼 수 있다. 그렇지만 사례수가 많아지는 경우에 쉽게 영가설이 기각되는 문제점을 가지고 있어 요인분석의 결과에 대한 적합성을 판단하는데 큰 의미를 두지 않아도 될 것이다.

03 Section > 신뢰도 분석

분석 순서

① 신뢰도 분석의 대상이 되는 문항들을 선택하여 별도의 데이터를 만든다.
② 해당 변수들에 대해서 신뢰도 분석을 수행한다.

R Script

```
# ① 신뢰도 분석의 대상 데이터 만들기
myvar1a <- c("q33a01w1", "q33a02w1", "q33a03w1", "q33a04w1", "q33a05w1",
        "q33a06w1")
PCA1a <- spssdata[myvar1a]
```

스크립트 설명

① 앞서 요인분석에서 q33a01w1부터 q33a10w1까지 10개의 문항은 두 개의 요인으로 나눌 수 있는 것으로 나타났다. 요인분석으로 나누어진 요인에 대해 신뢰도 분석을 시행하여 해당 요인의 신뢰도를 살펴보아야 한다.

- 신뢰도 분석을 위해서는 'psych' 패키지의 alpha 함수를 이용할 수 있다. alpha 함수에는 신뢰도 분석을 하고자 하는 데이터를 선택하게 되는데, 여기서 선택된 데이터 내의 모든 문항들이 신뢰도 분석의 대상이 된다. 따라서 신뢰도 분석의 대상 문항만을 따로 데이터로 저장하여 이용해야 한다.
- 앞선 요인분석에서는 q33a01w1부터 q33a06w1까지 하나의 요인으로 묶일 수 있는 것으로 나타났으므로, 이들 문항들만이 포함된 객체 데이터(PCA1a)를 만든다.

R Script

```
# ② 신뢰도 분석
library(psych)
alpha(PCA1a, na.rm=TRUE)
```

명령어 설명

alpha	'psych' 패키지에서 신뢰도 분석을 위한 함수

스크립트 설명

- 신뢰도 분석은 'psych' 패키지의 alpha 함수로 분석할 수 있다.
- 'psych' 패키지를 불러온다.
- alpha 함수에 신뢰도 분석의 대상 데이터를 지정하고, 해당 데이터에 결측값이 있다면 na.rm 인자를 이용하여 결측값 여부를 지정해야 한다.

Console

```
> alpha(PCA1a, na.rm=TRUE)

Reliability analysis
Call: alpha(x = PCA1a, na.rm = TRUE)

  raw_alpha std.alpha G6(smc) average_r S/N   ase mean   sd
       0.86      0.86    0.85      0.51 6.2 0.019  3.4 0.78
```

```
 lower alpha upper     95% confidence boundaries
  0.82  0.86   0.9

 Reliability if an item is dropped:
          raw_alpha std.alpha G6(smc) average_r S/N alpha se
q33a01w1       0.84      0.84     0.83      0.51 5.3    0.023
q33a02w1       0.86      0.86     0.84      0.55 6.1    0.022
q33a03w1       0.84      0.84     0.82      0.51 5.1    0.023
q33a04w1       0.83      0.83     0.82      0.50 5.0    0.023
q33a05w1       0.83      0.84     0.81      0.50 5.1    0.023
q33a06w1       0.82      0.82     0.80      0.48 4.7    0.024

 Item statistics
           n raw.r std.r r.cor r.drop mean   sd
q33a01w1 595  0.75  0.76  0.69   0.64  3.3 0.93
q33a02w1 595  0.66  0.69  0.59   0.54  3.8 0.88
q33a03w1 595  0.77  0.78  0.72   0.66  3.4 0.99
q33a04w1 595  0.80  0.79  0.73   0.68  3.1 1.11
q33a05w1 595  0.80  0.78  0.74   0.68  3.2 1.14
q33a06w1 595  0.83  0.82  0.79   0.73  3.5 1.01

Non missing response frequency for each item
            1    2    3    4    5 miss
q33a01w1 0.03 0.15 0.39 0.35 0.08    0
q33a02w1 0.01 0.06 0.28 0.43 0.23    0
q33a03w1 0.03 0.14 0.33 0.37 0.12    0
q33a04w1 0.07 0.26 0.30 0.27 0.11    0
q33a05w1 0.07 0.23 0.24 0.34 0.12    0
q33a06w1 0.04 0.13 0.32 0.37 0.14    0
```

분석 결과

〈신뢰도 분석(Reliability analysis)의 결과〉

- alpha 함수를 시행한 결과를 보면, 우선 신뢰도 분석(Reliability analysis)의 결과가 제시되고 있다.
- raw_alpha는 공분산을 기초로 한 Cronbach's alpha 값으로 0.86로 나타났다.
- std.alpha는 상관계수에 기초로 한 표준화된 Cronbach's alpha 값으로 0.86이다. 흔히

Cronbach's alpha 값은 0.8 이상이면 좋은 신뢰도를 가진 척도로 사용할 수 있다. 따라서 q33a01w1에서 q33a06w1까지의 6개의 문항은 하나의 요인으로 분류될 수 있다고 판단할 수 있다.

- 다른 신뢰도 지수들을 살펴보면, G6(smc)는 거트만의 람다 6 신뢰도로 다른 모든 문항에 대해 선형 회귀분석으로 설명될 수 있는 각 문항의 분산을 의미한다. 따라서 한 문항이 다른 문항들로 설명이 되는 설명력이 높을수록 1에 가까운 값이 된다.
- average_r은 문항들 상호간의 상관계수 평균이다. S/N은 신호 대 잡음 비(Signal/Noise ratio)로 모든 문항들의 관련성(평균 상관계수)과 비관련성(1－평균 상관계수)의 비율에 대해 문항의 수를 고려하여 나타낸 지수이다. 이 지수가 높을수록 모든 문항들 간의 관련성이 높으므로 신뢰도가 높다는 의미이다.
- ase는 Cronbach's alpha의 표준오차(alpha's standard error)이고, sd는 전체 점수의 표준편차이다. lower와 upper는 Cronbash's alpha의 95% 신뢰구간으로 Cronbach's alpha가 0.82이고, 95% 신뢰구간은 0.86에서 0.9까지가 된다.

〈해당 문항이 제외되었을 경우의 신뢰도 관련 통계량(Reliability if an item is dropped)〉

- 다음의 결과에서는 해당 문항이 제외되었을 경우의 신뢰도 관련 통계량(Reliability if an item is dropped)이 제시된다.
- 제시되는 통계량은 raw_alpha, std.alpha, G6(smc), average_r, S/N, 그리고 alpha se이다. raw_alpha나 std.alpha를 중심으로 살펴보면, 각 문항을 제외했을 경우에 제외하지 않은 raw_alpha나 std.alpha의 값(0.86)보다 더 높게 나타나지 않고 있다. 따라서 신뢰도 분석에 사용된 6개의 문항에서 제외될 문항은 없는 것을 알 수 있다.

〈각 문항에 대한 통계량(Item statistics)〉

- 다음으로는 각 문항에 대한 통계량(Item statistics)이 제시된다. 여기서 제시된 통계량 중에서 n은 사례수이고, raw.r은 전체 점수와 각 문항 간의 상관계수이다.
- std.r은 각 문항이 표준화되었을 경우의 전체 점수와 각 문항 간의 상관계수이다.
- r.cor는 전체 점수와 문항 간의 상관관계에서 중복된 문항이 있을 경우에 상관관계가 지나치게 과장되므로 이 점을 조절하기 위한 방법으로 문항 중복(item overlap)을 고려하여 수정된 상관계수이다.
- r.drop은 해당 문항을 제외한 나머지 문항들로 구성된 척도와 해당 항목 간의 상관계수이다.
- 그리고 각 문항의 평균(mean)과 표준편차(sd)가 제시된다.

• 여기서 제시된 통계량에서 q33a02w1 문항은 전체 점수와의 관련성이 다른 문항에 비해 상대적으로 낮게 나타나고 있다. 만일 6개의 문항에서 제외해야 할 문항이 있다면 q33a02w1 문항을 제외하는 것이 좋을 것이다.
• 그렇지만 이 문항을 제외했을 경우의 Cronbach's alpha 값은 제외하지 않았을 경우의 값보다 더 높게 나타나지 않았으므로 반드시 제외해야 할 문항은 아니다.

〈각 문항에서의 결측값을 제외한 응답분포(Non missing response frequency for each item)〉
• 다음의 결과는 각 문항에서의 결측값을 제외한 응답분포(Non missing response frequency for each item)를 나타내고 있다. 각 문항은 1점부터 5점까지 측정된 문항으로 각 점수에 따른 응답비율이 출력되고 있다.

04 Section > 'sjPlot' 패키지를 이용한 요인분석과 신뢰도 분석

분석 순서

① 요인분석의 결과표를 출력한다.
② 요인분석의 도표를 출력한다.

R Script

```
# ① 요인분석 결과표 출력
library(sjPlot)
sjt.pca(PCA1, title="부모에 대한 애착", wrap.labels=20, show.cronb=TRUE,
        show.var=TRUE, string.pov="분산 비율", string.cpov="누적 비율")
```

명령어 설명

sjt.pca	'sjPlot' 패키지에서 표의 형태로 요인분석과 신뢰도 분석을 출력할 수 있는 함수
title	표나 도표의 제목을 입력하기 위한 인자
wrap.labels	변수값 설명에서 한 라인당 글자수 지정
show.cronb	Cronbach's α 값의 출력 여부
show.var	각 요인의 '분산 비율'과 '누적 분산 비율'에 대한 출력 여부를 지정할 수 있는 인자

string.pov	'분산 비율'에 대한 설명을 입력하기 위한 인자
string.cpov	'누적 분산 비율'에 대한 설명을 입력하기 위한 인자

스크립트 설명

① 'sjPlot' 패키지에서는 앞서 분석했던 요인분석과 신뢰도 분석을 함께 표나 도표의 형태로 출력할 수 있다. 우선 표의 형태로 출력할 수 있는 방법으로 sjt.pca 함수를 이용하는 방법이 있다.[3]

- sjt.pca 함수에 요인분석과 신뢰도 분석을 할 대상 문항들이 있는 데이터를 지정한다(PCA1). 그리고 표의 제목을 입력하고(title="부모에 대한 애착"), 표에서 출력될 변수값 설명의 한 라인당 글자수를 20글자로 지정한다(wrap.labels=20).
- 다음으로 출력될 표에 분산 비율과 누적 분산 비율을 출력할지에 대한 여부를 지정하고(show.var=TRUE), 분산 비율과 누적 분산 비율에 대한 설명을 입력한다(string.pov="분산 비율", string.cpov="누적 비율").

표 10-1 'sjPlot' 패키지의 요인분석과 신뢰도 분석 결과

부모와의 애착

	Component 1	Component 2
33-a01. 부모님과 나는 많은 시간을 함께 보내려고 노력하는 편이다	0.72	-0.25
33-a02. 부모님은 나에게 늘 사랑과 애정을 보이신다	0.70	-0.05
33-a03. 부모님과 나는 서로를 잘 이해하는 편이다	0.76	-0.17
33-a04. 부모님과 나는 무엇이든 허물없이 이야기하는 편이다	0.74	-0.25
33-a05. 나는 내 생각이나 밖에서 있었던 일들을 부모님께 자주 이야기하는 편이다	0.73	-0.27
33-a06. 부모님과 나는 대화를 자주 나누는 편이다	0.78	-0.27
33-a07. 내가 외출했을 때 부모님은 내가 어디에 있는지 대부분 알고 계신다	0.26	-0.78
33-a08. 내가 외출했을 때 부모님은 내가 누구와 함께 있는지 대부분 알고 계신다	0.18	-0.84
33-a09. 내가 외출했을 때 부모님은 내가 무엇을 하고 있는지 대부분 알고 계신다	0.18	-0.85
33-a10. 내가 외출했을 때 부모님은 내가 언제 돌아올지를 대부분 알고 계신다	0.17	-0.68
변량 비율	*47.13 %*	*15.38 %*
누적 비율	*47.13 %*	*62.52 %*
Cronbach's α	*0.86*	*0.83*

3 앞에서도 언급한 바가 있지만 혹시 'sjPlot' 패키지는 사용하는데, '에러: 'x' and 'labels' 'must be same type'라는 메시지와 함께 오류가 발생하면, 'Hmisc' 패키지를 불러온 다음 다시 명령어를 수행하면 된다.

분석 결과

- sjt.pca 함수를 이용한 요인분석과 신뢰도 분석의 결과를 살펴보면, 분석에 사용한 10개의 문항은 2개의 요인으로 나누어졌다.
- 첫 번째 요인에는 q33a01w1부터 q33a06w1까지 6개의 문항이 포함되었다. 그리고 각 문항의 적재량은 최소 0.7부터 최대 0.78로 나타났고, 첫 번째 요인은 전체 분산 중에서 47.13%를 설명하는 것으로 나타났다.
- 두 번째 요인은 q33a07w1부터 q33a10w1까지 4개의 문항이 포함되었다. 두 번째 요인의 적재량은 최소 −0.85부터 최대 −0.68로 나타났고, 전체 분산 중에서 15.38%를 설명하는 것으로 나타났다.
- 2개의 요인은 전체 분산의 62.52%를 설명하고 있다.
- 두 요인의 신뢰도 분석의 결과를 살펴보면, 첫 번째 요인에서는 Cronbach's α가 0.86으로 나타났고, 두 번째 요인에서는 0.83으로 나타나고 있어 Cronbach's α가 모두 0.8 이상으로 2개의 요인은 좋은 신뢰도를 가진 것으로 나타났다.

R Script

```
# ② 요인분석 도표 출력
sjp.setTheme(axis.textsize.y=1.1)
sjp.pca(PCA1, title="부모에 대한 애착", plot.eigen=TRUE, wrap.labels=20,
        show.values=TRUE, show.cronb=TRUE)
sjp.pca(PCA1, title="부모에 대한 애착", type="tile", plot.eigen=TRUE,
        wrap.labels=20, show.values=TRUE, show.cronb=TRUE)
```

명령어 설명

sjp.setTheme	'sjPlot' 패키지에서 도표의 설정을 위한 함수
sjp.pca	'sjPlot' 패키지에서 도표의 형태로 요인분석과 신뢰도 분석을 출력할 수 있는 함수
plot.eigen	도표로 고유값(eigen value)에 대한 출력 여부를 지정할 수 있는 인자
show.values	도표에 변수값 설명에 대한 출력 여부를 지정할 수 있는 인자
show.cronb	도표에 Cronbach's alpha에 대한 출력 여부를 지정할 수 있는 인자

스크립트 설명

② 다음으로 요인분석과 신뢰도 분석을 도표의 형태로 출력할 수 있는 방법으로 sjp.pca 함수를 이용하는 방법을 살펴본다.

- 우선 도표의 형태를 sjp.setTheme 함수로 지정한다. 출력될 도표에서 Y축의 글자 크기는

1.1로 지정한다(axis.textsize.y=1.1).

- sjp.pca 함수에는 요인분석과 신뢰도 분석을 할 대상 문항들이 있는 데이터를 지정한다(PCA1). 그리고 표의 제목을 입력하고(title="부모에 대한 애착"), 고유값(eigenvalue)을 도표로 출력할지에 대한 여부를 지정한다(plot.eigen=TRUE).
- 도표에서 출력될 변수값 설명을 출력할지에 대한 여부를 지정하고, 변수값 설명의 한 라인당 글자수를 20글자로 지정한다(show.values=TRUE, wrap.labels=20).
- 끝으로 도표에 Cronbach's alpha를 출력할지에 대한 여부를 지정한다(show.cronb=TRUE).
- 요인분석을 도표로 출력할 형식을 type 인자로 지정할 수 있다. 도표로 출력할 형식은 기본적으로 바(bar)의 형태이다. 그런데 바의 형태로 지정하면 Cronbach's alpha 값이 출력되지 않는다. 이에 비해 타일(tile)이나 원(circle)의 형태로 지정하면 Cronbach's alpha 값이 출력된다.

Console

```
> sjp.pca(PCA1, title="부모에 대한 애착", plotEigenvalues=TRUE, breakLabelsAt=20,
+ showValueLabels=TRUE, showCronbachsAlpha=TRUE)
--------------------------------------------
Importance of components:
                          PC1     PC2     PC3     PC4     PC5     PC6
Standard Deviation     2.1710  1.2403 0.88073 0.81796 0.74488 0.66840
Proportion of Variance 0.4713  0.1538 0.07757 0.06691 0.05548 0.04468
Cumulative Proportion  0.4713  0.6252 0.70273 0.76964 0.82512 0.86980
                          PC7     PC8     PC9    PC10
Standard Deviation     0.6245 0.56995  0.5523 0.53114
Proportion of Variance 0.0390 0.03248  0.0305 0.02821
Cumulative Proportion  0.9088 0.94129  0.9718 1.00000

Eigenvalues:
[1] 4.7134126 1.5382347 0.7756865 0.6690581 0.5548418 0.4467610 0.3900276
[8] 0.3248430 0.3050233 0.2821115

--------------------------------------------
Following items have been removed:
none.
```

분석 결과

- Console에 출력되는 결과를 살펴보면, 요인의 수에 따른 표준편차, 분산 비율, 누적 분산 비율, 그리고 고유값에 대한 정보가 출력된다.
- 이 결과에서 표준편차의 제곱값이 고유값이 되므로, 고유값이 1 이상인 요인은 2개인 것으로 나타났다. 따라서 2개의 요인으로 10개의 문항이 묶여질 수 있다.
- 첫 번째 요인은 전체 분산 중에서 47.13%를 설명하고 있고, 두 번째 요인은 15.38%를 설명하고 있다.
- 이 두 요인은 전체 분산 중에서 62.52%를 설명하는 것으로 나타났다.

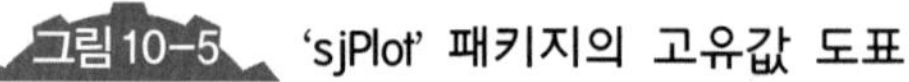
그림 10-5 'sjPlot' 패키지의 고유값 도표

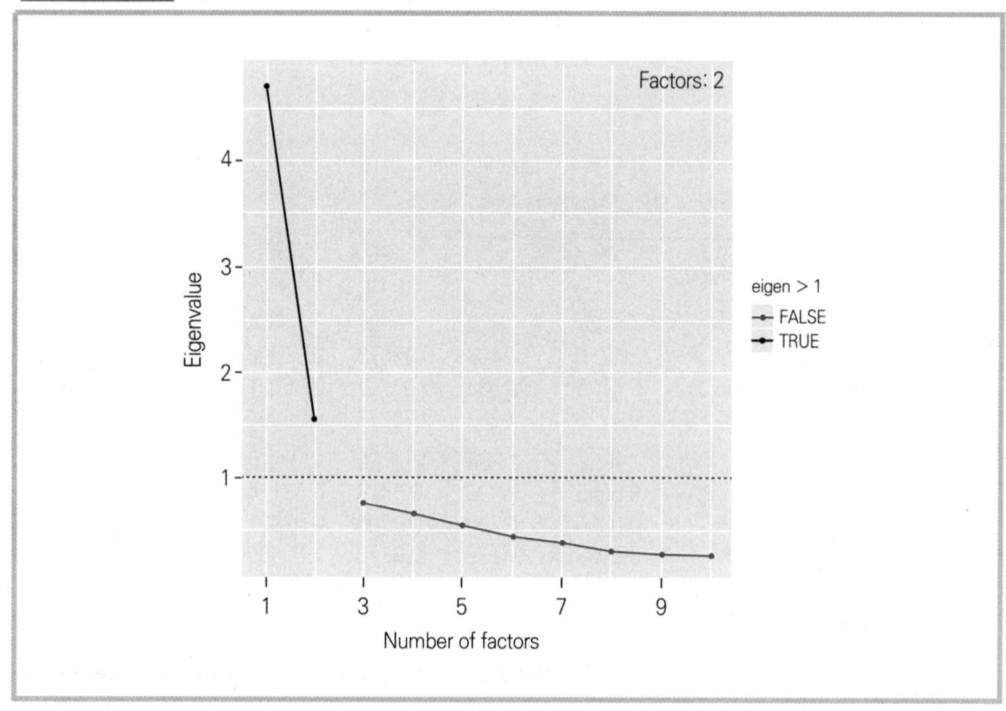

분석 결과

- 다음으로 고유값에 대한 도표를 살펴보면, 요인의 수(Number of factors)가 1인 경우에는 고유값(Eigenvalue)이 4 이상이고, 요인의 수가 2인 경우에는 고유값이 약 1.4로 나타나고 있다. 요인의 수가 3 이상인 경우에는 고유값이 모두 1 미만으로 나타나고 있어 이 도표를 통해 10개의 문항은 2개의 요인으로 묶을 수 있는 것을 확인할 수 있다.

그림 10-6 'sjPlot' 패키지의 요인분석과 신뢰도 분석 도표(바(bar) 형식)

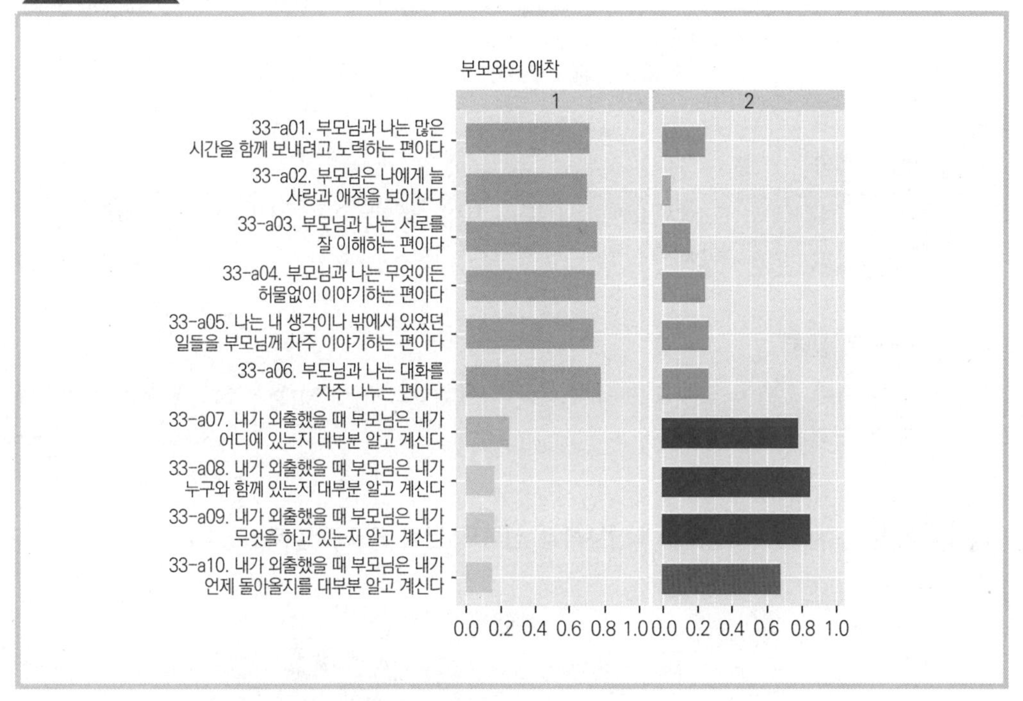

- 요인분석과 신뢰도 분석에 대한 도표를 살펴보면, 바(bar) 형태의 도표에서 10개의 문항은 2개의 요인으로 묶여진다.
- q33a01w1부터 q33a06w1까지의 문항은 첫 번째 요인으로 구분되고, q33a07w1부터 q33a10w1까지의 문항은 두 번째 요인으로 구분되고 있다.
- 첫 번째 요인에서 바의 색이 파란색(본서에서는 검정색)으로 출력되고 있는데, 파란색(본서에서는 검정색)은 적재량 값이 양수(+)라는 의미이고, 두 번째 요인에서 바의 색은 빨간색(본서에서는 파란색)으로 출력되는 것은 음수(−)라는 의미이다.
- 앞에서 설명하였듯이 바 형태로 출력된 도표에서는 Cronbach's alpha 값이 출력되지 않는다.
- 만약 요인분석의 결과와 함께 신뢰도 분석의 결과가 필요하다면 〈그림 10−6〉과 같이 도표의 형태를 타일(tile)이나 원(circle)의 형태로 지정해야 한다.

R Script

```
sjp.pca(PCA1, title="부모에 대한 애착", type="tile", plotEigenvalues=TRUE,
        breakLabelsAt=20, showValueLabels=TRUE, showCronbachsAlpha=TRUE)
```

명령어 설명

type	도표에서 요인분석의 형식을 지정할 수 있는 인자(기본적으로 바(bar) 형식이고, 타일(tile)이나 원(circle) 형식을 지정할 수 있음)

스크립트 설명

- 요인분석과 신뢰도 분석을 하나의 도표로 확인하기 위해 sjp.pca 함수에서 type 인자에 'tile'을 입력한다.

그림 10-7 'sjPlot' 패키지의 요인분석과 신뢰도 분석 도표(타일(tile) 형식)

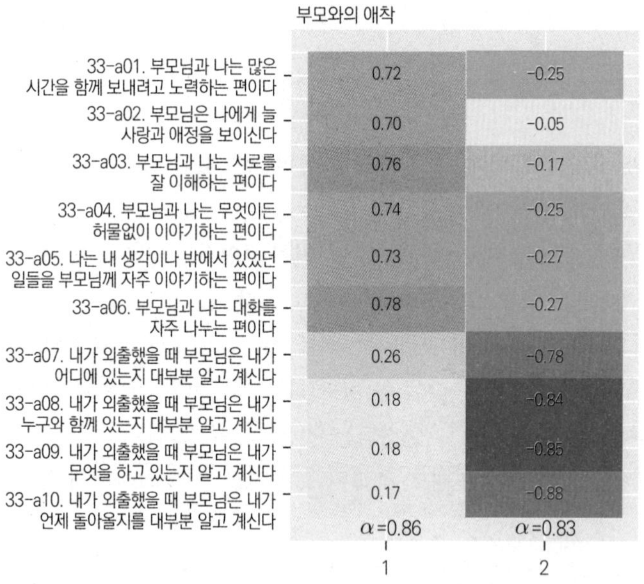

부모와의 애착

	1	2
33-a01. 부모님과 나는 많은 시간을 함께 보내려고 노력하는 편이다	0.72	-0.25
33-a02. 부모님은 나에게 늘 사랑과 애정을 보이신다	0.70	-0.05
33-a03. 부모님과 나는 서로를 잘 이해하는 편이다	0.76	-0.17
33-a04. 부모님과 나는 무엇이든 허물없이 이야기하는 편이다	0.74	-0.25
33-a05. 나는 내 생각이나 밖에서 있었던 일들을 부모님께 자주 이야기하는 편이다	0.73	-0.27
33-a06. 부모님과 나는 대화를 자주 나누는 편이다	0.78	-0.27
33-a07. 내가 외출했을 때 부모님은 내가 어디에 있는지 대부분 알고 계신다	0.26	-0.78
33-a08. 내가 외출했을 때 부모님은 내가 누구와 함께 있는지 대부분 알고 계신다	0.18	-0.84
33-a09. 내가 외출했을 때 부모님은 내가 무엇을 하고 있는지 알고 계신다	0.18	-0.85
33-a10. 내가 외출했을 때 부모님은 내가 언제 돌아올지를 대부분 알고 계신다	0.17	-0.88
	α=0.86	α=0.83

참고

sjt.pca나 sjp.pca 함수를 사용할 때 감안해야 할 점은 요인분석의 회전방법으로 직각회전(varimax)만을 사용한다는 점이다. 따라서 요인분석에서 비직각 회전방법이나 회전을 시키지 않을 경우에는 이 함수가 적절하지 않다는 점에 유의해야 한다.

CHAPTER 11

구조방정식 모형

구조방정식 모형

01 Section > 확인적 요인분석과 구조방정식 모형의 적용

1 변수들의 척도

확인적 요인분석이나 구조방정식 모형은 등간척도나 비율척도와 같은 연속척도로 측정된 변수로 분석할 수 있다. 사회과학에서는 주로 리커트(Likert) 척도로 조사된 문항들을 사용한다. 확인적 요인분석이나 구조방정식 모형은 하나의 개념을 여러 문항(지표)으로 측정한 경우에 측정된 문항에서 측정오차를 제거하여 잠재변수를 만들게 된다. 구조방정식 모형에서는 이렇게 만들어진 잠재변수들 간의 관계를 추정하여 통계적 유의도를 살펴볼 수 있다.

2 요인분석과 신뢰도 분석의 통계량

구조방정식 모형은 측정모형(Measurement model)과 구조모형(Structural model)으로 나누어진다. 확인적 요인분석은 구조방정식 모형의 측정모형과 관련되어 있다. 사회과학에서 사용하는 개념은 추상성이 높기 때문에 직접 관찰을 통해 측정되기 어려운 대상이 대부분이다. 따라서 추상적인 개념에 대해 조작적 정의와 세분화 과정을 거치면서 측정 가능한 지표들을 통해 측정할 수밖에 없다. 그런데 이렇게 측정된 지표들의 값 중에서도 측정오차가 포함되어 있을 가능성이 높다. 측정오차는 응답자의 부정확한 응답 때문에 발생할 수 있다. 또한 추상적인 개념을 측정하기 위해서 적합한 여러 개의 지표들을 만들어서 측정하는데 응답자들이 연구자의 의도와는 다르게 지표들을 해석하여 응답할 때 발생할 수도 있다. 따라서 측정모형은 조사를 통해 얻어진 지표들(indicators)로부터 측정오차(measurement error)를 제거하여 실제로 측정하지 않은 잠재변수(latent variable)를 구성하게 된다.

〈그림 11-1〉에서 살펴보면, X_1부터 X_6는 조사를 통해 얻어진 값인 지표이다. 이 지표는 애초에 특정한 잠재변수(ξ)을 측정하기 위해 문항으로 만들어진 것이다. 따라서 지표와 잠재변수 간의 관계는 잠재변수에 의해 지표가 영향을 받는 인과관계로 가정한

그림 11-1 측정모형

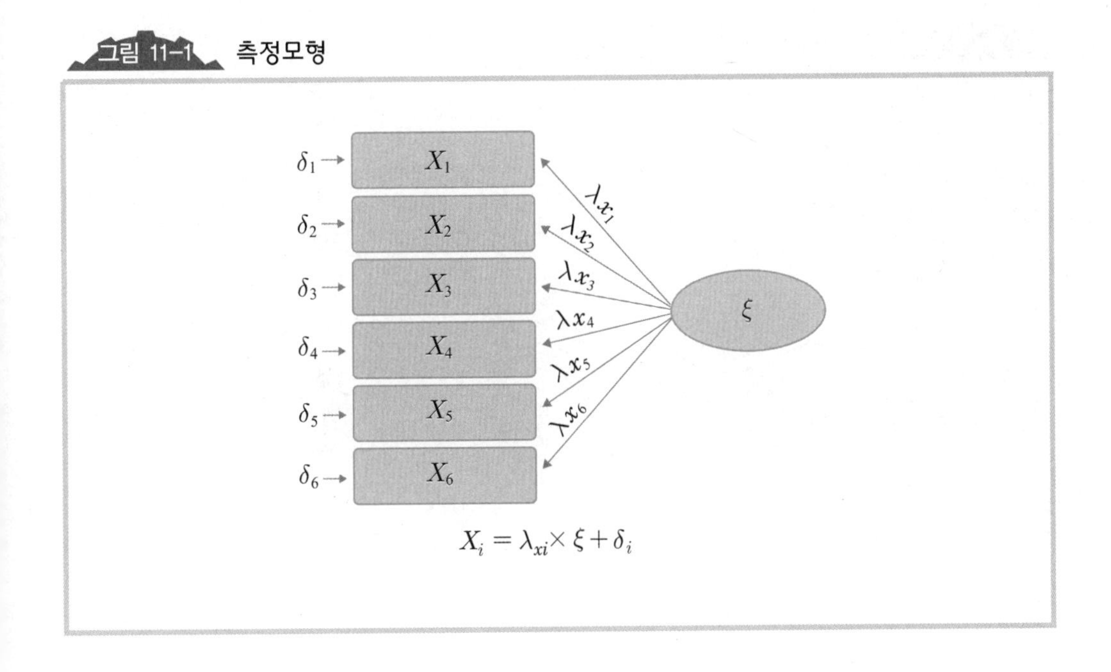

다. 그리고 각 지표의 값은 잠재변수에 의해 설명되는 값($\lambda_{x_i} \times \xi$)과 잠재변수에 의해 설명되지 않는 값(δ_i)으로 구성된다. 만약 잠재변수가 지표에 영향을 미치는 영향력의 계수(λ_{x_i})가 통계적으로 유의하지 않다면 잠재변수가 해당 지표에 미치는 영향이 그리 크지 않다는 것이므로 잠재변수를 구성하는 지표로 적절하지 않다는 의미가 된다.

다음으로 측정모형을 통해 얻어진 잠재변수들 간의 관계를 구조모형을 통해 검증하게 된다. 구조모형에서 계산되는 잠재변수는 외생 잠재변수(exogenous latent variable)와 내생 잠재변수(endogenous latent variable)로 나눌 수 있다. 외생 잠재변수는 연구모형에서 가정하지 않은 다른 변수에 의해 설명될 수 있다고 가정된 변수이다. 그리고 내생 잠재변수는 외생 잠재변수에 의해서만 설명될 수 있는 변수이다. 앞선 측정모형에서 각 잠재변수를 구성하는 지표에서 측정오차를 제거하여 잠재변수를 만들었다. 구조모형에서는 측정모형에서 만들어진 잠재변수 간의 공분산 행렬을 통해 외생 잠재변수가 내생 잠재변수에 영향을 미치는 영향력의 계수, 내생 잠재변수가 다른 내생 잠재변수에 영향을 미치는 영향력의 계수를 추정하게 된다. 예를 들어, 〈표 11-1〉과 같이 측정모형을 통해 잠재변수들 간의 공분산 행렬이 계산되었고, 〈그림 11-2〉의 연구모형 예시에서와 같이 잠재변수들 간의 관계를 검증하고자 한다.

표 11-1 잠재변수들 간의 공분산 행렬

	ξ_1	η_1	η_2
ξ_1		(a)	(b)
η_1			(c)
η_2			

그림 11-2 연구모형 예시

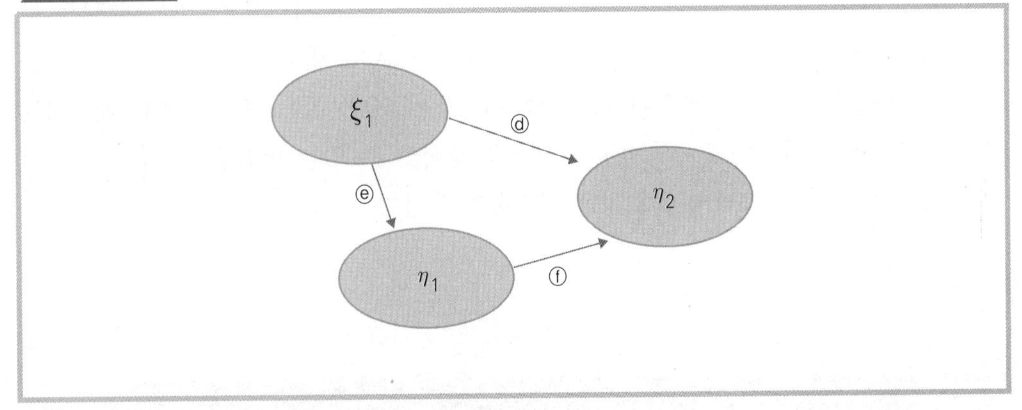

여기서 잠재변수들 간의 공분산 행렬에서 (a), (b), 그리고 (c)는 측정모형을 통해 얻어진 값이다. 그리고 연구모형에서의 ⓓ, ⓔ, ⓕ는 잠재변수들 간의 회귀계수로 구조모형을 통해 추정값을 찾아야 하는 미지수이다. 연구모형 예시를 바탕으로 방정식을 구성하면 다음과 같다.

(a) = ⓔ

(b) = ⓓ + (ⓔ × ⓕ)

(c) = ⓕ + (ⓔ × ⓓ)

이 방정식은 앞서 경로분석에서 살펴보았듯이 두 변수의 총효과는 인과적 효과와 비인과적 효과로 나누어 볼 수 있다. 그리고 다시 인과적 효과는 직접효과와 간접효과로 나누어 볼 수 있다. X_1과 Y_1 간의 총효과는 연구모형에서 인과적 효과이면서 직접효과로만 구성되어 있다. X_1과 Y_2 간의 총효과는 인과적 효과이면서 직접효과와 간접효과로 구성되어 있다. 그리고 Y_1과 Y_2 간의 총효과도 인과적 효과이면서 직접효과와 간접효과로 구성되어 있다.

이처럼 미지수의 수는 3개이고, 방정식의 수도 3개이므로 미지수의 값을 찾아낼 수 있다. 3개의 미지수를 추정하기 위해 구조방정식 모형에서는 일반적으로 최대우도추정법(Maximum Likelihood)을 사용하여 가능성이 가장 높은 추정값을 찾아내게 된다.

R에서 구조방정식 모형을 분석할 수 있는 패키지로는 'sem', 'lavaan', 그리고 'openMX' 등이 있다. 'sem' 패키지는 구조방정식 모형의 분석과정을 잘 파악할 수 있으나, 모든 분석과정을 입력해야 하는 번거로움이 있다. 그리고 'openMX' 패키지는 구조방정식 모형을 처음 사용하는 연구자가 이해하기에는 다소 어려움이 있다. 이에 비해 'lavaan' 패키지는 상대적으로 쉽고, 간단하게 구조방정식 모형을 분석할 수 있는 이점을 가지고 있어, 이 패키지를 중심으로 구조방정식 모형을 설명하고자 한다.

02 Section > 확인적 요인분석

분석 순서

① 확인적 요인분석 모형을 구성하여 별도의 객체에 할당한다.
② 확인적 요인분석을 수행하고 그 결과를 출력한다.
③ 확인적 요인분석 모형의 모형적합도를 출력한다.
④ 확인적 요인분석 다이어그램을 출력한다.

R Script

```
# ① 확인적 요인분석 모형 설정
cfa.model1 <- 'attachment =~
        q33a01w1+q33a02w1+q33a03w1+q33a04w1+q33a05w1+q33a06w1'
```

스크립트 설명

① 'lavaan' 패키지를 이용한 확인적 요인분석은 잠재변수와 지표 간의 관계를 입력하여 상대적으로 간단한 방법으로 결과를 살펴볼 수 있다.

- 확인적 요인분석을 시행하기 위한 잠재변수와 지표 간의 관계는 작은 따옴표(')를 이용하여 시작한다.
- 부모에 대한 애착이라는 잠재변수(attachment)는 q33a01w1부터 q33a06w1까지 6개의 지표로 구성된다. 따라서 부모에 대한 애착이라는 잠재변수의 이름으로 attachment를 입력하

고, 해당 잠재변수를 구성하는 지표의 변수명을 입력한다.

- 여기서 잠재변수는 실제로 조사한 데이터에 존재하는 변수가 아니라 데이터에서 지정한 지표들로부터 얻어진 값을 이용하여 나중에 얻어지는 것이므로 확인적 요인분석에서 사용하는 지표의 이름과 중복이 되지 않는다면 사용자가 마음대로 잠재변수의 이름을 지정할 수 있다.
- 잠재변수와 지표들 사이에는 '=~'로 입력한다. 여기서 '=~' 표시는 인과관계를 의미한다. 즉 6개의 지표들은 이론적으로 부모에 대한 애착이라는 개념으로부터 만들어진 지표이므로 인과관계의 방향이 잠재변수로부터 지표들로 향하게 된다.
- 지표들 간에는 '+' 표시를 하게 된다. 이렇게 잠재변수와 지표들 간의 관계를 입력하고 작은따옴표(')를 입력하여 확인적 요인분석에 대한 잠재변수와 지표들 간의 관계에 대한 입력을 마무리한다.
- 입력한 확인적 요인분석에 대한 모형을 cfa.model1이라는 객체에 저장한다.

R Script

```
# ② 확인적 요인분석 및 결과 출력
# 분석
library(lavaan)
cfa.fit <- cfa(cfa.model1, data=spssdata)

# 확인적 요인분석 결과 출력
summary(cfa.fit, standardized=TRUE)
```

명령어 설명

lavaan	확인적 요인분석과 구조방정식 모형을 포함한 다양한 잠재변수 모형을 분석하기 위한 패키지
cfa	확인적 요인분석을 위한 함수

스크립트 설명

② 입력된 확인적 요인분석 모형을 분석하기 위해 'lavaan' 패키지의 cfa 함수(confirmatory factor analysis)를 이용한다.

- cfa 함수에 분석하고자 하는 확인적 요인분석 모형(cfa.model1)을 지정하고, 지표들이 저장되어 있는 데이터를 지정하면 된다(data=spssdata).
- 확인적 요인분석의 결과는 cfa.fit이라는 객체에 저장한다.

• 저장된 확인적 요인분석의 결과를 살펴보기 위해 summary 함수를 이용한다.
• summary 함수에 살펴보고자 하는 확인적 요인분석의 결과가 저장된 객체를 지정한다.
• 만약 확인적 요인분석 결과에서 표준화된 계수를 함께 살펴보기 위해서는 standardized 인자를 허용하면 된다(standardized=TRUE).

Console

```
> summary(cfa.fit, standardized=TRUE)
lavaan (0.5-19) converged normally after  21 iterations

  Number of observations                           595

  Estimator                                         ML
  Minimum Function Test Statistic              122.458
  Degrees of freedom                                 9
  Minimum Function Value                         0.000

Parameter Estimates:

  Information                                 Expected
  Standard Errors                             Standard

Latent Variables:
                   Estimate  Std.Err  Z-value  P(>|z|)   Std.lv  Std.all
  attachment =~
    q33a01w1          1.000                               0.644    0.694
    q33a02w1          0.772    0.062   12.536    0.000    0.498    0.564
    q33a03w1          1.060    0.070   15.165    0.000    0.683    0.692
    q33a04w1          1.273    0.079   16.158    0.000    0.821    0.743
    q33a05w1          1.361    0.082   16.618    0.000    0.877    0.768
    q33a06w1          1.271    0.073   17.442    0.000    0.819    0.815

Variances:
                   Estimate  Std.Err  Z-value  P(>|z|)   Std.lv  Std.all
    q33a01w1          0.447    0.030   14.901    0.000    0.447    0.518
    q33a02w1          0.531    0.033   16.080    0.000    0.531    0.682
    q33a03w1          0.508    0.034   14.924    0.000    0.508    0.521
    q33a04w1          0.546    0.039   14.112    0.000    0.546    0.448
```

```
q33a05w1       0.536  0.039  13.589  0.000  0.536  0.411
q33a06w1       0.340  0.028  12.209  0.000  0.340  0.336
attachment     0.415  0.045   9.158  0.000  1.000  1.000
```

분석 결과

- 확인적 요인분석의 결과를 살펴보면, 우선 확인적 요인분석의 모수추정방법(Estimator)은 최대우도추정법(ML: Maximum Likelihood)이다. 다음으로 χ^2값(Minimum Function Test Statistic)과 자유도(Degrees of freedom), 그리고 유의도(Minimum Function Value)가 출력된다. χ^2값은 122.458이고, 자유도는 9인 경우의 유의도는 0.000으로 나타났다.
- 여기서 χ^2값은 실제 데이터를 통해 얻어진 공분산 행렬과 확인적 요인분석에서 측정오차를 제외한 공분산 행렬 간의 차이를 의미한다. 여기서 영가설은 '실제 데이터를 통해 얻어진 공분산 행렬과 확인적 요인분석에서 얻어진 공분산 행렬 간에는 차이가 없다'이다. 영가설이 채택될 경우에는 연구자가 제시한 연구모형이 적합한 것으로 해석할 수 있다.
- 위의 결과에서는 영가설이 기각되는 것으로 나타나고 있어 확인적 요인분석 모형은 적합하지 않은 것으로 나타나고 있다. 그러나 χ^2값은 사례수가 많을수록 커지는 경향이 있으므로 χ^2값만으로 연구모형의 적합도를 판단하기보다는 다른 모형적합도 지수를 고려하여 판단하는 것이 더 좋은 방법이다.
- 그 다음에 제시되는 분석결과는 각 지표의 분산 중에서 잠재변수에 의해 설명되는 분산과 잠재변수에 의해 설명되지 않는 측정오차의 분산이 출력된다.
- 우선 각 지표와 잠재변수 간의 관계에서 추정값(Estimate)은 q33a01w1이 1.000으로 지정되어 있고, 다른 지표들은 첫 번째 지표인 q33a01w1를 기준으로 잠재변수에 의해 설명되는 정도가 출력되어 있다.
- 이 값들은 실제 잠재변수가 지표에 미치는 영향을 의미하는 것이 아니다. 즉 첫 번째 지표인 q33a01w1이 잠재변수에 의해 설명되는 계수를 1이라고 가정하면, 두 번째 지표인 q33a02w1은 잠재변수에 의해 설명되는 계수가 0.772(=q33a02w1이 잠재변수에 의해 설명되는 계수/q33a01w1이 잠재변수에 의해 설명되는 계수≒0.498/0.644)로 첫 번째 지표보다 상대적으로 잠재변수에 의해 설명되는 정도가 낮다는 것을 의미한다.
- 이 추정값을 통해 잠재변수에 의해 지표들이 설명되는 정도를 비교할 수 있고, 잠재변수에 해당되는 지표의 적절성에 대해 판단할 수 있다. 따라서 추정값이 1보다 과도하게 낮거나 높은 지표가 있다면 동일한 잠재변수에서 파생된 것으로 보기 어렵기 때문에 잠재변수에 해당하는 지표의 선택을 수정할 필요가 있다.

- 다음으로 표준오차(Std.Err)와 Z 값(Z−value), 그리고 유의도(P(>|z|))가 출력된다. 추정값에서 표준오차를 나누게 되면 Z 값이 되고, Z 값에 따른 유의도가 출력된다.
- 여기서 Z 값에 따른 유의도를 통해 잠재변수에 의해 각 지표가 통계적으로 유의하게 설명되는지에 대한 여부를 판단할 수 있다. 만약 유의도가 0.05 이상이라면 잠재변수가 지표에 통계적으로 유의한 영향을 미치지 않는 것이므로 잠재변수와 지표 간에는 관계가 없는 것으로 볼 수 있다. 이러한 경우에는 잠재변수를 구성하는 지표들에서 해당 지표를 제외해야 할 것이다.
- Std.lv와 Std.all에는 잠재변수가 지표에 영향을 미치는 정도를 의미하는 표준화 계수에 대한 정보가 출력된다. Std.lv는 잠재변수만을 표준화시킨 표준화 계수이고, Std.all은 지표와 잠재변수를 모두 표준화시킨 표준화 계수이다.
- 그 다음 Variances는 각 지표의 분산 중에서 잠재변수에 의해 설명되지 않는 분산이다. 여기에서의 분산은 각 지표의 분산 중에서 잠재변수에 의해 설명되지 않는 고유한(unique) 분산이다.
- 즉 q33a01w1 지표의 전체 분산 중에서 0.447 정도의 분산은 잠재변수에 의해 설명되지 않은 분산이 된다. 그리고 맨 아래에는 잠재변수(attachment)의 추정값이 나타나고 있다. 여기서 잠재변수의 추정값(0.415)도 다른 변수에 의해서 설명되지 않는 분산을 의미하는데, 현 모형에서는 다른 잠재변수에 의해 설명되는 분산이 없으므로 잠재변수의 전체 분산이 된다. 또한 잠재변수를 표준화시킨 결과(Std.lv와 Std.all)에서는 잠재변수의 전체 분산은 1이 된다.
- 각 지표의 전체 분산은 잠재변수에 의해 설명되는 분산과 잠재변수에 의해 설명되지 않는 분산을 더한 값이 된다.
- 각 지표가 잠재변수에 의해 설명되는 분산은 지표가 잠재변수에 의해 설명되는 추정값의 제곱이 되고, 이 값을 잠재변수에 의해 설명되지 않는 분산과 더하면 해당 지표의 전체 분산을 구할 수 있다.
- 표준화된 추정값(Std.all)으로 살펴보면, 각 지표의 표준화된 분산은 1이 된다. 이 지표의 표준화된 전체 분산은 잠재변수가 지표에 미친 영향의 표준화된 추정값의 제곱과 잠재변수에 의해 설명되지 않는 표준화된 분산의 합이 된다.

표 11-2 지표와 잠재변수의 분산

지표의 분산 〈결과 화면〉 〈변수명〉	=	잠재변수의 분산 (Variances) attachment	×	잠재변수에 의해 설명되는 분산 (Latent Variables) q33a01w1	+	잠재변수에 의해 설명되지 않는 분산 (Variances) q33a01w1
q33a01w1의 분산 (Estimate)	=	0.415	×	$(1.000)^2$	+	0.447
q33a01w1의 분산 (std.lv)	=	1.0	×	$(0.644)^2$	+	0.447
q33a01w1의 표준화된 분산(=1.0) (std.all)	=	1.0	×	$(0.694)^2$	+	0.518

R Script

```
# ③ 다양한 모형적합도 출력
fitMeasures(cfa.fit)
```

명령어 설명

fitMeasures	'lavaan' 패키지에서 잠재변수 모형의 전반적 적합도를 평가해주는 다양한 모형적합도 지수를 계산하기 위한 함수

스크립트 설명

③ 구조방정식 모형 분석에서는 모형의 적합도를 살펴보는 것이 매우 중요하다. 분석한 확인적 요인분석 모형의 적합도를 살펴보기 위해 fitMeasures 함수를 이용한다.

• fitMeasures 함수에는 앞서 확인적 요인분석의 결과를 저장한 객체(cfa.fit)를 지정하면 된다.

Console

```
>fitMeasures(cfa.fit)
           npar            fmin           chisq              df
         12.000           0.103         122.458           9.000
         pvalue  baseline.chisq     baseline.df baseline.pvalue
          0.000        1551.154          15.000           0.000
            cfi             tli            nnfi             rfi
```

```
              0.926             0.877             0.877             0.868
                nfi              pnfi               ifi               rni
              0.921             0.553             0.926             0.926
               logl unrestricted.logl               aic               bic
                 NA                NA                NA                NA
             ntotal              bic2             rmsea    rmsea.ci.lower
            595.000                NA             0.146             0.123
     rmsea.ci.upper     rmsea.pvalue               rmr        rmr_nomean
              0.169             0.000             0.050             0.050
               srmr     srmr_bentler srmr_bentler_nomean      srmr_bollen
              0.052             0.052             0.052             0.052
 srmr_bollen_nomean       srmr_mplus srmr_mplus_nomean             cn_05
              0.052             0.052             0.052            83.206
              cn_01               gfi              agfi              pgfi
            106.271             0.933             0.843             0.400
                mfi              ecvi
              0.909             0.246
```

분석 결과

- 결과로 출력되는 모형적합도는 다양한 적합도 지수들이 출력된다. 다양한 적합도 지수들 중에서 일반적으로 많이 사용하는 모형적합도를 중심으로 살펴본다.

표 11-3 모형 적합도의 기준과 내용

모형적합도	기준	설명
χ^2	유의도로 판단	표본을 통해 얻은 공분산 행렬과 모집단 공분산 행렬 간의 차이를 χ^2으로 계산하고, 자유도를 고려하여 유의도를 계산한 값이다.
GFI	0.9 이상	분석 자료를 통해 얻은 공분산 행렬과 최대우도법을 통해 얻은 공분산 행렬 간의 잔차 자승합의 비율로 계산한 값이다.
AGFI	0.9 이상	GFI 값에서 추정해야 할 모수가 많을수록 그 값을 하향조정할 수 있도록 하는 적합 지수이다. GFI 값에서 모형 내의 자유도를 이용하여 AGFI 값을 계산한다.
NFI	0.9 이상	기초모형[1]에 비해 연구자가 제안한 모델이 어느 정도 향상되었는가를 나타내는 값이다.

1 기초모형(null model, baseline model 혹은 독립모형(independence model))은 모든 측정 지표들이 독립적이라고 가정한 모형이다. 이 기초모형은 항상 매우 큰 χ^2값을 갖는다.

TLI	0.9 이상	기초모형과 연구자가 제안한 모형을 비교할 수 있도록 두 모형의 χ^2을 비교한다. 또한 모형의 간명도를 살펴보기 위해 모든 χ^2값에 자유도를 나눈 값이다.
CFI	0.9 이상	NFI에서 모형의 간명성이 고려되지 않는 문제를 극복하기 위해 기초모형과 연구자가 제안한 모형의 χ^2값에 자유도를 뺀 값이다.
AIC, BIC	낮을수록 좋은 모형	AIC와 BIC 값 자체로 좋은 모형이라고 판단하기는 어렵고, 경쟁모형이 있는 경우에 모형을 선택하는 기준으로 사용한다.
RMR	0.05 이하	분석 자료를 통해 얻은 공분산 행렬과 최대우도법을 통해 얻은 공분산 행렬 간의 차이인 잔차공분산행렬에서 잔차 평균을 자승하여 합한 후에 제곱근을 취한 값이다.
RMSEA	0.05 이하	표본 크기가 큰 경우에 χ^2값이 커짐으로 발생할 수 있는 문제를 극복하기 위해 개발된 적합 지수의 값이다.

- 확인적 요인분석의 결과를 종합해 보면, 각 지표들은 잠재변수에 의해 통계적으로 유의한 영향을 받고 있는 것으로 나타났다.
- 주요 모형적합도에서는 χ^2에 따른 유의도(pvalue)가 0.05 이하로 나타나고 있어 확인적 요인분석이 적합하다고 볼 수 없지만, χ^2가 사례수에 큰 영향을 받으므로 이 지표만으로 모형을 판단하는 것은 적절하지 않다.
- 또 다른 지표로 AGFI(0.843)와 TLI(0.877)는 0.9보다 다소 낮게 나타나고 있고, RMSEA (0.146)은 0.05 보다 높게 나타나고 있어 제시한 확인적 요인분석 모형이 매우 적합하다고 보기 어렵다.
- 그렇지만 GFI(0.933), CFI(0.926), 그리고 NFI(0.921)는 모두 0.9 이상으로 나타나고 있어 수용할만한 모형으로 판단할 수 있다.

R Script

```
# ④ 확인적 요인분석 다이어그램 출력
install.packages("semPlot")
library(semPlot)
semPaths(cfa.fit, whatLabels="est", sizeMan=5.5, sizeLat=7.5,
         edge.label.cex=0.9, nodeLabels = c(as.list(paste("x",1:6)),
         expression(xi[1])))
```

명령어 설명

semPlot	다양한 구조방정식 모형 패키지의 결과를 가시화시켜주기 위한 패키지
semPaths	'semPlot' 패키지에서 구조방정식 모형의 경로 다이어그램을 도표의 형태로 출력하기 위한 함수
whatLabels	semPaths 함수에서 경로 다이어그램에서 출력할 결과값 지정을 위한 인자(name, label, path 또는 diagram: 결과값을 출력하지 않음, est 혹은 par: 모수 추정값 출력, stand 혹은 std: 표준화된 추정값 출력)
sizeMan	semPaths 함수에서 지표(manifest nodes)의 크기 조절을 위한 인자
sizeLat	semPaths 함수에서 잠재변수(latent nodes)의 크기 조절을 위한 인자
edge.label.cex	semPaths 함수에서 경로 다이어그램에서 출력할 결과값의 글자 크기를 조절하기 위한 인자
nodeLabels	semPaths 함수에서 지표와 잠재변수의 설명을 입력하기 위한 인자

스크립트 설명

④ 지금까지의 확인적 요인분석의 결과를 다이어그램으로 출력하는 방법으로 'semPlot' 패키지의 semPaths 함수를 이용할 수 있다.

- 'semPlot' 패키지는 설치하고 불러온다.
- semPaths 함수에는 확인적 요인분석 결과를 저장한 객체를 지정하고(cfa.fit), 다이어그램에서 출력할 결과값의 종류를 지정한다(whatLabels="est").
- 다이어그램에 출력될 지표와 잠재변수의 크기 및 결과값의 글자 크기를 조절하고(sizeMan=5.5, sizeLat=7.5, edge.label.cex=0.9), nodeLabels 인자로 지표와 잠재변수의 이름을 입력한다(nodeLabels = c(as.list(paste("x", 1:6)), list(expression(xi[1])))).
- 지표는 모두 6개로 다이어그램에는 x1부터 x6까지 출력하고자 한다면, as.list 함수를 이용하여 6개의 지표에 대한 설명을 지정한다. 그리고 각 지표의 이름은 'x'라는 글자와 1부터 6까지의 숫자가 합해진 이름이므로 paste 함수를 이용하여 'x'라는 글자를 지정하고, 그 다음에는 1부터 6까지의 숫자를 차례대로 결합하도록 한다(as.list(paste("x", 1:6))).
- 잠재변수의 이름은 그리스 문자로 Ksi(ξ)로 지정한다. 여기서 그리스 문자로 지정하기 위해서는 expression 함수를 이용한다. expression 함수는 수학식이나 기호를 입력하기 위해 사용할 수 있다. expression 함수에 그리스 문자를 의미하는 이름을 지정하면 그리스 문자로 변환되고, [ ] 기호 사이의 문자나 숫자는 아래첨자로 출력된다.

그림 11-3 'lavaan' 패키지를 이용한 확인적 요인분석 다이어그램

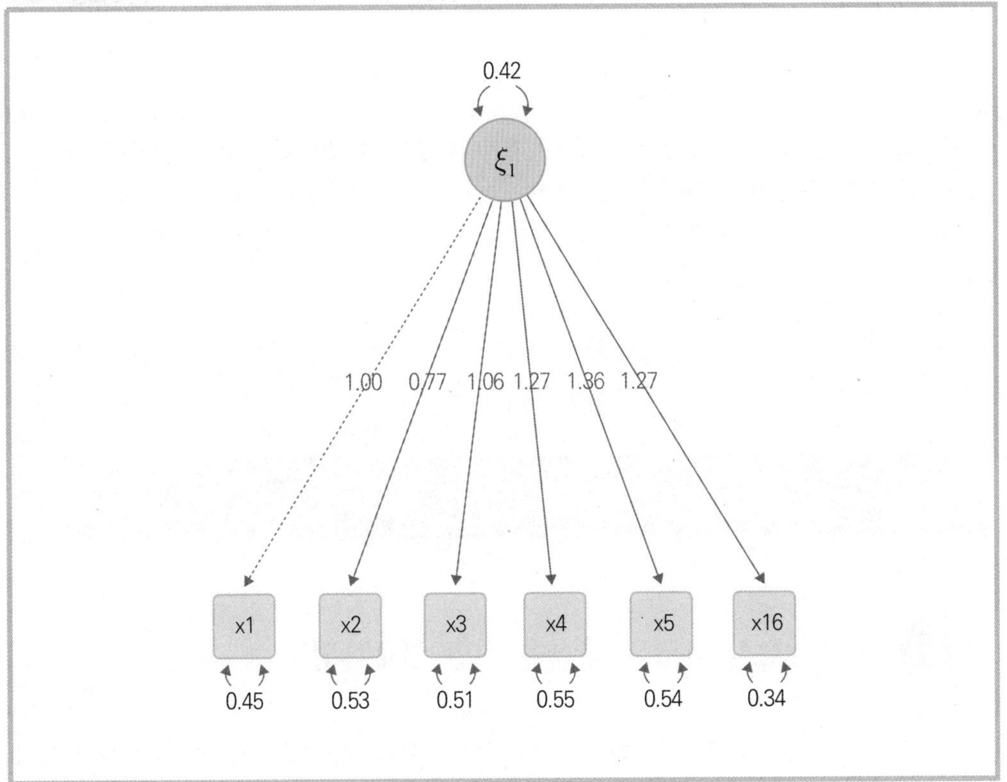

분석 결과

- 'semPlot' 패키지를 이용하여 출력된 다이어그램을 살펴보면, 지표는 x1부터 x6까지 6개의 지표로 나타나고 있고, 잠재변수는 1개로 ξ_1이라는 이름으로 출력되었다. 잠재변수에서 각 지표로 이어지는 선에는 추정값이 출력되어 있다.
- 잠재변수가 첫 번째 지표인 x1에 미치는 영향에 대한 추정값은 1로 고정되어 있어 점선으로 출력되고, x2부터 x6까지의 추정값은 잠재변수가 x1에 미치는 추정값에 비해 어느 정도 영향을 받고 있는지를 비교할 수 있다.
- 각 지표들 아래에 있는 숫자(0.45, 0.53, 0.51 등)는 잠재변수에 의해 설명되지 않는 분산을 의미한다. 또한 잠재변수 위의 숫자(0.42)는 각 지표들의 측정오차를 제외하고 만들어진 잠재변수의 분산이다.

참고

Ubuntu에서 'semPlot' 설치방법

Ubuntu에서 'semPlot' 패키지를 설치할 때 이 패키지와 함께 설치되는 'XML' 패키지가 설치되지 않아 설치되지 않는 경우가 있다. 이런 경우에는 Ubuntu 터미널에 'sudo apt-get update'와 'sudo apt-get install libxml2-dev'를 차례대로 입력하여 설치한 후에 'semPlot' 패키지를 설치하면 된다.

03 Section > 구조방정식 모형분석

1 구조방정식 모형의 분석을 위한 연구모형

구조방정식 모형의 분석을 소개하기 위해서 아래와 같이 연구모형을 구성하여 보았다. 여기에서는 구조방정식 모형 분석을 하는 방법을 소개하기 위해서 별도의 이론적 논의가 없이 모형을 구축하였지만, 실제 연구에서 연구모형을 구성할 때는 요인들 간의 인과적 관계 설정에 대한 이론적 틀이 올바로 구성되어 있어야 한다.

이 연구모형에서는 외생변수가 3개('부모에 대한 애착', '부모 감독', 그리고 '부정적 양육')이고, 내생변수는 2개('자기신뢰감'과 '자아존중감')이다. 그리고 내생변수 중 '자기신뢰감'은 매개변수이고, '자아존중감'은 최종 종속변수이다.

그림 11-4 구조방정식 모형의 연구모형

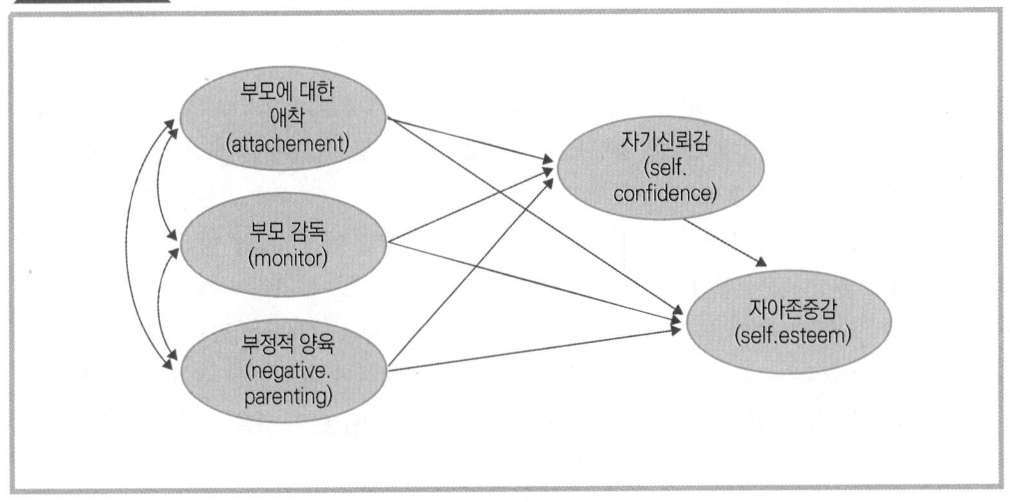

2 'lavaan' 패키지를 이용한 구조방정식 모형

분석 순서

① 구조방정식 모형에 사용되는 변수의 방향을 확인하고 필요한 경우에 적절하게 조정한다.
② 구조방정식 모형을 입력한다.
③ 구조방정식 모형의 분석 결과를 출력한다.
④ 구조방정식 모형의 모형적합도를 출력한다.
⑤ 구조방정식 모형의 분석 결과를 다이어그램으로 출력한다.

① 연구모형에서 제시된 잠재변수들 중에서 같은 잠재변수를 구성하는 지표들의 방향을 우선 확인할 필요가 있다.

- 구조방정식 모형에서 측정모형에 대한 분석은 각 지표들의 분산 중에서 잠재변수에 의해 설명되는 분산과 잠재변수에 의해 설명되지 않는 지표의 고유한 분산(측정오차)을 구분하고, 잠재변수에 의해 설명되는 각 지표들의 분산을 통해 잠재변수의 분산을 계산하게 된다.
- 이 과정에서 같은 잠재변수를 구성하는 지표의 방향이 다른 경우(일부 지표에서는 오름차순인 반면, 또 다른 일부 지표에서는 내림차순인 경우)에는 잠재변수와 지표 간의 관계

를 나타내는 추정값 계수의 부호가 다르게 나타나게 된다. 즉 오름차순으로 측정된 지표들에서는 추정값 계수의 부호가 '+'로 나타나는 반면, 내림차순으로 측정된 지표들에서는 '−'로 나타나게 된다.

- 이러한 문제는 잠재변수의 분산을 계산하는 데에는 영향을 미치지 않으므로 구조모형의 분석결과나 모형적합도에는 영향을 미치지 않는다. 다만 이 경우 분석결과를 해석하는데 혼동의 가능성이 많다. 따라서 결과의 해석이나 최종 연구결과를 제시할 경우의 편의를 위해 같은 잠재변수를 구성하는 지표들 간에는 방향을 일치시키는 것을 권장한다.
- 연구모형에서 제시된 잠재변수들 중에서 '자아존중감' 변수는 q48a01w1부터 q48a03w1까지의 지표와 q48a04w1부터 q48a06w1까지의 지표는 서로 반대되는 방향으로 측정되었으므로 q48a04w1부터 q48a06w1까지의 항목은 역부호화하여 여섯 개의 항목들이 모두 동일한 방향성을 가진 항목으로 구성하기 위해 재부호화한다(이미 만들어진 변수가 있기 때문에 여기에서는 별도의 과정을 보여주지 않고 그대로 사용한다).

R Script

```
# ② 연구모형 입력
sem.model1 <- 'attachment =~ q33a01w1+q33a02w1+q33a03w1+q33a04w1+q33a05w1+q33a06w1
    monitor =~ q33a07w1+q33a08w1+q33a09w1+q33a10w1
    negative.parenting =~ q33a12w1+q33a13w1+q33a14w1+q33a15w1
    self.confidence =~ q48b1w1+q48b2w1+q48b3w1
    self.esteem =~ q48a01w1+q48a02w1+q48a03w1+rq48a04w1+rq48a05w1+rq48a06w1
    self.confidence ~ attachment+monitor+negative.parenting
    self.esteem ~ attachment+monitor+negative.parenting+self.confidence
    attachment ~~ monitor
    attachment ~~ negative.parenting
    monitor ~~ negative.parenting'
```

명령어 설명

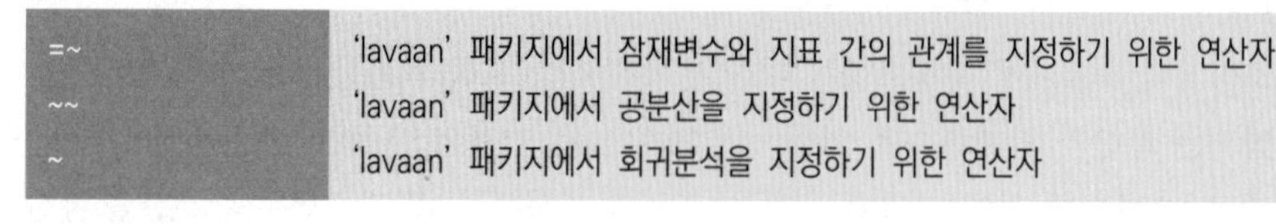

=~	'lavaan' 패키지에서 잠재변수와 지표 간의 관계를 지정하기 위한 연산자
~~	'lavaan' 패키지에서 공분산을 지정하기 위한 연산자
~	'lavaan' 패키지에서 회귀분석을 지정하기 위한 연산자

스크립트 설명

② 'lavaan' 패키지에서 연구모형을 입력하기 위해서는 우선 작은따옴표(')를 입력하여 시작

한다.

- 연구모형의 입력은 기본적으로 측정모형과 구조모형으로 구분할 수 있는데, 측정모형을 먼저 구성하고 다음으로 구조모형을 입력한다. 측정모형의 분석을 위해 잠재변수와 지표 간의 관계와 지표의 잔차들 간의 상관관계를 입력한다.[2] 그리고 구조모형에서는 잠재변수들 간의 인과관계와 상관관계를 입력한다. 잠재변수 혹은 지표의 관계에 따른 부호는 〈표 11-4〉와 같다.

표 11-4 잠재변수 혹은 지표의 관계와 위치, 부호

잠재변수 혹은 지표의 관계	잠재변수 혹은 지표의 위치 및 부호		
잠재변수와 지표의 관계	잠재변수	=~	지표
잠재변수와 잠재변수 간의 인과관계	종속변수	~	독립변수
잠재변수와 잠재변수 간의 상관관계	잠재변수	~~	잠재변수
지표의 잔차들 간의 상관관계	지표	~~	지표

- 잠재변수의 이름은 구조방정식 모형에서 사용하는 지표의 이름과 중복되지 않는다면 연구자가 잠재변수의 이름을 임의로 지정할 수 있다.
- 〈표 11-4〉에서 좌측에 위치한 하나의 변수 혹은 지표에 여러 개의 변수나 지표가 같은 관계를 갖는다면 아래의 예와 같이 '+' 표시로 동시에 표현할 수 있다. 이는 측정모형과 구조모형에 동일하게 적용된다. 아래는 측정모형의 예를 보여준 것이다.

```
attachment =~ q33a01w1
attachment =~ q33a02w1
attachment =~ q33a03w1
attachment =~ q33a04w1
attachment =~ q33a05w1
attachment =~ q33a06w1
```

위의 내용을 동일하게 아래와 같이 쓸 수 있다.

```
attachment =~ q33a01w1+q33a02w1+q33a03w1+q33a04w1+q33a05w1+q33a06w1
```

2 구조방정식 모형에서의 분석방법은 주어진 방정식에서 미지수를 계산해 내는 것이다. 따라서 미지수의 수보다 방정식의 수가 적게 되면 계산불능이 된다. 만약 지표의 잔차들 간의 상관관계를 모두 인정하게 되면 미지수의 수가 크게 증가하여 결과를 추정할 수 없게 된다. 이런 이유로 지표의 잔차들 간의 상관관계는 일반적으로 없는 것으로 가정한다.

• 하나의 잠재변수 혹은 지표 간의 관계를 입력하면 다음의 잠재변수 혹은 지표 간의 관계를 입력하기 위해서는 엔터키 Enter↵ 를 눌러 다음 줄에 입력한다. 만약 잠재변수를 구성하는 지표가 많아 한 줄에 입력이 되지 않는다면 다음 줄에 입력해도 문제는 없다. 이런 방식으로 연구모형의 입력을 마치면 다시 작은따옴표(')를 입력하여 종료한다. 그리고 입력한 연구모형을 객체(sem.model1)에 저장한다.

R Script

```
# ③ 구조방정식 모형에 대한 분석
# 분석
library(lavaan)
sem.fit <- sem(sem.model1, data=spssdata)

# 결과 출력
summary(sem.fit, standardized=TRUE)
```

명령어 설명

lavaan	확인적 요인분석과 구조방정식 모형을 포함한 다양한 잠재변수 모형을 분석하기 위한 패키지
sem	'lavaan' 패키지에서 구조방정식 모형을 분석하기 위한 함수

스크립트 설명

③ 앞서 입력한 연구모형을 사용하여 구조방정식 모형 분석을 하기 위해서 sem 함수를 이용한다.

• sem 함수에는 연구모형을 저장한 객체(sem.model1)와 연구모형에 입력한 지표가 있는 데이터(spssdata)를 지정한다. 그리고 연구모형에 대한 분석 결과를 다시 객체(sem.fit)에 저장하고, summary 함수를 이용하여 결과를 출력한다.

• 만약 연구모형에 대한 표준화된 결과를 살펴보고자 한다면 standardized 인자를 이용하여 살펴볼 수 있다(standardized=TRUE).

Console

```
> summary(sem.fit, standardized=TRUE)
lavaan (0.5-18) converged normally after  42 iterations
```

```
                                            Used       Total
  Number of observations                     591         595

  Estimator                                               ML
  Minimum Function Test Statistic                    990.080
  Degrees of freedom                                     220
  Minimum Function Value                               0.000

Parameter estimates:

  Information                                 Expected
  Standard Errors                             Standard

Latent variables:
                        Estimate  Std.err  Z-value  P(>|z|)   Std.lv  Std.all
  attachment =~
    q33a01w1               1.000                               0.649    0.701
    q33a02w1               0.780    0.061   12.864    0.000    0.507    0.575
    q33a03w1               1.073    0.069   15.588    0.000    0.697    0.704
    q33a04w1               1.252    0.077   16.300    0.000    0.813    0.739
    q33a05w1               1.324    0.080   16.639    0.000    0.860    0.756
    q33a06w1               1.249    0.071   17.672    0.000    0.811    0.810
  monitor =~
    q33a07w1               1.000                               0.805    0.783
    q33a08w1               1.004    0.052   19.441    0.000    0.808    0.804
    q33a09w1               1.043    0.053   19.788    0.000    0.839    0.821
    q33a10w1               0.701    0.052   13.529    0.000    0.564    0.574
  negative.parenting=~
    q33a12w1               1.000                               0.688    0.632
    q33a13w1               1.004    0.077   13.047    0.000    0.690    0.728
    q33a14w1               1.034    0.078   13.264    0.000    0.711    0.757
    q33a15w1               0.959    0.079   12.207    0.000    0.660    0.653
self.confidence =~
    q48b1w1                1.000                               0.612    0.751
    q48b2w1                1.085    0.060   18.211    0.000    0.664    0.840
    q48b3w1                1.045    0.060   17.472    0.000    0.639    0.776
self.esteem =~
    q48a01w1               1.000                               0.479    0.575
    q48a02w1               1.404    0.109   12.835    0.000    0.672    0.779
    q48a03w1               1.433    0.110   12.968    0.000    0.686    0.809
    rq48a04w1              0.630    0.103    6.095    0.000    0.301    0.289
```

```
    rq48a05w1               0.508    0.100    5.103    0.000    0.243    0.239
    rq48a06w1               0.799    0.104    7.666    0.000    0.382    0.375

Variances:
                         Estimate  Std.err  Z-value  P(>|z|)   Std.lv  Std.all
    q33a01w1                0.436    0.029   14.907    0.000    0.436    0.509
    q33a02w1                0.521    0.032   16.034    0.000    0.521    0.670
    q33a03w1                0.495    0.033   14.871    0.000    0.495    0.505
    q33a04w1                0.550    0.038   14.341    0.000    0.550    0.454
    q33a05w1                0.555    0.040   14.027    0.000    0.555    0.429
    q33a06w1                0.345    0.027   12.653    0.000    0.345    0.344
    q33a07w1                0.407    0.032   12.733    0.000    0.407    0.386
    q33a08w1                0.358    0.030   12.049    0.000    0.358    0.354
    q33a09w1                0.342    0.030   11.389    0.000    0.342    0.327
    q33a10w1                0.650    0.041   15.865    0.000    0.650    0.671
    q33a12w1                0.711    0.050   14.187    0.000    0.771    0.600
    q33a13w1                0.423    0.035   11.979    0.000    0.423    0.470
    q33a14w1                0.378    0.034   11.033    0.000    0.378    0.428
    q33a15w1                0.586    0.042   13.819    0.000    0.586    0.574
    q48b1w1                 0.289    0.022   12.922    0.000    0.289    0.436
    q48b2w1                 0.183    0.020    9.319    0.000    0.183    0.294
    q48b3w1                 0.270    0.022   12.116    0.000    0.270    0.398
    q48a01w1                0.465    0.030    15.34    0.000    0.465    0.670
    q48a02w1                0.292    0.027   10.922    0.000    0.292    0.393
    q48a03w1                0.248    0.026    9.685    0.000    0.248    0.345
    rq48a04w1               0.994    0.059   16.855    0.000    0.994    0.916
    rq48a05w1               0.978    0.058   16.969    0.000    0.978    0.943
    rq48a06w1               0.891    0.054   16.588    0.000    0.891    0.859
    attachment              0.422    0.045     9.29    0.000    1.000    1.000
    monitor                 0.648    0.061   10.694    0.000    1.000    1.000
    negative.parenting      0.473    0.062    7.639    0.000    1.000    1.000
    self.confidence         0.331    0.034    9.747    0.000    0.885    0.885
    self.esteem             0.144    0.022    6.613    0.000    0.627    0.627
```

분석 결과 : 측정모형의 해석[3]

- 잠재변수와 지표 간의 관계를 의미하는 측정모형에 대한 결과의 해석은 앞서 '확인적 요인분석'에서 살펴본 바와 같다. Latent variables의 결과는 각 지표들의 분산 중에서 해당 잠재변수에 의해 설명되는 계수의 추정값이다. 그리고 Variances에서의 추정값들은 잠재변수에 의해 설명되지 않는 지표들의 잔차가 된다.

3 여기에서는 설명의 편의를 위해서 분석결과의 순서를 약간 수정해서 제시하였기 때문에 참고해서 이해하기 바란다.

- 잠재변수에 의해 설명되는 지표의 추정값을 살펴보면, 유의도(P(>|z|))가 모두 0.05 미만으로 나타나고 있다. 각 잠재변수는 해당 지표들에 대해 통계적으로 유의한 영향을 미치고 있는 것으로 나타나고 있다. 또한 추정값(Estimate)을 살펴보면, 특정 한 지표의 추정값을 1.000으로 고정시켜 다른 변수와의 추정값을 비교했을 때, 고정시킨 값(1.000)보다 매우 높은 값이나 낮은 값은 없는 것으로 나타났다.
- 다만 잠재변수 중 자아존중감(self.esteem)을 구성하는 지표인 rq48a05w1의 추정값이 0.508로 낮은 수준인 것으로 나타나고 있다. 그렇지만 유의도를 살펴보았을 때에 잠재변수가 이 지표에 유의한 영향을 미치고 있어 큰 문제가 없는 것으로 판단할 수 있다.
- 이 결과 중에서 부모에 대한 애착(attachment) 변수와 지표들 간의 추정값은 앞에서 다루었던 확인적 요인분석의 추정값과는 다소 다르게 나타났다. 그 이유는 다음과 같다. 측정모형을 통해 각 잠재변수의 분산을 추정하고, 각 잠재변수들 간의 공분산을 계산하여 구조모형을 계산하게 된다. 이 때 구조모형의 오차를 줄이기 위해 다시 측정모형을 조정하게 되는데, 이 조정과정에서 확인적 요인분석의 결과와는 달라지게 된다.

Console

```
Regressions:
                       Estimate  Std.err  Z-value  P(>|z|)   Std.lv  Std.all
  self.confidence ~
    attachment            0.047    0.058    0.810    0.418    0.050    0.050
    monitor               0.236    0.047    4.997    0.000    0.310    0.310
    negative.parenting    0.007    0.045    0.146    0.884    0.007    0.007
  self.esteem ~
    attachment            0.162    0.043    3.729    0.000    0.220    0.220
    monitor              -0.028    0.035   -0.808    0.419   -0.047   -0.047
    negative.parenting   -0.019    0.033   -0.593    0.553   -0.028   -0.028
    self.confidence       0.423    0.048    8.814    0.000    0.541    0.541

Covariances:
  attachment ~~
    monitor               0.298    0.032    9.332    0.000    0.570    0.570
    negative.parenting   -0.126    0.024   -5.209    0.000   -0.283   -0.283
  monitor ~~
    negative.parenting   -0.104    0.029   -3.621    0.000   -0.188   -0.188
```

분석 결과 : 구조모형의 해석

- 구조모형의 결과 중에서 잠재변수들 간의 인과관계는 Regressions 아래에 출력되었다.
- 이 결과를 살펴보면, 연구모형에서 매개변수인 자기신뢰감(self.confidence)에 영향을 미칠 것으로 가정한 외생변수는 부모에 대한 애착, 부모 감독, 그리고 부정적 양육이었다.
- 외생 잠재변수의 영향을 살펴보면, 유의도가 0.05 미만으로 나타난 잠재변수는 부모 감독인 것으로 나타났다. 그리고 부모 감독은 자기신뢰감에 미치는 추정값은 양수(+)로 나타나고 있어 부모 감독의 수준이 높을수록 자기신뢰감이 높아지는 정적인 영향을 미치고 있는 것으로 나타났다.
- 이에 비해 부모에 대한 애착이나 부정적 양육은 유의도가 각각 0.418과 0.884로 이들 잠재변수는 자기신뢰감에 통계적으로 유의한 영향을 미치지 않은 것으로 나타났다.
- 다음으로 종속변수에 대한 매개변수와 외생변수의 영향을 살펴보면, 종속변수인 자아존중감에 통계적으로 유의한 영향을 미치는 잠재변수는 외생변수인 부모에 대한 애착과 매개변수인 자기신뢰감인 것으로 나타났다. 이 두 변수는 모두 종속변수에 정적인 영향을 미치고 있어 부모에 대한 애착이나 자기신뢰감이 높아질수록 자아존중감이 높아지고 있었다.
- 외생변수들 중에서 부모에 대한 애착은 종속변수인 자아존중감에 대해 매개변수를 통한 간접적인 영향은 미치지 않았고, 직접적으로만 영향을 미치는 것으로 나타났다.
- 이에 비해 부모 감독은 자아존중감에 직접적으로는 영향을 미치지 않았지만, 매개변수인 자기신뢰감을 통해 간접적으로 영향을 미치고 있는 것으로 나타났다.
- Covariances에는 외생변수들 간의 공분산 혹은 상관계수가 출력된다. Estimate에는 외생변수들 간의 공분산 계수가 출력되고, Std.lv와 Std.all에는 상관계수가 출력된다.
- 유의도를 통해 외생변수들 간의 관계를 살펴보면, 유의도가 모두 0.05 이하로 나타나고 있어, 외생변수들 간에는 통계적으로 유의한 관계가 있는 것으로 나타났다.

그림 11-5 구조모형의 연구결과

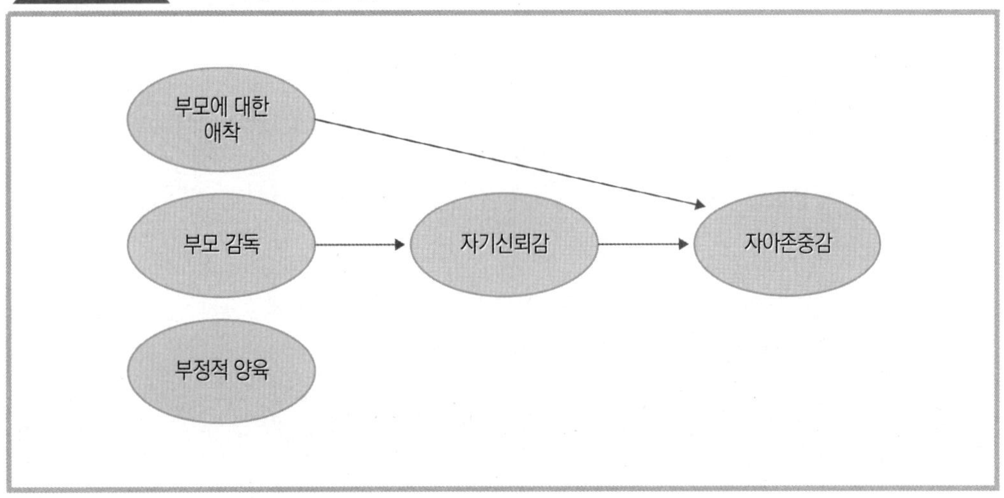

R Script

```
# ④ 모형적합도 출력
fitMeasures(sem.fit)
```

명령어 설명

fitMeasures	'lavaan' 패키지에서 잠재변수 모형의 전반적 적합도를 평가해주는 다양한 모형적합도 지수를 계산하기 위한 함수

스크립트 설명

④ 분석한 구조방정식 모형의 적합도를 살펴보기 위해 fitMeasures 함수를 이용한다.

- fitMeasures 함수에는 앞서 구조방정식 모형의 분석 결과를 저장한 객체(sem.fit)를 지정하면 된다.

Console

```
> fitMeasures(sem.fit)
           npar            fmin           chisq              df
         56.000           0.838         990.080         220.000
         pvalue  baseline.chisq     baseline.df baseline.pvalue
```

```
             0.000              5698.619               253.000                 0.000
               cfi                   tli                  nnfi                   rfi
             0.859                 0.837                 0.837                 0.800
               nfi                  pnfi                   ifi                   rni
             0.826                 0.718                 0.859                 0.859
              logl      unrestricted.logl                  aic                   bic
                NA                    NA                    NA                    NA
            ntotal                  bic2                 rmsea       rmsea.ci.lower
           591.000                    NA                 0.077                 0.072
    rmsea.ci.upper          rmsea.pvalue                   rmr           rmr_nomean
             0.082                 0.000                 0.068                 0.068
              srmr          srmr_bentler   srmr_bentler_nomean          srmr_bollen
             0.068                 0.068                 0.068                 0.068
srmr_bollen_nomean           srmr_mplus     srmr_mplus_nomean                cn_05
             0.068                 0.068                 0.068               153.574
             cn_01                   gfi                  agfi                 pgfi
           163.194                 0.861                 0.826                 0.687
               mfi                  ecvi
             0.521                 1.865
```

분석 결과

- 구조방정식 모형의 모형적합도를 살펴보면, 우선 χ^2의 값(chisq)은 990.080이고, 자유도(df)는 220.000으로 나타났다. 그리고 자유도에 따른 χ^2의 유의도(pvalue)는 0.05보다 낮기 때문에 연구모형에 따른 구조방정식 모형은 적합하지 않은 것으로 나타나고 있다. 그렇지만 χ^2이 사례수에 큰 영향을 받으므로 다른 모형적합도 지수들을 통해 모형의 적합여부를 판단하는 것이 좋다.
- 다른 모형적합도 지수들을 살펴보면, GFI(0.861), AGFI(0.826), CFI(0.859), NFI(0.826), 그리고 TLI(0837)는 모두 0.9 이하로 나타나고 있다. 또한 RMR(0.068)과 RMSEA(0.077)로 0.05 이상으로 나타나고 있어, 제시한 연구모형이 매우 좋은 연구모형이라고 보기는 어렵다. 그렇지만 대체로 좋은 모형이라고 판단할 수 있는 기준과 큰 차이를 보이지 않기 때문에 수용할만한 모형이라고도 볼 수 있다.
- 제시한 연구모형이 수용할만한 모형이 되기 위해서 모형적합도 지수의 기준을 반드시 충족해야 하는가에 대해서는 다양한 의견이 있다. 만약 모형적합도 지수의 기준에 충족되지

않더라도 수용할만한 연구모형이 될 수 있다는 입장을 따른다고 한다면 연구모형의 수용 여부는 연구자가 판단해야 할 문제이다. 그리고 연구자는 모형적합도 지수가 충분히 수용할 수 있을만한 값이 아님에도 불구하고 제시한 연구모형을 수용할만하다고 판단을 할 경우에는 그에 따른 타당한 근거를 제시하여야 한다.

R Script

```
# ⑤ 구조방정식 모형 다이어그램 출력
library(semPlot)
semPaths(sem.fit, whatLabels="est", sizeMan=3.5, sizeLat=4.5, edge.label.cex=0.7,
        nodeLabels = c(as.list(c(paste("x",1:14), paste("y",1:9))),
        list(expression(xi[1]), expression(xi[2]), expression(xi[3]),
        expression(eta[1]), expression(eta[2]))))
```

명령어 설명

semPlot	다양한 구조방정식 모형 패키지의 결과를 가시화시켜주기 위한 패키지
semPaths	'semPlot' 패키지에서 구조방정식 모형의 경로 다이어그램을 도표의 형태로 출력하기 위한 함수
whatLabels	semPaths 함수에서 경로 다이어그램에서 출력할 결과값 지정을 위한 인자(name, label, path 또는 diagram: 결과값을 출력하지 않음, est 혹은 par: 모수 추정값 출력, stand 혹은 std: 표준화된 추정값 출력)
sizeMan	semPaths 함수에서 지표(manifest nodes)의 크기 조절을 위한 인자
sizeLat	semPaths 함수에서 잠재변수(latent nodes)의 크기 조절을 위한 인자
edge.label.cex	semPaths 함수에서 경로 다이어그램에서 출력할 결과값의 글자 크기를 조절하기 위한 인자
layout	semPaths 함수에서 다이어그램의 형태를 지정하기 위한 인자(tree, circle, spring, tree2, circle2 등으로 지정할 수 있음)
nodeLabels	semPaths 함수에서 지표와 잠재변수의 설명을 입력하기 위한 인자

스크립트 설명

⑤ 구조방정식 모형의 결과를 다이어그램으로 출력하기 위해서 'semPlot' 패키지의 semPaths 함수를 이용할 수 있다.

- semPaths 함수에는 구조방정식 모형의 결과를 저장한 객체를 지정한다(sem.fit). 그리고 다이어그램에서 출력할 결과값의 종류를 지정한다(whatLabels="est"). whatLabels 인자에는 결과값을 출력하지 않거나(name, label, path 또는 diagram), 결과값을 출력할 경우에는

모수 추정치(est 혹은 par) 혹은 표준화된 추정치(stand 혹은 std)를 지정할 수 있다.

- 다음으로 다이어그램에 출력될 지표(sizeMan=3.5)와 잠재변수의 크기(sizeLat=4.5) 및 결과값의 글자 크기(edge.label.cex=0.7)를 조절한다.
- nodeLabels는 다이어그램에서 출력될 지표와 잠재변수의 이름을 지정할 수 있는 인자이다. nodeLabels 인자로 지표와 잠재변수의 이름을 입력하기 위해서는 우선 지표의 이름을 입력하고, 그 다음에 잠재변수의 이름을 입력해야 한다. 그리고 nodeLabels 인자에 입력할 지표나 잠재변수의 이름은 앞서 연구모형을 입력할 때의 순서와 같아야 한다.

표 11-5 연구모형에서 입력된 잠재변수와 지표의 순서 및 입력될 이름

	지표		다이어그램에 표시될 지표의 이름	잠재변수		다이어그램에 표시될 잠재변수의 이름
순서 ↓	q33a01w1	→	x1	attachment (부모에 대한 애착)	→	ξ1
	q33a02w1	→	x2			
	q33a03w1	→	x3			
	q33a04w1	→	x4			
	q33a05w1	→	x5			
	q33a06w1	→	x6			
	q33a07w1	→	x7	monitor (부모 감독)	→	ξ2
	q33a08w1	→	x8			
	q33a09w1	→	x9			
	q33a10w1	→	x10			
	q33a12w1	→	x11	negative.parenting (부정적 양육)	→	ξ3
	q33a13w1	→	x12			
	q33a14w1	→	x13			
	q33a15w1	→	x14			
	q48b1w1	→	y1	self.confidence (자기신뢰감)	→	η1
	q48b2w1	→	y2			
	q48b3w1	→	y3			
	q48a01w1	→	y4	self.esteem (자아존중감)	→	η2
	q48a02w1	→	y5			
	q48a03w1	→	y6			
	rq48a04w1	→	y7			
	rq48a05w1	→	y8			
	rq48a06w1	→	y9			

• 연구모형을 입력했을 때 잠재변수와 지표의 관계를 입력한 순서는 외생 잠재변수와 내생 잠재변수의 순서대로 입력하였다. 그리고 지표는 외생 잠재변수의 지표가 14개이고, 내생 잠재변수의 지표는 9개로 총 23개이다. 잠재변수와 지표의 이름은 연구자가 다이어그램에서 잘 구분할 수 있는 문자나 숫자를 마음대로 입력할 수 있다.
• 여기서는 외생 잠재변수의 지표에는 'x'라는 문자로 입력하고, 내생 잠재변수의 지표에는 'y'라는 문자를 입력한다. 그리고 'x'나 'y'의 문자에 지표의 순서를 숫자로 표현하고자 한다. 이를 위해 외생 잠재변수의 지표를 입력하는 위치에 as.list 함수를 이용하여 list 형식의 벡터를 입력한다. 각 지표의 이름은 'x' 혹은 'y'라는 문자와 순서를 의미하는 숫자를 결합하여 만들고자 한다. 이와 같이 지표의 이름을 입력하는 방법은 다음의 두 가지 방법을 사용할 수 있다. 첫 번째는 간단히 지표의 이름을 입력하기 위해 paste 함수를 이용할 수 있다. 또 다른 방법으로는 paste 함수 대신에 'x1', 'x2', 'x3' 등으로 직접 입력할 수 있다.

잠재변수 지표의 이름을 직접 입력

외생 잠재변수의 지표	내생 잠재변수의 지표
as.list(c("x1","x2","x3", …, "x14",	"y1","y2", …, "y9")

paste 함수를 이용하여 외생 잠재변수 지표의 이름을 직접 입력

외생 잠재변수의 지표	내생 잠재변수의 지표	
as.list(c(paste("x",1:14)),	paste("y",1:9)))	⇒"x1", …, "x14","y1",…,"y9"

• 다음으로 잠재변수의 이름은 외생변수인 경우에는 그리스 문자로 Ksi(ξ)로 입력하고, 내생변수인 경우에는 eta(η)로 입력하도록 한다. 여기서 잠재변수의 이름을 그리스 문자로 지정하기 위해서는 expression 함수를 이용한다. expression 함수는 수학식이나 기호를 입력하기 위해 사용할 수 있다. expression 함수에 그리스 문자를 의미하는 이름을 지정하면 그리스 문자로 변환되고, [ ] 기호 사이의 문자나 숫자는 아래첨자로 출력된다.
• 잠재변수의 이름을 입력하는 순서도 연구모형을 입력할 때의 순서와 같아야 한다. 따라서 외생변수인 부모에 대한 애착(expression(xi[1]))과 부모 감독(expression(xi[2]))과 부정적 양육(expression(xi[3])), 내생변수인 자기신뢰감(expression(eta[1]))과 자아존중감(expression(eta[2]))의 순서대로 입력한다.

그림 11-6 구조방정식 모형의 다이어그램(1)

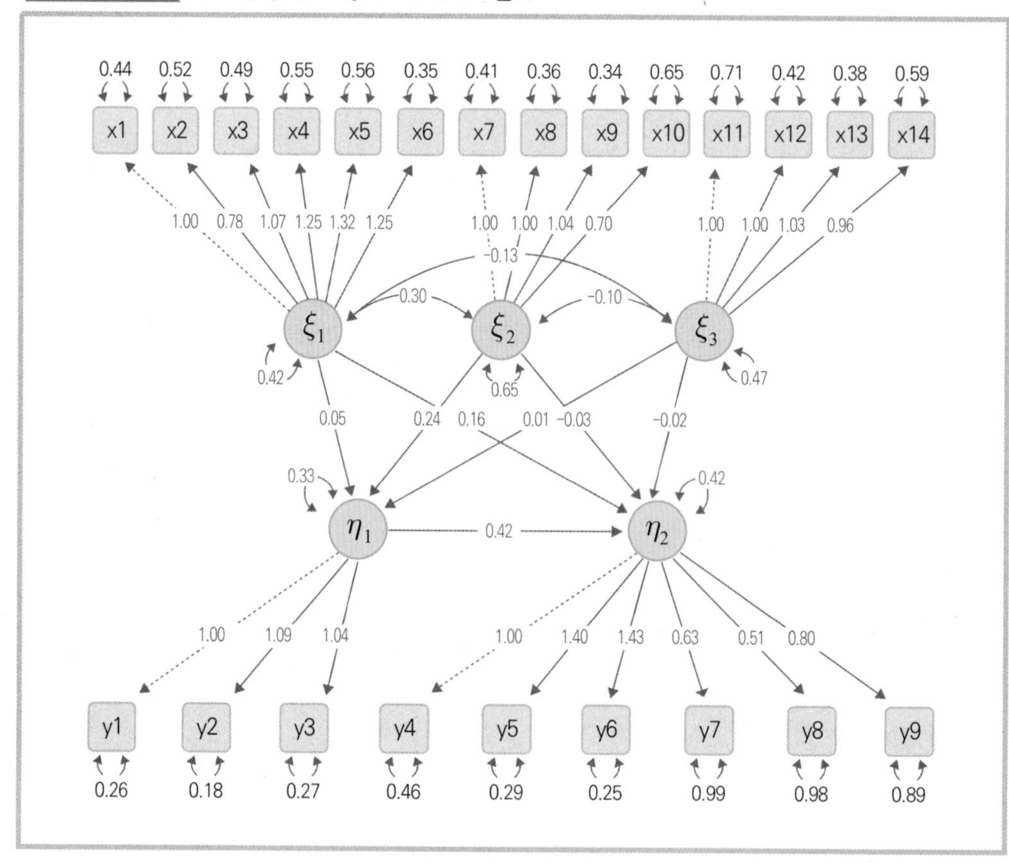

분석 결과

- 출력된 결과를 살펴보면 입력된 연구모형과 같은 다이어그램과 결과값을 한 눈에 살펴볼 수 있게 된다.
- 이 다이어그램에서의 결과값은 추정값이 출력되어 있고, 통계적 유의도와는 상관없이 모든 결과값이 출력된다.

다음으로는 다이어그램을 좀 더 직관적으로 알아볼 수 있도록 그리기 위해서 계수값에 따라서 선의 굵기를 달리 나타나게 하는 방법을 소개한다.

R Script

```
# 계수값의 정도에 따라 선의 굵기가 달라지는 다이어그램
semPaths(sem.fit, what="std", whatLabels="est", sizeMan=3.5,
         sizeLat=7.5, edge.label.cex=0.7,
         nodeLabels = c(as.list(c(paste("x",1:14), paste("y",1:9))),
         list("attachment", "monitor", "negative. parenting",
         "self.confidence", "self.esteem")))
```

명령어 설명

what	semPaths 함수에서 경로 다이어그램에 출력할 결과값을 지정하기 위한 인자

스크립트 설명

- 만약 다이어그램에서 통계적으로 유의한 결과값만을 표시하려면 semPaths 함수의 what 인자에서 "std"를 지정하면 된다.
- what 인자의 "std"는 계수값에 따라 다이어그램에서의 지표나 잠재변수 간의 관계를 나타내는 선의 굵기가 다르게 출력되고, 통계적 유의도가 없는(유의도 0.05 이상) 지표나 잠재변수 간의 관계에 대해서는 그 관계를 나타내는 선(line)이 출력되지 않는다.

그림 11-7 구조방정식 모형의 다이어그램(2)

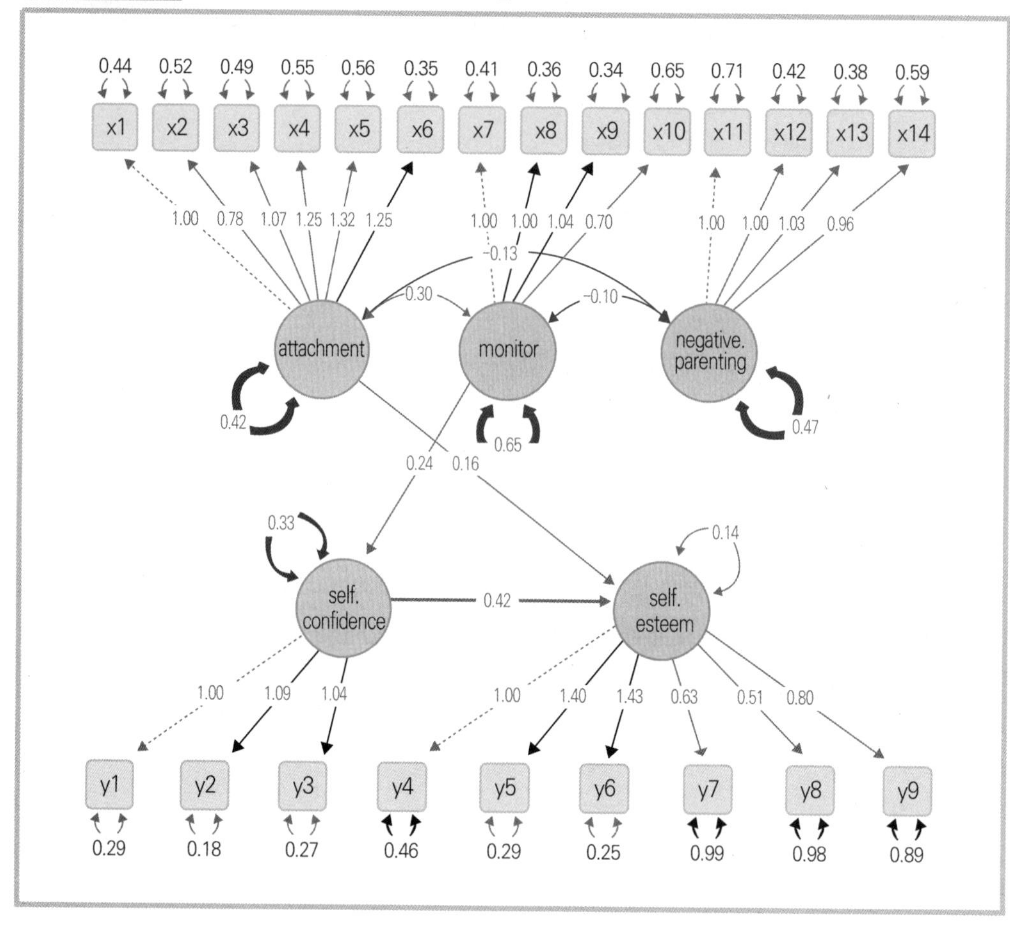

김준호·노성호, (2012). 『사회과학을 위한 통계와 분석: SPSS와 R을 중심으로』, 도서출판 그린.

배병렬, (2005). 『LISREL 구조방정식모델: 이해와 활용』, 도서출판 청람.

Daniel, Lüdecke. (2016). "Package 'sjmisc'", https://cran.r-project.org/web/packages/sjmisc/sjmisc.pdf.

Daniel, Lüdecke. (2016). "Package 'sjPlot'", https://cran.r-project.org/web/packages/sjPlot/sjPlot.pdf.

Erich, Neuwirth. (2015). "Package 'RColorBrewer'". https://cran.r-project.org/web/packages/RColorBrewer/RColorBrewer.pdf.

Felipe de Mendiburu. (2015). "Packages 'agricolae'". https://cran.r-project.org/web/packages/agricolae/agricolae.pdf.

Frank, E. Harrell. (2016). "Package 'Hmisc'". https://cran.r-project.org/web/packages/Hmisc/Hmisc.pdf.

Garrett, Grolemund. (2014). Hands-On Programming with R: Write Your Own Functions and Simulations. O'Reilly Media.

Giovanni, M. Marchetti., Mathias, Drton., and Kayvan, Sadeghi. (2015). "Package 'ggm'". https://cran.r-project.org/web/packages/ggm/ggm.pdf.

Gregory, R. Warnes., Ben, Bolker., Lodewijk, Bonebakker., Robert, Gentleman,, Wolfgang, Huber Andy Liaw., Thomas, Lumley., Martin, Maechler., Arni, Magnusson., Steffen, Moeller., Marc, Schwartz., and Bill, Venables. (2015). "Package 'gplots'". https://cran.r-project.org/web/packages/gplots/gplots.pdf.

Gregory, R. Warnes., Ben, Bolker., Thomas, Lumley., and Randall, C. Johnson. (2015). "Package 'gmodels'". https://cran.r-project.org/web/packages/gmodels/gmodels.pdf.

Hadley, Wickham., Evan, Miller. (2015). "Package 'haven'". https://cran.r-project.org/web/packages/haven/haven.pdf.

Jim, Lemon., Ben, Bolker., Sander, Oom., Eduardo, Klein., Barry, Rowlingson., Hadley, Wickham., Anupam, Tyagi., Olivier, Eterradossi., Gabor, Grothendieck., Michael, Toews., John, Kane., Rolf, Turner., Carl, Witthoft., Julian, Stander., Thomas, Petzoldt., Remko, Duursma., Elisa, Biancotto., Ofir, Levy., Christophe, Dutang., Peter, Solymos., Robby, Engelmann., Michael, Hecker., Felix, Steinbeck., Hans, Borchers., Henrik, Singmann., Ted, Toal., and Derek, Ogle. (2015) "Package 'plotrix'". https://cran.r-project.org/web/packages/plotrix/plotrix.pdf.

John, Fox., Sanford, Weisberg., Daniel, Adler., Douglas, Bates., Gabriel, Baud-Bovy., Steve, Ellison., David, Firth., Michael, Friendly., Gregor, Gorjanc.,

John, Fox., Sanford, Weisber2g., Michael, Friendly., Jangman, Hong., Robert, Andersen., David, Firth., and Steve, Taylor. (2016). "Package 'effects'". https://cran.r-project.org/web/packages/effects/effects.pdf.

Norman, Matloff. (2011). The Art of R Programming: A Tour of Statistical Software Design. No Starch Press.

Sacha, Epskamp. (2015). "Package 'semPlot'". https://cran.r-project.org/web/packages/semPlot/semPlot.pdf.

Spencer, Graves., Richard, Heiberger., Rafael, Laboissiere., Georges, Monette., and Duncan, Murdoch. (2016). "Package 'car'". https://cran.r-project.org/web/packages/car/car.pdf.

Thomas, D. Fletcher. (2015). "Package 'QuantPsyc'". https://cran.r-project.org/web/packages/QuantPsyc/QuantPsyc.pdf.

Torsten, Hothorn., Achim, Zeileis., Richard, W. Farebrother., Clint, Cummins., Giovanni, Millo., and David, Mitchell. (2015). https://cran.r-project.org/web/packages/lmtest/lmtest.pdf.

William, Revelle. (2015). "Package 'psych'". https://cran.r-project.org/web/packages/psych/psych.pdf.

Yves, Rosseel., Daniel, Oberski., Jarrett, Byrnes., Leonard, Vanbrabant., Victoria, Savalei., Ed, Merkle., Michael, Hallquist., Mijke, Rhemtulla., Myrsini, Katsikatsou., and Mariska, Barendse. (2015). "Packages 'lavaan'". https://cran.r-project.org/web/packages/lavaan/lavaan.pdf.

찾아보기
Using R

저자 약력

박현수 박사

충북대학교 사회학과 졸업
고려대학교 대학원 사회학 박사
현재 중앙대학교, 서울디지털대학교 강사

주요 연구

청소년 비행과 친구(박사논문), 2008
사회문제의 이해(공저), 대왕사, 2011
“경기도민의 범죄 두려움에 대한 실태 및 영향요인”
“자아통제와 기회의 상호작용이 청소년 비행에 미치는 영향”

노성호 교수

고려대학교 사회학과 졸업
동 대학원 사회학 박사
한국형사정책연구원 청소년범죄연구실장
현재 전주대학교 경찰행정학과 교수

주요 연구

한국의 청소년비행화에 관한 연구(박사논문), 1993
청소년비행론(공저), 청목출판사, 2009
피해자학(공저), 도서출판 그린, 2012
사회과학을 위한 통계와 분석: SPSS와 R을 중심으로(공저), 도서출판 그린, 2012
“다중범죄피해의 실태와 영향요인”
“청소년 비행의 추세분석과 전망”
“부모가 청소년의 범죄의 두려움에 미치는 영향”

R을 사용한 사회과학 통계분석

초판인쇄 2016년 8월 5일
초판발행 2016년 8월 15일

공저자 박현수·노성호
펴낸이 안종만

편 집 김효선
기획/마케팅 이영조
표지디자인 조아라
제 작 우인도·고철민

펴낸곳 (주) 박영사
서울특별시 종로구 새문안로3길 36, 1601
등록 1959. 3. 11. 제300-1959-1호(倫)
전 화 02)733-6771
f a x 02)736-4818
e-mail pys@pybook.co.kr
homepage www.pybook.co.kr
ISBN 979-11-303-0319-2 93310

정 가 24,000원